知识图谱建模与
智能推理技术

◎ 吴重光　纳永良　著

化学工业出版社

·北京·

内 容 简 介

本书全面详细地介绍了第三代人工智能系统的核心技术及其实现方法，具有多领域普遍应用价值。本书是人工智能专家系统工业应用的实用型教科书，也是人工智能专家系统工程实践指导书。

本书是对第三代人工智能技术的全面探索，是开发和应用实践的总结。本书内容包括：知识本体、信息标准化和领域知识本体，方法和任务知识本体，高效推理算法、图论和网络拓扑，基于符号有向图的深度学习，知识图谱建模与智能推理软件 AI3 的设计与开发，以及 AI3 在智能教学和过程工业中的应用。软件 AI3 分为 AI3 普及版（自由拷贝，不限使用）、AI3 智能教学版以及 AI3 专业版（适用于复杂过程工业系统 AI 应用）。AI3 软件的普及版可以登录官方网站 www.cipedu.com.cn 自行下载使用。本书相关操作视频及部分彩图做成了二维码形式，扫描即可查看。

本书适合作为大学本科人工智能专业的教材，也可作为教师开发专业教学模型的培训用书，对从事人工智能工业应用的技术人员具有实际参考价值。

图书在版编目（CIP）数据

知识图谱建模与智能推理技术/吴重光，纳永良著.
—北京：化学工业出版社，2021.3（2023.8 重印）
ISBN 978-7-122-38501-7

Ⅰ.①知… Ⅱ.①吴…②纳… Ⅲ.①人工智能
Ⅳ.①TP18

中国版本图书馆 CIP 数据核字（2021）第 024584 号

责任编辑：葛瑞祎 刘 哲 郝 越　　　　装帧设计：韩 飞
责任校对：李雨晴

出版发行：化学工业出版社（北京市东城区青年湖南街 13 号　邮政编码 100011）
印　　装：北京建宏印刷有限公司
787mm×1092mm 1/16 印张 22¼ 字数 567 千字 2023 年 8 月北京第 1 版第 3 次印刷

购书咨询：010-64518888　　　　　　　　　　　售后服务：010-64518899
网　　址：http://www.cip.com.cn
凡购买本书，如有缺损质量问题，本社销售中心负责调换。

定　　价：98.00 元　　　　　　　　　　　　　　版权所有　违者必究

前 言

系统理论的发展为知识本体建模提供了更为系统化和结构化的方法。成功的美国实时在线人工智能专家系统 G2 已经在 20000 个以上工业应用和军事应用中取得实效。知识图谱的下一波应用呼唤着新一代专家系统的诞生。部分科技发达国家已经将智能教学系统大规模应用于学校和职业教育领域。目前，国产化、实用、高质量、通用性人工智能专家系统软件奇缺，现有的教科书多数局限于人工智能自身概念或原理介绍，构建领域知识本体和人工智能工业应用技术的指导书奇缺。急需向应用群体广泛普及人工智能的实用知识，急需开发大众化、方便易用、先进的新一代人工智能应用软件，并将其推广普及。这就是我们撰写本书的初衷。

本书的主要特色在于知识建模和智能推理技术方面的创新，并基于知识图谱建模和智能推理技术的集成，完成了一系列应用软件的开发，直观形象、易学易用。所开发的具有自主知识产权的高速、高效、省容、多功能通路与回路推理机，是实现人工智能应用的"卡脖子"技术，在本书中公开了算法和程序，仅用一台微机或笔记本电脑就可实现复杂系统的人工智能应用。

本书内容主要包括：运用知识工程的知识本体论理念，解读人类的工业实践经验知识和相关国际信息标准，扩展具体事件和概念事件、静态连接关系与动态影响关系的认知；获取计算机化、图形化、自然语言化、标准化精准表达人类知识的知识图谱全谱模型（大数据+静态知识+动态知识模型）；探索因果模型与代数方程组和微分方程组的直接联系，提出实用的因果模型结构信息的影响方程表达方法；基于符号有向图与因果有向模型（SDG+CDG）进行反事实推理"挖掘"，以实现工业应用的深度学习方法；知识图谱建模与智能推理系列软件平台 AI3 的设计与开发，以及 AI3 在智能教学和过程工业中的实际应用案例。

本书是 AI3 软件的详尽解读，软件分为 AI3 普及版（自由拷贝，不限使用）、AI3 智能教学版以及 AI3 专业版（适用于复杂过程工业系统 AI 应用）。形式化知识图谱仿真软件 MPCE 和 CSA，实现了系统仿真建模、控制系统组态、硬件在回路、被控对象模型在回路联合组态与多功能仿真实验。实时智能型危险化学品特种作业仿真培训系统 AI3-RT-TZZY，是一种功能完备的智能化操作工培训软件，也是知识图谱模型验证的综合型工具软件。实时在线专家系统"石油化工装置安全运行指导系统 PSOG"，在数个大型石化装置试运行成功。所有技术细节，包括高效通路、回路推理算法和原理程序，以及实际应用案例，都总结在本书之中。以上进展无意中已经迈进了新一代人工智能专家系统的门槛。

本书内容是几十年来师生合作，多单位、多学科和多个科研团队集体智慧的总结。在此对所有参与和支持我们科研与工业应用工作的单位和个人表示衷心的感谢。其中做出重要贡献的有：北京思创信息系统有限公司总经理纳永良博士；北京化工大学信息学院张贝克副教授、许欣博士和高东博士等；清华大学自动化系王雄教授、肖德云教授和杨帆博士后等；中石化青岛安全工程研究院张卫华教授级高级工程师。纳永良博士撰写了本书第三章3.2.6节和第八章8.2节。张卫华博士为本书第八章提供了材料。借此机会也对国家应急管理部危险化学品安全监督管理司新老领导、中国化学品安全协会新老领导和相关工作人员给予我们安全科技成果的充分认可、悉心指导和大力推广普及表示由衷的感谢！

  研究人工智能知识图谱建模与智能推理关键技术及软件并应用于实践，是我们长期的梦想和不懈的追求。期望AI3系列软件与仿真训练软件的联合平台在教学实践环节中发挥作用；期望本书在人工智能应用技术的研发方面对科研人员具有抛砖引玉的作用。其中，AI3软件的普及版可登录官方网站 www.cipedu.com.cn 自行下载使用。

  鉴于时间所限，书中难免存在不足之处，恳请广大读者批评指正。

吴重光

2020年12月

目　录

第一章　绪论 … 1
1.1　知识图谱建模与智能推理的概念和沿革 … 1
1.2　知识图谱和智能推理的应用进展 … 4
1.3　知识图谱建模与智能推理的需求分析 … 12
1.4　本书各章内容概要 … 15

第二章　知识本体、信息标准化和领域知识本体 … 17
2.1　知识本体 … 17
　2.1.1　知识本体的基本类型 … 19
　2.1.2　知识本体的设计规则 … 20
2.2　工业自动化信息国际标准 ISO 15926 … 21
　2.2.1　ISO 15926 简介 … 21
　2.2.2　ISO 15926-2 知识本体的基本要素 … 23
2.3　ISO 15926 原理借鉴和扩展 … 31
　2.3.1　过程系统的领域知识本体内容信息分类 … 31
　2.3.2　过程系统的领域知识本体结构信息分类 … 32
　2.3.3　影响方程 … 35
2.4　过程系统的领域知识本体总貌 … 37
2.5　剧情对象模型（SOM） … 39
　2.5.1　剧情的定义 … 39
　2.5.2　危险剧情的定义 … 39
　2.5.3　剧情对象模型（SOM）设计 … 40
　2.5.4　危险剧情在系统安全领域的应用进展 … 48

第三章　方法和任务知识本体 … 56
3.1　常用推理分析方法 … 56
　3.1.1　演绎法——正向推理 … 56

3.1.2 归纳法——反向推理 ... 57
3.1.3 溯因法——双向推理 ... 58
3.1.4 默认推理 ... 58
3.1.5 因果反事实推理 ... 59
3.2 可操作性分析（HAZOP）方法 ... 60
3.2.1 HAZOP的产生背景和意义 ... 60
3.2.2 HAZOP国际标准和术语定义 ... 61
3.2.3 HAZOP原理 ... 62
3.2.4 设计描述 ... 64
3.2.5 HAZOP应用 ... 65
3.2.6 HAZOP分析步骤 ... 67
3.2.7 人工HAZOP分析方法的不足和改进 ... 76
3.3 保护层分析（LOPA）方法 ... 81
3.3.1 LOPA的定义和作用 ... 81
3.3.2 LOPA的优点 ... 82
3.3.3 LOPA的局限性 ... 82
3.3.4 LOPA的结果类型 ... 83
3.3.5 执行LOPA的必备条件 ... 83
3.3.6 LOPA方法描述 ... 83

第四章 高效推理算法、图论与网络拓扑 ... 90

4.1 高效基本回路搜索算法 ... 90
4.1.1 詹森回路搜索算法 ... 90
4.1.2 詹森回路搜索算法原理 ... 92
4.1.3 有向图基本回路搜索算法程序 ... 92
4.2 有向图基本通路搜索算法及程序 ... 97
4.2.1 有向图基本通路搜索算法要点 ... 97
4.2.2 有向图基本通路搜索算法程序设计 ... 98
4.2.3 基本通路搜索算法程序例题 ... 99
4.3 网络独立通路和回路搜索算法应用案例 ... 100
4.3.1 信号流图的稳态和动态解法 ... 100
4.3.2 图形化控制系统信号流图分析CSA软件 ... 101
4.3.3 采用CSA自动解算复杂信号流图系统 ... 107
4.4 回路搜索和推理在动态系统分析和决策中的作用 ... 113

第五章 基于符号有向图（SDG）的深度学习 ... 119

5.1 符号有向图（SDG）方法的历史与进展 ... 121

5.2 SDG 方法的优缺点 …………………………………………………… 123
5.3 SDG 原理与建模 ……………………………………………………… 124
  5.3.1 定量和定性仿真与 SDG 的关系 ………………………………… 124
  5.3.2 SDG 模型及定义 ………………………………………………… 126
  5.3.3 SDG 建模方法和原则 …………………………………………… 128
  5.3.4 SDG 模型的主要推理机制 ……………………………………… 131
5.4 SDG 简单建模实例 …………………………………………………… 132
  5.4.1 世界系统 SDG 建模 ……………………………………………… 132
  5.4.2 离心泵与液位系统 SDG 建模 …………………………………… 133
5.5 SDG 模型简化 ………………………………………………………… 141
5.6 加热炉 SDG 建模与验证试验 ………………………………………… 142
  5.6.1 加热炉工艺流程简介 …………………………………………… 143
  5.6.2 加热炉故障诊断模型的建立 …………………………………… 145
  5.6.3 SDG 模型检验与验证方法分类 ………………………………… 152
  5.6.4 加热炉 SDG 故障诊断试验 …………………………………… 154
5.7 反应再生装置 SDG 故障诊断试验 …………………………………… 158
  5.7.1 反应再生装置工艺流程简介 …………………………………… 158
  5.7.2 反应再生装置故障诊断模型的建立 …………………………… 162
  5.7.3 反应再生装置 SDG 故障诊断试验 …………………………… 167
5.8 SDG 深度学习启示 …………………………………………………… 172

第六章 知识图谱建模与智能推理软件 AI3 的设计与开发   174

6.1 AI3 概述 ……………………………………………………………… 174
6.2 AI3 总体功能、结构设计描述和应用 ………………………………… 174
6.3 图形化人机界面使用说明与要点 ……………………………………… 177
  6.3.1 AI3 图形化建模编程要点 ……………………………………… 177
  6.3.2 AI3 基本画面和图形化操作方法设计与实现 ………………… 178
6.4 推理引擎开发 …………………………………………………………… 190
  6.4.1 具体事件一致性和条件约束推理方法 ………………………… 190
  6.4.2 正向推理 ………………………………………………………… 192
  6.4.3 反向推理 ………………………………………………………… 192
  6.4.4 双向推理 ………………………………………………………… 193
  6.4.5 AI3 推理速度测试 ……………………………………………… 194
6.5 推理输出结果表达 ……………………………………………………… 197
  6.5.1 AI3 推理结果画面 ……………………………………………… 197
  6.5.2 工况数据（"快门"）一览表 …………………………………… 202
  6.5.3 反应温度记录曲线查询 ………………………………………… 202
  6.5.4 模型中具体事件超限状态显示 ………………………………… 203

6.6　AI3 应用建模方法 ·· 205
　6.6.1　经验渐进法建模要点 ·· 206
　6.6.2　"与门"串联连接规则 ·· 206
　6.6.3　经验与深度学习相结合的建模要点 ··· 207
　6.6.4　知识图谱的初步认知 ·· 212

第七章　AI3 在智能教学中的应用　　214

7.1　智能教学系统（ITS）应用进展 ··· 214
7.2　学习内容、教学方法和智能教学 ··· 219
7.3　智能仿真培训系统 ··· 222
7.4　知识本体模型与仿真模型的协同技术 ··· 226
　7.4.1　仿真模型的质量评估 ·· 226
　7.4.2　动态仿真模型的特点及建模注意事项 ···································· 229
7.5　高精度动态仿真模型开发案例 ··· 231
　7.5.1　充分利用工程设计的成熟计算方法 ·· 231
　7.5.2　阀门特性仿真建模 ·· 234
　7.5.3　间歇反应动力学仿真建模 ·· 238
7.6　多功能过程与控制仿真实验系统 ··· 245
　7.6.1　MPCE 实验系统构成 ·· 246
　7.6.2　MPCE 过程动态特性测试实验案例 ······································· 254
　7.6.3　PID 控制器参数整定实验 ·· 257
7.7　MPCE 连续反应先进控制案例 ··· 262
　7.7.1　连续反应系统（CSTR）工艺流程 ··· 262
　7.7.2　CSTR 控制硬件配置 ··· 263
　7.7.3　CSTR 控制目标 ··· 263
　7.7.4　CSTR 系统测试及分析 ··· 264
　7.7.5　系统控制策略设计 ·· 267
7.8　智能型危险化学品特种作业仿真培训与考核软件 ······················· 272
　7.8.1　重特大事故的主因——人为失误 ·· 274
　7.8.2　预防操作工人为失误必要的技能、难点和解决方法 ·············· 274
　7.8.3　危险化学品特种作业实际操作仿真培训与考核系列软件 ······ 276
　7.8.4　AI3-TZZY 培训与考核软件内容 ··· 277
　7.8.5　AI3-TZZY 系统考核方法要点 ·· 279
　7.8.6　AI3-TZZY 培训与考核软件特点 ··· 280
　7.8.7　智能仿真培训系列软件主要类型 ·· 288
　7.8.8　AI3 和智能仿真软件适用范围 ·· 288

第八章 AI3 在过程工业中的应用 290

8.1 大型过程工业智能安全评估应用 ……………………………………… 290
8.2 智能 HAZOP 软件 CAH 使用方法 …………………………………… 295
8.3 大型过程工业智能故障诊断探索 ……………………………………… 308

结语 316

附录一 因果反事实推理"如果-怎么样?"化工过程典型问题集 319

附录二 专家陪练-AI3 软件说明 334

参考文献 341

第一章

绪 论

1.1 知识图谱建模与智能推理的概念和沿革

自 20 世纪 90 年代以来，计算机技术在多个领域得到广泛应用。为了使用计算机处理、共享和开发人类各种信息和知识，特别是互联网在全球的大规模普及，网络信息迅速扩张，大型知识库构建和智能推理技术得到飞速发展。

(1) 知识图谱

知识图谱（knowledge graph）这一名词于 2012 年由谷歌提出，并成功应用于互联网信息搜索。由于谷歌一直未给知识图谱以明确的定义，为了在专业名词上统一认识，2016 年奥地利林茨开普勒大学面向应用的知识处理研究所丽莎·埃林格（Lisa Ehrlinger）和沃尔夫·勒姆（Wolfram Wöß）发表了论文《知识图谱的定义》，论文列举了五种有关知识图谱定义的说法。保罗·海姆（H. Paulheim）2016 年发表的论文《知识图谱细化：鉴定和评价方法》定义比较具体，即"知识图谱：①主要描述真实世界的实体及其相互关系，组织在一个图中；②定义模型中实体的可能类和关系；③允许将任意实体相互关联；④涵盖各种主题领域。"解读这个定义立刻可以联想到是对知识本体（ontology）的描述。

另外一种定义涉及互联网知识本体信息标准，由法贝（M. Färber）等人提出："我们将知识图谱定义为 RDF 图"，RDF 是资源描述框架（Resource Description Framework）的缩写。RDF 语句由主谓宾表达式组成，称为三元组。使用 XML 语法表示数据模型，是一种知识本体，用来描述互联网 Web 资源的特性，以及资源与资源之间的关系。RDF 是万维网联盟（W3C）在 1999 年颁布的建议。RDF 有各种不同的应用，例如在资源检索方面，能够提高搜索引擎（search engine）的检索准确率；在编目方面，能够描述网站、网页或电子出版物等网络资源的内容及内容之间的关系；借助智能代理程序，能够促进知识的分享与交换。此定义将知识图谱与互联网的一种知识本体关联，寓意比较狭窄。

经过多方面的论证，丽莎·埃林格等认为："基于图的知识表示已经研究了几十年，而知识图谱一词并不构成一种新的技术。相反，它是谷歌重新发明的一个流行词，仅仅被其他公司和学术界用来描述不同的知识表示应用程序。"为了促进知识图谱的进一步探索和研究，她提出了一种知识图谱新的定义，即"知识图谱获取信息并将信息集成到知识本体中，可以应用推理机导出新知识。"这个定义指明了知识图谱与知识本体的密切关系，强调了推理机在运用知识图谱导出新知识的重要作用，并且赋予了知识图谱与人工智能相关联的概念。

2018年，法贝等再次发表的相关论文《最适合我的知识图谱是什么?》提出了知识图谱设计质量判据，即准确性、可信性、一致性、关联性、完整性、及时性、易理解性、互操作性、可重用性、颁发许可、相互联系等11项，与本书2.1.2知识本体的设计规则高度一致。

以著者的认知和总结可以解释为：知识图谱是知识本体的直观、形象和细粒度的图形化映射。借助于数值计算和网络拓扑推理技术，可以利用知识图谱模型高速、高效和可视化地搜索、识别、分析、解释和导出新的知识和信息。这是构建人工智能软件最主要的两个关键技术，是真正可以用来解决实际问题的人工智能技术，也是本书的核心内容。

以上是综合几十年有关图论建模和推理技术的进展，以及实际应用经验，从具有普遍规律的知识本体特征对知识图谱给出的一种广义定义。知识图谱分类与知识本体分类具有完全一致的对应关系。因此，知识图谱可以进一步分类为静态知识图谱和动态知识图谱。这两种知识图谱又可以按照知识本体的类型分类为非形式化和形式化两种。通俗的解释为：非形式化侧重于人类经验和自然语言的定性表达；形式化是严格基于逻辑关系和大数据的定量表达，可以通过计算机逻辑推理和数值计算求解。知识图谱的分类如图1-1所示，图中的双向箭头表示知识图谱类型的相互融合、半定量过渡或转化。

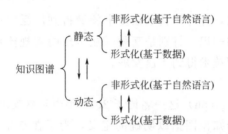

图1-1 知识图谱的分类

对照静态知识本体，静态知识图谱主要描述事物的属性及相关性或连接关系。例如，RDF图、树形图、根原因图（RCM）、行为树、定性决策树、定性故障树、概念地图（又称为思维导图）等，都是一种用自然语言表达的非形式化静态知识图谱；神经网络、贝叶斯网络、故障树、事件树等是基于数据的形式化静态知识图谱。高度抽象化后几乎都是代数方程组或概率逻辑计算方程的图形化表达。

对照动态知识本体及方法和任务知识本体，动态知识图谱主要描述事物和事物之间的因果性、动态影响关系或动态时空关系。例如，工业安全分析、故障诊断和过程控制广泛应用的因果有向图（CDG）、符号有向图（SDG）、原因与影响图（CED）、事件序列图（ESD）、领结图（BT）、事件因果要素图（ECFC）、故障模式与影响分析图（FMEA）、国际标准ISO 15926-2用EXPRESS-G图形化表达的数据模型等，都是一种用自然语言表达的非形式化动态知识图谱。信号流图（SFD）、键合图（bond graph）、基于序贯模块法的仿真图（如Simulink的仿真图）等都是形式化动态知识图谱，都可以通过计算机数值计算求解，高度抽象化后几乎都是微分方程组的图形化表达。

近年来国际上普遍使用的静态知识图谱正在向动态知识图谱进化。2006年，人类和机器认知研究学者娜塔莉亚·德本特塞娃（Natalia Derbentseva）和弗兰克·萨法耶尼（Frank Safayeni）发表论文《概念图中促进功能关系的两种策略》。他们发现概念图（概念地图，思维导图）只能回答"事物是什么"，却不能回答"如何"一类的问题，指出概念图不仅能够表示概念的层次相互联系或静态关系，而且能够表示概念的功能相互依赖或动态关系，这一点很重要。概念之间的静态关系有助于描述、定义和组织给定领域的知识。分类和层次结构通常是在具有静态性质并表示归属、组合和分类的关系中捕获的。两个概念之间的动态关系反映并强调了概念中变化的传播。它展示了一个概念中数量、质量或状态的变化如何导致命题中另一个概念的数量、质量或状态发生变化,并且经过实验证明,对概念图的"根概念"量化可以使概念更具动态性,并可能导致构建更加具有动态特性的命题。这个研究结果已经十分接近实际解决方案,遗憾的是未见下文。

著者依据过程工业实践规律给出了进一步认知和探索,提出了大数据联合静态和动态双重知识图谱的图形化知识表达方法。相当于把每个"根概念"事件经过优选的主要属性用连接关系构造成一系列底层静态知识图谱,用来表达所有"根概念""是什么",然后把全部"根概念"事件用影响关系构造成上层动态知识图谱,联合大数据表达事物的动态演变规律。这需要引入因果反事实偏离概念和推理方法,同时还必须把所有事件分解为具体事件与概念事件。具体事件推理遵循控制作用的量化偏离"四规则"。概念事件则拥有大量用自然语言表达的物理、化学、力学、电学等偏离事件,遵循多种实际过程动态变化的特有规则推理。实际问题需要对具体事件和概念事件混合知识图谱模型实施推理。推理机只在上层动态知识图谱完成前向、反向和双向多功能推理,即采用多功能推理方法完成常识、半定量、定量复合推理。推理结果路径上的"根概念"事件再与各自的静态知识图谱相关属性索引构成自然语言的细粒度解释,成功解决了大型化工、石油化工、炼油和天然气过程的智能安全评价、智能实时故障诊断、智能仿真训练和智能教学软件开发的难题。所有功能都体现在著者开发的知识图谱建模与智能推理软件 AI3 之中,详见本书第六章。

2017 年,拉什·特里维迪(Rakshit Trivedi)等发表的论文《知识演变动态知识图谱的深层时间推理》提出了动态知识图谱的概念,是在非形式化静态知识图谱表达关系的边(弧,即实体间的有向连线)上增加时间戳属性,以便捕捉跨事实的时间依赖关系,可以帮助提高对实体行为的理解,以及它们如何随着时间的推移促进了事实的生成,可以实现对象预测、主题预测和时间预测。

著者提出的解决方法是依照 ISO 15926-2 国际标准,通过引入"动态剧情"的概念将动态知识图谱的"边"定义为一类传输事件,称为"影响关系"。该事件的属性不仅有时间戳,还定义了十余种动态影响关系的主要属性,例如阈值、隶属函数、确定度、传输的增益、传输的影响强度、传输的概率、传输的正/反作用、传输历经时间、传输的风险权重等,实现了精准表达多种动态变化规律的具体方法,扩展了动态知识图谱的表达能力和解决实际问题的能力。

2018 年,Ricky T. Q. Chen 等在第 32 届世界神经信息处理系统大会发表的论文《常微分方程神经网络》,将形式化静态知识图谱表达神经网络进化到形式化动态知识图谱表达神经网络。

著者完成了直接用图论和推理方法求解动态知识图谱表达的微分方程组的软件(CSA)。当影响关系表达为积分因子($1/s$)时,信号流图就是微分方程组的图形化表达。用网络拓扑推理获取信号流图所有独立回路和相关通路,然后应用梅逊公式可以求解代数方程组和微分方程组。此种计算方法直观、形象、使用方便,可以求解复杂微分方程组。与序贯模块图仿真方法相比,可以获取系统特征方程和任意通道的规范化传递函数,并且可以克服时间滞后引起的计算误差。详见第四章的案例。

综上所述,知识图谱之所以称为"图谱",寓意之一是用图形所表达的知识本体规模可能很大、很复杂;寓意之二是种类很多,是一个大"家族"。应用人工智能技术解决现实世界缤纷复杂的问题,第一个挑战需要将大数据、静态知识图谱和动态知识图谱融合互补,用计算机图形化简明精准地表达各种领域的知识本体模型；第二个挑战是对这种复合型、离散型知识图谱模型实施高效多功能推理，获取新的知识。

（2）智能推理技术

推理是人工智能中的一个关键技术。搜索引擎、问答系统、对话系统、解释系统、评价系统、故障诊断系统、规划系统、智能教学系统和社交网络等一系列应用程序都需要对知识库中的知识图谱，即结构化知识进行推理。大型知识库的验证、修改和扩展离不开推理技术。例如AlphaGo使用的蒙特卡洛树搜索技术就是一种具有条件约束（剪枝）的推理技术。

知识本体模型的推理是开发人工智能应用软件的核心技术之一。任何一种人工智能专家系统软件都由两大部分组成，即知识建模和知识推理，因此知识推理是专家系统的一半，是专家系统运作的"引擎"。知识本体映射为知识图谱，即图形化人机界面是新一代人工智能软件的主流特征。因为图形化直观、形象、易学、易用，并且直接可以采用图论和网络拓扑方法推理求解知识本体模型。

高效的推理引擎软件必须采用高效的推理算法。1959年狄克斯特拉（Dijkstra）提出最短路径算法的思路，后来有大量的相关研究和算法发表。此外还有广泛研究的广度优先（BFS，Breadth First Search）和深度优先（DFS，Depth First Search）搜索方法。虽然这些都与本论题相关，但多数只是算法的基本思路，不是真正可以直接编程实现的算法。知识图谱模型推理引擎首先需要遍历所有独立的传播路径和回路的搜索。遍历搜索一定包含了广度优先和深度优先方法的核心思想。进行网络图的遍历就是在知识图谱中对所有事件节点和有向支路万无一失的搜索方法。通常所有算法既可以适用于无向图，也可以适用于有向图。

推理技术为了应对复杂的知识图谱种类，必须专业化定制。对于非形式化知识图谱，需要网络拓扑、常识、默认或半形式化不确定推理。对于形式化知识图谱，需要定量、模糊、概率统计、网络拓扑和数值计算，还包括数值求解复杂的混合型线性/非线性代数方程组、微分方程组或偏微分方程组。因此，高效计算机推理机技术只有掌握在开发者手中，才能自主开发出应对各种领域特征和各种用途的人工智能软件。

1.2 知识图谱和智能推理的应用进展

（1）知识图谱在信息和知识服务方面的应用

中国中文信息学会所做的"2018知识图谱发展报告"对应用知识图谱获取信息与知识服务方面进行了概括，引用如下。

> 知识图谱提供了一种更好地组织、管理和理解互联网海量信息的能力。知识图谱给互联网语义搜索带来了活力，同时也在智能问答中显示出强大威力，已经成为互联网知识驱动的智能应用的基础设施。知识图谱与大数据和深度学习一起，成为推动互联网和人工智能发展的核心驱动力之一。
>
> 知识图谱技术是指知识图谱建立和应用的技术，是融合认知计算、知识表示与推理、信息检索与抽取、自然语言处理与语义Web、数据挖掘与机器学习等方向的交叉研究。
>
> 在大数据时代，知识工程是从大数据中自动或半自动获取知识，建立基于知识的系统，以提供互联网智能知识服务。大数据对智能服务的需求，已经从单纯的搜集获取信息，转变为自动化的知识服务。我们需要利用知识工程为大数据添加语义/知识，使数据

产生智慧（smart data），完成从数据到信息到知识，最终到智能应用的转变过程，从而实现对大数据的洞察、提供用户关心问题的答案、为决策提供支持、改进用户体验等目标。知识图谱在获取信息与知识服务中已经凸显出越来越重要的应用价值。

• 知识融合：当前互联网大数据具有分布异构的特点，通过知识图谱可以对这些数据资源进行语义标注和链接，建立以知识为中心的资源语义集成服务。

• 语义搜索和推荐：知识图谱可以将用户搜索输入的关键词，映射为知识图谱中客观世界的概念和实体，搜索结果直接显示出满足用户需求的结构化信息内容，而不是互联网网页。

• 问答和对话系统：基于知识的问答系统将知识图谱看成一个大规模知识库，通过理解将用户的问题转化为对知识图谱的查询，直接得到用户关心问题的答案。

• 大数据分析与决策：知识图谱通过语义链接可以帮助理解大数据，获得对大数据的洞察，提供决策支持。

需要补充说明的是，以上四个方面的应用必须靠高效多功能推理机才能实现。

目前，谷歌的大型知识图谱数据库已经有 5 亿多个事物，不同事物之间的关系超过 35 亿条。类似的大型数据库例如 DBpedia 的 RDF 三元组数有 4.1 亿，Freebase 有 31 亿，Wikidata 有 7.1 亿，YAGO 有 10 亿。如此巨型的知识图谱数据库仅靠单台计算机的推理程序搜索，即使算法再高效也无能为力，需要借助于数百个处理器的超级计算机和并行推理算法。例如，早在 2010 年埃里克·古德曼（Eric Goodman）等人在高性能计算机 CrayXMT 上，以 512 个处理器的最大配置，在内存中获得了处理 200 亿语义图三元组的能力，每一步推理需要一个三元组和一个相关的知识本体，必须实现所有三元组的推理。自动推理主要完成字典编码、RDF 推理和查询处理三种基本任务。

（2）知识图谱建模与智能推理的工业应用

① 工程设计与安全风险评估应用 其实，知识图谱的概念和工业应用已经有 30 多年的历史。只是在谷歌 2012 年提出知识图谱名词之前没有被称为知识图谱，而是被称为知识建模与定性推理技术。

在欧盟有 50 个成员组织的"欧洲英才网络"（MONET），成员包括主要的欧洲研究机构、大学、高科技中小企业、大型系统提供商以及终端用户，2000 年发布了经过多年调研完成的报告，题为《基于模型和定性推理有关的研究和工业之间的差距》。报告认为，基于模型和定性推理的技术已经发展到一个成熟的阶段，然而，工业界使用这些技术的情况仍然很少，现在是在工业中更多地使用这些技术的时候了。希望通过更清楚地了解这些差距后，能够建立起跨越这些差距的桥梁。MONET 的目标是通过广泛的应用基础和综合研究努力，将定性建模（QM）和定性推理（QR）方法作为一种公认的工业基础技术，特别是使得中小企业广泛认识到在产品开发和制造中的增值效益。

这种方法可以使用从人工智能的定性推理领域获得的概念和技术，这将是基于常识的推理。允许人们抽象复杂系统的定性特征，构建"定性模型"以及诸如定性仿真之类的方法。定性形式和方法在代表和处理不精确、不确定或不完全的知识方面特别有用。

定性建模包括：空间、功能、运动学和动态设计的定性概念建模；因果要素建模；知识本体建模；抽象聚类与逼近混合模型的集成等。定性推理包括：前向、反向和双向多种功能定性推理；常识推理；采用概率的不确定推理；采用隶属函数的模糊推理等。基于模型的系统和定性推理技术可以满足许多工业领域的监控、运营和安全的需要。实践表明模型的可重用性是特别有用的，在企业管理方面非常重要。此外，定性模型便于明确捕获物理现象的潜在因果关系及其相互作用，从而提供良好的预测能力和解释支持等。

这些技术依赖于两个主要的方法：

第一个是过程知识和任务知识的分离表示（与本书第二章和第三章相关）；

第二个是过程知识在足够的抽象层次上的表示（与本书第六章相关）。

总之，基于定性模型和定性推理的技术被很好地用于帮助工业满足来自快速产品开发的一系列需求，从而增强了对理解复杂系统的生命周期支持。潜力是很大的，但必须解决一些关键的差距，以便这些技术能够帮助工业得到更多的效益。

报告提出了跨越差距方法，包括：

a. 开发实用的辅助建模和推理软件工具；

b. 技术研发人员应当与企业一线人员密切合作；

c. 将工业过程生命周期的设计、维护和运行诊断阶段相结合，需要数据、模型和信息共享；

d. 将基于模型的技术与企业现有的软件环境很好地集成；

e. 提高模型的实时预测能力；

f. 系统的操作人员通常不了解建模方法以及如何构建适当的模型，需要大量的培训；

g. 需要快速构建一个有趣的建模与定性推理的演示程序并查看概念，即使演示系统不能解决实际问题，也需要演示这些概念；

h. 建模与定性推理对协助解决企业高危险性（安全关键）问题很有潜力；

i. 基于模型和定性推理方法并没有很好地集成到工程辅助教学中，更多的学生，也是未来的潜在用户，应当接触到定性和基于模型的推理，需要在各种各样的讲座中介绍这一主题（要做到这一点，就需要编写教材，以便对不熟悉这些技术的人进行有效的介绍）；

j. 模型必须易于进化，建立初始的基于模型的系统可能需要相当大的努力，但是只要工业装置技术改造和进化，如果基于模型的系统不能快速跟进，它就不会被进一步使用（许多项目只注重模型的开发是不够的，应制订适当的计划，将基于模型的系统不断更新。理想情况下，需要一种周期性地自动更新模型的方法，因为系统的特性和系统的组件都在变化）。

这篇报告非常务实，非常符合我国工业结构改革和应用人工智能技术的起步现状。这也是本书的宗旨：知识图谱建模与智能推理技术普及和进化。

2004年，波音公司的人工智能专家和航天中心工程局自动化、机器人和智能仿真专家大卫·R. 苏鲁普（David R. Throop）等人联合发表论文《因果图的知识表示标准与交换格式》。论文指出，在许多领域，自动推理工具必须表示关联事件的因果图谱，其中包括故障树分析、概率风险评估、计划、程序、疾病变化的医学推理和功能结构。

论文列举了航空航天多种因果图建模与自动推理软件工具的应用。例如：

a. 概率风险和可靠性评估是对故障树的扩展，其中概率被分配给节点并且计算顶部事件的可能性；

b. 动态故障树在航天器的发射、执行任务和返回中是最常用的分析工具；

c. 根原因分析类似于故障树的方法，主要集中于分析已经发生的不希望的事件；

d. 贝叶斯网络既用于诊断也用于预测；

e. 过程是事件序列，并且在过程步骤之间通常存在至少一个隐式因果关系；

f. 在定性过程理论中，关系意味着影响而不是固定约束关系；

g. 医学中受控词汇表的使用适用于因果网络。

h. 危险识别软件工具包（HIT）组件类的描述可以指定在不同操作模式中由组件产生的后果和副作用，以及组件在给定模式下对外部实体的漏洞，然后，基于规则的危险识别工具包可以执行可达性分析，查找由系统中的一个组件生成的实体可以到达被指定为薄弱点的其他组件的路径，这种已完成的路径被视为对系统功能的潜在危险，最后，用户可以构造产生危险状况的操作剧情。

从以上情况可以看出，在2005年前后，动态知识图谱中的因果图建模和推理软件在现代航空航天高技术制造业已经普遍应用，并且提出了因果图模型标准化的需求。

近年来，已经成功开发了许多构建知识图谱模型和智能推理应用软件。例如，美国创意科技公司（Idea Sciences）的《Decision Explorer》（决策探索者）软件，采用"因果和影响"模型支持组织策略的开发。决策资源管理器提供了一系列图论分析选项，支持决策者在所面临复杂的机遇和挑战下识别和开发战略选项。

著名的IBM公司推出了IBM SPSS Modeler软件，提供多种借助机器学习、人工智能和统计学的建模方法和推理工具，用来解决各种各样的商业问题。软件采用基于节点和流的知识图谱图形界面，这些节点通过流链接在一起，流表示数据在各个操作之间的流动。软件可以构建和推理贝叶斯网络模型、决策树模型、神经网络模型、支持向量机模型、自学响应模型等，还支持与多家数据库供应商的数据挖掘和建模工具集成。主要用途如下。

a. 教育管理：深入了解学生注册的模式和趋势，以便提高学生保持率。教工人员和管理人员可以直接或间接参与学术咨询、财政援助计划和课程管理。

b. 财务管理：通过分析客户信息，抵押贷款机构可以评估哪些客户可能会在其折扣或固定利率期到期后转到其他机构，哪些客户将转换为新利率，哪些会恢复为标准利率。

c. 犯罪检测：执法机构分析犯罪档案报告，以便在数据中寻找线索。将数据进行细分，查找具有相同次数、位置和方法而可能由同一个作案人实施的犯罪集群。

d. 工业监控：工业制造公司监控各个机器部件的工作状况，以便在故障发生前提早预测。

e. 医疗管理：了解可行的治疗方案和患有相同疾病的疗效。通过分析哪些药物对特定病症更有效，构建一个模型来预测哪些药物对特定类型的患者是最适合的。

f. 零售管理：超市通过分析电子零售交易数据，可以发现哪些客户通常购买哪些商品组合。通过使用市场分析结果，零售商可以更精确地定位促销面向的客户、提高广告的响应率或调整不同分支中库存的范围。

g. 通信管理：减少客户流失计划的一部分，电信公司对"流失时间"建模，以便确定快速切换到其他服务的客户的相关因素。预测今后两年内保留的期望客户数量，识别最可能流失的个人客户。

② 过程工业生命周期模型跟踪管理　在1994～2011年期间，用数据模型图描述的国际信息标准ISO 15926-2（已采标为国家标准）特别引人关注。该标准属于过程工业领域的上层知识本体，其中实体及实体间的连接关系采用图形定义方法，称为"图形化-信息建模语言"（EXPRESS-G），该语言在国际标准ISO 10303-11中定义。ISO 15926-2用立体三维加时间的四维空间构建过程工业生命周期全过程数据模型。该模型表达了工厂从设计、建造、在役运行直到报废的数据模型（详见本书第二章），目的是用模型跟踪实现自动化企业管理。此标准已经在欧美、日本等发达国家及地区的大型化工、石化、炼油及天然气工业的工程设计、工程建设和企业实时在线管理中广泛应用。

以上事实表明，用知识图谱（图模型）方法表达知识本体早已应用到国际标准和国家标准之中，是知识本体的完整且细致的图形化映射。面向应用的不足是此类标准几乎都只考虑建模方法。由于不可能人工绘制大规模数据模型，因此必须由IT公司开发辅助建模和推理软件专业工具才能使用。其后引领了相关商用软件的开发和应用。

③ 实时在线故障诊断和智慧工厂　工业应用实时专家系统的突出代表是著名的G2软件平台。该软件采用了因果有向图（CDG，Causal Directed Graphs）模型，配合定性推理机与工业控制系统集成，实施在线实时故障诊断。实时专家系统G2在全球多国的大规模工业应用，证明了人工智能技术的应用价值。开发团队的技术带头人是格利高里·斯坦利（Gregory Stanley），他具有很强的计算机科学和数学功底，精通图论、网络拓扑、评估理论、概率论、过程控制、系统仿真、故障诊断、数据处理、卡尔曼滤波、最优化和数值计算理论与技术，具有11年化工企业过程控制工程师的实践经历。1987年，格利高里领导8人团队构想、设计和开发了G2实时专家系统软件平台等一整套软件产品线，例如GDA—监控产品、SymCure—故障诊断、OPAC—工作流程/规程管理和事件关联等多种产品项目。格利高里是多领域公认的著名专家，例如故障诊断、实时专家系统、数据处理、过程控制和操作、开发创新软件产品和工业应用等领域。格利高里团队开发的G2系列软件，创造了人工智能专家系统在多领域工业过程和军事系统大规模应用成功的奇迹。

G2由Gensym公司开发和进行市场化推广。Gensym的市场包括石油化工、食品、医药、电力、核工业、电子、汽车、卫星通信、军事以及航空航天等。

在实时和任务关键的领域中，基于G2的应用能够：

a. 通过基于知识的推理和分析将复杂的实时数据转化为有用的信息；

b. 在潜在的问题影响操作之前监测到它们；

c. 分析时间紧迫问题的根源，加速处理过程；

d. 提出建议或采取相应的行动，确保成功解决问题；

e. 调整行动或信息，优化操作过程；

f. 通过动态建模和仿真，为决策的制定提供支持；

g. 保留和共享专家知识，使人人都能成为专家；

h. 将模糊逻辑、神经网络、专家系统技术无缝地结合起来。

G2实时专家系统的核心技术包括：

a. 并行实时计算和正向与反向两种推理引擎；

b. 面向对象的软件设计；

c. 交互式图形技术，G2中的对象都具有自己的图形，并且可以与其他对象连接，图形化的用户接口为快速建模、开发和部署应用提供了极大便利；

d. 多种类型事件的知识表达方式；

e. 结构化自然语言描述；

f. 提供动态建模与仿真技术支持；

g. 分布式处理和客户机/服务器网络技术；

h. 开放连接性（OPC，XML，OWL2）。

图1-2是G2的CDG图谱模型的截图，可以看出是一种图形化隐式故障树模型。

对象集成公司（Integration Objects）是技术领先的系统集成和解决方案提供商，专长于智能化操作与制造、先进的分析、异常事件侦测和预防、在线实时故障诊断和根原因分

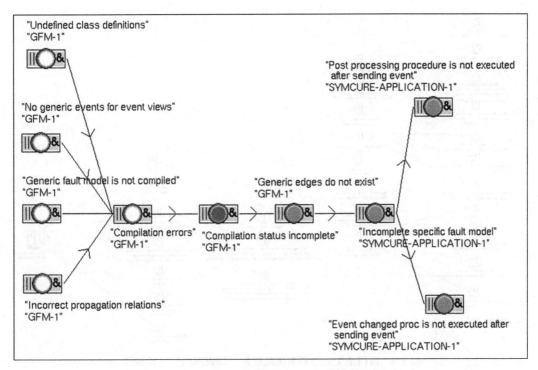

图 1-2　G2 的一个 CDG 图谱模型截图

析、OPC 工业数据接口、过程自动化、智能管理、网络安全,以及全球能源、过程工业和制造业的企业集成。公司目标是帮助用户实现最大化安全、提高效益和高效地驾驭决策过程。公司的专家系统产品称为"知识网络"(KNet,Knowledge Net)软件平台。其领衔开发的资深专家还是格利高里·斯坦利。该平台主要用于增强化学、石油和天然气、电力和公用事业行业的业务能力,以便及时做出业务决策,以增加生产的正常时间、盈利能力和安全性。KNet 支持云平台,并为最终用户提供了迁移到工业 4.0 的尖端技术。用户包括操作员、轮班主管、工程师和工厂经理。KNet 软件平台已经集成到德国西门子工业控制系统中。某知识图谱模型截图见图 1-3。2019 年 KNet 被艾默生收购,此项收购充分证明了 KNet 对于工业 4.0 的重要性。

近年来,联合知识图谱建模和智能推理技术的过程工业控制系统已经成为发展的主流。例如,世界著名的霍尼韦尔公司集散型控制系统(TDC-3000)已经更新命名为"人工智能专家系统"(Experion),基本上实现了基于知识图谱模型跟踪(又称"数字孪生"),从工业项目的执行、运行管理、安全管理直到优化生产的智慧工厂。

(3) 知识图谱建模与智能推理在智能教学 (ITS) 中的应用

智能教学系统,即 ITS(Intelligent Tutoring System),是一种人工智能计算机软件,用于模拟人类教与学的行为和指导过程。研发 ITS 系统的终极目标是实现教育的个性化、公平化和终身化。

随着科学技术的飞速发展,ITS 已经逐渐发展成为先进的综合技术的集成系统,理论上涉及数学、物理、知识工程、领域工程学、认知科学、教育学、心理学和计算机软件科学等多领域的融合,技术层面涉及人工智能(AI)多种方法,实时仿真、模型跟踪、定性建模、定性推理、深度学习、故障诊断、机器学习与性能评估、语音识别、图像识别、虚拟现实

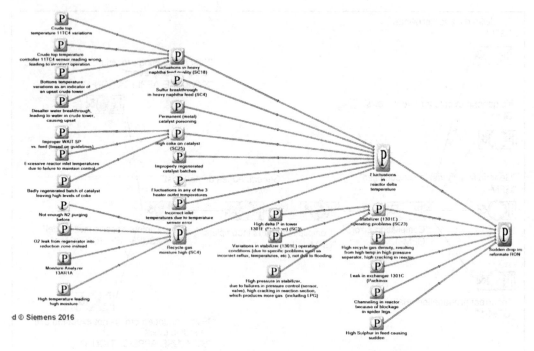

图 1-3　西门子工业控制系统集成的"知识网络"软件截图

(VR)等技术，还包括现代计算机、多媒体、互联网和计算机仿真硬件技术。智能教学系统（ITS）是人工智能技术与仿真技术深度融合的现代化教学系统，见图1-4。

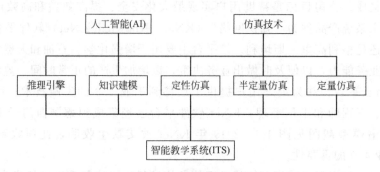

图 1-4　人工智能（AI）、仿真与智能教学系统（ITS）的关系示意图

ITS 可以帮助学生学习大量的课程。智能学习过程是通过提出问题、分析问题与回答问题，提供学生需要的指导和反馈。ITS 系统与传统的计算机辅助教学（CAI）有两个重要的区别，即 ITS 可以解释学生复杂的响应，并且可以记住学生的操作踪迹。ITS 软件构建了每一个学生的档案，并且评估学生的掌握程度。这种系统可以实时改变教学行为，以不同的策略个性化跟踪学生，或调整它的知识库，以便更有效地与所有学生互动。

设计和开发 ITS 的目的不是取代有经验的人类教师，而是增强和扩展教师的教学能力，提高教学效率和质量。人类教师为学习过程带来的复杂且丰富的社会互动是不可或缺的，同时更需要增强和扩展所有学生的学习能力，包括自主学习和元认知能力，从死记硬背的学习方式改进为有意义的学习。

ITS 可以配合人类教师为大量的学生而工作，既可以是同时教学，也可以个性化教学。

ITS 已经通过大量的教学实践证明可以改进学生的理解水平和提高学习成绩。ITS 还可以给教师和开发者提供实时数据，用来提炼教学方法。由于教育机构不能为每一个学生分派一个专有教师，而 ITS 却是一个有用的教师"代理人"，可以为任何一个学生提供个性化帮助，提高学生的学习效率和满足学生特殊的学习需求。

智能教学系统（ITS）伴随着认知科学、人工智能技术和互联网技术的发展而快速发展。智能教学系统的研究、开发和应用起始于 20 世纪 70 年代。被认为是第一篇 ITS 的论文是 1970 年由杰莫·卡贝尔（Jaimer Carbonell）发表的，论文题目是《计算机辅助教学（CAI）中的人工智能方法》。卡贝尔编写了一套计算机程序，即世界上第一个 ITS 软件"学者"。"学者"能够在特定的语境中与学生保持一种混合主动的对话，在一个自然语言文字的英语子集中对学生的知识进行评估。其软件结构属于第一代专家系统，即单纯使用产生式规则的专家系统。

近半个世纪以来，据不完全统计，国外发表的 ITS 相关文献达数十万篇，包括为数众多的著作。以美国为例，已经涌现出一批高水平 ITS 软件，并且在工程职业教学、小学、中学和大学的许多课程中得到推广应用。

例如，著名的安第斯智能教学软件已经在教学实践中应用。这种 ITS 软件采用了图形化知识建模和定性推理技术。该软件的一个物理问题求解知识图谱模型如图 1-5 所示。

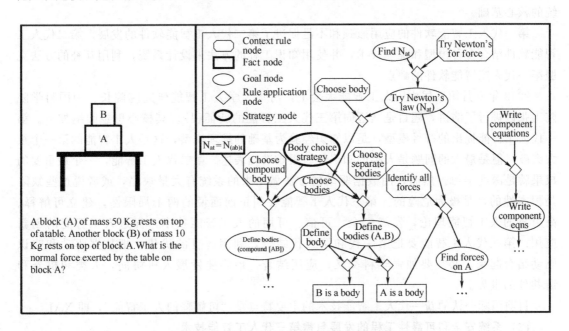

图 1-5 安第斯智能教学软件的物理问题求解知识图谱模型

2009 年，贝弗里·帕克·伍尔夫（Beverly Park Woolf）的著作《为电子化学习革命构建以学生为中心的智能互动式教学策略》比较全面地总结了截至 2009 年前 40 多年中 ITS 的理论、方法、技术研究和软件成果。

最新的一篇 ITS 代表性论文是，2018 年由亚瑟·C. 格雷瑟（Arthur C. Graesser）等人所发表的论文《一种具有多种学习资源集成的电子学智能教学系统：Electronix Tutor》。该软件是一个高度集成的多种应用 ITS 软件的联合系统，是一项挑战竞赛活动的成果，探讨如何在合理的时间内开发出智能化教学系统（ITS），以帮助学生学习 STEM（科学、技术、工程和数学的"元学科")的主题。论文指出:"智能教学系统(ITS)是为帮助学生掌握困难的知识和技能而设计的计算机学习环境,它实现了强大的智能算法,这些算法能够在细粒度的层次上适应学习者的学习和学习的复杂原理。"Electronix Tutor 软件主要集成了 ASSISTments、AutoTutor 和 Dragoon 等多种成功应用的 ITS 软件。

1.3 知识图谱建模与智能推理的需求分析

(1) 知识图谱建模与智能推理是第三代人工智能软件的两大核心技术

世界首个人工智能软件开发者和知识工程创始者爱德华·阿尔伯特·费根鲍姆(Edward Albert Feigenbaum)团队开发出了世界上第一代专家系统程序 DENDRAL,可以根据给定的有机化合物的分子式和质谱图,从几千种可能的分子结构中挑选出一个正确的分子结构。他为医学、工程和国防等部门研制成功了一系列实用的专家系统,荣获了 1994 年度的图灵奖。斯坦福大学的研发团队在同期开发成功了著名的专家系统 MYCIN,用于帮助医生诊断传染病和提供治疗建议。团队的牵头人布坎南(Bruce G. Buchanan)也是 DENDRAL 的核心成员。MYCIN 首创了后来作为人工智能软件要素的产生式规则、不确定推理。虽然 MYCIN 从来没被临床使用过,但 MYCIN 的开发原理后来逐步被提炼成为专家系统的核心基础。

第一代人工智能软件的应用瓶颈和不足促进了第二代人工智能软件的发展。第二代人工智能软件结合多种模型和推理技术,并使用知识工程的方法来设计系统,利用互补的方法克服第一代人工智能软件的缺点。

2019 年 9 月第五届中国人工智能大会上,清华大学人工智能研究院院长、中国科学院院士张钹进行了演讲,题目是《迈向第三代人工智能的新征程》。其核心思想归纳如下。第一代人工智能提出的符号模型,是以知识经验为基础的推理模型,这是人工智能的第一个重大突破。但是最大的问题是人类的知识经验很难准确表达。第二代人工智能,一个最重要的成果就是深度学习。然而,用数据驱动的方法做出来的系统有大量缺陷,或者说这些缺陷是根本性的,是极为危险的。第三代人工智能要纠正前面说的两个局限性,建立可解释、高可靠的人工智能理论,发展安全、可信、可用的人工智能技术,促进人工智能的创新应用。第三代人工智能要把第一代和第二代结合,利用各自的优势,把数据驱动和知识驱动结合起来。必须要加强学科交叉,应用结合。最终要发展人机协同,人类和机器和谐共处的世界。

目前国际公认的新一代人工智能技术的主要特点是"可解释的人工智能",即 XAI。

(2) 系统安全和可靠性工程的发展急需第三代人工智能技术

系统理论、系统安全和可靠性工程方法的进展,为基于知识本体建模提供了更为系统、更为有效的方法。其发展趋势是,知识本体需要从基本原因和初始原因向根原因包括人为失误原因延伸。不利后果预测也要尽可能完备深度跟踪。知识本体的各种引发条件/使能条件必须尽可能完备。安全措施包括事故和未遂事件的人工排除行动,也要依据知识本体结构优化设置。因而迫切需要第三代人工智能技术对复杂系统知识本体模型实施深度构建、表达和深度分析。

麻省理工学院南希·莱维森(N. Leveson)教授提出了一种系统理论安全分析建模的扩展方法。她关注到工程领域包括过程系统领域虽然经历了一场技术革命,但在现实世界中,应用于安全和可靠性工程的基本工程技术多年来几乎没有什么变化。莱维森重新审视和更新了 20 世纪 50 年代航空航天工程师在系统安全概念中所开创的理念,并在现实世界的例子中对她的新模型进行了广泛的测试,提出了一种比现有技术更有效、更便宜、更易于使用的安全分析方法。鉴于传统因果关系模型的不足,提出了一种扩展的因果关系模型,称为"系统-理论事故建模和过程"(System-Theoretic Accident Modeling and Processes),简称 STAMP。她将这些新技术应用于现实世界的事件中,包括哥伦比亚航天飞机事故分析,日本福岛核电站事故分析,Vioxx("万络"抗关节炎药)召回,以及加拿大一个城镇公共供水的细菌污染等。该方法提供了"重组"任何大型社会技术系统的方法,以提高安全性和降低管理风险。STAMP 模型需要第三代人工智能软件支撑才能实际应用。

近年来大量的统计数据表明,操作员人为失误是导致重大事故的主因。化工、石化、炼油和天然气重大事故中 85%~90% 与人为操作失误相关。每年仅美国的化工企业异常工况的经济损失就达到 200 亿美元,其中涉及人的因素占 50%。因此近 20 年来美国、欧盟、日本等发达国家和地区立项、资助和鼓励科研机构进行了大量调查和研究,发现人为因素既是一类导致事故的原因,人的"行动"也是一种排除事故的"安全措施",并相继提出了人为失误的详细分类和预防方法。欧盟重特大事故预防法规"塞韦索-3",包括人为失误因素的 LOPA 分析方法、人为失误因素的 HAZOP 方法等。这些方法的共同点都是在危险剧情中引入人为失误事件的综合分析。

以上工业安全需求也是智能教学、智能仿真培训系统必须考虑的重要教学和训练内容,即不但能够自动记录和深度分析学生复杂多变的误操作剧情,还应面对各种误操作剧情给出安全正确的操作指导,进而提供有针对性的安全操作实践训练机会。没有仿真技术和第三代人工智能技术的支撑,这些功能无法实现。

(3) 知识图谱的普及应用迫切需要第三代人工智能技术

随着人们对知识图谱认知的不断进展和实际应用,必然导致下一波对知识图谱"多功能推理"、"时态推理"、"深度学习"、"深度理解"与"深度解释"的第三代人工智能工具软件的迫切需求。

近年来,国内 IT 公司和人工智能科技界经历了 2016 年 AlphaGo 人机大战战胜世界围棋冠军的惊喜,以及对神经网络似乎是万能的过度期望。在 2012 年谷歌(Google)提出知识图谱技术 5 年后,国人终于回归"本体",认识到知识图谱在人工智能(AI)领域的重要性。以下是近来互联网国内新闻对知识图谱的热议摘录。

"预见未来的神器知识图谱,这是未来人工智能与传统产业融合的方向,也是未来人工智能走向应用的必经之路。"

"应用知识图谱技术解决精准医学与智慧交通的核心问题,今后将不断探索大数据与人工智能在国民经济生活中关键领域的实践应用,用技术真正让人们的生活变得更美好。"

"它让机器更智能,而更智能的机器会从客观世界中获取更多知识。这正是知识图谱对于人工智能的核心意义。"

"从 2014 年开始,知识图谱服务规模三年间增长了大约 160 倍。在人工智能与传统产业深度融合的大背景下,知识图谱通过构建包括业务逻辑在内的行业知识图谱,让人工智能为传统行业提供更加定制化的服务,帮助传统行业提升生产力,进行产业升级。"

"AI 是新的生产力,而知识图谱是 AI 进步的阶梯。"

"通过知识图谱,我们可以将传统的农业转换为精准农业。金融方面是仅次于医疗,知识图谱应用最广泛的领域。"

"人工智能要在行业中得到应用的先决条件，首先要对行业建立起认知，只有理解了行业和场景（剧情），才能真正智能化。说白了，就是要建立行业知识图谱，才能给行业AI方案。"

"反观这波AI浪潮，以深度学习为代表的大数据AI获得巨大进展，但深度学习（指基于神经网络的深度学习）的不透明性、不可解释性已成为制约其发展的障碍，所以，'理解'与'解释'是AI需要攻克的下一个挑战，而知识图谱为'可解释的AI'提供了全新的视角和机遇。"

"大数据时代的到来，为人工智能的飞速发展带来前所未有的数据红利。在大数据的'喂养'下，人工智能技术获得了前所未有的长足进步。其进展突出体现在以知识图谱为代表的知识工程以及深度学习为代表的机器学习等相关领域。随着深度学习对于大数据的红利消耗殆尽，深度学习模型效果的'天花板'日益迫近。另一方面大量知识图谱不断涌现，这些蕴含人类大量先验知识的宝库却尚未被深度学习有效利用。融合知识图谱与深度学习，已然成为进一步提升深度学习模型效果的重要思路之一。以知识图谱为代表的符号主义、以深度学习为代表的联结主义，日益脱离原先各自独立发展的轨道，走上协同并进的新道路。"

2017年7月8日国务院文件《新一代人工智能发展规划》指出："重点突破知识加工、深度搜索和可视交互核心技术，实现对知识持续增量的自动获取，具备概念识别、实体发现、属性预测、知识演化建模和关系挖掘能力，形成涵盖数十亿实体规模的多源、多学科和多数据类型的跨媒体知识图谱。"

其实知识图谱就是知识本体的图形化映射。如果只强调图形化概念，在二维图形上直接看到的只是知识本体结构信息的主干，也就是只能起到直观形象的显示作用。目前大部分认知还停留在静态知识图谱的水平。非常紧迫且真正有意义的是开发第三代人工智能工具软件，以便与各应用领域深度融合，智能化收集知识图谱，智能化构建完备的"大数据＋静态＋动态"知识图谱模型，智能化深度处理知识图谱，智能化深度挖掘知识图谱中隐含的"大数据＋静态＋动态"知识宝藏。

综上所述，系统理论的发展为知识本体建模提供了更为系统化和结构化的方法。成功的实时专家系统G2已经在大规模工业应用和军事应用中取得实效。知识图谱的下一波应用呼唤着新一代人工智能技术的诞生。目前，国产化、实用、高质量、通用性人工智能应用软件奇缺，现有的教科书多数局限于人工智能自身概念或原理介绍，而知识图谱建模、智能推理和人工智能工业应用技术方面的指导书奇缺。目前急需向应用群体广泛演示、普及人工智能实用知识，急需开发和普及大众化、方便易用、先进的第三代人工智能软件。本书的意义就在此。

就在本书完稿之际，科技部颁布了科技创新2030——"新一代人工智能"重大项目2020年度项目申报指南。重大项目的总体目标是：以推动人工智能技术持续创新和与经济社会深度融合为主线，按照并跑、领跑两步走战略，围绕大数据智能、跨媒体智能、群体智能、混合增强智能、自主智能系统等五大方向持续攻关，从基础理论、支撑体系、关键技术、创新应用四个层面构筑知识群、技术群和产品群的生态环境，抢占人工智能技术制高点，妥善应对可能带来的新问题和新挑战，促进大众创业万众创新，使人工智能成为智能经济社会发展的强大引擎。

其中分项目"4.2 工业领域知识自动构建与推理决策技术及应用"与本书的书名高度一致。该项目研究内容是：围绕制造业全产业链中供研产销服等核心业务环节，面向多源异构、跨媒体、多学科的工业数据（结构化、半结构化、非结构化），研究传统工业物理机理、模型和专家经验的知识表达范式理论；研究基于常识和专业知识图谱的工业跨媒体、多学科知识抽取、融合、验证、迁移、演化和表示学习技术；研究面向全产业链协同工作流的情境自适应知识索引、推理、推荐、可视交互决策技术；研制工业知识抽取与推理引擎，建立工业领域知识开放共享平台，面向智能制造供应链、研发设计、生产制造、经营管理、客户服务等典型业务领域开展智能决策应用研究。

综合上述，本书内容是新一代人工智能重大项目在过程工业领域的具体实现和深入应用。

1.4 本书各章内容概要

第二章结合过程工业实际专题介绍知识本体技术。该知识本体提供过程系统本身的知识；其上层知识本体基于国际标准 ISO 15926-2；其核心内容是危险剧情；其领域应用知识图谱是特殊定义的剧情对象模型 SOM_G。

第三章介绍构建知识图谱的方法和任务知识本体（method and task ontologies）技术。任务本体提供特定于具体任务的知识。方法本体提供特定于具体问题求解方法的知识。HAZOP 分析方法和保护层分析（LOPA）方法是核心内容，是基于国际标准 IEC 61882 的扩展。

第四章介绍推理引擎的算法和编程技术。推理引擎的核心技术是针对知识图谱的高效通路搜索算法。重点介绍著者提出的实用高效通路搜索算法，对算法进行了详细解读，给出了编程方法，读者可以直接引用。同时开发了基于网络拓扑方法的信号流图分析软件 CSA 和复杂微分方程组图解计算示例。

第五章介绍基于符号有向图（SDG）深层知识模型构建技术和结构信息的深度学习方法。SDG 模型和推理机制解决了抓住危险传播的主因，以便实现高效精准化结构信息的深度学习。本方法不同于神经网络深度学习，但两者有互补性。本章给出了石油化工过程 SDG 建模和深度学习的案例，介绍了在实践中总结的 SDG 建模技术。

第六章介绍知识图谱建模与智能推理软件 AI3 的设计与开发技术。AI3 集成了前几章介绍的技术与方法。主要内容包括：AI3 总体设计；知识图谱建模人机界面开发与实现；推理引擎开发、推理机制、推理速度测试和推理输出结果表达；知识图谱建模经验。

第七章介绍应用 AI3 专家系统构建仿真与智能教学系统的案例。涉及知识本体模型与仿真模型的协同技术，介绍提高定量动态仿真模型逼真度的方法。作为全书内容的综合应用，介绍了两个不同类型的仿真与智能教学系统成功案例。其中 MPCE 软件集成了集散型控制系统（DCS）和 MATLAB/Simulink 的双重功能，此外还集成了六种化工单元高精度动态仿真模型，弥补了没有被控对象模型的不足，是形式化动态知识图谱建模和仿真计算应用，实现了结合过程系统模型的控制系统设计和仿真实验。AI3-TZZY 软件是运用非形式化动态知识图谱跟踪形式化动态知识图谱技术，能够自动识别学员的问题，实施深度的智能分析和智能解释，实现了危险化学品特种作业人员的安全操作技能训练和资格考核。

第八章介绍 AI3 在过程工业中的应用，包括大型过程工业智能安全评估技术与应用和大型过程工业智能故障诊断技术。智能 HAZOP 评估软件 CAH 基于非形式化知识图谱建模和常识推理技术，在大规模化工、石油化工、炼油与天然气工业应用中获得成功。基于工业级实时在线智能故障诊断技术的石油化工装置安全运行指导系统（PSOG），是大数据、静态知识图谱和动态知识图谱的综合应用。

第二章

知识本体、信息标准化和领域知识本体

知识本体的研究与开发属于新兴学科知识工程范畴。人类通过计算机和互联网的知识表达和应用才真正开始把知识从一般概念上升为科学严谨的知识本体，这是广泛深入实现人工智能应用，即计算机化知识处理和大数据处理的基础和"生态环境"。这是一个长期的、艰巨的、贯穿人类生产活动与社会活动整个生命周期的，同时也是大规模广泛发动人类参与的活动，需要以科学的方法总结、重构、更新、创新和标准化人类的知识，特别是各领域的知识。

以相关知识本体国际标准作为开发本领域和本专业知识本体的基础和依托，是著者推荐的最佳技术路线。因为凡是国际标准或国家标准都是一个领域或专业使用频率非常高的知识，并且凝聚了众多专家长年积累的集体智慧，经过了大量的实践检验与修正。本章首先介绍相关信息标准的知识本体化概念；然后进行有针对性的修改和扩展，将国际标准转化为适用于过程工业系统的领域知识本体，命名为 SOM。

2.1 知识本体

知识是什么？这是一个自古至今直到未来，人类认识真实世界包括人类自己的永恒课题。随着人类生产力和科学技术的发展，关于知识的认知正在不断发展中。

在历史的长河中，人类对知识的认知理论称为"本体论"（ontology），科技领域称其为"知识本体"。知识本体的概念出自哲学的本体论，或称为存在论，英语单词 ontology 是来源于希腊语单词"存在"和"学问"的组合。人类最早研究这个论题的时间可以追溯到古希腊时代，哲学家试图研究当事物发生变化的时候，如何去发现事物的本质。亚里士多德（Aristotle）把存在区分为不同的模式，建立了一个范畴系统（system of categories），包含的范畴有实体、质量、数量、关系、行动、感情、空间、时间。亚里士多德以他卓越的学识和深刻的洞察力，抓住了人类认识中最关键的概念。

本体论得到迅速发展的时期从 20 世纪 90 年代开始，主要原因是计算机技术的发展以及人工智能技术的探索，迫切需要使用本体论来定义知识的规范，以便在软件实体之间共享、重用和使用计算机处理知识。近年来，IT 界将其重要意义比喻为人工智能的"生态环境"，与此同时也不断加深了对知识的认知。

1991 年，计算机专家尼彻斯（R. Niches）等在完成美国国防部高级研究计划局（Defense Advanced Research Projects Agency，简称 DARPA）的一个关于知识共享的科研项目中，提出了一种构建智能系统方法的新思想。所发表的论文题目是《知识共享的使能技术》。尼彻斯团队认识到：构建智能系统需要由两个部分组成，一个部分是知识本体，另一个部分是"问题求解方法"（Problem Solving Methods，简称PSMs）。知识本体涉及特定知识领域中的共有知识和知识结构，它是静态的知识，而PSMs涉及在相应知识领域进行推理的知识，它是动态的知识。PSMs使用知识本体中的静态知识进行动态的推理，就可以构建一个智能系统。这样的智能系统就是一个知识库，而知识本体就是知识库的核心。

1995年，格鲁伯（T. R. Gruber）在人工智能研究中发表论文《面向知识共享的本体设计原理》。论文中定义了"知识本体是概念化的显式规范"。这个定义比较著名，在知识本体的研究中广为流传。

1998年，施图德（Studer）等发表论文《知识工程原理和方法》。论文在前人对知识本体定义的基础上，给出了一个更加明确的解释："知识本体是对概念体系的明确的、形式化的、可共享的规范。"

几十年来，基于知识本体的计算机与互联网信息标准历经了从内容层面到结构层面，即符号、图像、语法到语义的发展，信息传递/交换/共享从字符、位图和向量图的拼写选择和图形绘制到电子文本的人工导引连接，目前已经进展到由计算机自动导引连接的"智能"化阶段。信息交换技术的进展情况如图2-1所示。

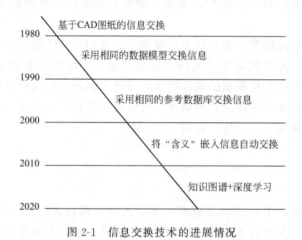

图2-1 信息交换技术的进展情况

计算机软件和互联网信息标准W3C，例如XML、DOM、UML、RDF、DAML＋OIL和OWL2（知识本体网络语言-2），已经在全球任何使用计算机网络和数字化通信系统和设备中运行，可以说是世界上使用范围最广和人数最多的信息标准。

知识本体的开发和应用已经形成一门学科，称为"知识本体工程"。在信息系统领域应用的知识本体主要用于表达信息的内容和机理。

在研究如何用计算机表达知识时，首先需要认识人类自然语言文字文档局限性问题。人们发现如果直接用人类自然语言在计算机中表达信息，其不足体现在如下方面：

① 歧义性（ambiguous），即容易引起歧义的，或模棱两可的表述；
② 模糊性（vague or inherently fuzzy），或者说非清晰性；
③ 非逻辑推演性，因为语法不是语义，语言很难直接实施逻辑推理；
④ 离散性，或者说不完备性；
⑤ 非定量性，或非数值计算性；
⑥ 任意性，例如文言文、诗句或地域方言的表达方式；

⑦ 不同国家语言不同，包括语法不同，表达方式有差异；
⑧ 同义语的多种解释；
⑨ 易错性（error-prone），或因人而异性，人们对自然语言掌握的程度不同；
⑩ 不连贯性（inconsistency），会导致不可推理性；
⑪ 背景依赖性（context dependent），或者说语境依赖性、上下文依赖性。

通过分析人类自然语言文字文档局限性问题，计算机信息科学家逐渐理清了"知识本体到底是什么？"或者说知识本体是如何构成的。采用知识本体工程方法解读人类知识后认识到：知识本体由内容信息和结构信息构成，两者缺一不可。如图 2-2 所示，知识本体是内容信息与结构信息的交集。

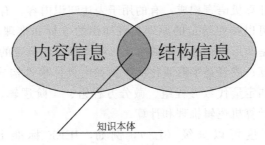

图 2-2　知识本体的构成

著者给出的简单解释是：
① 内容信息是全宇宙包括地球世界一切事物的名称、类型和属性；
② 结构信息是各事物之间包括名称、类型和属性之间的连接关系"和/或"影响关系。

本书后面将进一步展开知识本体的基本要素、事物和关系的深层定义及其在过程系统领域的人工智能应用。

2.1.1　知识本体的基本类型

知识各种基本要素的不同组合构成了多种知识本体类型。施图德等将知识本体划分为以下基本类型。

① 领域本体论（domain ontologies）：捕捉对某一特定领域（例如数学、物理、化学、电子、医学、机械等领域）有效的知识。

② 通用本体论（generic ontologies）：适用于多个领域。通用型本体论也被称为上层（超级）本体论和核心本体论。

③ 应用本体论（application ontologies）：包含对特定领域知识建模的所有必要知识，通常是领域本体以及方法和任务本体的组合。

④ 表达性本体论（representational ontologies）：表达性本体不承担定义任何特定领域的具体知识。这种本体论提供有表达性的实体，而不说明所代表的是什么。众所周知的表达性本体是人工智能创始人之一马文·明斯基提出的框架本体，定义了框架、槽和槽约束等概念，允许以面向对象或基于框架的方式表达知识。

施图德认为：上面提到的知识本体几乎都以一种独立的解决问题的方式捕获静态知识（static knowledge），而不是动态推理知识，例如医学、发电厂、汽车、机械行业的领域模型。然而，知识工程也关注解决问题的知识，因此其他有用的本体类型被称为"方法和任务本体论"（method and task ontologies）。任务本体提供特定于具体任务的术语。方法本体论提供特定于具体问题求解方法的术语。"方法和任务本体"为领域知识提供了一个推理的视角，即与推理引擎直接相关。

施图德在论文中指出：本体论以其最强烈的形式试图捕捉普遍有效的知识，而不依赖于它的使用。这是一开始的观点，这是一个与其哲学渊源密切相关的观点，是不完全的、不可取的观点。因而，人工智能研究人员很快就放弃了这一观点，因为事实证明，知识的具体使用影响了它的建模和表示。因此，任何基于知识的系统（KBS）至少包括两个基本部分：领域知识本体和解决问题的知识本体。这同尼彻斯团队的认知："构建智能系统需要由两个部分组成，一个部分是知识本体，另一个部分是问题求解方法（PSMs）"是完全相同的。"方法和任务知识本体"将在本书第三章与推理方法结合在一起进一步探讨。

目前知识本体常用计算机语言构成，有的用于表达知识内容，有的用于表达某个领域的知识结构机理，有的还可以按照给定的原理实现知识的分析和推理，这要依据使用目的而定。知识本体语言可以是非形式化的，例如中文、英文等自然语言的概念表达，一般不能实施计算机定量推理和计算；或者是半形式化的，例如由具体事件构成的符号有向图 SDG 模型；还有形式化的，例如定量代数方程组、微分方程组、一阶逻辑、描述逻辑及 DAML＋OIL 标准等，可以实施计算机逻辑推理和计算。

知识本体语言的深度可以分级（L^x），例如，IEEE 标准上层知识本体（SUO，Standard Upper Ontology）定义了 1000～2000 个项目，达到了 L^8 级水平。ISO 15926 标准的参考数据类达到 70000 种。

2.1.2　知识本体的设计规则

知识本体信息标准可分为上层（顶层，通用）和领域两类，上层知识本体标准规定多领域通用的知识。相关国际标准通常是上层知识本体。用于某一领域或特定专业的知识本体属于领域知识本体，例如安全评价、故障诊断和仿真与智能教学系统设计的专用知识本体是领域知识本体。无论是上层或是领域的知识本体设计，都应当尽可能遵循如下基本规则。

① 使所有的人（不只是著者）都能共享理解知识的结构。
② 使知识可以再使用。
③ 使得包含在信息系统实行中的结构成为"显式"（非隐式），并且便于理解。
④ 说明知识的详细程度在知识本体中具体化的水平能达到一个适当的级别（通用型、有限通用型、领域应用型、运作型等）。
⑤ 能够在信息开发的不同阶段（分析、概念表达、决策、设计等）使用知识本体的结构。

格鲁伯提出了设计知识本体需要遵循的具体规则。
① 清晰性：采用自然语言，客观如实并且充分必要地定义知识本体项目的含义。
② 连贯性：知识本体模型在逻辑上是通顺的，不得推论出自相矛盾的结果。
③ 可扩充性：基于现有的知识本体词汇可以定义新的特殊用途的项目，而无需改变现有的定义。
④ 兼容性：知识本体的概念说明可以在不同的表达系统和不同的表达风格中实行。
⑤ 基本性：或称为最小知识本体授权（委托），即确定最少只定义哪些项目就能够本质上实现知识一致性的传达。

依据知识本体工程的最新进展，著者增加了如下三条新的参考规则。

① 图示性：知识本体模型可以与图示模型相互映射，称为知识图谱，以便在应用时直观形象，快捷方便，可以应用图论和网络拓扑方法处理知识。

② 互操作性：能与其他知识本体互操作，例如能够与高通用的语义网标准语言（基于 XML 的 OWL2）互操作。

③ 可推理/可计算性：采用知识本体模型直接可以实施逻辑推理、定性推理或用算法半定量或定量求解。

以上 8 条规则都能满足的知识本体设计是困难的。具体的应用需求常常也没有必要全满足。规则间还有可能是相互冲突的。因此需要具体问题具体分析，折中考虑 8 条规则。

2.2　工业自动化信息国际标准 ISO 15926

2.2.1　ISO 15926 简介

工业自动化信息国际标准 ISO 15926，是本书开发智能安全评价、实时故障诊断和仿真培训系统专用知识本体的依据，也是一种经典的上层知识本体，是多国几百位专家合作、历经 20 多年的艰辛研发的成果。这使我们认识到知识工程研发项目的艰巨性。

ISO 15926 是关于过程工厂包括石油和天然气生产设施生命周期数据集成的标准，是用于计算机信息存储与构造知识库的标准。其中第一部分和第二部分已经列为国家标准（GB/T 18975.1—2003）。

标准将过程工厂生命周期信息以通用化与概念化的数据模型表达。它是实施信息库和数据库共享、传送、交换和自动审查的基础。数据模型的设计采用了与参考数据联合的方式，标准的实例表达了大多数用户常用、过程工厂通用或两者皆有的信息。对一个具体的生命周期活动的支持，是基于使用适当的、与数据模型链接的参考数据实现的。

国际标准 ISO 15926 全名为：工业自动化系统和集成，过程工厂包括石油和天然气生产设施生命周期数据集成，即"Industrial automation systems and integration, integration of life-cycle data for process plants including oil and gas production facilities"。ISO 15926 由 11 部分构成，每一部分分别颁布。有的已经颁布，有的还处于讨论开发中。其中第二、四和七部分是核心部分，都已颁布。ISO 15926-7 是具体执行方法，使用了 W3C 的语义网技术。

ISO 15926 应用对象：
- 技术管理人员，主持确定 ISO 15926 中哪一部分适合于本行业需要；
- 过程工厂生命周期信息制定人员。

第一部分　ISO 15926-1—2004：总貌和基本原理。详述涉及过程工厂的工程、建设和操作信息的表达方式。对应的国家标准是 GB/T 18975.1—2003。

第二部分　ISO 15926-2—2003：数据模型。描述标准中用于过程工厂生命周期信息的"实体"。它的设计是用来联合第四部分参考数据 ISO 15926-4—2007：过程工厂常用的表达信息的默认实例，以便表达信息。对应的国家标准是 GB/T 18975.2—2008。

第三部分　ISO 15926-3—2007：几何图形与拓扑学。采用几何图形与拓扑学定义参考数据库中的"对象"（即知识图谱）。它是基于 ISO 10303（ISO 10303-1—1994），并且标准形状的字典是从 ISO 10303-42—2003 和 ISO 10303-104—2000 中精选得到的。

第四部分　ISO 15926-4—2007：参考数据库。支持具体的生命周期，取决于适当的使用基于数据模型 ISO 15926-2 的参考数据。ISO 给出了以电子表格形式的参考数据。目前几乎有 70000 个独立的条款，分别对应常用的化工、石油化工、炼油和天然气过程的单元化设备，例如泵、热交换器、储罐、运输工具等。

第六部分　定义了一种开发和确认参考数据的方法。

第七部分　ISO 15926-7—2011：分布式系统（信息）集成执行方法"模板"。本部分详述了基于第二部分数据模型的集成、共享、互换和继承过程工厂生命周期信息的执行方法。一个"模板"就像一个数据图表。本部分描述了模板的目录，并且定义了一个执行和独立的模板方法，该方法用于定义、核实和模板的扩展，还包括了目前的初始模板集合，以便使用第二部分中的概念模型。它由识别符定义和一阶逻辑原理构成。核实及扩展由模板扩展软件完成。ISO 15926-7 是具体执行方法，使用了 W3C 的语义网技术。使用 ISO 15926-7 需要对概念数据模型及 ISO 15926-2 有所了解，并且具有一些 OWL2 标准相关的知识。

第八部分　分布式系统的执行方法。网络知识本体语言的执行。本部分定义了采用 RDF 和 OWL2 描述第七部分的模板的信息生命周期集成和数据交换的详细说明。

为什么需要 ISO 15926？简单地回答是："我们可以更容易、更便宜地交换和再利用复杂工厂和项目的信息。"因为国际标准 ISO 15926 是用来有效地集成、共享、互换和转交过程工厂整个生命周期的信息标准。

在信息交换中，当维护所有项目的精确含义时，没有人不忧虑信息复制、互换或转交中产生的错误，更何况你对你的合作伙伴有关数据库的内部处理工作和方法全然不知情。例如，当设计部门向业主交付设计图纸和设计文本资料时，特别是大型工业系统的设计，面对如此大量的图纸和资料信息，双方都面临几乎无法一一核实和审查的难题，往往是"走过场"一笔带过，因此有可能遗留设计质量和安全方面的隐患。

若信息正确地传递，你的最终产品的质量和可靠性增加。当你确知信息将正确地传递，你的行动会更快，因为你不必检查信息复制、互换或转交的错误。在设计、建设和运行大型项目（资本资产）时，很大的工作量是传递和访问这些项目（资本资产）的信息。美国国家标准和技术研究院（NIST）2004 年"关于美国大型工业设施不充分的互用性成本分析报告"指出，某些公司 40% 的工程时间消耗在寻找及核实信息上。总的来说，研究表明美国的大型工业项目计算机辅助设计（CAD）、工程和软件系统，由于缺少互用性（interoperability），每年消耗的成本在 150 亿美元以上。

ISO 15926 使得在各种应用中交换信息更加容易，体现在两个方面。

第一方面是提供了"数据字典"。当信息交换大量地用手工键入或采用点对点定制映射时，需要创建一些类型的数据字典，包括相关设备的所有对象及相应的属性，机构越大，所需要花费的功夫越大。你不用开发自己的字典，ISO 15926 为你提供了免费的字典。因为 ISO 15926 字典已经被大量的来自世界各地的专家开发出来，在 ISO 15926 中已经定义了你所需要的高使用概率的化工设施信息。

第二方面是提供了"语义"或称"语境"功能，将语境嵌入信息以便计算机精确地自动处理语义、语境。今天，当我们交换信息时，需要人们管理信息的处理，因为我们（常常）错误地假定应用的背景规则和行业隐语的一致性，我们称这些背景规则为"语境"（上下文），并且没有语境我们会误解语义。如果我们使用了 ISO 15926 的全部细节，那么可以从根本上构建信息本身的语义、语境，使得信息交换更容易。当我们建立了信息模型，可以获取每一个术语的精确含义，并且把它们嵌入术语中，这使得计算机之间直接对话更容易，因为参与者恰恰期望知道的隐含意思已经不存在了（或限制在最小范围）。

以上两个方面是相互依存的。以上两个方面可以解决信息的含糊性（或者称为模糊性），当信息的含糊性被消除后，信息交换操作会非常成功和快捷。信息越含糊，实现有效信息交换的成本就越高。因此人们给出一个简单的公式：

含糊性＝成本

当然，要去除企业、组织机构或同伴之间信息交换的含糊性，需要付出很大的努力。在克服了信息的含糊性的基础上，要实现信息的集成、共享、互换和继承，必须解决信息的互用性。互用性（interoperability）是动态且精确地交换或共享装置整个生命周期的有用信息，这种交换或共享是通过软件自动联系而不需要人工解释的。

在计算机领域的互用性是：不同类型的计算机、网络、操作系统和应用层面有效地联合工作，无需预先通信，就可以进行有效的信息交换。

实现互用性的优点是：

① 增加企业经济竞争力；
② 压缩市场交易时间；
③ 减少基础建设的薄弱环节；
④ 扩大公司的市场；
⑤ 减少供应链成本；
⑥ 提供软件产品的全球准入度。

由以上优点可见，为了提高企业在全球的国际化竞争优势，实现信息的互用性是非常必要的。

2.2.2　ISO 15926-2 知识本体的基本要素

为了便于描述 ISO 15926-2 知识本体标准中基本要素定义，首先需要了解标准中所采用的图形化定义方法。该方法来自相关国际标准 ISO 10303-11—1994 "工业自动化系统和集成——产品数据表达和交换"（Industrial automation systems and integration——product data representation and exchange），常简称为产品模型数据交换标准 "STEP"（STandard for the Exchange of Product model data）。使用 STEP 捕获和交换的 "实体" 及实体间的连接 "关系" 采用图形定义方法，称为 "图形化-信息建模语言"（EXPRESS-G）。EXPRESS-G 的基本图形符号如图 2-3 所示。

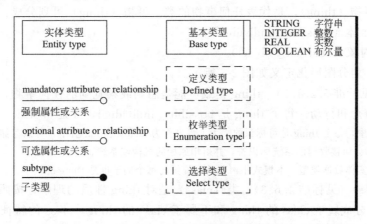

图 2-3　EXPRESS-G 的基本图形符号

例如,对"电话号码"这一概念进行基于知识本体的定义,可以得到图 2-4 图形化信息模型,即静态知识图谱。图形化表达方式直观、形象、细致且准确地描述了"电话号码"这一概念的静态知识本体模型。

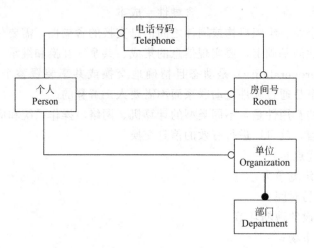

图 2-4 "电话号码"概念的知识图谱模型

下面引用 ISO 15926-2 直接采标的国家标准 GB/T 18975.2—2008 中,对部分重要概念的文字和图形化定义。国家标准为了便于理解原意,名词几乎都用英文,图中的文字也沿用英文。本书也尽量与国家标准 GB/T 18975.2—2008 一致。此外,标准对同一概念做出的反复描述也进行了引用。特此说明。

(1) 知识本体内容信息的分类定义

ISO 15926-2 标准将知识本体内容信息的最基本类型(又称超类型)定义为"事物"。超类型的下一级子类型有两种,其一是"可能个体",其二是"抽象对象"。在这两种子类型的基础上继续定义了一系列子子类型,例如多维对象、实际个体、物理对象、事件、流等,以及它们的属性,例如个体的成分、时域、空间位置、状态等。与智能安全评价、智能实时故障诊断、仿真与智能教学系统的领域知识本体设计开发相关的重点类型定义如下。

① 事物

a. 事物(见标准 4.6.1) 数据模型由实体类型的子类型/超类型层次结构组成。一个作为根的超类型事物(thing),是代表任何事物的类。事物(thing)可划分成:

- 可能 _ 个体(possible _ individual);
- 抽象 _ 对象(abstract _ object)。

事物的子类划分图形化定义如图 2-5 所示。

b. 事物(见标准 5.2.1.2) thing 是或可能是想到或察觉到的任何事物,包括物质和非物质的对象、概念和行动。每个 thing 是 possible _ individual,或是 abstract _ object。

注 1:在系统中,每个 thing 是可标识的。为了将来作为 identification 引用,可以存储其他系统生成的和作为数据交换部分而接收到的系统标识符,并引用原始的机构或系统。

注 2:为其他实体数据类型(本模式中声明的)提供的每个例子也是 thing 的例子。

② 类(class)(见标准 4.6.3) 类(class)是对 thing 性质的理解,按照一个或多个条件,把 thing 划分成属于 class 的 thing 和不属于 class 的 thing。class 的特征是它的成员关系。任何两个 class 的成员关系不会完全相同。

示例 1:我们已知的泵的概念就是一个 class。

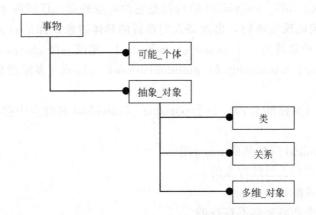

图 2-5　事物的子类划分图形化定义

class 是全局的，没有时空外延。然而，class 可以包含时间、空间作为条件。

示例 2："六月的销售"就是一个 class。

③ 关系

a. 关系（见标准 4.6.4）"关系"属于知识本体的结构信息。此处引用是为了理解事物子类划分的图形化定义，见图 2-5。

两个 thing 之间有 relationship。在本部分中，relationship 被定义成有序对的分类。其上重复记录了另一个 relationship。任何两个 relationship 类的有序对都不会完全相同，可以按序给相关联的 thing 分配分工。本部分定义了 relationship 的显式子类型，覆盖了流程行业中的一些通常使用的关系。

示例 1："泵"和"♯1234"之间的有序对表示了 classification 关系。其中"泵''"是 class，"♯1234"是成员。

示例 2：relationship 的显式子类型有 classification、specialization、lifecycle＿stage（生命周期阶段）和 approval（批准）。

b. 关系（见标准 5.2.11.2）　relationship 是指出一个事物必须处理另一个事物的 abstract＿object。

注：只支持二元关系的类。可以使用 multidimensional＿object 和 class＿of＿multidimensional＿object 指出更复杂的对象。

④ 多维对象（见标准 4.6.5）　多维对象是一个有序的 thing 列表。列表中的 thing 可以是 possible＿individual、class、relationship 或其他 multidimensional＿object。

示例：表［２０，４０，５７］是一个 multidimensional＿obect。

注：multidimensional＿object 要素的次序是用 EXPRESS LIST 聚集类型定义的。

⑤ 个体（见标准 3.1.6）　个体（individual）是在空间和时间上存在的事物。

注1：在这里，事物是在某些一致的逻辑范围内可以想象的，包括实际的、假设的、计划的、期望的或需要的个体。

示例：系列号 ABC123 的泵、Battersea 发电站、Joseph Whitworth 先生和恒星飞船"Enterprise"都是个体的例子。

注2：有关个体概念的详细讨论参考标准的 4.7。

⑥ 可能的个体

a. 可能的个体（见标准 4.6.2）　可能的个体（possible＿individual）是时空中存在的事

物（thing）。一个 possible_individual 的特征是它的时空外延。任何两个个体的时空外延都不会完全相同。每天的现实事物，也就是人们常说的具体对象，都是 possible_individual。

示例：♯1234 号泵就是一个 possible_individual。相反一个 abstract_objects 是时空中不存在的 thing。class、relationship 和 multidimensional_object（多维对象）都是 abstract_objects。

b. 可能的个体（见标准 4.7） 一个 possible_individual 是时空中存在的 thing，通常指一个具体的对象。

Possible_individual 所包括的 thing 有：
- 实际存在的或过去已经存在的；
- 过去和将来可能存在的；
- 假设的，过去和将来都不存在的。

在本部分中，一个 possible_individual 相对应于一个特定的时空外延。如两事物的时空外延完全相同，则认为它们是同一事物。

注：本部分中"可能个体"和"个体"都是用于时空外延的术语。

c. 可能的个体（见标准 5.2.6.11） 可能的个体（possible_individual）是存在于时空中的事物。它包括：
- 任何时空趋于零的空间中的事物；
- 任何时间或所有时间的所有空间以及任何空间中的那些事物；
- 所有时空中的所有事物；
- 实际存在或已经存在的事物；
- 过去、现在或将来虚拟/猜测的，以及可能存在的事物；
- 其他个体的临时部件（状态）；
- 具有特殊位置，但是在一个或多个方向没有长度的事物，例如点、线和面。

在这个范围中，存在是基于某些一致性逻辑中的想象，包括实际的、假设的、计划的、希望的或需要的个体。

示例：可以用的实例表达如系列号为 ABC123 的泵、Battersea 发电站、Joseph Whitworth 先生、莎士比亚和恒星飞船"Enterprise"。

可能的个体子类型如图 2-6 所示。

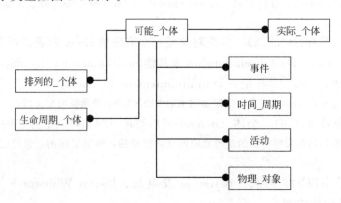

图 2-6 可能的个体子类型

⑦ 实际个体（见标准 5.2.6.1） 实际个体（actual_individual）是 possible_individual，它是我们所熟悉的时空统一体的一部分。与某些想象的世界相对，它存在于我

们现实世界的现在、过去和将来。

注：我们计划的事物通常只能假设为某些想象世界的一部分，直到它们真的发生。

示例1：埃菲尔铁塔是actual_individual。

示例2：用于编辑本部分的计算机是actual_individual。

示例3：虚构的人物Sherlock Holmes是actual_individual的possible_individual。

示例4：2300年的地球（假设仍然存在）是actual_individual。

⑧ 物理对象（见标准4.7.12）物理对象（physical_object）是时空中的物质和/或能量的分布。physical_object总是空间的一部分，尽管不必要但通常也具有非零的时间外延。

physical_object和activity（活动）不是相斥的。一个possible_individual既可以是physical_object，也可以是活动。

示例："放射性材料"、"活的组织"和"火"就既是physical_object，又是activity。

基于physical_object的连贯性，它可以分成四种，即图2-7中所示的physical_object的子类型。

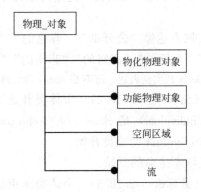

图2-7 物理对象（physical_object）的子类型

⑨ 流（见标准5.2.6.13）流（stream）是一个physical_object，它是沿着一个通道移动的材料或能量。通道是基本的标识并可以约束。流由那些事物（当它们在通道中时是在流中）的临时部件组成。

示例1：流量是通道穿过一个表面的、四维约束的stream例子。

示例2：在原油蒸馏设备与铂重整装置间的管道中流动的石脑油是stream。

⑩ 个体的成分（见标准5.2.6.5）composition_of_individual（个体的成分）是关系，它指出了部分possible_individual是整体possible_individual的一部分。指出简单的成分，除非也举出了子类。composition_of_individual是可传递的。

注：例如，简单成分意味着没有必要包含或关心部件安排。在有部件安排的地方，通过arrangement_of_individual指出它，也可以通过一个子类暗示简单成分。

示例：一颗沙子是一堆沙子的一部分，是composition_of_individual的实例。

⑪ 事件（见标准5.2.9.5）事件（event）是时间范围为零的possible_individual。event是一个或多个possible_individual的临时边界，虽然这些possible_individual可能没有任何知识。

示例：连接泵的动力是标识泵临时开始部分的事件。

⑫ 事件和时间点（见标准4.7.10）事件（event）被定义成具有零时间外延的时空外延。时间可能只发生在某一个时间，也可能是在一个连续时间内，或这两者的组合。

⑬ 事件类（见标准 5.2.7.6）　事件类（class_of_event）是其成员是 event 成员的 class_of_individual。

示例：连续的和瞬间的是实例。连续性事件就像流域界流过一根管子。

⑭ 时域（见标准 5.2.6.9）　时域（period_in_time）是一个 possible_individual，它是时间部件（宇宙的时间部件）的所有空间。

示例 1：2000 年 7 月是 period_in_time 的实例。

示例 2：世界标准时间 2000-11-21 T06：00 到 2000-11-21 T11：53 描述的时期是一个符合 ISO 8601 的 period_in_time 实例。

⑮ 空间位置（见标准 5.2.6.12）　空间位置（spatial_location）是一个 physical_object，它具有相对位置的连续性。

示例：地理数据、执照区块、建筑区域、国土、空中走廊、海上交通带、危险控制区域、四维（含时间维）点、线、面、实体。

⑯ 状态（见标准 5.2.7.13）　状态（status）是用离散无序值描述特征或质量的 class_of_individual。

示例：可以用 status 的实例表达像"公开的""着色的""经批准的""老的""新的""用旧的""冒险的""安全的""危险的""高兴的""悲伤的""生锈的"的所有类。

注：公开或着色的程度用 properly 的实例表达，而不是 status 的实例。

⑰ 个体类开始原因的类（见标准 5.2.10.2）　个体类开始原因的类（class_of_cause_of_beginning_of_class_of_individual）是 class_of_relationship，它显示 class_of_activity 的成员激发 class_of_individual 的成员开始。

示例：汽车制造活动激发汽车生命的开始。

⑱ 个体类结束原因的类（见标准 5.2.10.3）　个体类结束原因的类（class_of_cause_of_ending_of_class_of_individual）是 class_of_relationship，它显示 class_of_activity 的成员激发 class_of_individual 的成员结束。

示例：汽车的压碎活动导致汽车生命的结束。

⑲ 分工（见标准 5.2.13.4）　分工（role）是显示哪些事物必须处理 activity、relationship 或 multidimensional_object 的 role_and_domain。

示例 1：职工是 role，它显示人的哪些临时部分必须处理职业关系。

示例 2：抽水机是 role，它显示泵的哪些临时部分必须处理抽水活动。

⑳ 人类（见标准 5.2.8.15）　人类（class_of_person）是 class_of_organism，其成员是人。

示例：可以用 class_of_person 的实例表达工程师、工厂经理、学生、男人、女人、老年人、成人、女孩或男孩；也可以用 class_of_functional_object 的实例表达工程师、工厂经理或学生。

(2) 知识本体结构信息的分类定义

ISO 15926-2 标准定义了结构信息的基本要素，指出结构信息是用"关系"沟通各类事物。关系有两大类别：其一是连接关系，用来构成静态知识本体，例如，可能个体的组合关系和抽象对象之间的特殊化组合关系。其二是影响关系，用来构成动态知识本体，例如，"活动"、"识别"和"事件原因"。与智能安全评价、实时故障诊断和仿真培训系统知识本体设计开发相关的重点类型定义分列如下。

① 关系

a. 关系（见标准 4.6.4） 同（1）中③。

b. 关系（见标准 5.2.11.2） 同（1）中③。

② 个体的连接（见标准 4.7.3） 可能_个体在其生命中可能被连接，这样才能与其他个体进行交互。这种连接可以是直接的，即有一个共同边界；也可能是通过其他可能_个体间接发生，在这种情况下中间的个体就存在一个可能不被记录的有向连接链，如图 2-8 所示。

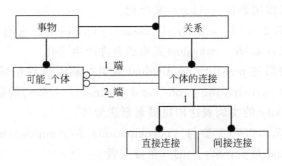

图 2-8 个体的连接

③ 可能个体的组合（见标准 4.7.1） 一个 possible_individual 可能是另一个 possible_individual 的一部分。组合或整体/部分的形态与 possible_individual 是不同的 class。整体/部分用 composition_of_individual（个体成分）表示。它是 relationship 的一个子类型，如图 2-9 所示。

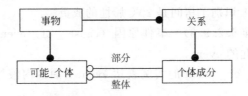

图 2-9 可能个体的组合

示例：设想一台离心泵的叶轮安装到泵上的时间是泵和叶轮时间外延的一部分。外延 #1234 和 #5678 分别代表叶轮和泵，其交集 #9012 既是叶轮的一部分，也是泵的一部分。

④ 特殊化（见标准 4.8.2） 如图 2-10 所示，specification 是两个 class 之间的 relationship，其中子类的成员一定是超类的成员。specification 关系用于表示一个 class 是另一个 class 的子分支。

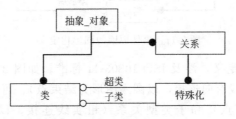

图 2-10 特殊化关系

因为子类的成员一定是超类的成员，子类成员关系必须符合超类成员关系的所有规则。这样子类就被称为继承了超类的规则。

特殊化关系是及物的。子类的子类成员是更广义超类的成员。

归类和特殊化本质上是完全不同的。当 classification 的成员引用 class 时，成员 class 中的成员不一定是分类 class 的成员。

⑤ 活动

a. 活动（见标准 4.7.17） 一个活动（activity）是一些正在发生或改变的事物。在本部分中，活动是指其他个体和 event 参与的时空外延。participation（参与）是 composition_of_individual 的一种类型。

带来变化的活动可以用事件（event）来标记。

b. 活动（见标准 5.2.9.1） activity 是 possible_individual，它通过激发标识 possible_individual 开始，或标识 possible_individual 结束的事件产生变化。

活动由参与活动的那些 possible_individual 成员的临时部件组成。通过指示临时部件在活动中所扮演分工的 participating_role_and_domain，对参与的临时部件进行分类。

示例：可以用 activity 的实例表达用机械泵泵送液体。

⑥ 参与（见标准 5.2.9.7） 参与（participation）是 composition_of_individual，它显示 possible_individual 是 activity 中的一个参与者。

注：在 participation 中是分工的 possible_individual 可以是 whole_life_individual 的临时部分。用显示其在 activity 中所扮演分工的 role_and_domain 对 whole_life_individual 进行分类。

示例：P1234 的临时部分（在 2002 年 12 月 2 日完成发动机容器 Murex 的排泄任务）和排泄容器活动之间的关系是参与关系。

⑦ 识别（见标准 5.2.9.9） 识别（recognition）是通过 activity 识别事物的 relationship。

示例：测量活动♯358 识别了房间是 20℃属性的成员。

⑧ 事件原因（见标准 5.2.9.3） 事件原因（cause_of_event）是 relationship，它指出了引起者 activity 所引起的 event。

示例：可以用 cause_of_event 的实例表达 event"油罐内液体水平面已满"引起油轮装载活动的关系。

事件原因的图形化定义如图 2-11 所示。

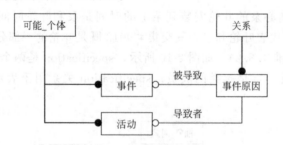

图 2-11 事件原因的图形化定义

有关连接关系的原始定义，涉及 ISO 10303-11 标准。如图 2-3 所示，连接关系又分类为强制属性或关系（细实线有向连接，以圆圈图形为结束点）、可选属性或关系（虚线有向连接，以圆圈图形为结束点）和子类型关系（粗实线连接，以实心圆图形为结束点）。图 2-4~图 2-11 都采用了 ISO 10303-11 标准表示方法。可见所有的要素定义都只涉及连接关系，即都是静态知识本体的定义。ISO 10303-11 标准中属性和关系概念的区分如图 2-12 所示。

图 2-12 属性和关系概念的区分

属性：指定基本类型（枚举、选择或定义类型）在实体类型定义中所扮演的分工。
关系：指定实体类型在另一个实体类型的定义中所扮演的分工。

2.3 ISO 15926 原理借鉴和扩展

过程系统（process system）从广义范畴定义，即是所关注的实际世界的某个部分。这个系统可能是自然的或人工的、现实存在的或未来计划与设计的。

本书所涉及的范围确切地说是过程工业系统。过程工业系统包括化学工业、石油化工、石油炼制、冶金和焦化、污水处理、煤气、天然气加工、火力发电、核动力发电、造纸、食品加工、制药等工业系统。这些工业系统在国民经济中占有极其重要的地位，并且具有许多共同特点。例如，它们都是由一系列单元操作装置通过管道组合而成的复杂系统。常见单元操作装置有压缩机、离心泵、蒸汽透平机、热交换器、蒸发器、干燥器、吸收塔、精馏塔、工业炉及各种化学反应器等。过程控制系统、仪表和工业监控与管理实时网络系统，包括工业自动化系统集成数据模型的国际和国家标准等都相同，可见它们有着许多共同规律，知识建模、推理和仿真方法也是相同的。

ISO 15926 是关于过程工业包括石油和天然气生产设施生命周期数据集成的标准，主要是基于静态知识本体，用来实现计算机化信息共享和传递。虽然标准考虑了空间加时间的四维要素，但主要还是为了 3D 设计和跟踪过程工厂的设备与部件在工厂生命周期内的维修、更换或补充的信息管理。该标准的目的不是针对过程工厂动态变化信息的评价、诊断和监控，因此缺乏完整的动态知识本体的内容。智能过程系统安全评价、实时故障诊断和仿真培训系统的知识本体恰恰是以动态知识本体为主，因此完全照搬 ISO 15926 标准是行不通的。但毕竟两者都属于过程工厂领域，并且 ISO 15926 是全球第一个工业应用的上层知识本体，有相当多的内容特别是构建知识本体的原理可以借鉴。以下按知识本体内容信息和结构信息构建方法的两大类型，对过程系统的领域知识本体构建原理进行探讨。

2.3.1 过程系统的领域知识本体内容信息分类

ISO 15926-2 是在大量过程工业应用实践的基础上，经过科学与严谨的归纳和总结得到的指导性标准。关于内容信息的本体化归类，原则上可以全盘采纳。经过大量的过程安全评估和实时在线故障诊断实例验证，过程系统的领域知识本体的内容信息应当选用"事件"作为通用类，并且将"事件"划分为"具体事件"（对应"可能个体"）和"概念事件"（对应"抽象对象"）。为了适合实际应用，当具体事件的可观测性无法实现时，需要将其转换成概念事件处理，即具体事件和概念事件在一定的条件下可以相互转化。

(1) 具体事件

具体事件（specific event）的特点：

① 具有单一性（唯一性）；

② 具有可观测性，即可以通过检测仪表直接定量测取；
③ 在因果影响关系中具有量化且直接传播特性；
④ 通常属于事件类别中的具体物理化学参数；
⑤ 是导致偏离、误差或危险发生、扩大或传播的主因。

具体事件通常是工艺、物理、化学及生理参数，例如压力、温度、液位、流量、流速、组成、时间、顺序、电压、电流、功率、转速、黏度、pH 值、心率、血压、血脂、血糖、白细胞、血小板、尿酸等。

（2）概念事件

概念事件（general event）的特点：
① 具有复合性；
② 概念事件属性无法唯一可观测；
③ 具有类别的属性，可能是一种分类的类别项；
④ 可以具有关系的属性；
⑤ 具有多维对象的属性，其中可能含有多种具体事件；
⑥ 在因果影响中影响作用无法量化说明，但确实有影响，甚至可能有多种影响。

实际过程系统中概念事件可以分为三种类型：
① 工业或（工艺）过程类事件的例子　有反应、混合、汽化、结晶、精馏、吸收、萃取、干燥、选矿、发电、炼铁、纺织等；
② 有人员参与的行动类事件的例子　有开离心泵、开压缩机、开/关阀门、卸料、吹扫、置换、排气、调整、控制、开汽车、开飞机、发射导弹、射击、操纵挖掘机、行走、跑步、爬高、下矿井、挖隧道、管理、指挥、运行软件、通信、上网、办公、维修等；
③ 物理化学或生理现象事件的例子　有腐蚀、磨损、挤压、污染、膨胀、震动、冲击、破裂、泄漏、侵蚀、风化、烧烤、雷电、水淹、辐射、氧化、化合、聚合、分解、水解、中毒、发炎、肿痛、生病等。

2008 年，美国化学工程师学会（AIChE）的化工过程安全中心（CCPS）在第三版《危险评估程序指南》中首次提出相同概念，只是名称不同，具体事件称为过程参数的"具体项"，概念事件称为过程参数的"通用项"。

1992 年，美国能源部核安全政策和标准办公室颁布的"根原因分析导则"，对事件和由事件构成的因果事件链进行了定义。

① 事件：是一次实时发生的事情（例如管道破裂、阀门故障、动力损失）。注意，事件也可能严重影响能源工程设施的预定任务。用事件定义危险传播的因果事件链，称为因果因素链。

② 因果因素链（事件序列和因果因素）：是一种因果顺序，在这种顺序中，某个特定的动作创建了一个条件，从而促成或导致了一个事件。这就创造了新的条件，反过来又导致了另一个事件。序列中较早的事件或条件称为上游因素。

2.3.2　过程系统的领域知识本体结构信息分类

过程系统的领域知识本体结构信息的通用类型是"关系"。关系可以分类为"连接关系"和"影响关系"两大子类。

连接关系沿用 ISO 15926-2 和 ISO 10303-11 的分类和定义，并且同时适用于具体事件和概念事件。连接关系用于搭建静态知识本体的完整结构。

影响关系用于搭建动态知识本体的完整结构。其内在机理参考了 ISO 15926-2 关于"事件原因"（cause_of_event）的定义和解释，即：

① 事件原因具有"关系"的属性；
② 该关系必须涉及一个原因事件，称为"引起事件"；
③ 该关系还必须涉及一个由原因事件直接导致的后果事件，称为"被引起事件"；
④ 原因事件对后果事件的影响是通过原因事件激发的"活动"所导致；
⑤ "活动"是一种"事件"；
⑥ "活动"是有向的，从"引起事件"指向"被引起事件"。

可以用一个集合论图示表达影响关系的内在机理，如图 2-13 所示。例如，有一条上游管线连接着一个储罐顶部入口，当管线中液体的流量增加时导致储罐中液位上升。如果按照标准"事件原因"直译，本影响关系称为"上游流量增加"。这时用"引起事件"来称呼"影响关系"显然不确切。用"被引起事件"来称呼"影响关系"，即"储罐液位升高"也不确切。

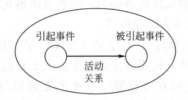

图 2-13　用集合论图示表达影响关系的内在机理

当原因事件和后果事件都是具体事件时，准确的称呼应当是具体影响关系为"正作用"（HAZOP 分析方法中称为"定量增加"），即当上游流量增加时导致储罐液位上升。"正作用"的另外一重潜在含义必定是，当上游流量下降时导致储罐液位下降，与 PID 控制器的"正作用"概念完全一致。同理，"反作用"影响关系与以上作用机制都相反，与 PID 控制器的"反作用"概念完全一致。

当原因事件和后果事件中任何一个为概念事件或都为概念事件时，则认定属于概念影响关系。常用默认推理的"导致"描述。"导致"有多种可能的含义，例如：allowing　许可，允许；result in　导致，产生；lead to　导致，通向；cause　引发，使产生；bring about　带来；issue in　导致；generate　产生，发生；reflect on　导致，招致；instigate　主使，教唆等。

图 2-14 是关系的分类总图。图中所示的影响关系主要有三个子类型，即具体影响关系、逻辑影响关系和概念影响关系。

事物间复杂的关系构成一个巨大的网络图，是结构信息的图形化表达。2012 年，谷歌研发团队将其称为知识图谱，实际上就是知识本体的图形化映射，重点突出了结构信息的网络图形化特征。图形化特征促进了图论、网络拓扑、神经网络、数据挖掘和深度学习等技术与知识本体的融合。

（1）具体关系

具体关系（即具体影响关系）是定量的数值影响关系，是具体原因事件对具体后果事件的以实数表达的量化影响关系，常称为"增益关系"。当增益＞0.0 时，是"正作用"影响关系；当增益＜0.0 时，是"反作用"影响关系；当增益＝0.0 时，定义为当前没有影响关

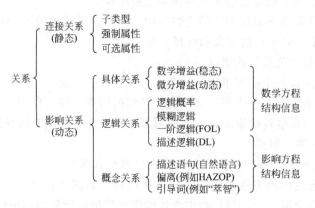

图 2-14　关系的分类总图

系存在。

示例1：自变量（具体原因事件）、因变量（具体后果事件）、描述逻辑的"与门""或门"关系和稳态增益关系共同构成代数方程组。映射为图形化表示时，自动控制领域称为信号流图（SFD），人工智能领域称为神经网络。

示例2：自变量（具体原因事件）、因变量（具体后果事件）、描述逻辑的"与门""或门"关系和动态微分增益关系共同构成微分方程组，人工智能领域称为微分方程神经网络。

示例3：当无法确切测量所有增益值，只考虑变量偏离的阈值时，可以构建符号有向图（SDG）。SDG是一种定性模型，既可以表达稳态定性模型，也可以表达动态定性模型。

示例4：当无法确切测量所有增益值，只考虑"与门"和"或门"影响的概率值时，可以构建故障树（FT）或事件树（ET）。

示例5：当变量之间的影响关系通过拉普拉斯变换成"$1/s$"（积分算子）后，微分方程变换成代数方程，其图形化表达即信号流图（SFD）。

(2) 概念关系

概念关系（即概念影响关系）是无法定量描述的影响关系，可以用自然语言描述，例如"导致"、"伴随"、"部分"或"相反"等。

示例1：通过概念关系可以构建因果事件链。链中所有相邻的两个事件都是一个原因与后果事件对偶，即因果事件对。影响的方向从原因事件指向后果事件。因果事件链的各事件间逻辑关系都为"与门"。事件间的排列按照一定次序。例如，专家系统的"IF-THEN"规则，HAZOP分析的显式危险剧情都有相同特征。

示例2：通过概念关系可以构建因果有向图（CDG）模型（实时专家系统G2采用此类模型）。这种模型是在因果事件链的基础上增加逻辑"或门"关系，CDG在图形上与SDG一样都出现了网状结构。这种网状图形具有隐含大规模因果事件链的能力，因此称为隐式结构。同时可以通过推理引擎将隐含的链状结构完备地搜索出来。可能正因为如此，又有了知识图谱的称呼。

示例3：本书提出专家系统AI3的知识本体结构将SDG与CDG融合为SOM模型，允许具体事件与概念事件在条件允许时相互转换，因而使得知识图谱的表达能力更强。

(3) 描述逻辑

描述逻辑（DLs，Description Logics）是一种基于对象的知识表示的形式化，建立在概念和关系之上。概念是对象的集合。关系是对象之间的二元关系。描述逻辑是一阶逻辑（FOL）的一个可判定的子集。

① 特点：具有很强的表达能力；是可判定的，总能保证推理算法终止。

② 表示逻辑算子的常用符号：$\neg$（逻辑非门），$\wedge$（逻辑与门），$\vee$（逻辑或门），$\mapsto$（逻辑蕴涵）。

在知识本体结构信息中主要使用"与门"和"或门"，逻辑非门在推理过程中涉及，逻辑蕴涵在概念关系的默认推理中使用。

2.3.3 影响方程

除了将概念事件引入 SOM 知识本体模型的表达之外，还必须对事件间影响关系的表达方式进行开发，便于使用。著者提出了基于多重条件的影响方程的方法。本方法将定性代数的建模方法扩展到事件代数和符号逻辑的范畴，跳出了 SDG 模型节点状态只有 3 个（+，0，−）的限制，配合专用的定性推理引擎和建模软件平台，实现了允许任意定义的多引导词自动危险识别和分析。在影响方程中引入了三类条件，以便表达危险剧情分析的所有逻辑推断，并且采用简单的符号表达事件及逻辑推断。三类条件分别是：约束条件、危险传播条件和逻辑推断条件。

通过使用事件代数和符号逻辑的扩展概念所得到的基于多重条件影响方程，解决了 HAZOP 分析和在线实时故障诊断中多引导词定性/定量混合建模问题。

影响方程是 SOM 的一种结构化数学逻辑符号的表达，它的重点是用来表达知识本体的结构信息。因此，影响方程的表达方式有其特殊的限定（restriction）规则。影响方程之所以称为"结构化"，主要在于突出表达结构信息。内容信息本身的结构是静态连接结构，一般用二维表格可以得到充分的表达（例如主题名词、项目、属性、特性和类之间关系的显示等），因此，内容信息的静态关系可以采用自然语言文档、表格、OWL2 或 ISO 15926-2 处理。而多维影响关系信息需要专门的知识本体表达，以便简明且完备地记录、保存、传递、审查、修改和共享（再使用）结构信息。著者提出的影响方程见式(2-1)。

$$C_j \leftarrow S(\pm d_g E_i^{P_l}, \pm R_k)$$
$$(i=1,2,\cdots,n)$$
$$(j=1,2,\cdots,m)$$
$$(k=1,2,\cdots,x) \quad (2\text{-}1)$$
$$(l=1,2,\cdots,y)$$
$$(g=1,2,\cdots,z)$$

式中　C_j——后果事件；

　　　S——事件序列构造符（constructor of event sequence）；

　　　d_g——引导词（显式表达为单一引导词，隐式表达为引导词向量）；

　　　E_i——关键事件（pivotal event）；

　　　P_l——保护层；

　　　R_k——原因事件。

影响方程式(2-1) 中箭头符号"←"表示从原因事件指向后果事件的影响方向。为了适合危险分析和评估，影响方程中外加了引导词和保护层变元，实际应用可以按需要增减相关变元。

列写影响方程的主要限定规则如下：

① C_j是因变量对应后果事件，必须位于影响方程的左边；

② E_i和R_k是自变量对应原因事件，必须位于影响方程的右边；

③ 事件序列构造符 S 限定所有关键事件 E_i 必须按照单串型危险剧情的顺序从右向左依次排列，即关键事件在影响方程中不遵循交换律；

④ 原因事件 R_k 紧跟在它直接影响的关键事件之后，R_k 的嵌入不影响关键事件序列的排序，即 R_k 不参与事件序列排序；

⑤ 关键事件前为"－"号表示两相邻事件间的影响关系为反作用；

⑥ 原因事件前为"－"号表示该原因是使能原因或条件原因。

影响方程表达危险剧情结构信息的例子如下。在以下的结构图中，标有"R"的方框表示原因事件；标有"C"的方框表示后果事件；圆球是关键事件 E_i；有向实线箭头表示具体事件构成的正作用影响关系和概念事件影响方向；有向虚线箭头表达具体事件构成的反作用影响关系。以下的例子有意取消了安全评估中的引导词（偏离事件）和保护层，以便了解影响方程的结构信息表达原理。

示例1： 三要素（three element）型剧情，是危险剧情的最简单结构形式，即一个原因事件、一个中间关键事件和一个后果事件。剧情结构图见图2-15，描述三要素剧情结构信息的影响方程见式(2-2)。

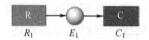

图2-15 三要素型剧情结构图

$$C_1 \leftarrow E_1 + R_1 \tag{2-2}$$

示例2： 单串型剧情。结构图见图2-16，影响方程见式(2-3)。

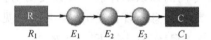

图2-16 单串型剧情结构图

$$C_1 \leftarrow E_3 + E_2 + E_1 + R_1 \tag{2-3}$$

示例3： 正树型剧情，即事件树结构（或决策树、行为树等）。结构图见图2-17，关键事件 E_1 和 E_3 之间有反向影响，通常是反馈信号，会导致回路，可以通过对影响方程式(2-4)直接自动推理得到。由于 R_1 不参与事件序列排序，影响方程式(2-4)可以简化成方程式(2-5)，仍能保持图2-17中的所有结构信息。

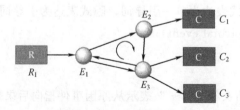

图2-17 正树型剧情结构图

$$\begin{cases} C_1 \leftarrow E_2 + E_1 + R_1 \\ C_2 \leftarrow E_3 + E_2 + E_1 + R_1 \\ C_2 \leftarrow E_3 \pm E_1 + R_1 \\ C_3 \leftarrow E_3 + E_2 + E_1 + R_1 \\ C_3 \leftarrow E_3 \pm E_1 + R_1 \end{cases} \tag{2-4}$$

$$\begin{cases} C_1 \leftarrow E_2 + E_1 + R_1 \\ C_2 \leftarrow E_3 + E_2 + E_1 \\ C_2 \leftarrow E_3 \pm E_1 \\ C_3 \leftarrow E_3 + E_2 + E_1 \\ C_3 \leftarrow E_3 \pm E_1 \end{cases} \tag{2-5}$$

示例4：领结型剧情。结构图见图2-18，影响方程见式(2-6)。本影响方程隐含表达了9个单串剧情，都可以从该影响方程中直接自动双向推理得到，因此影响方程可以压缩存储信息。

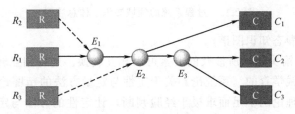

图2-18 领结型剧情结构图

$$\begin{cases} C_1 \leftarrow E_2 - R_3 + E_1 - R_2 + R_1 \\ C_2 \leftarrow E_3 + E_2 + E_1 \\ C_3 \leftarrow E_3 + E_2 + E_1 \end{cases} \tag{2-6}$$

综上所述，影响方程方法的优点是：

① 可以充分且必要地表达所有知识本体的有向结构信息。

② 可以直接实现计算机化自动正向、反向和双向推理。

③ 可以直接向半定量、定量、微分方程组转换，可以方便地实现多层建模（multi-scale modelling）联立计算，有利于建立非形式化、半形式化和形式化模型之间的有机联系。

④ 影响方程忠实地执行了"最小知识本体授权"（minimal ontological commitment）规则，简单、明确、切中要害。经过大量实际应用表明，与现有的知识本体标准比较（例如描述逻辑 DLs），具有简单、明了、易于理解、易于掌握、易于使用、易于推广等优点。

⑤ 影响方程是一种有效压缩存储知识本体结构信息的方法。

2.4 过程系统的领域知识本体总貌

通过以上对过程系统的知识本体国际标准 ISO 15926 的探讨、解读和扩展，已经可以建立起过程系统的领域知识本体的总体概念，如图2-19所示。

过程系统的领域知识本体核心内容是动态因果事件链。所建的动态知识本体模型是因果事件网络，图形化映射就是动态知识图谱。因果链和网络结构中的要素是"事件"和"影响关系"。事件分为具体事件和概念事件。每个事件都对应一个由属性和连接关系构成的静态知识图谱。关系分为连接关系（或称属性关系）和影响关系，每个关系事件也对应一个由属

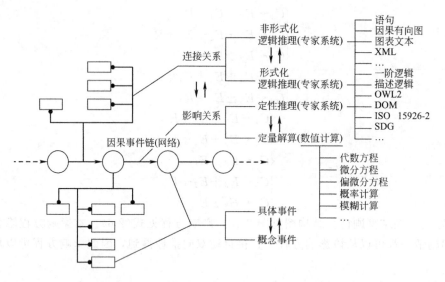

图 2-19　过程系统的领域知识本体总貌图

性和连接关系构成的静态知识图谱。

图 2-19 中双向的箭头表示所涉及的要素可以相互转换。这种相互转换的实质是"定性"与"定量"的转换。钱学森的《系统论》关于定性与定量方法的精辟论述指出："从建模一开始就老老实实承认理论的不足而求援于经验判断，让定性的方法与定量的方法结合起来，最后定量。"同时指出："现在能用的、唯一能有效处理开放的复杂巨系统（包括社会系统）的方法，就是从定性到定量的综合集成方法，这个方法是在复杂巨系统研究实践的基础上提炼、概括和抽象出来的。"图中的双向箭头，从知识本体的内容和结构角度对定性与定量的关系给出了形象化解释。

数学范畴的定量化代数方程、微分方程、非线性方程、偏微分方程等，具有可数值化计算和可推理特性，都是形式化知识本体。中间存在着一个过渡的灰色地带，例如半定量表达、概率表达、隶属函数模糊表达、不确定性的确定度指数表达等，可称为半形式化知识本体。基于经验、纯定性的概念事件所构成的知识本体，即所谓非形式化知识本体。

常用的因果事件链、因果因素链、剧情、危险剧情、事件序列、危险序列或专家系统的"IF-THEN"规则等，都是知识图谱领域化形式。其主要特征是链中任何相邻事件间的逻辑关系都是"与门"（AND），并且是知识本体的显式表达。知识本体的显式表达构成人工智能专家系统中完整的问题分析、解释或答案。

在因果事件链中引入"或门"（OR）逻辑关系后，使得链状结构出现分支，变为网络状结构，通常称为"与或图"。这种网络结构可以隐含大量的链状结构，因此是知识本体的隐式表达。必须通过推理引擎将网络结构中的所有相关且独立的链状结构"挖掘"出来，本书又称为针对结构信息的深度学习。与依托大数据的神经网络深度学习不同，但有强关联和互补性。

图 2-19 中还表达了一层含义，即事件和关系都是事件。因此知识本体的结构中存在两种类型的网络，或称两层网络：一层是由逻辑关系和连接关系构成的静态网络，可以详细解读事件本身的类型、属性和特征；另一层是由逻辑关系和影响关系构成的动态网络，可以详细解读过程系统中各种事件的动态时空变化。两层网络结构的有机联合，表达了知识本体的完整结构。

事物间复杂的关系构成一个巨大的双层网络图，是过程系统的领域知识本体结构信息的图形化表达。

2.5 剧情对象模型（SOM）

在对过程系统的领域知识本体进行探讨的基础上，依据国际标准 ISO 15926-2 和知识本体设计的 8 条规则，设计完成了过程系统的领域知识本体。为了便于联想记忆，采用了 OWL2 互联网标准中的文本对象模型（DOM）命名方法，称为 SOM（Scenario Object Model），即剧情对象模型。SOM 是以动态剧情为核心的领域知识本体模型。

2.5.1 剧情的定义

剧情（scenario）是相关有序事件的集合，是该事件序列的产生、演化和消失全过程的三维空间域、逻辑域和时间域的简明描述和记录。

注释：
① 剧情是过去已经发生过的、现在正在发生或将来构想的有序事件集合；
② 剧情涵盖宇宙和自然界中一切相关有序事件集合；
③ 剧情可以是事件序列的产生、演化和消失全过程有序事件集合的某个段落；
④ 剧情可以是一个简单的具有时间顺序的串联因果事件链结构；
⑤ 剧情可以是一个具有时间顺序的树状因果事件链结构；
⑥ 剧情可以是一个复杂的具有时间顺序的因果事件的领结状结构；
⑦ 剧情可以是一个复杂的具有时间顺序的因果事件的网状结构，其中隐含着以上串联、树状或领结状因果事件链结构。

2.5.2 危险剧情的定义

依据剧情的定义，危险剧情是剧情的一种子类，是与安全评价和故障诊断领域相关的概念，也是过程系统仿真与智能教学系统知识本体的核心。其定义是：危险剧情是由根原因起始，在物料流、能量流、动量流和信息流的推动下，使危险在过程系统中传播，通过影响关系沟通，引发一系列中间关键事件，其中至少包括一个失事点，最终导致不利后果的事件序列集合。事件集合中包括了危险剧情中的防止型与减缓型安全措施和人的行动。

注释：
① 根原因：是危险剧情发生的根本原因，一旦该原因被矫正，该危险剧情包括类似危险剧情则不会发生。
② 物料流：主要指过程系统中的液态、气态或颗粒状固态化学品的单相或混合相态的流体。物料流在压力差（包括位差）的推动下在管道或流道中流动。
③ 能量流：包括热能、电能、机械能、化学能和核能等流通传递状态。
④ 动量流：包括机械作用力、力矩、动量和冲量等。
⑤ 信息流：指过程控制系统信号流和计算机网络数据流。
⑥ 推动力：在过程系统中由压力差、位差、温差、力矩差、电位差，化学反应的温度、压力或催化作用等所导致的推动力。
⑦ 影响关系：是一个因果对偶事件间的由于活动事件所导致的作用。

⑧ 失事点：是危险剧情中间的一个决定性事件，是事故爆发的第一时刻的事件。

⑨ 防止型安全措施：是危险剧情中失事点之前的那些安全措施和行动。这些安全措施能够防止失事点发生，也就是防止了事故的发生。

⑩ 减缓型安全措施：是危险剧情中失事点之后的那些安全措施和行动，无法防止事故发生，但可以减缓事故的不利后果。

⑪ 未遂事件：是危险剧情中失事点之前包括原因事件的事件链片段。

⑫ 事故剧情：是危险剧情中失事点及其之后包括不利后果事件的事件链片段。

⑬ 人的行动：当其是一种安全措施时，包括了人员的判定、评估和检查危险剧情中某事件的"真"或"假"，以及人工排除事故的行动和相关操作规程等；当其是事故原因时，属于不同类型的人为失误。

美国化工过程安全中心 CCPS 的创始人之一、Primatech 公司的总裁兼首席执行官保罗·贝塔特（Paul Baybutt）博士在文献[41]中明确指出："过程危险分析的主要目标是识别危险剧情。" Primatech 公司在过去几十年中，提供过程安全方面的咨询服务、培训课程，研发软件产品，提供专业认证，为美国政府 OSHA 制定过程安全指南，开发了国际第一个用于 HAZOP、PHA（过程安全分析）和用于 LOPA（保护层分析）的商业软件等，贝塔特博士在过程安全领域十分著名。

CCPS 在文献[42]中，正式将危险评价方法分为非剧情方法和基于剧情方法两大类。书中对剧情给出的定义和描述是："一个剧情是一个可能的事故序列的完整描述。一个剧情是一个意外事件或事故序列，它们导致了一个失事点以及相关的影响（冲击），包括了事故序列中的成功或失效的安全措施。每一个剧情从一个初始原因开始，终止于一个或多个事故后果。事故后果可能包括多种物理或化学现象，它们可以采用各种后果分析方法来确定失事影响。"

危险评价的重要基础任务之一，就是识别系统中的危险剧情。基于剧情的危险评价有利于准确了解危险的来龙去脉；有利于准确了解潜在事故的根原因；有利于准确了解事故后果及严重程度；有利于准确了解现有安全措施包括人员行动（actions）的水平；有利于准确定位新建议的安全措施和人员行动；有利于准确定位安全管理（及监管）的目标。这种基于剧情的危险评价解决了安全管理做什么的问题，也解决了安全管理怎么做的问题。同时，也是故障诊断和仿真与智能教学系统知识的核心内容。

2.5.3 剧情对象模型（SOM）设计

危险剧情是危险评价信息的核心，它既表达了评价过程，也表达了评价结论，因此只要开发成功危险剧情的知识本体，就能实现安全评价和实时故障诊断全程信息的标准化，也是智能仿真培训教师模型和学生模型的领域知识本体。

剧情对象模型（SOM）是危险识别、危险评价和故障诊断全程信息的通用性标准化表达。它全面、深入细致、准确并且高度概括地表达了内容（状态）信息和结构（关系）信息，表达了具体事件和概念事件及事件之间任意多重影响关系。SOM 的基本要素（简称基元）包括原因、中间关键事件、后果和安全措施及相关属性。SOM 的基本类型（简称基类）包括内容信息和结构信息的全部基本类型。SOM 模型分显式和隐式两种，显式模型是危险评价结果信息的表达，隐式模型是危险评价过程信息的表达。显式和隐式结构信息的基类由事件与关系构成，并且仅有三点、单串、正树、反树和领结 5 种基本类型。SOM 模型可以直接实施自动推理，隐式模型向显式结果的转换由自动推理完成。知识本体 SOM 和 SOM_G（图形化剧情对象模型知识图谱）框架如图 2-20 所示。图中双向箭头表示允许相互转换，加号表示融合（允许混合应用）。SOM 中各要素的属性，即连接关系构成的静态知识本体通过表格化表达，一目了然。使用时通过勾选提供相关知识库搜索选定、默认或自然语言填表等方法，使用方便。

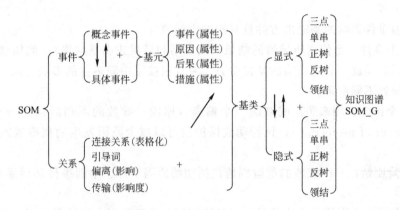

图 2-20　知识本体 SOM 和 SOM_G 框架

(1) 知识本体 SOM 基本要素定义

知识本体 SOM 基本要素定义详见文献 [39] 和文献 [40]。以下是剧情对象模型 (SOM) 的基本要素定义。

① E 关键事件（pivotal event）：是有关过程的，用来描述它的物理、化学状态或按照某种规律正在发生的事件，是那些活动失效的或使能的事件，是那些可以改变后果的事件。E 总是排列在 R 之后。事件分为具体事件和概念事件两类。

② 引导词：是一个简单的词或词组，用来限定或量化意图，并且联合参数以便得到偏离。依据国家标准 AQ/T 3049—2013，常见的引导词有：无、较多、较少、部分、异常、伴随、相反、先于、之后、超前、滞后 11 个。

③ d 偏离：是对评价、诊断或设计意图的偏离，它们是通过系统地使用引导词对每一个中间事件（又称参数）加以组合，得到有实际意义的偏离。偏离的符号逻辑数学表达如下：

$$d \equiv \Delta \bigcap E \in \Delta \oplus E = \Delta E \tag{2-7}$$

例如：较多⊕温度＝温度过高；

较少⊕流量＝流量过小；

异常⊕反应＝反应异常。

偏离是识别和诊断危险剧情的起始点或称为出发点，从原理上看，称其为推动力的激发点（作用点）更准确。

④ R 初始原因事件（IE）：是偏离发生的缘由。初始原因事件可以是设备失效、人为失误或外部事件。不是所有可能的偏离都有实际意义，因此应当识别有实际意义的偏离和可信的原因。

危险初始原因事件举例如下。

a. 容器失效：例如，管线、导管、储罐、容器、胶管、玻璃视镜、垫片、密封等失效。

b. 设备故障：例如，泵、压缩机、搅拌器、阀门、仪表、传感器、控制器、虚假联锁、排放、释放等失效。

  c. 公用工程失效：例如，供电、氮气、水、制冷、压缩空气、加热、流体输送、蒸汽、通风等失效。

  d. 人员失误：例如，操作失误、维修失误等。

  e. 外部事件：例如，吊车冲击、天气条件、地震、洪水、相邻装置事故冲击、人为破坏、消极怠工等。

  初始原因事件影响的是输出方并且只影响中间事件。

  ⑤ C 后果事件：是偏离所导致的结果（例如不利后果或满意结果），例如储罐压力超高导致有毒物料的释放。后果影响的是接受方，并且只接受中间事件的影响。同一个偏离的不同原因可能导致不同后果。

  ⑥ P 安全措施：用来防止或减缓一个偏离（原因）导致的不利后果的行动（actions）或保护层（layer of protection），该行动或保护层可以减少原因发生的概率或减缓后果的严重度。

  ⑦ S 危险剧情：一个完整的危险剧情包括初始原因事件、中间事件和后果事件三要素，缺一不可。

  将概念事件引入剧情的表达是对自动危险识别和故障诊断方法的新拓展。事实上，初始原因事件、后果事件和相当一部分中间事件都属于概念性事件，因此，著者提出的表达方法扩展了知识本体的应用范围和实用性，使得知识本体能够较为全面地表达人类危险分析信息。

(2) 单纯表达 SOM 结构信息的影响方程

内容详见 2.3.3 之式(2-1)。

(3) 知识本体 SOM 的结构信息显式基本类型定义

显式基本类型定义为：结构类型中的任意两个相邻关键事件间的影响关系是唯一的。

三要素（three elements）型显式危险剧情子集 S_3，由式(2-8)所定义，结构信息如图 2-15 所示。S_3 是典型的故障假设（What-If）方法分析机制和分析结果的结构信息的简明表述。

$$S_3 \in \{R, E, C\} \cup \{R, \Sigma E_i, C\} \tag{2-8}$$

单串型显式危险剧情子集 S_c，由式(2-9)所定义，结构信息如图 2-16 所示。S_c 是典型的根原因分析"5 个为什么"方法、HAZOP 方法和 LOPA 方法部分分析机制和分析结果的结构信息的简明表述。

$$S_c \in \{R, E_1, E_2, E_3, \cdots, E_i, C\} \tag{2-9}$$

反向树枝型显式危险剧情子集 S_{tr}，由式(2-10)所定义。S_{tr} 是典型定性故障树[又称主逻辑图方法（MLD），Master Logic Diagrams]方法的全部分析机制和分析结果的结构信息的简明表述。

$$S_{tr} \in \{\Sigma R_i, E_1, E_2, E_3, \cdots, E_j, C\} \tag{2-10}$$

正向树枝型显式危险剧情子集 S_{tl}，由式(2-11)所定义，结构信息如图 2-17 所示。S_{tl} 是典型的定性事件树[又称事件序列图（ESD），Event Sequence Diagrams]方法全部分析机制和分析结果的结构信息的简明表述。

$$S_{tl} \in \{R, E_1, E_2, E_3, \cdots, E_i, \Sigma C_j\} \tag{2-11}$$

领结型危险剧情子集 S_{bt}，由式(2-12)所定义，结构信息如图 2-18 所示。S_{bt} 是领结分析 BTA（Bow-Tie Analysis）方法的全部分析机制和分析结果，以及典型的 HAZOP 双向推理溯因分析方法所得到的结果表述。

$$S_{bt} \in \{\sum R_i, E_1, E_2, E_3, \cdots, E_j, \sum C_k\} \quad (2-12)$$

混合型危险剧情集合 S 是危险识别与诊断定性模型结构信息的一般性构成，由式(2-13)所定义。混合型既包括离散型混合（子集结构间无影响关系），也包括联立型混合（子集结构间有显式影响关系），或者部分离散部分联立。离散型混合剧情既是间歇过程危险传播信息的完全表达，也是人工危险分析过程和结论（限于人类对客观世界的认知水平，通常是离散的、不完备的剧情结构）的结构信息的全部表达。

$$S \in \{\sum S_3 \cup \sum S_c \cup \sum S_{tr} \cup \sum S_{tl} \cup \sum S_{bt}\} \quad (2-13)$$

推论 1：S_3 是 S_c 的子集，或 S_3 含于 S_c 中，即 $S_3 \subset S_c$。

推论 2：S_c 是 S_{tr} 的子集，或 S_c 含于 S_{tr} 中，即 $S_c \subset S_{tr}$。

推论 3：S_c 是 S_{tl} 的子集，或 S_c 含于 S_{tl} 中，即 $S_c \subset S_{tl}$。

推论 4：S_c 是 S_{bt} 的子集，或 S_c 含于 S_{bt} 中，即 $S_c \subset S_{bt}$。

推论 5：由推论 1 至推论 4 得出，单串型危险剧情子集 S_c 是构成定性模型的基本子集（或称基元）。

推论 6：由推论 1 至推论 5，以及中间事件偏离遍历设置前提下的归纳法、演绎法和双向溯因推理法所能得到的全部剧情子集类型的穷举法证明，SOM 模型显式结构信息的一般性构成是混合型危险剧情集合 S。

推论 7：基于剧情的危险评价方法的所有评价过程和结果的显式结构信息是以上六种子集之一。

（4）知识本体 SOM 的结构信息隐式基本类型定义

隐式基本类型定义为：结构类型中的任意两个相邻事件间的影响关系不一定是唯一的。

隐式基本类型的子集与显式相同。隐式基本类型是危险评价团队"头脑风暴"采用多引导词实施多种偏离的讨论过程结构信息的表达，可以通过计算机自动推理方法，从隐式结构信息中提取显式结构信息。

（5）剧情传播序列定义

剧情传播序列 ΔS 定义为：剧情在时间和空间的传播有向路径。

剧情传播序列的实现是通过一个中间事件的偏离 ΔE_i，依据"相容原理"（或称一致性原则），分别由反向终止于初始原因、正向终止于后果的双向溯因推理获取，既是人工分析的推理机制，也是计算机自动定性推理的机制。

相容算符用"↦"（逻辑蕴涵符）表达，是指两个相邻事件 E_i 和 E_{i+1} 当在前一事件（或后一个事件）E_i 设置某一种偏离 ΔE_i 时，该偏离对相邻事件 E_{i+1} 有直接影响，即 $\Delta E_i \mapsto E_{i+1}$ 或 $E_{i-1} \mapsto \Delta E_i$。以上定义是显式的，即在剧情传播序列中所有相邻事件之间的关系都是单一关系。

相邻事件相容的剧情传播序列例子有：

"向一个储罐输送液体的流量增加↦直接影响到储罐液位的升高"；

"操作工的误操作↦将一个阀门错误地打开"；

"而该阀门的打开↦将某物料卸至不应该进入的储罐"；

"储罐进入了不应该进入的物料↦导致化学反应↦使得储罐内温度剧烈上升↦使得储罐内气化空间超压↦使得储罐爆炸↦引发毒物泄漏↦导致 2 万人死亡、20 万人中毒特大事故"（类似 1984 年印度博帕尔事故剧情）。

在单串型危险剧情基本子集 S_c 中存在有至少一条至数条剧情传播序列 ΔS_{c-i}（inf $i \geqslant$

1），称为基本剧情传播序列，如式(2-14)所示。式(2-14)中的 ΔE_x 是所设置的偏离点。显然 ΔS_{c-i} 是 HAZOP、LOPA 和故障诊断所期望的基本结果形式。

$$\Delta S_{c-i} \in \{R \mapsto E_1 \mapsto E_2 \mapsto E_3 \mapsto \cdots \mapsto \Delta E_x \mapsto \cdots \mapsto E_i \mapsto C\}_i \quad (\inf i \geqslant 1) \tag{2-14}$$

(6) 传输半定量描述

为了便于分析复杂危险剧情的发生强度和历经时间，可以引用自动控制领域常用的通道灵敏度和时间常数的概念，又称为通道传输。由于危险评价时难以得到事件间确切的相对增益及时间常数，因此，采用半定量的基于数量级的估计方法。每两个相邻事件之间的影响度是 0~1 之间的一个估计数，强影响可取值为 0.7~1.0；中度影响可取值为 0.3~0.7；弱影响取值 0~0.3。简单显式剧情的总发生强度 G_S 近似等于各相邻事件（包括原因和后果节点）影响度的乘积，如式(2-15)所示。对于多影响关系的混合网状结构模型可用网络拓扑方法计算。响应时间是指从原因事件开始到不利后果发生所历经的时间，简单显式剧情的总响应时间 T_S 等于各相邻事件响应时间估计值的累加值，如式(2-16)所示。两个量化参数的物理含义图示见图 2-21。

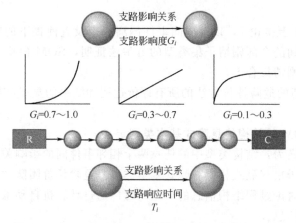

图 2-21 危险剧情影响度和响应时间图示

引入影响度和响应时间，半定量化补充了人工 HAZOP 中间信息的缺失。当一个危险剧情链比较复杂时，剧情总影响度可能非常小，此种情况采用剧情风险度无法准确判断剧情的严重程度；或者虽然剧情风险度很高，但响应时间很长，即有充足的时间加以防止，也降低了剧情的危险程度。此外，引入这两个半定量数据说明知识本体 SOM 能够具有可计算性。影响度和响应时间在应用中只是一种推荐方法，是否使用取决于数据获取的可能性和分析师的意愿。

此外，可以把影响度替换为剧情风险计算，也可以替换为确定度（置信度概率值），则构成不确定性推理。影响时间也可以替换为某种权重，则构成线性规划推理搜索。传输的求积与求和可以依据用户的需求构成多种应用模式。

$$G_S = \prod_{i=1}^{m} G_i \quad (i = 1, 2, 3, \cdots, m) \tag{2-15}$$

$$T_S = \prod_{i=1}^{m} T_i \quad (i = 1, 2, 3, \cdots, m) \tag{2-16}$$

(7) 图形化剧情对象模型（SOM_G）

领域知识本体 SOM 的图形化模型命名为 SOM_G，即图形化 SOM。为了详细、直观形象地了解危险剧情的结构，最好的方法是采用图形化，并且开发专用的图形化软件平台以便使用。这种图形化软件可精准跟踪和记录团队"头脑风暴"讨论会中所有过程信息,而且通过投影屏幕的画面,使所有与会人员提出的分析内容、修改意见、补充意见和计算机自动推理的结果等一目了然。实践表明,图形化方法有助于集体智慧的发挥。应用智能 HAZOP 分析软件(CAH)实现 SOM_G 图形化危险评价的画面案例如图 2-22 所示。图中可以直观地看出混合型危险剧情集合中存在两个"领结"结构,并且两个"领结"间存在相互影响关系,由于两个控制系统的信息反馈,结构中存在两个回路,颜色加深部分是其中一个从自动生成的 HAZOP 报告表中映射出的单串剧情子集。

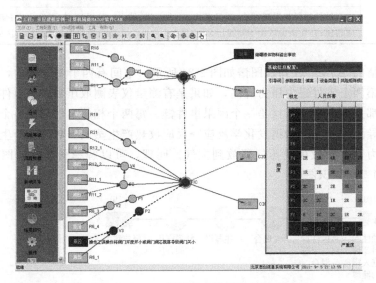

图 2-22　SOM_G 图形化危险评价的画面案例　　　　　画面案例彩图

(8) SOM_G 知识图谱构建举例

示例 1：基于以概念事件为主的危险剧情知识图谱构建。

表 2-1 中四个危险剧情选自文献 [42]。工艺过程相关部分如图 2-23 所示。四个危险剧情的初始原因都是操作工在将废液导入废液罐时,本来应当开阀门 A,却误开了阀门 B,导致废液进入甲醛罐。表 2-1 列出了四个危险剧情的显式单串型因果事件序列。

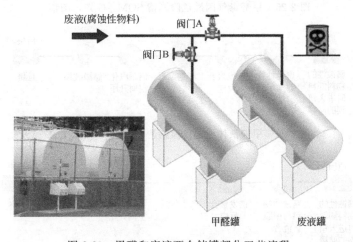

图 2-23　甲醛和废液两个储罐部分工艺流程

表 2-1　四个危险剧情列表

剧情	初始原因	中间事件序列	后果
1	腐蚀性的物料卸料时进入错误的储罐	腐蚀性物料与甲醛混合；诱发反应；产生蒸汽；储罐汽化，空间升压	有毒的甲醛蒸气从储罐排气口向大气释放
2		腐蚀性物料与甲醛混合；诱发反应；产生蒸汽；储罐汽化，空间升压；罐顶排放；存在火源	闪燃
3		腐蚀性物料与甲醛混合；诱发反应；产生蒸汽；储罐超压	储罐压裂，没有起火；储罐内物料急速地释放到周围区域
4		腐蚀性物料与甲醛混合；诱发反应；产生蒸汽；储罐超压；存在火源或由于储罐压裂所引发	储罐压裂，引发火灾；储罐内物料急速地释放到周围区域

其中第一个危险剧情的 SOM_G 知识图谱如图 2-24 所示。中间有四个关键事件，前三个事件都是概念事件，第四个事件罐内压力升高，如果是有测量仪表测取压力，该事件就是具体事件，原因与后果都是概念事件，这是一个因果事件链。每两个相邻事件都是一个因果事件对偶，即开错阀门导致混合→混合诱发化学反应→反应放热产生蒸汽→蒸汽的产生导致罐内气相压力升高→压力升高导致甲醛蒸气释放到大气。同理，可以解释图 2-25～图 2-27 另外三个危险剧情 SOM_G 知识图谱。

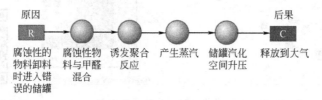

图 2-24　甲醛毒气释放危险剧情 SOM_G 知识图谱

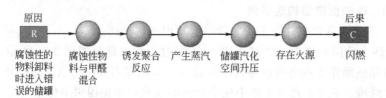

图 2-25　甲醛毒气闪燃危险剧情 SOM_G 知识图谱

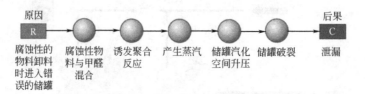

图 2-26　甲醛液体泄漏危险剧情 SOM_G 知识图谱

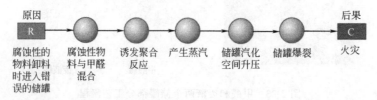

图 2-27　甲醛液体泄漏导致火灾危险剧情 SOM_G 知识图谱

以上四个单串型危险剧情都有一个明显的相同特征，即从储罐压力上升反向追溯到原因事件，因果事件链片段是相同的，即完全重合，因此可以合并为一个树状定性事件树模型，于是四个独立的显式危险剧情隐含到一个树状结构 SOM_G 知识图谱中，如图 2-28 所示。

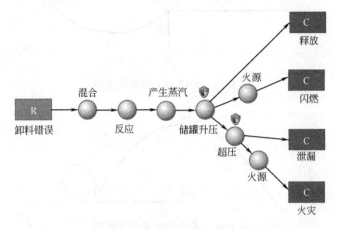

图 2-28　合并四个相关单串型危险剧情为定性事件树模型

示例 2：　基于纯具体事件的代数方程 SOM_G 知识图谱构建。

代数方程是系统处于稳态，即相对平衡状态，或变化系统某一时刻的状态描述，与静态概念有区别。也可以是某种非时变因素的规律的描述（例如，化学性质的非线性规律的拟合方程或曲线）。应用基于代数方程组转化为信号流图的规则，可以通过人工方法将代数方程组直接映射为 SOM_G 知识图谱。

方法是：线性代数方程中的自变量（等式右边的变量）和因变量（等式左边的变量）对应图中的节点；节点间连接用有向线段，线段的方向从自变量指向因变量；自变量前面的常系数即该有向线段的增益系数，直接用目视法就可以映射转化，见图 2-32（也可以用著者开发的软件 CSA 绘制）。

设某系统的稳态代数方程组为式(2-17)、式(2-18) 和式(2-19) 三式联立。按照转化规则，三式分别可以画出信号流图，见图 2-29、图 2-30 和图 2-31。将三个信号流图合并，得到方程组的信号流图，见图 2-32。

$$x_1 = a_{11}x_1 + a_{12}x_2 + a_{13}x_3 + b_1 u_1 \tag{2-17}$$

$$x_2 = a_{21}x_1 + a_{22}x_2 + a_{23}x_3 + b_2 u_2 \tag{2-18}$$

$$x_3 = a_{31}x_1 + a_{32}x_2 + a_{33}x_3 \tag{2-19}$$

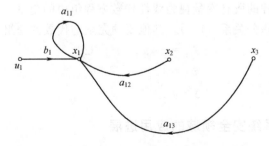

图 2-29　式(2-17) 的信号流图

示例 3：　基于纯具体事件的微分方程 SOM_G 知识图谱构建。

微分方程的突出特征是自变量是事件的变化率（例如加速度）及高阶变化率（变化率的

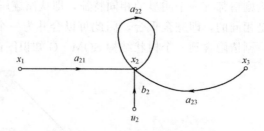

图 2-30 式(2-18) 的信号流图

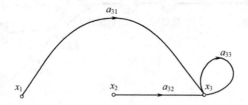

图 2-31 式(2-19) 的信号流图

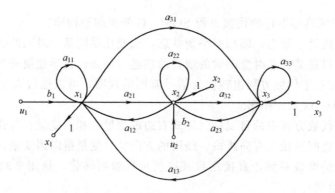

图 2-32 联立方程的信号流图知识图谱

变化率或更多层次的变化率）之间的关系，是对事件变化趋势的描述，因此具有预测未来的作用。应用基于常微分方程组转化为信号流图的规则，可以通过人工方法将微分方程组直接映射为 SOM_G 知识图谱。信号流图是状态方程（即高阶常微分方程）的可视化图形表达，两者具有映射关系。状态方程组如图 2-33 上部所示，可以用著者开发的 CSA 软件通过目视法人工直接绘出其信号流图，如图 2-33 下部所示。

方法是：将状态方程的所有变量视为线性代数方程组中的变量。唯一不同的是状态变量和其一阶微分项之间是积分关系（1/s）。其他要领完全与代数方程组相同。

$$\dot{x}_1 = -5x_1 - x_2 + 2u$$
$$\dot{x}_2 = 3x_1 - x_2 + 5u$$
$$y = x_1 + 2x_2$$

2.5.4 危险剧情在系统安全领域的应用进展

剧情表达了一个领域中非常完备的事件序列信息。剧情是一种综合知识体系的时间域和空间域的表达，如图 2-34 所示。

最初接触意大利外来语"scenario"，采用"剧情"翻译，可能第一感觉不太适应。但仔

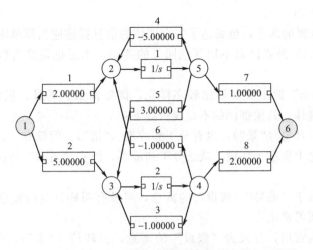

图 2-33　微分方程组直接人工映射为信号流图知识图谱

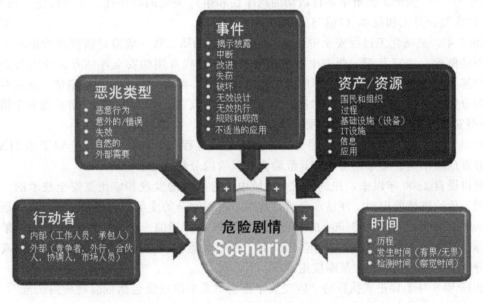

图 2-34　危险剧情的描述内容

细分析下来，用"剧情"不但含义贴切，而且寓意深刻。理由如下：

① "scenario"包括人类大脑中想象的现实世界所不存在的内容以及因果"反事实"推理过程（详见 3.1.5 节）。用剧情更能隐喻这种意境。这是人类智能的独有特征，也是人工智能需要模拟的第三层次功能。

② "scenario"既是安全评估的过程，也是安全评估的结论，因此，是一种人为的"假定"和"预测"。"剧情"突出了人为编纂的含义，也暗示了评价出现错误或遗漏是难免的事实。

③ 国际上本领域的专家广泛认同并使用"scenario"而不用其他的英语同义词，有其历史根源。基于"剧情"的分析作为一种专业方法已经有 70 余年的历史，是一种诸多领域成功应用的著名方法。

④ "剧情"是一种综合概念，包括的范围涉及事件序列即事件的来龙去脉、故事的描述、参与者分工、场景、时间、空间、环境、实体物件、活动等。用人工编纂和导演的电影

剧本来比喻，形象生动。

⑤ "剧情"有概要的寓意，也表达了安全评估的信息描述应当简单明了的寓意。

⑥ 应用意大利语的外来语而不用其他同义的英语，本意也是隐含世界"歌剧"之乡的"剧"的含义。

目前对"scenario"的中文翻译比较多样化，例如情景、场景、想定、预案、序列等。相比之下不如采用直译。其他翻译的不足浅析如下：

"情景"——既有环境（"景"），也有分工和故事（"情"），但没有"假设"的寓意。

"场景"——概念上侧重于环境，缺乏分工和故事，没有"活动"的内容寓意，没有"假设"的寓意。

"想定"——侧重于"编纂""假设"的寓意，但没有明确其他的寓意要素，似有些广义想象的意思（军事演习常用）。

"预案"——国内常用，有人为"假设"的寓意，但环境（"景"）、分工和故事（"情"）的寓意不明确。

"序列"——强调了剧情中事件活动的顺序性和事件演变的时序性，无"假定"的寓意。环境（"景"）、分工和故事（"情"）的寓意不明确。

1992年，美国化工过程安全中心（CCPS）出版的第二版《危险评估程序指南》提出了危险剧情概念。2008年第三版书中首次将所有化工过程常用的安全评估方法分类为非剧情方法和基于剧情的方法，并且用印度博帕尔事故为例，解释了什么是危险剧情。通过对危险剧情的分析，解释了危险剧情的"初始原因"、"失事点"、"不利后果"、"防止型安全措施"、"减缓型安全措施"和"系统抑制层"等基本概念。

2001年CCPS出版的《保护层分析——简化的过程风险评估》专门介绍了用HAZOP方法开发危险剧情、筛选剧情和估算危险剧情风险的分析方法。

可以说自2000年以来，在过程安全领域中危险剧情的发现和应用是安全技术的一项重大进展。危险剧情的识别、评估和分析，解决了过程安全的度量、监控和改进三大问题。

2009年国际标准ISO 31000的颁布，是国际风险管理的一个重大进展事件，已采标为国家标准GB/T 24353—2009。风险的识别、分析和监控，推动了基于危险剧情的风险识别、分析方法在全世界的大范围应用。

2015年6月1日正式执行的"欧盟关于控制重大事故危险包括危险物质的法规"，简称"塞维索Ⅲ"。法规中首次明确要求欧盟各国的相关企业和单位必须提交危险剧情报告，并且规定："详细地描述可能的重大事故剧情及它们的发生概率，或使它们发生的条件，包括可能在触发每一个重大事故剧情中起作用的各种事件的总结。原因是装置内部或外部的原因，特别应当包括：

- 操作原因；
- 外部原因，例如那些与多米诺效应相关的、位于本法令范围之外的区域和新开发区可能增加风险或成为重大事故后果的原因；
- 自然原因，例如地震或水灾。"

基于危险剧情的风险评估方法在欧盟通过立法推动大规模工业应用。这种大规模的安全工程实践，促进了危险剧情的"知识本体"和"知识图谱"的探索和日趋成熟，进而为安全信息标准化创造了条件。安全信息标准化是计算机可以处理的，实现安全领域人工智能的"生态环境"，因而大大推动了人工智能"专家系统"的研发进程。其标志性成就是ISO 15926。知识工程的成功应用，引发了全世界发达国家流程工厂的生命周期计算机化信息处理热潮。智能化自动安全评价、自动工程设计审核、工厂计算机化信息管理、基于专家系统的实时在线故障诊断、智慧工厂等互联网信息平台应运而生。从根本上看，ISO 15926 是危险剧情领域知识本体开发的知识工程基础。

剧情表达、识别、分析、评价方法在国际上已有 70 多年历史，在多个领域具有广泛适用性。近年来已经大量应用到互联网安全、军事设施安全、航空航天安全、核工业安全、卫星通信安全、医疗安全、金融安全、环境安全、自然灾害预测和应急救援、智能教学……发明创新方法"萃智"等方面。以下是近年来危险剧情在不同领域大量实际应用中的部分创新案例。

① 大规模应用的实时故障诊断专家系统 G2，已经推广到 70 多个国家。从化工领域扩展到通信卫星、核电、军事、航空航天、软件安全及互联网安全等领域，已有数万个成功应用案例，包括全世界最大的后勤供应事件链风险管理专家系统软件。G2 的知识模型因果有向图（CDG）就是隐式故障树网状危险剧情图。

② 日本安全专家基于 ISO 15926 石化过程生命周期信息国际标准定义了图形化危险剧情（Hazard Scenario Graphs，HSG）。通过应用 HAZOP 分析所构建的图形化危险剧情模型，实施了自动 HAZOP 推理分析试验。推理软件采用了斯坦福大学计算机科学系知识系统实验室开发的面向对象的模块化推理系统（JTP）。

③ 荷兰国家航空实验室应用危险剧情方法解决了飞行安全问题，提出了详细的危险剧情图形化定义，用于航空飞行安全监控，如图 2-35 所示。

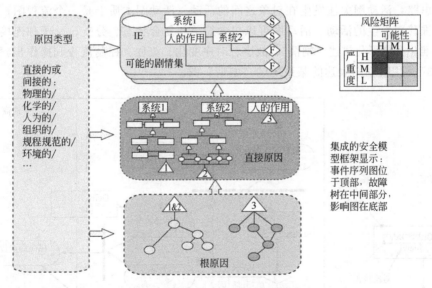

图 2-35　详细的飞机驾驶危险剧情定义

④ 美国能源部核能办公室很早就提出了事故及成因图分析方法（ECFC），并且将其引入了根原因分析安全规范。其实，事故及成因图就是一种图形化因果事件链，即危险剧情图，如图 2-36 所示。许多非核能领域的安全专家也采用 ECFC 图开发危险剧情。

⑤ 挪威安全专家提出了一种图形化的方法来识别、解释和记录安全威胁和风险剧情。这些专家认识到，安全风险分析可能会耗费时间，而且价格昂贵，因此，各应用方很快理解了风险剧情这个概念非常重要。风险分析方法常常利用头脑风暴法的 HAZOP 会议识别风险、威胁和系统的脆弱性。这些识别过程包括系统的用户、开发人员和决策者。他们通常具

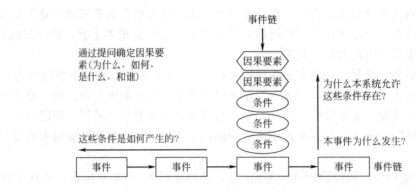

图 2-36　美国能源部提出的事故及成因图分析方法

有完全不同的专业背景与视角。为了促进他们之间的交流和了解，开发了记录和解释总体安全风险剧情的图形化方法，该方法已经成功开发了软件平台。

⑥ 著名的"对象管理组"（OMG）是一个开放的、非营利的国际计算机行业标准联盟，为分布式、异构环境中的互操作、可移植和可重用的企业应用程序编写和维护计算机行业规范。其成员包括信息技术供应商、最终用户、政府机构和学术界。对象管理组开发的SysML是一种标准化的通用图形建模语言，用微分方程来分析复杂系统的连续和离散时间动力学，主要用于描述复杂系统的结构、行为、属性和需求。SysML中的"活动图"（activity diagrams）多用于开发软件时从方案到细节的图形化设计，以及读懂已开发软件的具体逻辑思路。活动图关注发生在对象之间的活动。活动图本质上是一个流程图，它强调随着时间的推移而发生的活动。活动图可以包含简单和复合状态、分支、叉子和连接。活动图是一种标准化和图形化描述"剧情"、故事、时序变化、流程、控制流程和操作步骤的软件工具。图 2-37 是用活动图表达的某系统的"剧情"图。

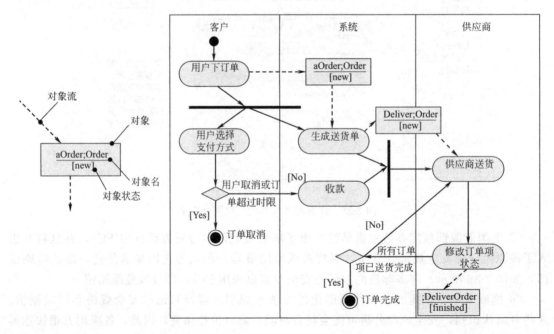

图 2-37　用活动图表达的某系统的"剧情"图

近年来,业界专家将危险剧情图与知识本体标准建立了直接关系。为了大规模推广应用,各发达国家几乎都采用了直观、形象、简明快捷的图形化危险剧情构建技术,即把严谨科学的危险剧情领域知识本体定义映射为知识图谱。直接采用知识图谱作为人工智能专家系统的知识库,并且通过自动推理完成高效高水平的安全评价、故障诊断和危险监控。

以下是不完全统计的危险剧情工业应用。

① 识别危险剧情是过程安全评估的主要目标。危险剧情既是过程安全分析(PHA)的全过程信息记录的核心内容,又是 PHA 分析评估的主要结论。

② 危险剧情是简化法估算危险剧情风险值的唯一算法,必须首先识别单原因-单不利后果结构的危险剧情,依据是:相对于多原因-多不利后果的危险剧情,单原因-单不利后果现实中发生概率最大,然后才能实现危险剧情的风险值估算。危险剧情的风险是实施风险管理的基本目标和量化依据。ISO 31000 标准要求风险识别、风险分析、风险评价和风险处理是一个不断监督和不断审查的周期性过程。

③ 危险剧情将过程全生命周期的管理目标具体化和可执行化。危险剧情是过程安全管理的主要"抓手",即通过危险剧情的识别、分析和评估,可以解决如何度量安全、如何管控安全和如何改进安全三个层次的问题。国际著名的石油与化工公司,例如 BP、美孚-埃克森、杜邦、上海赛科石化公司等,都采用危险剧情识别与分析,将评估获得的防止型安全措施与减缓型安全措施作为日常安全管理的重点目标任务。如图 2-38 所示,将"领结"结构的危险剧情中优选出的防止型和减缓型安全措施及行动作为安全监管目标。

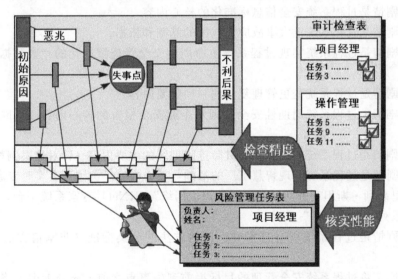

图 2-38 依据"领结"结构的危险剧情确定日常风险管理任务

④ 危险剧情是近 20 年来美国船级社推出的"领结"安全技术的核心内容。所谓"领结"就是具有一个公共"失事点"(又称决定性事件 CE)的多原因和多后果构成的单原因-单后果因果事件链的集合。美国船级社认为任何一个过程系统都含有数个到数十个"领结"危险剧情,只要将它们监控住,则可以从根本上保证系统的安全。一个"领结"也可以看成一个定性故障树和一个定性事件树,是通过"失事点"相连接的剧情结构。

⑤ 危险剧情是保护层分析(LOPA)估算过程风险的基础和直接依据。实施保护层分析,必须首先采用深度危险与可操作性分析 HAZOP 识别和确定详细的危险剧情,依据每一个危险剧情的风险值筛选出重要单原因-单后果对偶危险剧情。然后依据该危险剧情因果

事件链，逐个分析、选择、估算风险削减因子、估算整体安全性级别（SIL）和设计符合实际的保护层，包括防止型安全措施、减缓型安全措施及人的行动。正因为 LOPA 与 HAZOP 有着不可分割的密切相依关系，IEC 不得不在发布 IEC 61508 和 IEC 61511 之后，以国际电工委员会的名义专门发布了 IEC 61882。2013 年，我国进行了直接采标，即 AQ/T 3049—2013，危险与可操作性分析（HAZOP 分析）应用导则。

⑥ 危险剧情是 LOPA 分析中优化安全措施、确定是否采用功能安全仪表（SIS）的唯一判定标准。

⑦ 危险剧情是过程控制方案设计与验证、传感器最优分布设计与验证、优化过程控制系统的安全控制功能、DCS 系统人机交互画面优化组态、报警管理系统和紧急停车系统（ESD）等的设计依据。

⑧ 危险剧情是开发过程安全业绩指标的主要内容。必须依据危险剧情确定主动风险管理的超前安全业绩指标，以及被动风险管理的滞后安全业绩指标，即涵盖了两类业绩指标。美国国家标准（ANSI）审查委员会于 2010 年 4 月 13 日批准了 RP-754 标准，美国石油协会（API）于 2010 年 4 月 22 日发布了 API RP-754 标准，即《炼油与石化企业过程安全业绩指标》。2016 年发布了新版标准。美国 CCPS 以危险剧情图示方法，对过程安全业绩指标的原理进行了详细解释。

⑨ 危险剧情是过程系统异常工况管理（ASM）的主要目标（度量、监控和改进）。

⑩ 危险剧情是过程系统在线实时故障诊断模型的核心内容。

⑪ 危险剧情是过程系统安全信息标准化的核心内容。

⑫ 危险剧情是过程系统重大事故应急救援的基础和依据。

⑬ 危险剧情是过程系统实现过程系统生命周期安全管理智能化的"大数据"和"生态环境"。

⑭ 危险剧情是过程系统变更管理复审的一项重要内容。

⑮ 危险剧情是过程系统周期性安全管理及企业安全报告的核心内容（见欧盟"塞维索Ⅲ"法规）。

⑯ 危险剧情是过程系统安全培训和故障排除训练的主要内容（针对性案例教材）。

⑰ 危险剧情是过程系统实现智慧工厂的基础与核心内容。美国著名实时专家系统 G2 的原创专家格里高利·斯坦利近期又开发了"知识网络"（KNet）专家系统平台，基于该平台衍生出了一系列"智慧工厂"产品。

⑱ 危险剧情是过程系统所有过程安全评估方法的分类标准（非剧情方法和基于剧情方法）。

⑲ 危险剧情将过程系统安全管理的目标提前到失事点之前，充分考虑了将事故排除在萌芽阶段，即预防为主，预防在先的原则。

⑳ 危险剧情是分析人为失误导致 90% 以上重大事故，包括事故发生后的事故调查和研究的核心方法。

㉑ 危险剧情是给出所有重大事故预防、事故减缓、事故救援中人的积极"行动"（事故排除规程、问题识别和判定）方案的核心方法，例如操作规程的 HAZOP 分析。

㉒ 近 50 年来，欧美多国的政府部门与企业一直利用剧情分析来管理风险，并在未来不确定的情况下制定强有力的战略计划。剧情分析在帮助公司管理大型资本投资和改变公司战略方面的成功，使它成为中长期战略规划的标准工具。例如，剧情分析侧重于一国或一项行动最不确定的领域，可系统地开发几种可行的未来备选环境，在这些环境中实施行动，并确

定这些环境将如何影响其成功。剧情分析是一种具有很强跟踪记录和巨大潜力的工具，可以帮助决策者最大限度地减少风险，解决关键的不确定性因素。任务管理团队所采用的剧情分析和决策方法主要有以下 8 个步骤：

  a. 定义焦点问题或决定；
  b. 找出驱动力；
  c. 编写剧情图；
  d. 把剧情分解出来；
  e. 分析后果；
  f. 选择"领先指标"；
  g. 向公众宣传剧情；
  h. 将剧情结果纳入日常管理程序。

㉓ 几十年来，基于剧情的培训 SBT（Scenario-Based Training）技术已经在欧美多国广泛应用。SBT 能够有效提高操作员在非正常工况和事故状态下的危险识别、实时分析、科学决策和精准行动能力。美国贝维尔工程公司（Beville Engineering）为石化行业提供了一种称为"专家陪练"（Shadowbox）的培训技术和软件工具，就是 SBT 技术。该工具使操作者能够在使用或不使用仿真器的情况下都能进行决策训练。该方法使操作者能够将他们的反应与专家的反应进行比较。基于剧情的"专家陪练"培训方法要点是：

  步骤一 要求学员首先在现实的、特定领域的剧情中，在不同的时刻做出决定，对一组预先设定的选项进行排序，并且提供这些排序的理由；

  步骤二 培训指导专家小组为相同剧情提供排序和理由；

  步骤三 由学员描述专家的排序和理由以及他们自己的排序和理由之间的差异。

这项技术的目标是掌握隐含的、不可见的知识，这些知识并不容易在操作手册或规程清单中获得。"专家陪练"技术的客户从石化公司扩展到军队、护士、消防员和警察的绩效培训，效果良好。2019 年，贝维尔工程公司的"专家陪练"技术继续参与了可解释人工智能（XAI）的子项目。

国际著名的霍尼韦尔公司近期推出的"UniSim® Tutor 导师"软件就是一种基于剧情的培训工具，允许用户评估、捕获和传承工厂操作员的知识，向学员介绍了具有挑战性的操作剧情，并根据预先确定的最佳做法对他们的反应进行评估。使用灵活的部署选项，UniSim® Tutor 导师软件允许与现有的能力管理工具包括但不限于操作员培训仿真器（OTS）进行模块化集成。

本书介绍的智能仿真培训软件 AI3-TZZY 也是同类软件，详见第七章相关内容。

从以上多种应用领域和应用成就可以看出，SOM 的开发意义深远。SOM 在过程系统领域对"剧情"具有很强的用自然语言实现知识表达的能力。SOM 包括了过程系统知识的所有类型，从概念、定性、半定量到定量，也包括了过程系统知识的所有结构信息，因此，将 SOM 作为过程系统的领域知识本体，抓住了过程系统知识表达的核心内容和详尽的细节内容。并且，SOM 是可以完全实现计算机化知识表达和自动推理与计算的知识本体。

第三章

方法和任务知识本体

构建过程系统的领域应用型人工智能系统需要集成两种知识本体：一种是领域知识本体，提供过程系统本身的知识，在第二章进行了介绍；另一种是方法和任务知识本体（method and task ontologies）。方法本体论提供特定于具体问题求解方法的知识。任务本体提供特定于具体任务的知识。"方法和任务本体"为领域知识提供了一个推理的视角，必然涉及各种推理方法，同时也是应用软件程序开发的基础。

如果把静态知识本体比喻为机械唯物主义在人工智能领域中的体现，任务与方法知识本体可以比喻为辩证唯物主义在人工智能领域中的体现。因为任务与方法知识本体需要处理动态变化的知识，包括动态识别、动态分析、随时决策和及时行动，而不是单纯静态知识的处理。

开发过程系统智能安全评价、实时故障诊断、仿真培训系统的智能辅导、智能评估和智能解释，都涉及方法和任务知识本体。大量工程应用实践表明，这种知识本体就是基于因果反事实双向推理的危险与可操作性分析（HAZOP）方法和保护层分析方法（LOPA）。本章的思路与第二章相同，在完全对口的国家标准的基础上改进和扩展，获取详尽的方法和任务知识本体。所依托的国际标准是 IEC 61882 和保护层分析（LOPA）方法。在著者的引进和推荐下已正式颁布为国家行业标准 AQ/T 3049—2013。

基于领域知识本体 SOM 与"方法和任务知识本体"，北京思创信息系统有限公司成功开发了智能 HAZOP 分析软件 CAH；中石化安全工程研究院、北京化工大学和北京思创信息系统有限公司合作研发成功了石油化工装置安全运行指导系统 PSOG。在国家应急管理部（原安全生产监督管理总局）的倡导与支持下，CAH 软件获得化工、石油化工、炼油和天然气工业企业大规模的推广和工业应用。CAH 软件和 PSOG 系统将在第八章介绍。

3.1 常用推理分析方法

3.1.1 演绎法——正向推理

演绎推理（从一般到个别）：给出正确的前提，就必然推出结论（结论不为假）。在因果事件链中从原因向后果推理是演绎推理，又称正向推理。演绎推理无法使知识增加，因为结论包含于前提之内。逻辑学中有名的三段论（syllogism）就是典型的例子：

- 动物皆有一死
- 乌龟是动物
- 因此,乌龟会死。

人类在生产与社会活动中总结出"如果-怎么样?"(What-if?)分析方法,是一种实用化正向推理方法,即从原因沿因果事件链相邻因果对偶通过连续提问"如果-怎么样?"探索后果。

【示例】 对于过程系统中的一条管道,可以通过如下原因事件的提问,由安全评估团队集体"头脑风暴"分析后果事件。
- 如果管道泄漏怎么样?
- 如果高压易燃、腐蚀性或有毒气体泄漏到液体管道怎么样?
- 如果管道破裂了怎么样?
- 如果管道堵塞怎么样?
- 如果管道被污染了怎么样?
- 如果管道中的水分仍然存在怎么样?
- 如果管道内部腐蚀怎么样?
- 如果管道外部腐蚀怎么样?
- 如果管道变脆怎么样?
- 如果管道失去了热胀跟踪怎么样?
- 如果管道支架失效怎么样?
- 如果管道受到外部冲击怎么样?
- 如果管道受到内部影响怎么样?
- 如果管道受回流影响怎么样?
- 如果管道受到流量或压力冲击怎么样?
- 如果管道受到液击(水锤)怎么样?
- 如果管道受到振动怎么样?
- ……

这种问题汇集,通常都是由安全专家设计并编制成类似于检查表的指导书形式,供安全评估团队参考使用。详细内容见附录"因果反事实推理'如果-怎么样?'化工过程典型问题集"。

3.1.2 归纳法——反向推理

归纳推理(从个别到一般):当前提为真时,可推出某种一般性的结论。在因果事件链中从后果向原因推理是归纳推理,又称反向推理。归纳推理可以扩展知识,因为结论比前提能包含更多的信息。大卫·休莫(David Hume)曾举出一个归纳推理的范例:
- 太阳每天从东边升起
- 因此,太阳明天将从东边升起。

人类在生产活动与社会活动中总结出"五个为什么"(5-Why)分析方法,是实用的反向推理方法,即从后果沿因果事件链相邻因果对偶逐一提问,并且依次对答案再提问,探索原因。

【示例】 如图 2-24 所示,假设从该危险剧情的一个中间事件"储罐压力超高"开始反向提问如下。

"为什么压力超高?"通过对储罐当前实际情况的调查后,直接回答是"储罐中有剧烈化学反应,反应放热使罐内产生大量蒸汽,导致压力升高"。紧接着对所回答的关键事件化学反应提问。

"为什么罐中有化学反应?"回答是"罐中出混入了废液",在管道中铁锈的催化作用下发生废液与甲醛的化学反应。再次针对回答中的关键事件混入废液提问。

"为什么混入废液?"回答是"操作工开错了阀门",即本来应当开阀门 A,却误开了阀门 B,导致废液混入甲醛储罐。到此已经反向推理到原因事件。

3.1.3 溯因法——双向推理

溯因推理(abductive reasoning):或者说推论到最佳解释。这种推理方法的结构较为复杂而且可能包括演绎与归纳两种推理论证,因此又称双向推理。溯因推理的主要特征是给出一组或多或少有争议的假设,要么成为其他可能解释的证据,要么展现出赞成的结论的可能性,来探索赞成多个结论中的一个。

计算机软件实施时,是在知识本体结构图的某一选定中间事件点为推理的起始点,然后实施双向推理。即反向搜索"原因",正向搜索"后果",得出所有候选的与该中间事件相关的独立因果事件链。最后,依据可以获得的各种与因果事件链相关的"事实"选出最佳解释。双向推理示意图如图 3-1 所示。

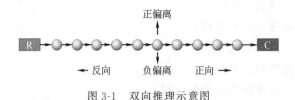

图 3-1 双向推理示意图

发明创造的理论"萃智"是基于引导词的溯因推理方法,引导词主要有 40 个。危险与可操作性(HAZOP)分析也是一种基于引导词的溯因推理方法,引导词主要有 11 个。故障诊断也是一种典型的溯因推理,其推理依据是一种常用的知识本体结构图,即定性故障树(FT)或定性故障树与定性事件树(ET)合成的领结图(BT)。

在人工智能专家系统中溯因推理是一种有效且简洁的"提问/回答"(Q&A)的师生教学互动实现方法。

3.1.4 默认推理

默认推理又称缺省推理,它是在知识不完全的情况下作出的推理。通常的形式:如果没有足够的证据证明结论不成立,则认为结论是正确的。

例如,因果事件影响为 A 指向 B。在条件 A 已成立的情况下,如果没有足够的证据能证明条件 B 不成立,则默认 B 是成立的,并在此默认的前提下继续推理,直至推导出某个结论。由于这种推理允许默认某些条件是成立的,这就摆脱了需要知道全部有关事实才能进行推理的要求,使得在知识不完全的情况下也能进行推理。在默认推理过程中,如果到某一时刻发现原先所做的默认不正确,就要撤销所做的默认以及由此默认推出的所有结论,按新情况再度推理。

在应用 SOM 模型推理时，只要任何因果事件对偶中有一个为概念事件，就采用默认推理。实际应用中碰到此类情况往往需要进行"试验"，如果可能则用自动试验确认因果关系为"真"或"假"，或者发挥人的积极因素完成试验"行动"来确认因果关系为"真"或"假"。

【示例】 实时专家系统 G2 就给出一种"试验"方法。当需要确定候选故障是否真的发生时，可以用一种消除该候选故障的"行动"（方法）进行试验，看看是否真的消除了该候选故障。如果为真，则确认该候选故障为真实故障，并且给出该"行动"为建议安全措施。以"控制器输出由于比例放大系数设置偏大（A），导致控制器输出振荡（B）"候选故障为例。"试验"就是通过操作员（或有条件时，实施自动"试验"）减小控制器比例放大倍数，实施控制器的自动向手动切换。通过"人工试验"看看是否可以消除振荡，来确定候选故障是否为真。或者通过断开控制器输入，通过给出一个适度阶跃干扰，试验响应曲线的信号滞后时间是否大于正常值。看看是否是由于传感器信号滞后偏大（C）导致了控制器输出振荡（B）。如果为真，则给出的建议是"克服传感器滞后偏大（C）"的建议。

这是 G2 的一个创新，也是应对概念事件默认推理不确定性的解决方法，即发挥其他方法或人的积极因素。这在过程系统故障诊断时，为不可能准确检测所有过程变量（具体事件）的普遍现实，提供了一种可行的解决方案。该方法的内涵就是默认推理。

3.1.5 因果反事实推理

萃智（TRIZ）理论又称为发明和创新的理论，是由苏联科学家阿奇舒勒（G. Altshuller）在 1940 年创立的。他的科研团队审阅了世界各种专利数以百万件，发现了发明之后的分析问题和解决问题的规律。其思路是通过一系列经过优选的"引导词"对问题事件发起"为什么？"的提问，通过因果关系或借助于因果图探索解决问题的方案。常用的激发创新思维的引导词有 40 个，如表 3-1 所示。

表 3-1 萃智的 40 个引导词表

序号	引导词	序号	引导词	序号	引导词	序号	引导词
1	分割	11	事先防范	21	减少有害作用时间	31	多孔材料
2	抽取	12	等势	22	变害为利	32	改变颜色、拟态
3	局部质量	13	反向作用	23	反馈	33	同质性
4	增加不对称性	14	曲率增加	24	借助中介物	34	抛弃或再生
5	组合、合并	15	动态特性	25	自服务	35	物理或化学参数变化
6	多用性	16	未达到或过度作用	26	复制	36	相变
7	嵌套	17	一维变多维	27	廉价替代品	37	热膨胀
8	重量补偿	18	机械振动	28	机械系统替代	38	加速氧化
9	预先反作用	19	周期性动作	29	气压或液压结构	39	惰性环境
10	预先作用	20	有效作用的连续性	30	柔性壳体或薄膜	40	复合材料

萃智理论的先期失效识别（AFD，Anticipatory Failure Determination）是一种采用引导词激发识别事故的能力，又称通过"制造"事故来识别事故的反向思维方法。表 3-1 中的引导词"9—预先反作用"、"10—预先作用"、"11—事先防范"和"13—反向作用"都是一种"反事实"思维方式。先期失效识别是一种故障分析方法，它的目标是识别和减少故障。

它没有要求开发人员寻找故障模式的原因，而是要求开发人员将感兴趣的失败视为预期的结果，并设法设计方法以确保故障始终可靠地发生，从而反转了问题。与故障模式与影响分析方法（FMEA）相比，AFD 方法为更复杂的故障分析提供了优势。FMEA 依赖于通过应用个人经验或已知（记录或应用）他人知识来确定失败及其根源。然而，"否认现象"正是这种分析所起的作用。当我们问一个正常运作的系统"会出什么问题？"时，人们常常会本能地拒绝去思考可能发生的不愉快的可能性，除非我们真的经历了这些可能性，并且它们变成了现实。即使遇到了问题，人们也不愿意发现或记录这些问题。通过反转这一问题，AFD 克服了"否认现象"的保守思维，为分析失败开辟了创造性的见解。

朱迪亚·伯尔（Judea Pearl）教授提出了基于"因果模型"和"反事实（counterfactual）"推理的理论，并且称其为"新的因果科学"和"因果革命"。他通过 25 年研究和实验发现，人类之所以能够比动物有"超进化加速"能力，就是有了因果"反事实"推理的想象能力。他形象地比喻为："几百万年来，鹰和猫头鹰进化出了真正令人惊奇的视力，但它们从未进化出眼镜、显微镜、望远镜或夜视镜。"伯尔教授指出：

"因果革命最伟大的成就之一就是解释了如何干预和预测的效果，而不是实际实施干预。"

"当科学上感兴趣问题涉及追溯思维时，我们会提到另一种表达方式，这是因果推理所特有的，称为反事实。"

"因果推理努力模仿的理想技术是在我们自己的头脑中。"

"我们今天所享受的以科学为基础和以技术为基础的文明。这都是因为我们问了一个简单的问题：'为什么？'因果推理就是认真对待这个问题。它假设人类的大脑是有史以来最先进的管理因果的工具。我们的大脑储存着大量的因果知识，并辅以数据，可以用来回答我们这个时代最紧迫的一些问题。"

HAZOP 分析将以上问题求解方法扩展为人类专家的集体智慧（"头脑风暴"），并且通过大量的有针对性的"引导词"与事件组合出激发因果"反事实"的"偏离"，并且采用尽可能完备的溯因（双向）推理方法在过程系统中探索危险剧情，找到防止或减缓危险剧情后果的安全措施。前面提到的先期失效识别原理，就是 HAZOP 分析中的反向推理或因果反事实引导词构成的偏离。HAZOP 是一种成熟的系统化和结构化分析方法，因此在多个领域的安全评估和故障诊断中得到了大规模的成功应用，并且颁布了国际标准和国家标准。

3.2 可操作性分析（HAZOP）方法

前面已经多次提到 HAZOP 分析方法，足以说明该方法的重要性。实质上 HAZOP 的双向溯因推理的方法论，就是过程系统知识本体中典型的"问题求解方法"，或者称其为解决问题的"方法和任务知识本体"的核心内容。

3.2.1 HAZOP 的产生背景和意义

HAZOP 安全评价方法可以用于多种类型的工厂，从大型连续的过程工业，如石油化工厂，到小型间歇过程，例如高压反应釜或塑料成型机械等。本方法是一种既适用于设计阶段和新建的工厂，也适用于正在运行的在役工厂的安全评价技术。还可以实施工厂产品质量和产量缺陷及解决方法的评估。HAZOP 方法也是电子系统、电力系统、核电、军事设施、航空航天、医疗设施、高危险性软件系统和计算机网络系统等广泛应用的安全评价技术。

HAZOP 方法于 1963 年由 T. 克莱兹（T. Kletz）教授在 41 岁担任化学工程师时发明。首次在英国帝国化学工业集团（ICI）新建苯酚工厂应用。在公司内部摸索和应用了十年之后才在英国普及推广。十年的应用统计表明，重特大化工事故发生率大幅度下降。因此从 1974 年开始推广到欧洲的其他过程工业部门。英国化学工业协会、德国过程安全委员会、德国工业保险委员会化学工业保险部门颁发了基于 HAZOP 方法的安全标准。由于该方法的系统性和有效性显著，美国航空航天部安全标准（NASA-STD-8719.7A）、美国劳动部职业健康与环境署的高危险化学品过程安全管理国家标准（OSHA-PSM Standard-29-CFR 1910-119）、美国化学工程师协会（CCPS）的安全规范都把 HAZOP 分析列为重要方法。

HAZOP 方法的产生体现了随着生产技术水平的不断提高，人们对事故的认识不断深化、完善和提高的发展过程。人类认识事故的发生原因经历了单一事故归因论、人物合一归因论到系统归因论三个历史阶段。当代科学技术进步的一个显著特征是设备、工艺和产品越来越复杂。大型乙烯装置仅控制回路就达到数百个，过程变量达到上万个。先进武器研制、航空航天及核电站建设等，使得作为现代先进科学技术标志的复杂巨型系统相继问世。这些复杂系统由数以万计甚至数以亿计的要素、部件组成，要素、部件之间以非常复杂的关系相连接。人们在开发研制、使用和维护这些复杂系统的过程中提出了系统化和结构化安全理论和相关技术。

系统安全思想主要有事故归因系统观、事故归因变化观等。系统安全理论认为，生产系统条件的微小变化都可能引起大量的能量意外释放，导致灾难性的事故。生产系统中的每一个不合理因素都可能导致事故的发生，一起事故的发生是许多人的失误和物的故障相互复杂关联、共同作用的结果，即许多事故因素复杂作用的结果。因此，在预防事故时必须在查清事故因素相互关系的基础上采取恰当的措施，而不是相互孤立地控制各个因素。在安全管理过程中不能忽视对每一个细节的管理。系统安全注重整个系统寿命期间的事故预防，尤其强调在新系统的开发、设计阶段采取措施消除工艺、设备、管路、操作和控制等危险源。对于正在运行的系统，必须定期进行安全评价，直到系统报废。

HAZOP 技术是目前最能体现系统化和结构化安全思想的技术。HAZOP 要求多专业技术人员集体讨论（"头脑风暴"）实施；完全采用因果反事实双向溯因推理方法；充分考虑由于人员操作失误所导致的系统多因素偏离将如何在过程中相互作用、相互影响；要求深入揭示故障从非正常原因通过物质流、能量流、动量流和信息流沿着工艺流程传播到不利后果的变化历程；检查现有安全措施的设置情况，提出改进安全措施的建议。HAZOP 方法的工程应用指南详见著者的两部著作：文献 [62] 与文献 [63]。

3.2.2　HAZOP 国际标准和术语定义

有关 HAZOP 术语定义如下。

① 特性（characteristic）　一个要素的定性或定量性质。特性的例子如压力、温度和电压。

② 设计目的（意图）（design intent）　设计人员期望或规定的各要素及特性的行为范围。

③ 偏离（偏差）（deviation）　设计意图的偏离。

④ 要素（element）　系统一个部分的构成因素，用于识别该部分的基本特性。要素的

选择取决于具体的应用，包括所涉及的物料、正在开展的活动、所使用的设备等。物料应取其广义，包括数据、软件等。

⑤ 引导词（guide word） 描述一种特定的对要素设计目的（意图）偏离的词或短语。

⑥ 危害（harm） 人员身体伤害、健康损害、财产损失或环境破坏。

⑦ 危险（hazard） 潜在的危害源。

⑧ 部分（part） 当前分析的对象，该对象是系统的一个部分。一个部分可能是物理的（如硬件）或者逻辑的（如操作步骤）。

⑨ 风险（risk） 危害发生的可能性和危害严重性的结合。

3.2.3 HAZOP 原理

为了尽可能保持国际标准 IEC 61882 的原意，以下内容为著者对英文版标准的原文翻译。

(1) HAZOP 概述

HAZOP 分析是一个详细的危险与可操作性问题的辨识过程，由一个小组执行。HAZOP 处理对设计目的潜在偏离的辨识，对偏离原因的检查和对偏离后果的评估。

HAZOP 检查的主要特征包括如下几个方面。

① HAZOP 检查是一个创造性的过程。通过系统地应用一系列引导词来辨识潜在的设计目的偏离和用此偏离作为"触发装置"来激励小组成员调查偏离是怎样发生的，可能的后果是什么，以此来推动检查。

② 检查是在一个训练有素、经验丰富的评价组长的指导下执行的，组长必须用逻辑的、分析的思想保证对分析系统的全面把握。分析领导最好有记录员帮助，记录员记录辨识的危险和/或操作干扰，以备进一步评估和分析。

③ 检查依赖具有适当技术和经验的不同部门专家，他们具有很好的直觉和判断能力。

④ 检查应该在一个积极思考和坦率讨论的气氛下进行。当识别到一个问题时，应该做记录以备后续的评估和分析。

⑤ 辨识的问题的解决方案不是 HAZOP 检查的一个主要目的，但是如果制订了就要记录，以作为那些负责设计的人员需要考虑的事项。

HAZOP 分析由四个基本的步骤组成，如图 3-2 所示。

(2) HAZOP 检查的原理

HAZOP 检查的基础是"引导词检查"，它是对设计目的偏离的一个从容谨慎的调查。为了方便检查，一个系统被分成几个部件，分割的方法是各个部件的设计目的能被恰当地定义。选择的部件大小可能依赖于系统的复杂度和危险的严重度。在复杂系统或者那些显现有高危险的部件可能范围很小。在简单系统或者显现低危险的系统中，采用将部件的范围扩大，能加速分析进程。系统给定部件的设计目的用传达了部件基本特征和表示了部件的自然分割的要素表示。被检查的要素的选择在某些程度上是主观的决定，因为这里可能有几种组合能达到必须的目的，并且选择也可能依赖于特殊应用。要素可能是过程或电气系统等的控制系统、设备或组成中的一个过程、单独的信号和设备要素中离散的步骤或阶段。

在某些情况下，用下列描述表示一个部分的功能是有帮助的：

① 从一个资源中取得的输入物料；

② 对该物料的一种作业活动（行动）；

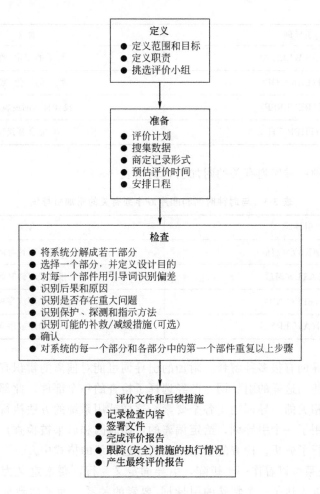

图 3-2　HAZOP 分析步骤

③ 为某一目的所加工的产品。

因此设计目的将包括下面的因素：物料、行动、资源和目的。它们可看作是部件中的要素。要素经常被进一步用特性加以定义是有用的，特性可以是定量的或者定性的。例如，在一个化工系统中，要素"物料"可能进一步用例如温度、压力和组成等特性定义；对于作业活动"传输"，例如移动速率或者乘客的数量等特性可能是相关的；对于基于计算机的系统，信息比物料更可能是每个部件的主题。

HAZOP 小组检查每一个要素（或部件以及相关的特性）由于对设计目标的偏离而导致的不利后果。辨识对设计目标的偏离是采用预先定义的"引导词"通过提问方法达到。引导词的作用是激发想象的思考、集中精力分析和得出观点并讨论，从而得到最大化完备性的分析。基本的引导词和含义由表 3-2 给出。

表 3-2　基本的引导词和含义

引导词	含义
无,空白(NO 或者 NOT)	设计目的的完全否定
多,过量(MORE)	定量增加
少,减少(LESS)	定量减少

续表

引导词	含义
伴随(AS WELL AS)	性质的变化/增加
部分(PART OF)	性质的变化/减少
相反(REVERSE)	设计目的的逻辑取反
异常(OTHER THAN)	完全替代

与时钟时间和顺序或序列有关的附加引导词由表 3-3 给出。

表 3-3 与时钟时间和顺序或序列有关的附加引导词

引导词	含义
早(EARLY)(超前)	相对于时钟时间早
晚(LATE)(滞后)	相对于时钟时间晚
先(BEFORE)	相对于顺序或序列提前
后(AFTER)	相对于顺序或序列延后

对于上面的引导词有很多种解释。附加的引导词可能对偏离的辨识有利。只要在检查开始前定义了就可以使用这样的引导词。已经选择了检查的一个部件，此部件的设计目的被分成若干要素。每个相关的引导词用于各个要素，这样就用系统的方法执行了一个对偏离的彻底的分析。已经应用了一个引导词，给定偏离的可能原因和后果被检查，并且对故障的探测或征兆机理可能进行了分析。检查的结果记录到经过协议的格式中。

引导词/要素关系可以看作一个矩阵，引导词定义为行，要素定义为列。对于这样构造的矩阵中的每个要素表达了一个特殊的引导词/要素的关系。为了达到全面的危险辨识，要素和它们相关的特性要覆盖设计目的的相关方面，引导词覆盖所有的偏离是必须的。不是所有组合都会给出可信的偏离，因此矩阵在考虑所有的引导词/要素组合时可能有几个空的要素。

在检查矩阵要素时有两种可能的顺序：逐列，也就是要素优先；逐行，也就是引导词优先。

3.2.4 设计描述

(1) 概述

被分析系统的一个精确完整的设计描述是检查任务的一个先决条件。设计描述是一个充分描述了被分析系统的部件和要素，和充分辨识它们特性的系统描述模型。此描述可能是物理的设计或者逻辑的设计，它应该被清晰地描述。

设计描述应该定性或定量地传达系统各个部件和要素的功能。它还应该描述系统和其他系统、操作者/用户、环境的相互关系。要素的一致性或者它们设计目的的特征决定了操作的正确性，在某些情况下还决定了系统安全性。

系统的描述有两个基本部分组成：系统需求；物理的和/或逻辑的设计描述。

HAZOP 分析结果的价值依赖于完备性、包含设计目的的设计描述的充分性和精确性。

因此，在准备信息包时应该谨慎细致。如果 HAZOP 的实施处于操作或者整理阶段，应注意确保任何修改都反映在设计描述中。在开始检查前，小组应该检查信息包，如有必要就要进行修改。

(2) 设计需求和设计目的

设计需求由系统必须满足的定性和定量需求组成，它提供了改进系统设计和设计目的的基础。用户希望的所有合乎情理的使用和误用情况都应鉴别。设计需求和由其得出的设计目的必须满足客户的期望。

设计者在系统需求的基础上开发系统，即实现系统的构架，特殊功能分派给子系统和组件。组件是被指定和挑选的。设计者应该不仅考虑设备应该做什么，还应确保在任何非正常条件下不会失效，或者在指定的生命周期内不会用坏。不良行为或特性也应该辨识，以使它们在设计中排除，或通过适当的设计降低它们的影响。上面的信息提供了基础，用于辨识被检查部分的设计目的。

设计目的作为检查的基准应该尽可能地完全和准确。设计目的的验证虽在 HAZOP 分析的工作范围之外，但是分析领导人应该确保它的准确性和完整性以便使分析能够进行下去。一般的设计目的局限于在正常操作条件下系统的基本功能和参数，很少包含非正常操作条件下的情况和违规操作，而这些操作很有可能在生产过程中出现，例如，剧烈扰动、管道的液击（水锤）作用、电压振荡等导致的问题，但这些应该在检查阶段被辨识和考虑。另外，设计目的中也没有明确说明老化、腐蚀的机械或其他可能造成物质、财产损失的机械退化情况，但这些都应该在分析中使用引导词进行辨识，予以考虑。

期望的生命周期、可靠性、可维护性和维护支持（如果 HAZOP 分析的工作范围包括了该项工作）也应该与危险同时考虑，因为在维护工作中很有可能遇到这些危险。

3.2.5 HAZOP 应用

(1) 概述

最初，HAZOP 是为了包含有处理流动介质或其他物料流动的过程工业系统所开发的技术。但是近几年，它的应用范围已经逐步地扩大了，例如将 HAZOP 用于：

① 有关可编程电子系统的软件应用；
② 有关例如道路、铁路等的人流运输模型的系统；
③ 检查不同操作顺序和规程；
④ 评价不同工业的管理规程；
⑤ 评价特殊系统，例如医疗设备。

HAZOP 对辨识系统中的薄弱环节（现实存在的或假想的），包括物料流动、人流、数据流，或许多按预定的工序运作的事件或活动，或控制这种工序的程序，特别有用。HAZOP 除了是一个用于设计和开发新系统的有价值的工具外，还可以用于有效地分析一个给定系统的不同操作状态下的危险和潜在问题，例如，开车、待命、正常操作、正常停车、紧急停车等。如同连续过程一样，也可用于批处理和非稳定状态的过程和工序。HAZOP 可被看作是价值工程和风险管理的整个过程中不可或缺的一个部分。

(2) 与其他分析工具之间的关系

HAZOP 可以与其他可靠性分析方法联合使用，如故障模式及影响分析（FMEA）和故障树分析（FTA）。这样联合的使用，可以用在：

① 经 HAZOP 分析清楚地知道设备某一特殊方面非常关键，需要深度地进行检查，HAZOP 此时可以用 FMEA 对该设备进行辅助分析；

② 已用 HAZOP 对单项要素或单个特性的偏离进行过检查，进而用 FTA 对多个偏离进行评估，或量化故障的可能性，还要用 FTA 辅助。

HAZOP 在本质上是一个以系统为中心的分析方法，这与以要素为中心的 FMEA 分析方法不同。FMEA 是由一个要素可能发生的故障开始，进而检查整个系统的故障后果。因此检查是单向性的由原因到结果。而 HAZOP 分析则不同，HAZOP 分析由辨识可能的设计目的偏离，进而分成两个方向，一个方向寻找产生偏离的潜在原因，另一个方向推断它的后果。

(3) HAZOP 的局限性

虽然 HAZOP 分析被证明在许多不同的工业领域有非常大的作用，但同时此技术也有局限性，当进一步应用时应该考虑以下问题。

① HAZOP 是一个危险辨识技术，它逐一考虑系统的部件并系统地检查偏离对各个部件的影响。但有时一个严重的危险将涉及系统几个部件之间的相互作用。在这种情况下危险可能需要用例如事件树和故障树分析等技术进行更详细的研究。

② 由于任何一种危险或者可操作性问题的辨识技术，不可能保证所有的危险或可操作性问题都能被识别，HAZOP 分析也是如此。因此，一个复杂系统的分析，不应该完全依赖 HAZOP，它应该和其他合适的技术结合应用。在一个有效的全面的安全管理系统中与其他相关分析协调是必要的。

③ 很多系统是高度关联的，在它们其中的一个偏离可能源于其他地方。适当的局部减缓作用可能导致无法找到真实的原因，并且仍然导致后续的事故。许多事故的发生是由于小的局部修改没有预见到其他方面的疏漏效应。虽然这种问题可以通过从一个部件到另一部件进而执行偏离的推断解决，但实际上很少这样做。

④ HAZOP 分析的成功很大程度上依赖于分析小组领导的能力和经验以及小组成员之间的知识、经验和合作。

⑤ HAZOP 只考虑出现在设计描述中的部分，不考虑那些在描述中没有出现的行动和操作。

(4) 系统生命周期不同阶段的危险辨识

HAZOP 分析是一个系统化和结构化的危险分析工具，非常适用于后期的详细设计阶段中检查操作设备，或者是对已存在设备进行改动的阶段。下面将详细介绍对系统不同生命周期中 HAZOP 和其他分析方法的使用。

① 概念和定义（初步设计）阶段　在系统生命周期的这个阶段，设计概念和系统的主要部件被定义，但是用于指导 HAZOP 分析所必需的实际细节和文件并没有生成。但是，在这个阶段有必要对主要的危险进行辨识，以使它们在设计过程中被考虑到，也有利于随后的 HAZOP 分析。为了进行分析，其他的基本方法也应该使用。

② 设计和开发阶段　在系统生命周期的这个阶段，需要进行详细设计、决定操作方法和准备文件。设计趋于成熟并定型。使用 HAZOP 分析的最好时机是在设计定型之前。在这一步，设计需要足够详细以使 HAZOP 的询问机制可以获得有意义的回答。重要的是建立一个系统用于评估进行 HAZOP 分析之后的任何改动。这个系统应该在系统整个生命周期都起作用。

③ 制造和安装阶段　建议在系统开车使用之前就进行一次分析，如果系统的使用或操

作有可能潜藏着危险，且系统需要非常严格的操作顺序和使用规范，或者设计目的将在之后进行一系列修改时，也建议进行分析。这个时候，附加的数据，例如使用或操作说明，应该确保可用。另外，分析应该兼顾在分析的早期阶段所进行的所有活动，以确保它们被有效解决。

④ 运行操作和维护阶段　HAZOP 分析应该在可能对系统的安全或可操作性有影响或者对环境有影响的任何改动之前进行。在对系统进行阶段性地回顾检查时，也应该对其进行分析，以使系统抵消那些逐步被改变的微小改动的影响。在分析中用到的设计文件和操作说明都应该保持更新。

⑤ 停止使用和销毁阶段　这个阶段的分析是非常有必要的，因为危险并不一定仅在正常操作阶段才出现。如果在分析的前面阶段的记录被保留，分析就可以很快地完成。记录应该在整个的系统生命周期中被保留，这样就可以快速完成对停止使用问题进行处理。

3.2.6　HAZOP 分析步骤

(1) 分析启动

分析一般由负责项目的被称作"项目主管"的人启动。项目主管决定分析进行的时间、指定分析领导人和提供分析所需要的各种资源。根据法律要求，或根据公司的政策，这样的分析一般都会安排在正常的项目计划之中。在分析领导人的辅助之下，项目主管应该确定分析的范围和目标。在一个分析开始之前，需要一个权威的具有相当水平的专家来负责确保由分析得来的建议或措施被应用到实际系统中。

(2) 定义分析的范围和目标

分析的范围和目标是内部决定的，并应该同时确定。范围和目标都应该被明确地描述，以确保：系统边界，以及系统与其他系统或周围环境之间的界面被明确定义；分析小组成员把注意力集中到需要解决的问题，而不会迷失于与所分析问题无关的方面。

① 分析范围　这将由以下几个因素决定：
a. 系统的物理边界；
b. 可采用的设计描述的详细程度和数量；
c. 在系统上曾经使用过的 HAZOP 分析或其他相关分析；
d. 所有可用于该系统的必要的规定。

② 分析目标　一般来说，HAZOP 分析寻求辨识所有的危险与可操作性问题，而不考虑它们的类型或后果大小。集中精力把 HAZOP 分析严格地应用于辨识危险，能够使分析在较短的时间内较容易地完成。

在进行对分析的目标进行定义时，应考虑到下面的因素：
a. 分析结果的应用目的；
b. 分析处于系统生命周期的阶段；
c. 可能具有潜在风险的人员、财产，如作业组人员、公众、环境、系统等；
d. 关系到影响产品质量的可操作性问题；
e. 系统要求的标准，包括系统安全和操作性能两个方面。

(3) 分工和职能

HAZOP 分析小组成员的分工和职能应该由项目经理在分析开始前明确地指定，并得到 HAZOP 分析领导的同意。分析领导人应该纵览整个设计以确定什么样的信息是可用的，什么样的技术是分析小组成员必须具备的。应制订对项目来说至关重要的活动计划，使得任何建议都被适时地采纳。

分析领导人负责保证一个有效的交流机制被建立，用于传达HAZOP分析的结果。由项目经理（主管）监督分析结果的应用，并且由设计小组所做的任何修改都应被恰当地归档。

项目经理和分析领导人应该经过讨论决定是否HAZOP分析小组的活动被指定在辨识危险与可操作性分析的范围（这项工作完成后交于项目主管，并由设计小组来解决问题），或者是他们是否还应该提供可能的补救或减缓措施。如果是后一种情况，那么分析小组还应该负责讨论并决定选择合适的补救或减缓措施，并为活动的权限给予保证。

HAZOP分析是集体努力的结果，集体中每一个成员都应该被赋予不同的分工。分析小组的组成应尽可能地小，只要成员们具备分析所需要的相关技术和操作技能以及经验就可以了。一般来说，分析小组由至少四个人组成，且很少超过七个人。小组越大，进程越慢。那些已经被承包商设计完成的系统，HAZOP小组除了包括承包执行方，还应该包括客户方的成员。

建议小组成员的分工如下。

a. 分析组长：与设计小组和本工程项目的联系不是很紧密；对领导HAZOP分析经过训练且具有经验；负责HAZOP分析小组成员和项目管理组织之间的交流；提出分析计划；讨论决定分析小组成员的组成；确保有足够的设计描述信息提供给分析小组；对分析过程中需要用到的引导词和要素或特性的引导词提供建议；确保结果被归档。

b. 记录员：记录会议的进程；记录危险与可操作性问题的辨识领域，记录分析所做出的建议和后续需要做的工作；辅助分析领导人进行计划和履行管理职责。在一些情况下，分析领导人可以承担这项工作。

c. 设计人员：解释设计和设计描述；解释偏离的产生原因以及对相关系统造成的影响。

d. 业主（用户，控制室和装置现场操作专家）：解释操作规程，其中被分析的要素将被操作，每一个偏离所导致的操作后果以及偏离可能引起的危险程度。

e. 专家：提供有关系统和分析的专门知识；可以由不同领域的专家分别负责不同方面的问题。

f. 维护人员：（如果需要）维护成员出席。

设计者和使用者的观点对于HAZOP分析通常是需要的。然而在生命周期的不同阶段，适合分析工作的专家经常是不同的。

所有的团队成员必须掌握足够的HAZOP方法，以使他们更有效地参与研究，如果没有，那就应该向他们提供适当的介绍（培训）。

(4) 准备工作

① 概述　HAZOP分析组长负责以下准备工作：获得信息；将信息转化为合适的形式；计划HAZOP会议的顺序；安排必要的HAZOP会议。

除此以外，分析小组组长应当能提供一个基于资料库的查询，来证明发生的事故是由于相同或相似的技术原因。

分析组长应当保证有一个适当的且有效的设计说明，如果这个设计说明有缺陷或不完整，应当在分析工作开始前将其进行更正。在一个分析工作的计划阶段，部件、要素及它们的特性都应当在设计说明中由熟悉设计工作的人进行确定。

分析组长负责提出分析计划，一个分析计划应当包含以下几点。

a. 分析的目标及范围。
b. 分析小组成员的名单。
c. 技术细节：
- 一个设计说明按照明确的设计目标分为多个部件和要素；
- 每个要素都有一个关于组成、材料、作业活动以及它们的特性的列表；
- 一个被采用的建议的引导词列表、引导词的解释。

d. 适当的参考资料列表。
e. 管理安排，会议计划，它们应包括具体日期、时间以及地点。
f. 要求的记录表格。
g. 在分析中可能要用到的样板。
h. 提供充足的空间设施及影音设备。

分析计划内容的简要汇总以及必要的参考资料应当在第一次会议之前发给分析团队的成员以使他们熟悉分析内容。分析内容的检查回顾是有意义的。

HAZOP 分析是否成功在很大程度上取决于分析小组成员对问题的机敏和专注，因此重要的是对会议持续时间应有所限制，同时在各个会议之间应有适当的间隔。以上各种要求如何实现在根本上是由分析小组组长负责的。

② 设计描述　典型的设计描述应包含以下一些文档，这些文档应被唯一地、清晰地定义和认可并标明日期。

a. 对于所有的系统：设计要求和描述，流程图，功能块图，控制图，电路回路图，工程数据单，分布图，公用工程说明，操作及维护要求。
b. 对于过程流动系统：工艺管路仪表流程图，物料说明及标准设备，管路及系统布局。
c. 对于可编程的电子系统：数据流程图，面向对象设计图，状态传递图，时序图，逻辑图。
d. 此外，应当提供下列信息：所分析对象的边界以及各个边界的接口界面；系统操作的环境条件；操作及维护的个人资格，技能熟练程度以及经验；步骤和/或操作规程；操作及维护经验以及来自类似系统的已知的危险因素。

③ 引导词及偏离　在 HAZOP 分析的设计阶段，分析小组组长应当提出一个最初的将要被使用的引导词的列表。分析小组组长应当针对系统测试所提出的引导词并确定它们的合理性。引导词的选择应当被仔细考虑。引导词如果太具体可能会限制思路或讨论，如果太一般又可能无法有效地集中到 HAZOP 分析中。表 3-4 中给出了不同偏离种类以及与它们相对应的引导词的例子。

表 3-4　不同偏离种类以及与之相对应的引导词的例子

偏离类型	引导词	过程工业的解释例子	对于可编程电子系统(PES)的解释例子
否定	无,空白(NO)	没有达到任何目的。例如：没有流量	没有数据或控制信号通过
定量改变	多,过量(MORE)	量的增长,例如：较高的温度	数据传输比期望的快
	少,减量(LESS)	量的减少,例如：较低的温度	数据传输比期望的慢
性质改变	伴随(AS WELL AS)	出现杂质,同时执行了其他的操作或步骤	出现一些附加信号或虚假信号
	部分(PART OF)	只有一部分目的达到,例如：只输送了一部分要求的流量	数据或控制信号不完整

续表

偏离类型	引导词	过程工业的解释例子	对于可编程电子系统(PES)的解释例子
替换	相反(REVERSE)	管道中的物料反向流动以及化学逆反应	通常为非相关的情况
	异常（OTHER THAN）	原始的目的没有实现,而达到了完全不同的结果,例如:输送了错误物料	数据或控制信号不正确
时间	早(EARLY)	某事件的发生比预定时间早,例如:冷却或过滤	信号与预定时间相比来得太早
	晚(LATE)	某事件的发生比预定时间晚,例如:冷却或过滤	信号与预定时间相比来得太晚
顺序或序列	先(BEFORE)	某事件的发生序列太早,例如:混合或加热	信号在序列中比期望来得早
	后(LATE)	某事件的发生序列太晚,例如:混合或加热	信号在序列中比期望来得晚

当"引导词-要素/特性组合"应用于不同的设计说明中时,由于分析的系统不同以及所处的系统生命周期不同,其解释也可能不同。一些组合对于给定的一些分析是没有意义的解释,应当被忽略。"引导词-要素/特性组合"的解释应当被详细定义并用文档说明。如果在设计文档的上下文中有多种敏感的解释,那么整个文档的解释应被列出。另一方面,也有可能发现不同的组合中存在相同的解释,在这种情况下,应当提供相互的参考。

(5) HAZOP 分析

HAZOP 分析会议应当在分析组长的领导下按照分析计划引导讨论,以实现结构化分析。在 HAZOP 分析会议的开始,分析组长或分析小组（团队）成员中熟悉检查过程及其存在问题的成员应当:

① 综述分析计划,确保分析成员熟悉系统以及分析的对象和范围;

② 综述设计文档,并解释所提出的、将会用到的要素和引导词;

③ 回顾已知的危险及操作问题和所关注的潜在领域。

分析应当遵从与研究对象相关的流程流向或顺序进行,并且按照逻辑顺序跟踪输入与输出。危险识别技术例如 HAZOP 方法,都是依赖于有规律的一步一步的检验过程。存在两种可能的检验顺序:"要素优先"或"引导词优先",如图 3-3 所示。要素优先描述如下:

① 分析组长首先选择某设计说明的一部分作为起点并对它们进行标注。这部分的设计目的要被解释,与之相关的要素和与要素相关的特性应被识别。

② 分析组长应选择要素中的一个,并且在是否可以将引导词直接应用于要素本身或应用于要素中某个单独特性,与团队成员达成一致。分析小组组长首先应认同哪些引导词应被使用。

③ 在被分析的要素和特性文档的上下文中检查首先可用的引导词解释,从而确定是否存在与设计目标之间可信的偏离。如果一个可信的偏离被识别,则检查该偏离沿危险传播路径的正向导致的可能的不利后果,以及偏离沿危险传播路径的反向导致的可能的原因。在某些应用中,按照因果关系的潜在强度或者按照基于风险模型的相对风险优先队列进行偏离分类是很有用的。

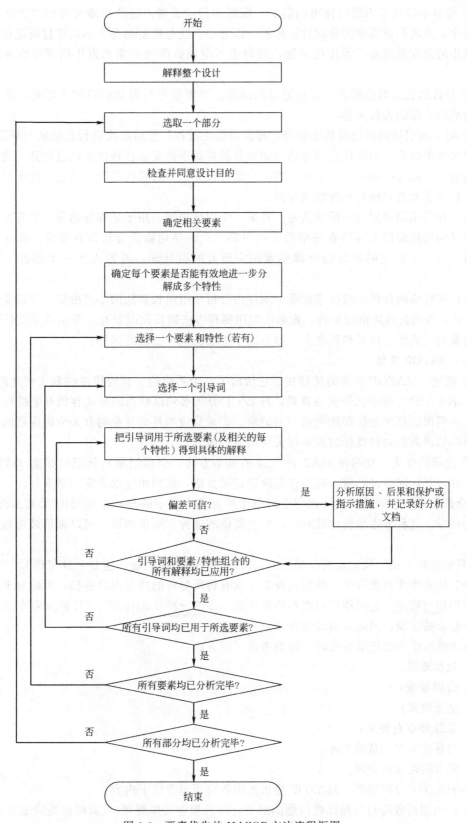

图 3-3 要素优先的 HAZOP 方法流程框图

④ 分析小组应当识别该偏离的防护、探测和指示机理。这些机理可能包含于已经选择的部分中，或者形成其他部分设计目标的一部分中。这些机制的存在不应该打断正在探索的或已列出的潜在危险或可操作性问题，同时也不应该试图减少偏离发生的可能性或减轻其后果。

⑤ 分析组长应当总结由记录员记录的结果。当需要进行附加的后续工作时，应记录负责进行后续工作的人员名称。

⑥ 对于该引导词的任何其他解释，都重复以上过程；然后依次进行其他的引导词分析；接着对要素中的每一个特性进行分析（如果分析者对于此要素在特性方面已达到一致看法）；然后检查当前部分中的每一个要素。当一个部件被完全检查后应标明已完成。这个过程将在所有部件中重复直到所有部件都被分析。

另一种应用引导词的分析方法是：将第一个引导词逐一用于某部件的每一个要素，当第一个引导词将该部件全部检查完毕后，再用第二个引导词依次分析所有要素。重复以上过程，直到对一个特定的部件的全部要素用完所有的引导词，再转入另一个部件。流程见图 3-4。

在任何特殊的分析中选择遵循哪个顺序由分析小组组长和他的小组决定，并且受到进行 HAZOP 检查的具体风格的影响。影响决定用哪种方法的其他因素有：采用技术的性质；检查所需要的灵活性；在某种程度上，参与的小组成员所接受到的训练。

(6) HAZOP 文档

① 概述　HAZOP 主要的优势在于它给出了一个系统的、有规律性的和文档化的方法。为了从 HAZOP 分析中充分获得效果，HAZOP 分析必须以恰当的形式存档并坚持到底。分析组长应当保证每次会议都产生适当的记录。记录员应当具有专业的有关分析课题的技术知识、熟练的语言能力和良好的倾听与关注细节的能力。

② 记录的样式　有两种 HAZOP 记录的基本方法：全部记录和只记录异常（故障）的方法。在召开任何会议之前，应当首先决定记录方法，然后相应地决定记录人员。

"全部记录"包括记录设计说明中的每个单元或要素中的每一个引导词-要素/特性组合应用的结果。这种方法尽管比较麻烦，但它提供的这种方法很彻底，可以满足最苛刻的审查要求。

"只记故障方法"只记录被证明了的危险以及可操作性问题（包括后续工作）。"只记故障方法"使管理文档更简单。然而这种方法没有将所分析的所有内容存档，因此对于审查目的的作用相对较小。它同样可以在相同范围进一步的分析中起作用。"只记故障方法"是一种最少要求的实现，因此应当谨慎使用。

在考虑所使用的记录方式时，应当考虑下列方面：

a. 规章要求；

b. 合同要求；

c. 企业政策；

d. 跟踪和审查要求；

e. 与系统有关的危险大小；

f. 可用的时间和资源。

③ HAZOP 分析报告　HAZOP 分析的报告应当包含以下内容：

a. 已识别的危险与可操作性问题的细节，以及相应的探测和/或减缓措施的细节；

b. 如果有必要，应对进一步的特殊方面的分析给出使用不同技术的建议；

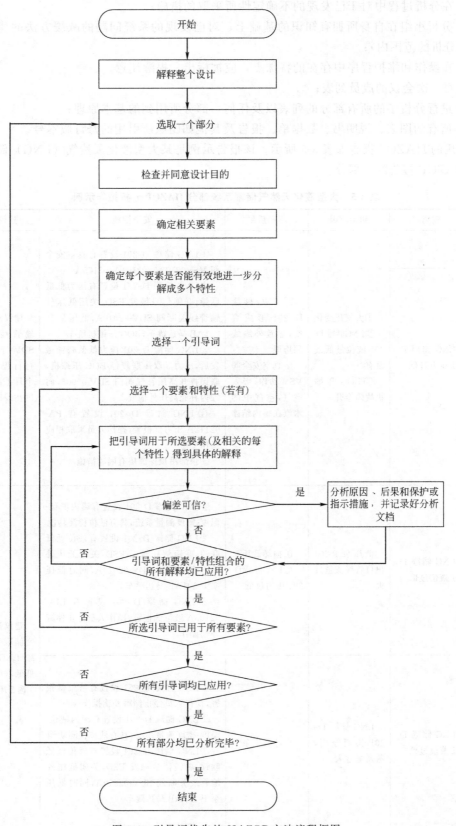

图 3-4　引导词优先的 HAZOP 方法流程框图

c. 在分析过程中对于已发现的不确定性所采取的措施;

d. 分析小组在自身所拥有知识的基础上,对已发现的系统问题的减缓方法的建议(如果是在分析的范围内);

e. 在操作和维护程序中存在的特殊点,应被标出,提醒注意;

f. 每一次会议的成员列表;

g. 进行分析了的所有部分的列表以及任何一部分所用到的基本原理;

h. 所有的图表、说明书、数据单、报告及其他如团队所引用的修订版本号。

常用的 HAZOP 报告如表 3-5 所示。该报告示例是某大型液化天然气(LNG)储罐人工评估 HAZOP 报告的一部分。

表 3-5 大型液化天然气储罐系统部分 HAZOP 分析报告示例

序号	偏离	初始原因	不利后果	安全措施	建议措施
1	LNG 储罐 D-201 压力过低	①大气压变化 ②LNG储罐D-201 液位过低或没有 ③BOG 压缩机故障全开	①LNG 储罐 D-201 形成真空,导致外罐罐顶垮塌 ②真空安全阀 VSV 动作,吸入空气,空气中的水汽在罐内结冰	①LNG 储罐 D-201 设置有真空安全阀 VSV02103A/02104A/02105A ②LNG 储罐 D-201 设置有压力低低联锁,联锁信号触发 ESD,关闭低压外输管线关断阀 SDV-02010A,低压泵 P-201AB 马达跳车,BOG 压缩机跳车 ③LNG 储罐 D-201 压力低低联锁触发后,压力 3 取 1 联锁停 BOG 压缩机,联锁打开高压补气阀门 SDV-09008,向罐内补充高压外输气 ④LNG 储罐 D-201 设置有 PA-02112A 压力低报警,操作人员采取相应操作 ⑤顶部吊顶保温层有隔冰措施	建议对低压外输管线关断阀 SDV-02010A 进行行程试验(六个月 1 次),且提供在线维护手段
2	LNG 储罐 D-201 液位过低	低压泵 P-201 出口管线流量过大	①损坏低压泵 ②LNG储罐D-201 压力过低	①LNG 储罐 D-201 设置有罐内液位-温度-密度测量系统,具有液位检测功能 ②LNG 储罐 D-201 设置有液位低低联锁,联锁信号触发 ESD,关闭低压外输管线关断阀 SDV-02010A,同时低压泵 P-201AB 马达跳车 ③LNG 储罐 D-201 设置有 LIA-02103A 液位低报警,操作人员停止储罐外输操作	建议进一步研究储罐 D-201 内罐 LNG 液位的低低联锁设置为 3 选 2 还是 2 选 1
3	LNG 储罐 D-201 液位过低	LNG 储罐 D-201 长期停用,蒸发量过大	损坏低压泵	①LNG 储罐 D-201 设置有液位低报警,操作人员停止储罐外输操作 ②LNG 储罐 D-201 设置有罐内液位-温度-密度测量系统,具有液位检测功能 ③LNG 储罐 D-201 设置有液位低低联锁,联锁信号触发 ESD,关闭低压外输管线关断阀 SDV-02010A,同时低压泵 P-201AB 马达跳车	

续表

序号	偏离	初始原因	不利后果	安全措施	建议措施
4	低压泵 P-201 出口管线流量/过高	①下游需求量过大 ②回流量过小 ③泵选型过大 ④低压泵变频器故障,导致转速超高	①导致低压泵过载烧毁 ②LNG储罐D-201液位过低或没有	①设置 PICA-02208A 压力指示高报警,进行辅助判断 ②设置流量调节 FICA-02203A,并设置有流量高报警 ③低压泵设置有电流过载保护	
5	低压泵 P-201 出口管线流量/过高	流量计 FIT-02203A 误指示偏低	①导致低压泵过载烧毁 ②LNG储罐D-201液位过低或没有	①设置 PICA-02208A 压力指示高报警,进行辅助判断 ②低压泵设置有电流过载保护	

人工安全评估时,使用"只记故障方法",这些输出一般情况下在 HAZOP 工作单中会被很简明地记录;使用"全部记录方法",符合要求的输出可能需要从全部的分析工作单中提炼出来。

④ HAZOP 报告要求 记录下的信息应当符合以下要求。

a. 每一个危险和操作性问题应分条被记录。

b. 无论系统中是否已设置保护或报警装置,所有危险和操作问题和产生它们的原因都应当被记录。

c. 在分析会议后,分析小组提出的每一个问题以及连同负责回答该问题人的名单应当被记录。

d. 应当采用一个记数标识系统,从而保证每一个危险、操作问题、疑问、建议及其他等都是唯一可识别的。

e. 分析文件应该存档以便检索,如果需要,在系统危险日志中索引(如果存在的话)。

确切地说,最终的报告由谁接收,很大程度取决于公司内部政策或(安全)标准的需要,通常项目经理、分析组长和分派负责执行后续工作及实施建议的人员应当得到最终报告。

⑤ HAZOP 文档的签字 在分析结束时,应当产生分析报告并且在分析小组中达成共识。如果意见不能达到统一,应当将原因记录下来。

(7) 后续工作及职责

HAZOP 分析的目的并不是重新设计一个系统,同样对于分析组长而言,也没有授权保证分析小组的建议被采纳。

当对于已经进行过 HAZOP 分析所得出的结论要进行重要的更改时,修改文档之前,项目经理应当考虑再集合 HAZOP 小组讨论,以便保证没有引入新的危险或可操作问题或维护问题。

在某些情况下,项目经理可能授权 HAZOP 小组执行建议并完成设计更改。在这种情况下,HAZOP 小组被要求做以下额外工作:

① 在关键问题上小组要达成一致并要修订设计或操作维护规程;

② 验证修订版及所做的改动,并应将它们向项目经理汇报等待批准;

③ 实施进一步的修订 HAZOP 分析,包括系统界面。

(8) HAZOP 审查

HAZOP 分析的程序及结果应当服从于公司内部的或管理专家的审查。审查的标准和问题应当在公司运作程序中进行说明。这些可能包括人员、程序、准备、文档及后续工作,也应当包括技术方面彻底的检查。

3.2.7 人工 HAZOP 分析方法的不足和改进

(1) 国际标准 IEC-61882 的不足

国际标准 IEC-61882 是对人工 HAZOP 安全评估方法的导则。这个标准说明了 HAZOP 方法的基本概念、实施方法和步骤、常用的引导词、偏离的概念、报告内容等系统化结构化的方法,是多专业专家相结合集体智慧的发挥。对于开发智能 HAZOP 分析的任务和方法知识本体有参照价值,但是也存在不少缺失。主要问题如下。

① 标准没有明确 HAZOP 方法的全过程和最终评价结果都是基于危险剧情的,甚至关于危险剧情的概念都只字未提。这与仅仅两年后安全专家保罗·贝塔特(Paul Baybutt)在相关文献中明确指出的"过程危险分析的主要目标是识别危险剧情"有认知差距,包括与相关标准 IEC 61511-3 要求的基于危险剧情的保护层分析方法(LOPA)也是不一致的。

② 标准对特性(characteristic)的定义是:"一个要素的定性或定量性质。特性的例子如压力,温度和电压。"所界定的只是具体事件的定性和定量性质,忽略了在构成危险剧情中涉及的大量(总数约70%)概念事件,因此导致所识别的危险剧情总数量可能存在缺失。并且还会导致每一个危险剧情的识别和表达可能不完整,也误导了计算机辅助 HAZOP 软件研发,以至于难以突破计算机 HAZOP 评估软件与人工 HAZOP 评估的一致性问题。

③ 由于没有危险剧情这个因果事件链的指引,在 HAZOP 分析过程中任何一个影响关系的缺失只有评价者知道,也没有任何记录,会导致评价结果执行者的含糊不清,甚至错误的理解。更为严重的是任何一个影响关系的错误判断,评价途中又没有详细准确的文字记录,会使得相当一部分评价结果是不完整的,甚至是错误的。

④ 标准推荐的 HAZOP 报告表过于简单。国内外大量的实际应用中发现了不少问题。以表 3-5 大型液化天然气储罐系统部分人工 HAZOP 分析报告为例,发现以下四个方面的不足。

a. "分不清":使用表格记录,在分析会后看报告时,会出现安全措施分不清。例如第一个偏离"LNG 储罐 D-201 压力过低",导致这个偏离的原因有 3 个,而偏离引发的后果有 2 个,准确地说,应该有 3×2=6 条危险传播路径,有 5 个安全措施,但是每一个安全措施和建议措施,不知道是防范哪一个原因、偏离或者后果的,无法准确对应。这种情况会有一个"分不清"的问题。假设有一个严重的后果,而导致该后果的原因或者偏离,既没有现有措施也没有建议措施,就可能造成 HAZOP 分析的漏洞,但是这种情况在表格记录中没有办法看出来。

b. "记不全":表格的记录方式,只记录原因、偏离、后果,会出现两种记录结果:没有找到初始原因和最终不利后果;丢掉了中间事件。如表格中的第 2 个偏离,"LNG 储罐 D-201 液位过低",原因是中间事件,没有找到初始原因,后果有 2 个,其中 1 个也是中间事件。如果不能找到完整的危险剧情,一方面,会导致从原因到后果整个事件链上的安全措施识别不全,不利于提出高质量的建议措施;另一方面,如果后续需要做保护层分析(LOPA),还需要重新做基于剧情的 HAZOP 分析,增加了额外的工作量。

c. "接不上":LNG 接收站是一个连续的流程,HAZOP 分析时,需要划分节点,人为地把原本连续的系统切断了。但是在用表格记录时又不能把系统之间的关系连接上,也就是说节点与节点之间的关系和偏离与偏离之间的关系,用表格不能表达出来。在表 3-5 中,导致"LNG 储罐压力过低"这一偏离的其中一个原因是"LNG 储罐的液位过低",而"LNG 储罐液位过低"的原因是"低压泵出口管线流量高(即出料量过大)","低压泵出口管线流量高"有 5 个原因。这些偏离之间的关系在表格中没有办法连接上,无法表达危险沿流程传播的全部路径。

d. "看不懂":使用表格记录时会丢掉事故剧情的中间事件,最后的报告就是从"初始原因"到"偏离"再到"后果",丢掉了事故剧情的重要信息,造成分析会结束后,即使参加评价的人员自己,对 HAZOP 报告也看不懂。

e. 评价过程中没有记录危险剧情,即缺失知识本体的结构信息。这不仅大大影响评估的质量,而且所带来的后续问题主要是评价结果无法事后审查,即无法完整地将评估信息传递、共享和再利用。

实际应用中发现的问题都聚焦在知识本体的内容信息和结构信息的缺失上。其中内容信息缺乏对概念事件的认知,导致无法完备地表达危险剧情;没有结构信息导致知识的严重缺损,因此出现以上诸多问题。因此 IEC 61882 标准亟待知识本体化。

从知识工程的角度分析,标准中的 HAZOP 报表只包括了不完备的内容信息,并且根本没有结构信息,如图 3-5 所示。而实际上完整的 HAZOP 分析是内容信息与结构信息的联合表达,即采用动态危险剧情的知识图谱,如图 3-6 所示。因为安全措施实质上是防止或减缓一个特定危险剧情风险的措施,并且可能有大量的危险剧情是隐含在结构信息中。没有剧情结构信息也就无法分清安全措施的作用。如果某些剧情遗漏安全措施,也无法确认。特别是影响关系分析错了,想改正都无从下手。例如,图 3-6 中原事件 5 到事件 7 的偏离影响关系不存在,应当是事件 5 到事件 6 存在偏离影响关系。若影响关系错误,剧情会出现结构性变化,即原来的评价结果有相当一部分是错误的。在没有结构信息的条件下会束手无策。

图 3-5 某 HAZOP 分析的不完整内容信息

综上所述,改进方法是:在 HAZOP 分析中引入图形化剧情对象模型 SOM_G 记录人工 HAZOP 分析会议全过程的信息;并且通过人工智能专家系统自动处理和推理会议讨论的知识本体 SOM_G;自动生成 HAZOP 报告。

(2) 操作规程 HAZOP 分析方法

发达国家采用 HAZOP 方法分析操作规程,以及人为因素在事故中的作用分析已经实用化。分析操作规程是对 HAZOP 分析方法的一种扩展应用。构建仿真培训过程学生模型

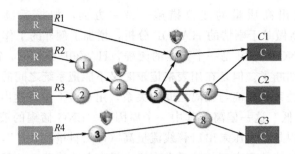

图 3-6　某 HAZOP 分析的动态知识图谱

和跟踪学生操作历程的最佳方法，是采用危险剧情的变种操作剧情，可以完全用 SOM_G 表达操作剧情。在一个特定事故状态下，完全实现自动化处理的化工厂尚未见到。大部分有针对性的处理工作是由操作工人完成的。这种处理工作需要针对该事故的特殊处理操作规程。仿真培训过程中，学生操作是否合格的分析评估，就是操作规程的 HAZOP 分析问题。因此，用 HAZOP 方法分析操作规程是仿真培训智能化的一种最佳实现方法。

① 面向规程的操作危险评价的必要性　在当今的安全管理工作中，操作规程已经被广泛认定为是一种与操作工相关的安全措施。因此如何评价和审查操作规程的质量是企业迫切需要解决的一个问题。按照传统的观点，人们普遍认为：一部高质量的操作规程除了指导如何正确运行装置外，还必须指导如何安全生产，即必须考虑如何避免发生事故，或者在有可能发生事故的场合及操作步骤上提供正确有效的处理方法。这种观点是没有错误的，但是忽略了一个实践中常见的重要问题，就是操作工在执行一个操作规程中是否会出现危险，如何分析，如何避免。这就是国际上广泛应用的"面向规程的操作危险评价"方法所期望解决的问题。这种评价除了修正操作规程的漏洞外，也是提高操作工素质的重要方面，有助于操作工对操作规程的每一步做到不但知其然，而且知其所以然，从而保证了这种与操作工相关的安全措施作用的充分发挥。建议将这些内容纳入操作工培训。

根据美国化学工程师协会（AIChE）化工过程安全中心（CCPS）提供的信息，从 1970 年至 1989 年 20 年间化工领域 60%～75% 的主要事故不是发生在正常生产的连续运行的操作模式，而是发生在开/停车、提负荷/降负荷、取样操作、更换催化剂、非正常工况和紧急事故处理等非常规操作模式。在非常规操作模式下，操作工的作用显得更加重要，因此也更加需要面向规程的操作危险评价。

② 面向规程的操作危险评价的要点　以下要点以 8 种引导词的 HAZOP 操作规程评价为例。

a. 确定评价主要任务　面向规程的操作危险评价主要任务是：找出如果操作工执行现有操作规程的操作步骤出现偏离（失误）会发生什么。操作工执行操作步骤的偏离主要是两大问题：

- 如果操作步骤出现跳越（也可以称为遗漏）会发生什么？
- 如果操作步骤执行得不正确（虽然没有跳越）会发生什么？

经过大量的实践表明，在执行操作规程中人员的失误导致事故主要就是上述两大类问题。分析方法是一步一步地按操作规程分析操作工的两种失误的问题。这种分析和 HAZOP 分析的目标和步骤十分相似，即也是一种基于"头脑风暴"的方法，也是通过操作偏离反向查找初始原因，正向查找不利后果。

b. 分解操作规程　分析师首先必须把待分析的操作规程分解成独立的"行动"

(actions，即操作工执行的操作内容)。如果现有规程中每一步只有一个行动，则最理想。

c. 确定操作偏离引导词　这种分析和 HAZOP 分析的目标和步骤十分相似，即也是一种基于危险剧情的"头脑风暴"方法，也是通过假设人为操作对操作规程出现了偏离，从偏离点反向查找初始原因，正向查找不利后果。因此，非剧情分析的检查表法和故障模式与影响分析（FMEA）方法无法适用于操作失误分析。除了 HAZOP 方法外，对于比较简单的问题常用"如果-怎么样？"方法或将"如果-怎么样？"方法与检查表方法联合应用。由于本评价与人的因素直接相关，因此偏离引导词与常规 HAZOP 的引导词含义不完全相同。

操作失误的两大类问题可以用如下 8 种引导词启发"头脑风暴"式的分析。对于操作疏漏常用引导词是无（NO）、缺少（MISSING）和部分（PART OF）；对于规程的执行错误常用的引导词是超限（MORE）、不达标（LESS）、伴随事件（AS WELL AS）、代替（REVERSE）和选错（OTHER THAN）。显然这些引导词大部分是面向间歇过程的，这体现了操作规程分析的特点。对于不同的规程分解项目应当仔细地选择引导词，以便能够分析连续过程的非正常现象和具有间歇特征的现象。两类引导词分类如下：

疏漏问题 { 无(NO)
　　　　　 缺少(MISSING)
　　　　　 部分(PART OF)

执行问题 { 超限(MORE)
　　　　　 不达标(LESS)
　　　　　 伴随(AS WELL AS)
　　　　　 代替(REVERSE)
　　　　　 选错(OTHER THAN)

为了明确面向操作规程分析的 HAZOP 引导词含义，提供表 3-6 进一步说明。

表 3-6　面向操作规程分析的 HAZOP 引导词含义

序号	引导词	用于操作规程一个步骤的含义
1	缺少①(MISSING)	在规程中重点强调的一个步骤或警示预防措施被疏漏
2	无(否或跳越步骤)(NO、NOT 或 SKIP)	该步骤被完全跳越或说明的意图没有被执行
3	部分(PART OF)	只有规程全部意图的一部分被执行(通常是一个任务包括了两个或更多同时进行的"行动"，例如："打开阀门 A、B 和 C")
4	执行超限(超量、超时)或过快(MORE 或 MORE OF)	对规程说明的意图做过了头(例如:量加得太多,执行时间过长等)或步骤执行得过快②
5	执行不达标(量、时间)或太慢(LESS 或 LESS OF)	对规程说明的执行(量、时间)太少(小)或执行得太慢②
6	伴随(事件)(AS WELL AS 或 MORE THAN)	除了规程说明的步骤(正在执行的)正确之外，发生了其他事件，或操作工执行了其他"行动"
7	执行过早或规程打乱(REVERSE 或 OUT OF SEQUENCE)	规程中的该步骤被执行过早,或此时的下一个步骤被执行,代替了要求执行的步骤
8	替换(做错了事)(OTHER THAN)	选错了物料或加错了物料，或选错了设备，或理解错了设备，或操作错了设备等，即操作工所做的"行动"不是规程本来的意图

① 可选引导词。
② 不适用于简单的"开/关"或"启动/关闭"功能。

d. 应用引导词对操作规程的每一个步骤进行 HAZOP 分析　将引导词和操作步骤结合将产生一个偏离，HAZOP 分析只考虑那些有实际意义的偏离，然后通过团队集体"头脑风暴"分析该偏离所涉及的原因和后果，同时找出现有安全措施，必要时提出建议安全措施。这些分析和常规的 HAZOP 完全一致。

需要注意的是：

(a) 对于每一个操作步骤本意的偏离，在应用 8 种引导词识别过程操作步骤和行动时，团队应当避免关注那些操作工失误的明显原因，而应当识别和人员失误相关的根原因。例如："在训练时不适当地强调了该步骤"；"一个操作工同时执行两个任务（行动）的可响应性（可能性）"；"阀门或操作设施不适当的标记"或"仪表指示混乱或不可读数"等。

(b) 人员失误相关的根原因必须结合操作工的具体情况和现场的设备、管路、阀门、仪表等实际情况，控制室的情况和周围环境的实际情况。因此，在面向操作规程的分析 HAZOP 团队会议中有一个或更多的有经验的操作工参与是很重要的。

(c) 引导词"无"（NO）可能引出的原因，例如："没有列入规程的步骤"；"在这个步骤上，之前没有正式训练过就发给了上岗许可证"；"没有列入规程"或"开泵前的高点排气等准备工作没有正式训练过"等。如果没有确切的说明书，这些方面的原因应当至少被团队讨论过。当评价操作失误信用度时，团队还应当讨论由于疏漏的步骤引发的信用度的系统性原因，例如：人员疲劳、通信（交流）失误或理解错误的责任等。

e. 完成 HAZOP 报表　面向规程的操作危险评价报表和常规 HAZOP 报表完全一致，即包括了引导词、偏离、原因、后果、现有安全措施和建议安全措施等 6 个方面的内容（见表 3-7 的举例）。所不同的是报表内容针对的是操作规程和操作工失误的安全问题。

③ 双引导词 HAZOP 操作规程偏离分析　对于操作危险性较小的场合，常用双引导词分析方法，实践证明是合理的方法。本方法是有经验的 HAZOP 团队组长在比较评价结果时的一种更为合理的方法。

双引导词定义如表 3-7 所示。人员失误的分类基础是疏漏错误和执行错误。实际上，双引导词的"疏漏"（或"步骤跳越"）（OMIT）包含了前面所述的"无"、"缺少"和"部分"，引导词"不正确"（INCORRECT）包含了前面所述的"超限"、"不达标"、"伴随"、"代替"和"选错"。

表 3-7　操作规程 HAZOP 评价双引导词定义

引导词	应用于一个操作步骤的含义
疏漏（步骤跳越） （OMIT）	步骤未执行或部分未执行。部分可能的原因是：操作工忘记了操作该步骤、不了解该步骤的重要性或规程中没有包括该步骤
不正确 （步骤执行错误） （INCORRECT）	操作工的意图是执行该步骤（没有跳跃该步骤），然而该步骤的执行没有达到原意图。部分可能的原因是：操作工对规程要求的任务（"行动"）做得太多或太少、操作工调整了错误的过程部分或操作工把该步骤的顺序搞反了

表 3-8 是采用双引导词 HAZOP 方法评价紧急停车规程的部分内容举例。通过本例可以了解采用 HAZOP 方法评价操作规程的要领。

表 3-8　部分紧急停车规程的双引导词 HAZOP 评价举例

项目	偏离	原因	后果	现有安全措施	建议措施
23.1	步骤跳越	操作工切断到一个反应器的进料失败。例如：由于现场操作工与控制室操作工通信失误，或控制阀黏着关不严或控制阀漏料	反应器失控可能的超压（因为已经没有冷却作用）是由于连续地加入了烯烃。反应器高液位导致超压，是由于烯烃连续地进料	①反应器上的超温和超压报警 ②现场操作工可能注意到流体流过阀门的声响 ③有流量指示（反应器烯烃进料管线非故意地没有关闭）④液位指示、高液位报警，有独立的高-高液位开关/报警	
		操作工疏于确认旁路阀是否也已关闭，因为这种预防措施没有列入规程，或旁路阀门泄漏	由于反应可能失控导致超压（因为冷却系统失效），因为连续的烯烃进料。反应器高液位导致超压，是由于烯烃连续地进料	①反应器上的超温和超压报警 ②现场操作工能力训练时需要经常检查旁路阀是否关闭，是否好用（包括控制阀阻塞时）③现场操作工应注意流体流过阀门的声响 ④烯烃进料管线流量指示（可能对小流量不够灵敏）⑤液位指示、高液位报警，有独立的高-高液位开关/报警	
		操作工在 DCS 上手动关闭流量控制阀失败，因为"阻断"字（对控制阀和该控制阀的三阀组的完整处理）被替代为"关闭"	再开车时可能阀门处于全开状态，使大量流量在开车时进入反应器，导致开车质量不好，可能导致反应失控和容器开裂	控制室操作工的能力训练，应当在指令手动关闭控制阀之前，通知现场操作工实施控制阀"阻断"操作	执行规程的最佳实践规则之一，是规程文字应采用统一的标准术语
23.2	步骤执行不正确	操作工在停进料泵之前关闭烯烃流量控制阀，根原因是规程中没有写明（先关泵，后关控制阀）	进料泵冒口（突发性憋压）导致泵密封损坏/失效，并且/或导致其他的泄漏，因而可能引发一个区域性的火灾危险	步骤 3 说明停泵操作的"行动"。停泵步骤（步骤3）必须在第 2 步之前完成	将步骤 3 操作移至步骤 2 之前去
		现场操作工将控制阀的上游和下游截止阀都关闭（指三阀组）	滞留在截止阀和控制阀之间的液体由于热膨胀导致阀门损坏（相关管路、法兰开裂等）	现场操作工的熟练性培训的重点应当要求只关闭一个截止阀	

3.3　保护层分析（LOPA）方法

3.3.1　LOPA 的定义和作用

保护层分析（Layers of Protection Analysis，LOPA）是一种基于事故剧情的简化定量风险分析方法，是 HAZOP 完成之后进一步量化评估的扩展。但是 HAZOP 分析结果必须把所有危险剧情详尽保留，否则还要重新完成基于危险剧情的 HAZOP 分析。LOPA 为智能仿真培训的学生操作风险评估以及安全操作指导，提供了一种与工业实际完全一致的简化定量方法，能够提高仿真培训的效果。

保护层分析方法 2007 年列入国家标准 GB/T 21109.3。LOPA 的目的不是用来寻找事故剧情（accident scenario，又称危险剧情），而是用于确定一个给定剧情的风险是否可以接受。LOPA提出了严格的规则来简化并且标准化独立保护层（Independent Protection Layer，IPL）和初始事件（Initiating Event，IE，又称为初始原因）的定义。如果遵守了这些规则，LOPA的简化计算是可行的，并且通过风险评价可以给出针对单个原因-后果对偶剧情的风险近似的量化数量级。LOPA首先分析一个剧情未采取安全保护措施之前的风险水平，然后分析各种安全防护措施将剧情风险水平降低的程度。

LOPA所解决的问题可以归结为如下三个方面：
① 怎样的安全是足够的安全？
② 当前的装置需要多少保护层（安全措施）？
③ 每一个保护层能减少多少风险？

LOPA使得安全设计和安全管理有了明确的目标和简便易行的实施方法，同时有助于安全措施的具体化、可操作化和可监管化。

3.3.2 LOPA的优点

① 比定量风险分析方法（QRA）省时省力，特别适用于定性分析时所碰到的非常复杂的剧情的风险分析。
② 提供了一种讨论风险的国际化"通用语言"。
③ 对传统的安全评价是一个改进，是一个快速审定风险的工具。
④ 有利于合理确定原因-后果对偶，改进了基于剧情的危险识别方法；
⑤ 提供了一种单元对单元、工厂对工厂的风险比较方法（注意：基础数据的规定必须一致时才能比较）。
⑥ 提供了一种比定性风险可信度更高的风险审定方法（由于对危险剧情的发生频率和后果分配了相关的数量级和更精确的描述）。
⑦ 可以帮助公司确定"尽可能低的风险"（ALARP），以便满足有关安全规范的需要。
⑧ 有助于识别操作和实践中的危险，以便预先考虑安全措施。另外，可以通过更加仔细的分析找出那些不足以减低风险到要求的限度以下的措施。
⑨ 提供了一个简明有效的独立保护层（IPL）的说明。
⑩ LOPA提供的信息有助于公司开展针对IPL的机械整体性程序（MIP）和安全培训。LOPA是一个支持工具，有助于机械整体性程序、基于风险的维护和识别与安全有关问题等任务的实施。

3.3.3 LOPA的局限性

① LOPA不是识别危险剧情的工具，LOPA的正确执行取决于定性危险评价方法所得出的危险剧情，包括初始原因和相关的安全措施是否完全和正确。
② LOPA的意图不是取代详细的定量分析（QRA），QRA可以用于更复杂的少数危险剧情分析。
③ 与HAZOP和"如果-怎么样？"分析相比，LOPA需要更多的实践确定风险，所需要的工作付出可能使得基于风险的确定显得过于费事，因而占用了其他分析时间。对于简单的决定，LOPA的意义有限。
④ 当使用LOPA时，剧情风险的可比性仅仅在如下条件满足时才有可能：
a. 选择失效数据的方法相同；

b. 采用相同的风险限为基础的比较。
　⑤ 不同的公司由于采用的风险限和实施 LOPA 的方法不同，则 LOPA 的结果无法比较。
　⑥ 执行 LOPA 时，危险剧情的准确性、筛选和数据选择的折中和假定不适当可能导致不正确的结论。

3.3.4　LOPA 的结果类型

　执行 LOPA 分析的结果是针对各重要危险剧情的分析估计的数量级结果，可以归类也可以不归类。LOPA 的结果主要包括：
　① 重要危险剧情的初始原因（包括过程危险）的识别；
　② 初始原因的发生频率、不利后果的严重度、要求的安全措施的失效概率，目的是维持初始事件不至于导致失事（事故）；
　③ 安全保护措施的一个正规设计，即独立保护层（IPL），基于它们的独立性、有效性和可审查性；
　④ 基于风险的对每一个重要危险剧情足够的独立保护层（IPL）的评估，还包括建议和要求附加的必要的 IPL 的说明。

3.3.5　执行 LOPA 的必备条件

　① 公司的经验和安全文化　成功地执行 LOPA 是建立在以下工作的基础上的，即公司需规范地实施危险分析、安全复查、可靠性分析、根原因/失效分析和设计检查等任务。公司在定量危险评估方面的经验是有益的，因为 LOPA 在定性和定量分析之间搭起了桥梁。
　② 数据需求　事故后果及严重度、设备失效率、操作工失误率和安全措施的性能等是公司必须开发的知识领域（既包括本公司内部的数据，也包括文献资源的数据）。
　③ 独立保护层（IPL）的保持　一个公司（组织）必须建立一个系统，定期地评估（审定）被识别的部件和人工的干预行动，并使这些 IPL 保持它们在安全措施方面所预期的功能。
　④ 风险容许限度　为了取得持续的结果，强力推荐企业在执行 LOPA 前确定风险容许限度。这些数据除了 LOPA 需要之外，还可以用于其他基于风险的决策。
　完成 LOPA 分析需要相当的时间和人力，一旦公司决定应用 LOPA，所需的时间和准备工作、团队会议和文本编写工作与要求分析的危险剧情数量成正比。

3.3.6　LOPA 方法描述

　LOPA 是一种典型的在定性危险分析之后的信息归类方法。可以应用于从多种事故分析资源所获得的危险剧情，也可以在定量分析之前作为对剧情进行筛选的工具。LOPA 可以结合基于剧情的危险分析方法，例如 HAZOP 或"如果-怎么样？"方法联合使用。
　当分析范围确定以后，LOPA 可以总结为如下 6 个步骤。
　【步骤 1】　筛选一个危险剧情
　LOPA 是一种典型的对已经得到危险剧情进行评估的方法，所以 LOPA 分析师或团队第一步工作就是筛选剧情，而最常用的筛选方法是基于不利后果。LOPA 每次只分析一个危险剧情。剧情可以来自其他分析结果，例如基于剧情定性分析方法的 HAZOP 或"如果-

怎么样？"方法，并且剧情的类型是仅仅描述单一的原因-后果对偶的剧情。即按照定量风险分析 QRA 的解释，这个剧情类同于事件树 ETA 分析中的一个危险传播路径，在该路径上可以实现所有针对该剧情的独立保护层的失效。

剧情的选择目标：典型的情况是定性评价团队无法确定风险的那些剧情。可能是剧情太复杂，因而需要进一步地分析。如果将定性分析得到的全部剧情数看作是 100％，一般而言只选择 1％~5％的剧情实施 LOPA 分析，至多不超过 10％。LOPA 通常是在定性分析团队之外执行分析或由不同的评价师或团队执行。但是公司必须提供 LOPA 所需的后果严重度阈值的等级（规范）。

LOPA 和其他风险评价技术都是高度依赖于对所评估的危险剧情的了解。因此最好的方法是找到所有可能的危险剧情，并且对每一个剧情都进行了解，以便对风险降低值和风险评估方法有足够的把握。当然这样又带来了工作量大的问题。

【步骤 2】 评估剧情后果

评价师应评估后果严重度（包括冲击影响）并且估计它的大小。有些公司的剧情后果严重度的表达方法仅停留在泄漏量（释放量）的大小方面（物料或能量的释放量），却没有确切地表达对人员、环境、财物的冲击影响。LOPA 分析常用一种查表法来确定事故严重度的分类。个别公司将释放过程模型化，并且更直接地估计后果风险，后果涉及人员、环境和财物损失。人员风险是用伤害结果的可能性来计算一个剧情的后果，例如，当一个释放剧情发生时，用操作工正处于伤害路径上的概率来表达后果严重度。

LOPA 后果严重度估计（和后果筛选阈值）可以定义成数种方式，每一种方式有其优点，也有缺点。常见方法如下。

方法 1：本分类方法不直接参考人员伤害，其后果是以释放的量值类型或其他的特性分类，避开了任何明显的伤亡所表现的容忍度，并且避免了对于一个特殊的释放可能有多少伤亡和医护估计的困难。

方法 2：人员伤害的定性估计，这种方法明确地考虑人员影响，通常可以与公司的指南直接比较，估计人员伤害达到的级别是用定性判定的。

方法 3：采用校正释放后的概率定性估计人员伤害。这种方法不采用定性判定的方法 2，而是采用了更好的人员伤害风险估计。

方法 4：采用详细的分析确定一个释放的效果和该效果作用于不同的物体和设备的影响，从而定量估计人员伤害。此种估计可能要运用定量分析的工具，包括了释放的散布和冲击波作用。由于其复杂性可能需要专家和时间，这种后果分析所涉及的复杂性水平可能与 LOPA 的分析工作不成比例（结果较为复杂）。

【步骤 3】 识别剧情的初始事件（IE）（或初始原因 IC）并且确定初始事件频率（事件数/年）

初始事件必须导致不利后果并给予所有安全措施以失效。初始事件的频率必须考虑并计入背景状态（用可能的条件事件或使能事件修正频率值），例如，必须考虑相关条件对一个操作模式的频率影响，通过修正表明该频率对本剧情是有效的。大多数组织（公司）提供了查表法确定 IE 频率的指南，这将有助于取得 LOPA 结果的一致性，并且限制过度乐观的风险估计可能引发的其他问题。

如果对于同一个偏差或后果有多种 IE 存在，则对应的多个剧情必须分别评估，因为 IPL 之所以被信任是取决于剧情的 IE。

【步骤 4】 识别所有的 IPL，并估计每一个 IPL 要求的失效概率（PFD）

LOPA 的核心是对于所识别出的一个剧情的现有安全措施，需要证明是 IPL 时，所涉及的判定规则问题。随着 LOPA 技术的广泛应用，对 IPL 的定义已经越来越深入和明确，依照美国化学工程师协会化工过程安全中心（CCPS）2007 年的指南，IPL 应满足如下条件。

① 独立性（independence） 保护层的性能不受一个危险剧情的初始原因或其他保护层失效的影响。例如：一个储罐物料溢出的初始原因是液位控制回路失效，则防止溢出的保护层不能是液位控制回路，控制回路的部件（如传感器、控制器和控制阀）中的一个部分失效都会导致本剧情失去保护层能力。

② 功能性（functionality） 是保护功能的充分有效性。是指保护层能够察觉危险剧情的开始，并且及时提供适当的响应，以防止不利后果发生。例如一个安全阀的设计应当使其打开的压力足够低，释放的口径和释放管道足够粗，以防止容器中的压力超限。

③ 完整性（integrity） 完整性表达为对保护所要求的失效概率。例如：SIL＝1 的数据界限的低端要求 10 次操作中有 9 次成功，允许 1 次失败；其数据界限的高端，要求在 100 次操作中有 99 次成功，允许 1 次失败。

④ 可靠性（reliability） 一个保护层的操作在要求的时间周期内能满足规定的条件。例如：一个保护层是向容器吹扫 5min，可靠性是一旦开始吹扫，能够持续 5min 的概率值。

⑤ 可维护性（auditability） 直意"可审查性"。当保护层损坏时，审查、检验、试验和维修能决定性地使该保护层继续它的功能。

⑥ 安全许可保护性（access security） 使用管理员控制或物理方法减少非故意的或未授权的变动。

⑦ 变更管理（management of change） 对设备、操作程序、原料、过程条件等的任何改动必须进行复查、建档及核准工作。例如：当一个新的产物被引入反应器，应当先做变更管理，来证实反应压力释放系统在失控剧情中是足够的。

IPL 可以看作是抵御潜在事故剧情的"防线"。IPL 独立于初始原因和其他 IPL 是非常重要的。LOPA 团队必须评估每一个 IPL 的独立性，并且按照 IPL 的设计和管理要求估计它的失效概率。所有的 IPL 设备应当包括在机械完整性程序（MIP）之中，必须接受检查和验证试验，以便保持 IPL 处于最佳状态。

IPL 依赖于操作人员的部分应当包括在规程中，规程应当体现对人员的培训和考核审查。此种类型 IPL 的实例是，将依靠操作工响应的报警考虑为一个 IPL，但是应当满足如下条件：

① 报警和现场响应设备都应当独立于初始原因和任何其他的 IPL；
② 应当有足够的时间让操作工实现该响应；
③ 行动的作用应使系统进入安全状态，并且对响应人员的风险尽可能小；
④ 具备一个简单完备的文字规程，具有清楚可靠的指示来说明所需要的行动；
⑤ 以 3 年一周期对操作工按照规程进行训练和考试，为了降低风险，更多的培训可能是需要的；
⑥ 报警限设置应当受到保护，并且列入变更管理的范围之内；
⑦ 相关设备应当经过验证试验，证明具有所分配的风险降低能力。

通常对于每一个识别的事故剧情，仅有一个可信用的"报警 IPL"，除非报警发生在明显的分离的时间段中（例如：1h 或更长的间隔），并且各报警分别使用了不同的现场仪表。对于同一个操作工同时响应同一个潜在错误模式的多个报警，不应当分列为不同的报警 IPL。

另外一种 IPL 是功能安全仪表系统（SIS），可参见有关国家标准或国际标准。

每一个 IPL 的完整性量化为"要求的失效概率"，即 PFD 表达，它是一个从 0 到 1 的无量纲数。一个 IPL 的 PFD 是一个概率值，该值是当一个剧情被选定分析时，将该 IPL 考虑为不能执行要求任务的概率。

某些事故剧情可能只需要一个 IPL，而其他的各剧情可能需要多重 IPL 或多重低数量级 PFD 的 IPL，以便剧情能达到风险允许限。大部分公司都提供了一系列预先确定的 IPL 和 PFD 数据值供评价师使用，这样评价师可以对正在分析的剧情中的 IPL 选择最合适的数值。公司的数据应当基于实践经验，并且给出通过验证的允许限说明，IPL 数据必须进行维护。

需要注意的是，每一个有可能降低风险的措施决不会达到完全的 IPL 表中规定的风险降低概率值，除非它的维护、管理、试验和验证要求完全被履行。

【步骤5】 计算剧情发生的总频率

剧情发生的总频率是结合了初始原因和该剧情所有 IPL 的 PFD 的数学估计。估计方法有算术公式法和图示法。除了方法之外，大部分公司提供了一个标准格式，用来记录 LOPA 的中间和最终结果（参见表 3-9）。

一个剧情的发生频率（失事事件/年）等于初始原因（初始事件/年）乘以所有该剧情的安全措施要求失效概率的乘积，即：

$$f_i^C = F_i^I \times \prod PFD_{ij} = F_i^I \times PFD_{i1} \times PFD_{i2} \times \cdots \times PFD_{ij}$$

式中　f_i^C——初始原因 i 导致的后果 C 的剧情发生总频率（即一个原因-后果对偶剧情的发生总频率），失事事件发生频率/年；

F_i^I——初始原因 i 的频率，初始事件发生频率/年；

PFD_{ij}——针对第 j 个 IPL 要求的失效概率，0～1 的无量纲数。

举例：如果定性分析的所有剧情中的第一个剧情初始原因的发生频率 F_1^I（$i=1$）估计为 10 年发生 1 次，即 $F_1^I=10^{-1}$/年，且该剧情有两个独立保护层 IPL，它们的 PFD 都为 0.01，即 $PFD_{11}=10^{-2}$ 且 $PFD_{12}=10^{-2}$，如果两个独立保护层成功响应了初始原因 1，即对初始原因实施了它们所能达到的最佳保护作用，并且在防止后果 C 发生方面产生了效果，则该剧情的总发生频率（得到有效降低）：

$$f_1^C = F_1^I \times PFD_{11} \times PFD_{12} = 10^{-1} \times 10^{-2} \times 10^{-2} = 10^{-5}/年$$

在计算剧情总频率时可能要考虑其他影响因素，必要时需要对该数值进行修正，这取决于后果是如何定义的。例如当公司估计直接人员伤害的频率时，分析师可能要根据该装置的实际情况对概率值进行修正。当需要考虑释放点附近发生火灾的概率"或/和"该区域人员存在的概率时，剧情总频率应当考虑用附加的因素修正，修正方法如下：

$$f_i^C = F_i^I \times \prod PFD_{ij} \times P_{火灾}$$

式中　$P_{火灾}$——火灾发生概率。

以及：

$$f_i^C = F_i^I \times \prod PFD_{ij} \times P_{火灾} \times P_{人员-存在}$$

式中　$P_{人员-存在}$——火灾发生区域人员存在概率。

【步骤6】 结合后果、初始事件和 IPL 数据计算估计一个剧情风险

当一个剧情风险指数是要求的输出结果时，只要将所分析的剧情总频率乘以一个与后果严重度量值相关的因子即可：

$$R_k^C = f_k^C \times C_k$$

式中 R_k^C——剧情 k 事故发生风险指数，表达为单位事件后果量值的大小（单位将随所估计的风险类型变化）；

f_k^C——剧情 k 事故发生的频率，表示为单位时间的倒数；

C_k——针对剧情 k 的后果（冲击）严重度的度量说明（例如伤亡数、财产损失等）。

一旦应用 LOPA 得出了剧情的风险数量级的估计，就可以确定风险了。这种评估通常是与一个公司（或其他相关目标）的风险判据分级相关。剧情的风险或频率允许限也可以通过查表得到，当数据处于表中数据的中间值时，可以使用插值方法计算得到。查取数据和计算风险指数时应注意单位的含义，因为不同的风险类型分类单位可能不同。如果计算的风险超过了风险允许限的水平，则计算风险超过风险允许限的比例指出了有多少风险需要降低。风险降低可以通过多种手段取得，包括采用固有的安全方法消除危险剧情、设法减少初始原因的频率、增加现有 IPL 的完整性、增加新的 IPL、"和/或"减少失事影响（冲击）等。

LOPA 的结果还有许多其他用途，包括调整机械完整性程序（MIP）以加强对特殊设备部件的监管和维护。

执行 LOPA 时不一定对各种后果的分类都要分析。通常 LOPA 对每一个剧情中的 IPL 作适度的评价，必要时才提出附加 IPL 的建议和说明。

以上 LOPA 的步骤说明并不表示执行 LOPA 的必须顺序，LOPA 分析过程呈现着交互特点，即在筛选剧情、估计剧情风险、确定适度的 IPL 等分析、计算过程中可能需要反复进行比较和权衡。LOPA 的实施流程如图 3-7 所示。

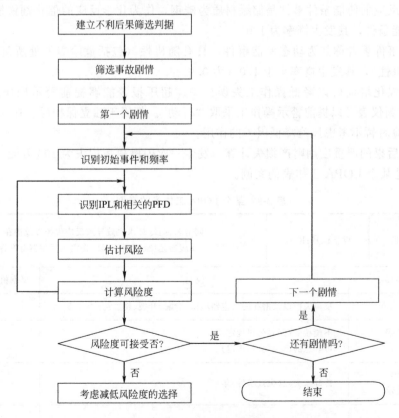

图 3-7 LOPA 的实施流程

一个简单的危险剧情原始风险值计算例子，如图 3-8 所示。选用图 2-25 甲醛毒气闪燃危险剧情。有关数据如下。

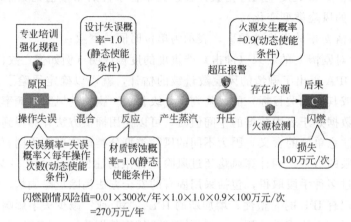

图 3-8 危险剧情原始风险值计算案例

① 操作工操作失误原因事件的年度发生频率是：每年操作该阀门的平均次数（300 次/年）与该操作工操作失误概率（0.01，即每一百次有一次失误）的乘积，等于 3 次/年。

② 导致腐蚀性物料与甲醛混合事件的条件事件是设计失误，即设计时没有把管路隔离开。这种条件是只要不进行技术改造，永远存在。著者称之为静态使能条件，其发生概率为 1.0。

③ 发生反应的使能条件事件是储罐材质为碳钢，作为化学反应的催化剂铁锈永远存在。也是静态使能条件，其发生概率为 1.0。

④ 火源事件著者称其为动态使能事件，具有随机性（包括危险爆发处所范围的人员存在也具有随机性），其发生概率小于 1.0（为 0.9）。

⑤ 专业强化培训可以降低操作工失误概率。超压报警能够提前警示操作工采取"行动"。火源检测仪表可以提前警示操作工采取"行动"。都属于独立保护层。在计算该危险剧情的原始风险时暂不考虑风险降低因子的作用。

⑥ 不利后果的严重度用财产损失计算。发生一次闪燃事故损失为 100 万元。

表 3-9 是某个 LOPA 工作表的案例。

表 3-9 某个 LOPA 工作表的案例

剧情序号：1	设备位号：R-01	剧情名称：冷却水失效导致反应失控以及潜在的反应器超压、泄漏、开裂、伤亡。反应器有搅拌		
日期：2010-10-1		说明	概率值	频率
后果说明/分类		反应失控以及潜在的反应器超压、泄漏、开裂、伤亡/分类号 5	—	—
风险允许限 （类别/频率）		不能接受(>)（公司规定）	—	1×10^{-4}
		可容忍的(≤)（公司规定）	—	1×10^{-6}
初始原因 （用频率表示）		冷却水失效（失效事件/年）		1×10^{-1}
使能事件或条件事件		由于冷却水失效使反应器失控的条件概率（年度为基准）	0.5/年	—

续表

日期:2010-10-1	说明	概率值	频率
条件修正量 (如果可行)	火灾概率	否/可	—
	影响区域的人员概率	否/可	—
	伤害概率	否/可	—
	其他	否/可	—
未减缓的后果频率		—	5×10^{-2}
独立保护层			
BPCS 报警和 操作工的行动	在 BPCS 回路增加的反应温度高报警立即停车	1×10^{-1}	—
压力释放安全阀 (PSV)	需要对系统的改进(见"行动"部分)(当增加改进措施时,PFD 可能过于保守)	1×10^{-2}	—
SIF(要求的 PFD= 1×10^{-3})(所有 3 台反应器的 SIS 部分都用 SIF)	开排放阀的功能安全仪表(SIF)(见施工设计的行动);要求的 PFD 由第 5 剧情设定;SIF 已增加	1×10^{-3}	—
安全措施(非 IPL)	操作工的行动:同一个操作工的行动不能在多处作为 IPL; 紧急冷却系统不能作为 IPL,因为有太多的通用部件(管路、阀门、夹套等)不符合 IPL 要求,可以加入到初始冷却水失效		
所有 IPL 的总 PFD=$10^{-1}\times10^{-2}\times10^{-3}=10^{-6}$		1×10^{-6}	
后果减缓频率(第 1 剧情发生总频率)=$10^{-1}\times0.5\times10^{-6}=5\times10^{-8}$		—	5×10^{-8}
达到风险允许限否?(是/否): 是(当增加 SIF 之后)		—	—
满足风险允许限 所要求的行动(措施)	3 个反应器都加 SIF。当反应温度超限时,加装的 SIF 具备最小 PFD=1×10^{-3} 以便打开排放阀。每一个排放阀分别加装排放管线和喷嘴,并加强维护,减少堵塞和常见的故障 考虑对所有的排放阀/安全阀用氮气吹扫 责任组织/责任人/日期:厂技术员 张三,李四 2010-10-1		
注释	应使操作工在高温报警时的响应达到 IPL 的要求。 应使排放阀的设计、安装、维护达到要求的 PFD=1×10^{-2}。 如果对安全工作提出进一步要求,可考虑排放阀 SIF 的 PFD 达到最小化的措施		

第四章

高效推理算法、图论与网络拓扑

所谓高效推理算法，是一种在复杂有向网络图中高速、省容量、没有无效探索的独立通路搜索算法。本书推荐的高效通路搜索算法，是著者1986年参考詹森回路搜索算法提出的实用通路算法。通路算法不但可以通过多种推理方法，将SOM_G知识图谱模型中隐含的所有独立显式危险剧情"挖掘"出来，而且联合回路搜索算法可以直接应用梅逊公式求解代数方程组和微分方程组。为了帮助读者实现推理引擎开发，本章给出了通路和回路算法的全部计算程序细节。本章还介绍了著者开发的图形化控制系统信号流图分析软件（CSA，Control System Analysis）以及软件的应用案例（基于梅逊公式的微分方程组图论求解）。

4.1 高效基本回路搜索算法

4.1.1 詹森回路搜索算法

1975年，D.B.詹森（Donald B. Johnson）提出了一种高效基本回路搜索算法。该算法是在J.C.蒂尔南（J.C. Tiernan）和R.塔杨（R. Tarjan）等人算法基础上的改进和优化。本算法具有简单、快速、占用计算机容量小和不会产生无效结果等多种优点。几十年来，在已发表的回路搜索算法中，可以称得上是效率最高的一种。该算法无论是搜索时间还是计算机容量占用都接近最小限度。对于一个有向图 $G(n, e)$，其中 n 为有向图的节点（顶点）数，e 为支路（弧/边）数，c 为基本回路数。其搜索时间最大界限值等于 $O[(n+e)(c+1)]$，占用容量最大界限值等于 $O(n+e)$。R.塔杨对J.C.蒂尔南算法进行了改进，容量界限为 $O(n+e)$，但搜索时间界限为 $O[(ne)(c+1)]$，计算效率显然比詹森算法低。

文献 [74] 中，詹森基本回路搜索算法的逻辑描述全文如下：

```
begin
    integer list array A_k(n), B(n); logical array blocked(n); integer s;
    logical procedure CIRCUIT (integer value v);
        begin logical f;
            procedure UNBLOCK (integer value u);
                begin
```

```
            blocked (u):= false;
         for w∈B(u) do
            begin
               delete w from B(u);
               if blocked(w) then UNBLOCK(w);
            end
      end UNBLOCK;
   f:= false;
   stack v;
   blocked(v):=true;
L1:for w∈A_K(v) do
   if w=s then
         begin
            output circuit composed of stack followed by s;
            f:=true;
         end
      else if ¬blocked(w) then
            if CIRCUIT(w) then f:=true;
L2:   if  f  then UNBLOCK(v)
         else for w∈A_K(v) do
                if ¬(v∈B(w)) then put v on B(w);
         unstack v;
         CIRCUIT:=f;
      end CIRCUIT;
empty stack;
s:=1;
while s<n do
   begin
      A:=adjacency structure of strong component K with least
         vertex in subgraph of G induced by {s,s+1,…,n};
      if A_k≠Φ then
         begin
            s:=least vertex in V_K;
            for i∈V_K, do
               begin
                  blocked(i):=false;
                  B(i):=Φ;
               end;
L3:         dummy:=CIRCUIT(s);
```

$$s:=s+1;$$
$$\quad\quad\text{end}$$
$$\text{else } s:=n;$$
$$\quad\text{end}$$
$$\text{end};$$

从以上算法的描述中很难直接发现其规律。著者1980年对该算法进行了深入剖析。在读懂算法的原理后，通过计算机编程、案例计算以及采用其他算法对照试验，解决了算法的实用化编程问题。

4.1.2 詹森回路搜索算法原理

以邻接目录数组表达有向图网络$G(n,e)$，作为基本回路搜索基础。设立一个堆栈$D(n)$，其大小等于网络的节点总数。先选定某一节点作为搜索的出发点，并把节点编号记入堆栈。用邻接目录索引，沿着一个通路方向深入，每深入一步把节点编号记入堆栈。如果某一步到达了原出发节点（以下简称源节点），则形成回路。立刻按堆栈记录的信息输出这个回路，并沿老路回退一步。有向图网络中每一个节点有可能分出多条支路连接数个节点，因此每回退一个节点的同时，都用一个指针拨开，以防再次走原路。拨开以后可能又出现一个新的深入方向，继续前面的搜索。当网络中一个节点的所有分支全部探索完成，立即在堆栈中退掉该节点。如此运作，最终必定退回到原出发点。然后更换一个源节点重新执行以上步骤，直到所有节点都作为源节点探查一遍。所有基本且独立的回路肯定在搜索途中都已找到，计算即告完成。

以上思路很像迷宫游戏探路过程。应当指出，詹森算法的贡献并不是这种探索方法，而在于圆满解决了以上算法中避免产生重复回路、有内环的回路和避免由于探索重复回路所进行的无效计算，因而大大提高了算法的速度及效率。

这类问题，只要仔细考察就会发现。例如，如果一个回路所经过的每一个节点都作为源节点记入堆栈。那么在每一个节点上都能闭合一次，形成同一回路的异构形，而实质上是同一回路。不仅如此，还可能产生大量有内环的非基本回路。

为了避免重复及无效搜索，詹森运用一个规模等于有向图节点总数的"封锁/释放"状态向量$B(n)$控制搜索过程。步骤是：把节点从1→n依次编号，状态向量$B(n)$中的每一个单元对应网络的每一个节点，且等于"0"是"释放"，等于"1"是"封锁"。搜索之前将$B(n)$全部封锁。搜索仍然沿用前面所述方法。首先将第一个节点记入堆栈，同时"释放"$B(1)$。由邻接目录索引沿某分支深入，凡是遇到一个新节点都检查向量$B(n)$中对应单元状态，为"0"者允许深入，为"1"者被阻止。如果允许深入，把新节点编号记入堆栈，刚刚离开的那个节点还应当再"封锁"。这样，向量$B(n)$中对应单元状态总在变动之中。一方面随堆栈第一单元的源节点从1→n更换，逐一释放向量$B(n)$中对应单元。另一方面，已被释放的那些单元还处于频繁的"封锁"与"释放"之中。通过这种方法，有效地控制了重复回路、有内环的回路及无效搜索的产生。

4.1.3 有向图基本回路搜索算法程序

(1) 有向图网络的邻接目录法表达

将有向图网络中的每一个节点，以及与各节点相邻的节点都表示出来，就是邻接目录法。一个有向支路具有一个起始节点和一个终止节点，方向是由起始节点指向终止节点。图形化表达是从起始节点到终止节点的有箭头的连线。邻接目录法是一种列表法。为了分辨支路的方向，与某个节点相邻的节点必须是从该节点起始支路的终止节点。终止节点至少一个，也可能有多个。依照此方法，图 4-1 共计 6 个节点，其邻接目录如表 4-1 所示。表 4-1 左边一列是所有起始节点编号，这些编号可以不按顺序排列，但不得重复。右边各行分别列出与左边节点对应的相邻且为终止节点的编号。

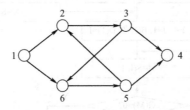

图 4-1 具有 6 个节点的有向图

表 4-1 有向图的邻接目录表

起始节点号	相邻终止节点号
1	2，6
2	3
3	4，6
5	2，4
6	5

为了进行计算机数字化处理，必须将邻接目录表达为计算机程序的数组。表 4-1 的内容可以用两个一维数组表达。一个称为索引数组 SY(N)，有 N 个元素，上界对应节点总数。一个称为邻接数组 G(N1)，有 N1 个元素，上界对应所有相邻终止节点总数与分隔符总数之和。为了分隔对应起始节点的相邻终止节点组合，需要使用 "0" 作为分隔符，因此所有节点编号从 1 开始，不用 "0"，且不能重复。两个数组列写如下：

$$SY(N) = \{1,2,3,5,6\}$$
$$G(N1) = \{2,6,0,3,0,4,6,0,2,4,0,5,0\}$$

邻接目录有向图表达方法非常适合詹森算法，与算法的逻辑步骤完全匹配。与有向图邻接矩阵表达方法相比，由于实际应用问题大都为稀疏矩阵，即矩阵中有大量零元素，因此占用了大量无效容量。邻接目录将这些零元素全部省略了。

(2) 回路搜索程序

通过深入解读詹森算法，著者设计的回路搜索计算程序的详细框图如图 4-2 所示。图 4-2 程序框图中：

　　J——堆栈实元计数值；

　　K——节点总循环控制变量；

　　I，L，M——中间工作单元；

　　B(100)——"封锁/释放"向量；

　　D(100)——堆栈；

　　S(100，1)——指针索引及调整数组；

　　G(500)——邻接目录数组；

　　N——节点总数；

N1——邻接目录数组上界值。

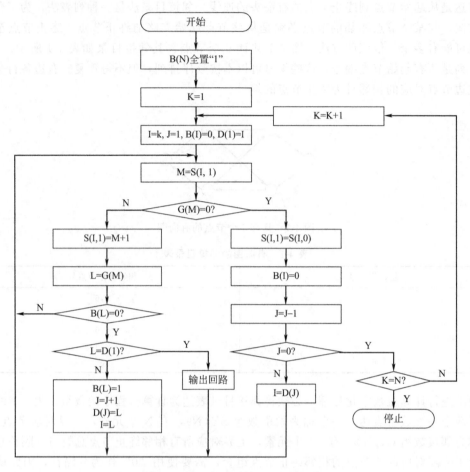

图 4-2　詹森算法回路搜索程序框图

需要说明的是，指针索引及调整数组 S(100，1) 是一个二维数组。其构建方法与上述邻接目录一维索引数组 SY(N) 有所不同。以图 4-3 有向图为例说明其构建方法。如图 4-4 所示，图 4-3 有 4 个节点，因此对应左边的二维数组是 S(4，1)。程序语言的列数规定从"0"开始，因此第一列即"0"列。该列有 4 个元素，从上至下的元素对应 4 个节点的序号为 1，2，3 和 4。每个元素保存了指向右边邻接目录数组 G(10) 中该节点对应的第一个相邻终止节点所在的元素序号，分别是 1，4，7 和 10。注意数组的元素序号不是节点序号。节点序号隐含在 S(4，1) 数组的元素序号中。而数组 G(10) 中各元素存储的是相邻终止节点组的节点序号和分割符"0"，即 2，4，0，1，3，0，1，4，0，0。数组 S(4，1) 的第二列即"1"列，其初始数据与第"0"列相同，但在搜索过程中会由程序拨动指针动态变化。数组 S(4，1) 的内容可以按照 G(10) 的内容由程序自动生成，不一定人为输入。

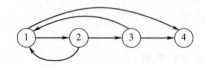

图 4-3　一个四节点有向图

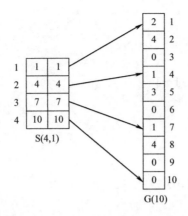

图 4-4　指针索引及调整数组 S(4，1) 和邻接目录数组 G(10) 的构建方法

按照程序框图 4-2 直接编写的 BASIC 程序如下：

```
5    DATA  5,14,1,3,7,10,13
10   DATA  2,0,3,3,1,0,4,1,0
15   DATA  1,5,0,0,0
20   DIM   B(100),D(100),S(100,1),G(500)
25   READ  N,N1
30   FOR   I=1 TO N
35   READ  S(I,0)
40   LET   S(I,1)=S(I,0)
45   LET   B(I)=1
50   NEXT  I
55   FOR   I=1 TO N1
60   READ  G(I)
65   NEXT  I
70   FOR   K=1 TO N
75   LET   I=K
80   LET   J=1
85   LET   B(I)=0
90   LET   D(1)=I
100  LET   M=S(I,1)
105  IF    G(M)=0 GOTO 185
110  LET   S(I,1)=M+1
115  LET   L=G(M)
120  IF    B(L)=0 GOTO 100
125  IF    L=D(1) GOTO 155
130  LET   B(L)=1
135  LET   J=J+1
140  LET   D(J)=L
```

```
145    LET   I=L
150    GOTO  100
155    LET   D(J+1)=L
160    FOR   II=1  TO  J+1
165    PRINT D(II)
170    NEXT  II
175    PRINT
180    GOTO  100
185    LET   S(I,1)=S(I,0)
190    LET   B(I)=0
195    LET   J=J-1
200    IF    J=0  GOTO  215
205    LET   I=D(J)
210    GOTO  100
215    NEXT  K
220    END
```

以上 BASIC 程序可方便地改写成各种编程语言的程序。

【例题 1】 一个应用以上程序搜索回路的案例如图 4-5 所示。该有向图数据在以上 BASIC 语言程序的前三行中。

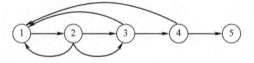

图 4-5 一个五节点有向图

图 4-5 有向图的节点 2 和节点 3 间有两条相同方向的支路。计算结果中出现两对相同的回路，实际上是不同的回路。结果标以（a）和（b）区分。本程序要求的输入数据按如下排列：

$$\begin{cases} N, N1 \\ S(N,0) \\ G(N1) \end{cases}$$

计算结果为 5 个基本回路，分列如下：

2→1→2

3→1→2→3(a)

3→1→2→3(b)

4→1→2→3→4(a)

4→1→2→3→4(b)

【例题 2】 详见本章 4.3.3 节的信号流图例题。有向图数据在通路搜索 BASIC 程序的前部，仅仅取消 K 和 E 两个数即可。当 17→4 支路断开时，控制系统处于开环状态。计算结果为如下 5 个基本回路：

8→7→8
11→10→11
13→12→13
17→16→17
17→15→16→17

当 17→4 支路闭合时，控制系统处于闭环状态。计算结果为如下 17 个基本回路：

8→7→8
11→10→11
13→12→13
17→4→5→6→7→9→10→11→12→13→14→15→16→17(a)
17→4→5→6→7→9→10→11→12→13→14→16→17(a)
17→4→5→6→7→9→10→11→12→13→14→17(a)
17→4→5→6→7→9→12→13→14→15→16→17(a)
17→4→5→6→7→9→12→13→14→16→17(a)
17→4→5→6→7→9→12→13→14→17(a)
17→4→5→6→7→9→10→11→12→13→14→15→16→17(b)
17→4→5→6→7→9→10→11→12→13→14→16→17(b)
17→4→5→6→7→9→10→11→12→13→14→17(b)
17→4→5→6→7→9→12→13→14→15→16→17(b)
17→4→5→6→7→9→12→13→14→16→17(b)
17→4→5→6→7→9→12→13→14→17(b)
17→16→17
17→15→16→17

文献 [73] 还计算了以上每一个基本回路的拉普拉斯算子 s 的幂次及增益常数。与相关文献中不同的基本回路搜索算法计算结果完全吻合。

4.2 有向图基本通路搜索算法及程序

有向图的基本通路，是从有向图中指定的一个输入节点，到指定的一个输出节点的所有基本且独立的通路。当所有的节点对应各自相关的事件时，基本且独立的通路又称独立显式剧情、危险传播路径或危险剧情。有向图基本通路的搜索比基本回路搜索的实际应用要广得多，是实现计算机多种推理的核心算法，是人工智能推理引擎的核心算法，是基于知识图谱模型深度学习的"引擎"。

4.2.1 有向图基本通路搜索算法要点

著者于 1980 年参考詹森算法，仅做很少的改进，就能得到与回路搜索同样高效的通路搜索算法，具体可参考文献 [73]。对于一个有向图 $G(n, e)$，其中 n 为有向图的节点（顶点）数，e 为支路（弧/边）数，p 为一个输入节点到一个输出节点的基本通路数。其搜索时间最大界限值等于 $O[(n+e)(p+1)]$，占用容量最大界限值等于 $O(n+e)$。著者所做的改进主要有三条：

① 取消按节点序号从 $1 \to n$ 的循环。因为输入和输出节点只有一个（当然也可以有多个，视具体应用问题而定），所以只执行原回路搜索程序一次；

② 搜索开始时，把 $B(n)$ 数组全部释放，而不是全部封锁；

③ 引入一个输入节点 K，及一个输出节点 E。

除以上三条改进外，计算依据的有向图全部数据和主要逻辑步骤与詹森回路搜索算法完全相同。

4.2.2 有向图基本通路搜索算法程序设计

所设计的程序框图如图 4-6 所示。

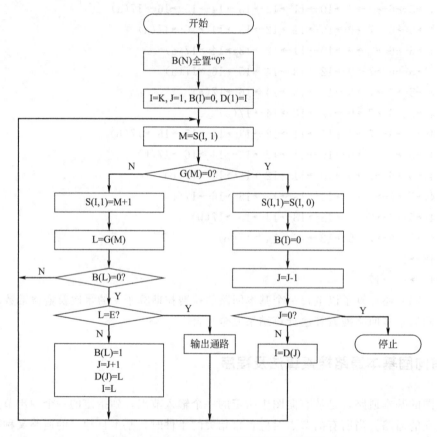

图 4-6 有向图基本通路搜索算法程序框图

按照程序框图直接编写的通路搜索算法 BASIC 程序如下：

```
5    DATA  17,44,1,13,1,3,5,8,10,12,15,18,20,23,25,28,30,33,37,39,41
10   DATA  4,0,10,0,10,12,0,5,0,6,0,7,7,0,8,9,0,7,0,10,12,0,11,0,10,12,0,13,0
15   DATA  14,12,0,15,16,17,0,16,0,17,0,4,16,15,0,
20   DIM   B(100),D(100),S(100,1),G(500)
25   READ  N,N1,K,E
30   FOR   I=1  TO  N
```

```
35   READ  S(I,0)
40   LET   S(I,1)=S(I,0)
45   LET   B(I)=0
50   NEXT  I
55   FOR   I=1  TO  N1
60   READ  G(I)
65   NEXT  I
75   LET   I=K
80   LET   J=1
85   LET   B(I)=1
90   LET   D(1)=I
100  LET   M=S(I,1)
105  IF    G(M)=0  GOTO  185
110  LET   S(I,1)=M+1
115  LET   L=G(M)
120  IF    B(L)=0  GOTO  100
125  IF    L=E  GOTO  155
130  LET   B(L)=1
135  LET   J=J+1
140  LET   D(J)=L
145  LET   I=L
150  GOTO  100
155  LET   D(J+1)=E
160  FOR   II=1  TO  J+1
165  PRINT D(II)
170  NEXT  II
175  PRINT
180  GOTO  100
185  LET   S(I,1)=S(I,0)
190  LET   B(I)=0
195  LET   J=J-1
200  IF    J=0  GOTO  220
205  LET   I=D(J)
210  GOTO  100
220  END
```

4.2.3 基本通路搜索算法程序例题

基本通路搜索算法程序的案例是 4.3.3 节的例题。本程序要求的输入数据按如下排列：

N,N1,K,E
S(N,0)
G(N1)

程序输入数据：

$\begin{cases} N=17, N1=44, \quad K=1, \quad E=13 \\ S(17,0)=（见通路搜索算法 BASIC 程序前部数据段）\\ G(44)=（见通路搜索算法 BASIC 程序前部数据段）\end{cases}$

计算结果基本通路为 4 条：

1→4→5→6→7→9→10→11→12→13(a)
1→4→5→6→7→9→12→13(a)
1→4→5→6→7→9→10→11→12→13(b)
1→4→5→6→7→9→12→13(b)

同上信号流图，若 K=2, E=13。

基本通路为 1 条：2→10→11→12→13

同上信号流图，若 K=3, E=13。

基本通路为 2 条：3→10→11→12→13
　　　　　　　　3→12→13

同上信号流图，若 K=1, E=17。

基本通路为 12 条：

1→4→5→6→7→9→10→11→12→13→14→15→16→17(a)
1→4→5→6→7→9→10→11→12→13→14→16→17(a)
1→4→5→6→7→9→10→11→12→13→14→17(a)
1→4→5→6→7→9→12→13→14→15→16→17(a)
1→4→5→6→7→9→12→13→14→16→17(a)
1→4→5→6→7→9→12→13→14→17(a)
1→4→5→6→7→9→10→11→12→13→14→15→16→17(b)
1→4→5→6→7→9→10→11→12→13→14→16→17(b)
1→4→5→6→7→9→10→11→12→13→14→17(b)
1→4→5→6→7→9→12→13→14→15→16→17(b)
1→4→5→6→7→9→12→13→14→16→17(b)
1→4→5→6→7→9→12→13→14→17(b)

文献［73］还计算了以上每一个基本回路的拉普拉斯算子 s 的幂次及增益常数。与相关文献中不同的基本通路搜索算法计算结果完全吻合。

4.3　网络独立通路和回路搜索算法应用案例

4.3.1　信号流图的稳态和动态解法

运用信号流图可以求解多变量相互关联的复杂系统，即联立方程组的解。例如，求解复杂的压力流量网络中所关注的变量间定量的影响关系。在流体网络中，任何一个分支流路的阻力降发生变化，严格地说，全系统各节点的压力和流量都会重新分布。在控制系统分析时，当导出复杂的传递函数方框图时，为了进行动态分析必须得到各输入输出通道的简约传递函数。对于较为简单的系统，如果仅靠人工化简，既烦琐又容易出错。对于较复杂的方框图几乎无法用人工化简。采用计算机信号流图自动化简是直观、方便又快捷的方法。

信号流图的计算机自动化简算法依据梅逊公式。为了说明梅逊公式的含义，首先必须对信号流图的结构特征进行定义描述，具体如下。

① 节点：用于表示变量或变量的状态。
② 支路：连接节点的有向线段，通常方向由原因节点指向后果节点。
③ 输入节点：只有输出支路的节点。
④ 输出节点：除输入节点以外的所有节点。
⑤ 通路：沿支路方向连接多个支路所组成的路径。
⑥ 前向通路：如果从所关注的输入节点到输出节点的通路上，通过任何节点不多于一次，此类通路称为前向通路。
⑦ 回路：如果通路的起始节点又是终止节点，且除起始和终止节点外，通过任何节点不多于一次的通路称为回路。
⑧ 传输：两节点之间的影响关系，稳态传输常用增益，动态传输可用传递函数等。
⑨ 相接触：通路或回路有公共节点。
⑩ 不相接触：通路或回路没有公共节点。

梅逊公式如下：

$$p = \frac{1}{\Delta} \sum_{i=1}^{n} p_i \Delta_i$$

$$\Delta = 1 - \sum L_1 + \sum L_2 - \sum L_3 + \cdots + (-1)^m \sum L_m \tag{4-1}$$

式中　p——输入节点到输出节点的总传输；

　　　p_i——第 i 条前向通路的传输；

　　　Δ——流图的特征式；

　　　L_1——信号流图中每一个回路的传输；

　　　L_2——信号流图中每两个互不接触回路的传输；

　　　L_3——信号流图中每三个互不接触回路的传输；

　　　L_m——信号流图中每 m 个互不接触回路的传输；

　　　Δ_i——在流图的特征式中，除去与第 i 个前向通路相接触的回路及回路组合后，所得到的第 i 个前向通路特征式的余因子。

如式(4-1)所示，为了求得某一个输入节点到输出节点的总传输 p，必须在信号流图中自动识别所有的独立回路和由输入节点到输出节点的前向通路。流图特征式属于公用信息，即对于该信号流图的所有可能的输入节点到输出节点的总传输，识别回路求取流图的特征式只需一次即可。

梅逊公式是一个通用性公式，既可用于静态信号流图的计算，也可以用于动态信号流图的化简计算。用于静态信号流图的计算实际上是代数方程组的图论计算方法。

4.3.2　图形化控制系统信号流图分析 CSA 软件

图形化控制系统信号流图分析（Control System Analysis，CSA）软件采用 VC＋＋编

写,是一个典型的智能化控制理论辅助教学软件。CSA 软件有如下功能:

① 通过图形化人机界面直接绘制信号流图;

② 采用通路和回路搜索算法,自动搜索信号流图的全部独立回路,以及从输入节点到输出节点的全部独立通路;

③ 自动计算所有回路和通路的传递函数;

④ 自动完成梅逊公式 [式(4-1)] 的计算,获取信号流图的传递函数特征多项式,以及各通路对应通道的传递函数式;

⑤ 使用劳斯稳定性判据自动判定信号流图系统的稳定性;

⑥ 自动将各通道传递函数转换为状态方程,用龙格-库塔(Runge-Kutta)数值积分算法计算各通道输入端为单位阶跃、斜坡和加速度干扰的瞬态响应,自动输出图形化响应曲线。

(1) CSA 信号流图图元定义

① 节点:信号流图中(传输与积分)信号的交汇点。

② 积分算子:表达一次积分关系,其表达符号为"$1/s$"。

③ 传输模块:两个节点之间的增益值(又称放大倍数 K_i)。

④ 连线:描述信号流图各图元之间信号传递关系的有向连线。

⑤ 前向支路:从一个序号小的节点连接到一个序号大的相邻节点的单个对偶路径。

⑥ 反向支路:从一个序号大的节点连接到一个序号小的相邻节点的单个对偶路径。

⑦ 前向通道:从输入节点到输出节点对偶的信号可以通行的支路集合。

(2) CSA 信号流图的图形建模图元

本软件将信号流图分解为四种基本图元,即节点、积分算子、传输模块和有向连线,如图 4-7 所示。

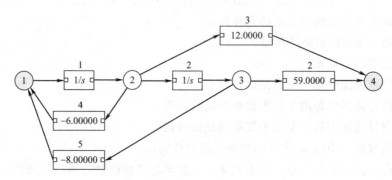

图 4-7 四种基本图元组成的信号流图

图 4-7 中,中心标有序号的圆形图元表示节点;中部标有"$1/s$"的矩形图元表示积分算子,其上部标有序号;中间标有传输值的长矩形图元表示传输模块,其上部标有序号;有箭头的实线表示有向连线。节点 1 表示输入节点,节点 2 表示输出节点。

(3) CSA 信号流图的图形化建模方法

本软件通过鼠标绘制信号流图,通过对话框用键盘输入传输值或积分算子的负号(-1)。具体步骤如下:

① 生成节点图元:在非连线模式下(用鼠标单击工具栏左数第七个图标进入非连线模式,与连线及编辑模式互锁)用鼠标单击一次工具栏的左数第三个节点图标,在该图标下方自动产生一个标有序号的节点。此时可以将鼠标移至该节点圆形区域。当捕捉到节点时,鼠

标变为"+"字标,按住鼠标左键,可以拖拉该节点到使用者想要移动到的位置。抬起鼠标左键,该节点即被拖放到目标位置。重复以上方法可以生成和移动多个节点。

② 生成积分算子图元:在非连线模式下,鼠标左键单击工具栏第四个图标。其余步骤与生成节点相同。

③ 生成传输图元:在非连线模式下,鼠标左键单击工具栏第五个图标。其余步骤与生成节点相同。

④ 连线:在连线与编辑模式下(用鼠标单击工具栏左数第六个图标进入连线与编辑模式),移动鼠标捕捉需要连线的图元,当捕捉到目标图元时,鼠标变为"+"字标。此时按住鼠标左键,可以拉出一条虚线(常称其为"橡皮筋"),虚线始终跟踪鼠标的移动。移动鼠标到信号指向的目标图元,抬起左键,即完成一条连线,如图 4-8 所示。

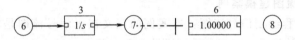

图 4-8 信号流图连线方法

⑤ 输入传输:在连线与编辑模式下,移动鼠标到传输模块,单击鼠标右键弹出该模块的输入传输对话框。用键盘键入数据值,单击对话框的"提交"图标,立刻在该传输模块显示输入值。用相同的方法可以输入积分算子的负号(-1)。正号为默认值,不必输入。为了区分传输模块和积分算子,积分算子的序号显示为"负"。输入传输方法如图 4-9 所示。

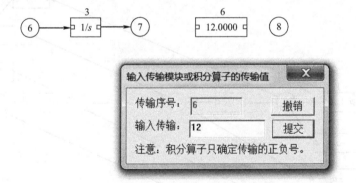

图 4-9 用对话框输入传输值

⑥ 选定输入和输出节点:在连线与编辑模式下,移动鼠标到期望的输入节点,双击鼠标左键,该节点变为绿色,即完成一个输入节点的选定。输出节点选定方法相同,只是必须双击鼠标右键,选定节点变为蓝色。对于多输入/多输出的节点选定,软件自动计算出具有统一特征方程的传递函数矩阵。

⑦ 完成梅逊公式计算:当信号流图的图形化建模完成并检查无误后,单击工具栏左数第 10 个标有"MS"的图标,软件立刻完成梅逊公式计算并显示传递函数结果。同时显示前向支路与反向支路的数据,以便核查信号流图是否正确。

⑧ 保存信号流图数据:为了防止产生过多的信号流图数据文件(对于其他用户可能视为垃圾信息),软件限定只能保存 5 个固定文件名的信号流图数据文件,即 csa_1.dat 到 csa_5.dat,并且保存在软件执行文件同一个文件夹中。通过单击菜单栏的"保存"和"读取"下拉菜单自动完成。当再次单击保存该数据文件名时,前一次的数据文件将被覆盖掉。如果用户一定要保存某一个数据文件可以改名保留,使用时应当改为本软件规定的文件名。

⑨ 初始化图形建模：单击工具栏左数第一个图标，即完成图形化建模的初始化任务。原有任务被清除，可以开始新的信号流图建模任务。注意，当需要开始新的建模任务时，最好保存前面的任务数据。

⑩ 删除图元：在连线与编辑模式下，移动鼠标到期望删除的图元（节点、积分算子、传输模块或连线）。当捕捉到目标后，光标转变为"＋"字标，单击鼠标右键。此时图元的外廓线变成红色。可以批量选定多个图元，当鼠标单击工具栏第八个画有剪刀的图标，即将本批选定的一个或数个图元删除。如果想要恢复被删除的图元，鼠标单击工具栏第九个图标，可以恢复刚被删除的图元。注意，如果期望删除节点、积分算子或传输模块，这些图元连带的所有连线也必须删除。软件没有设定连线重用的功能。此外，软件只给一次恢复机会。

（4）图形化信号流图建模案例

① 直接从状态方程绘制信号流图：本案例的意义在于信号流图是状态方程的可视化图形表达，两者具有映射关系。方法和示例详见 2.5.3 节中（8）。

② 直接从传递函数绘制信号流图：定义高阶传递函数的通式为式(4-2)，其中 $a_0=1$。其对应的信号流图直接按图 4-10 绘出。

$$G(s)=\frac{b_0s^m+b_1s^{m-1}+\cdots+b_{m-1}s+b_m}{s^n+a_1s^{n-1}+\cdots+a_{n-1}s+a_n} \quad (4-2)$$

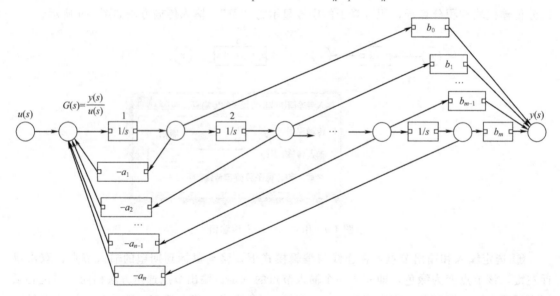

图 4-10 通过任意高阶传递函数直接绘制信号流图的通用方法

利用以上通式可以直接将任意阶次的传递函数绘制成信号流图。例如，一个简单的传递函数见式(4-3)，直接绘出的信号流图如图 4-11 所示。

$$G(s)=\frac{1.2}{s^2+2s+3} \quad (4-3)$$

图 4-12 是一个用传递函数表达的控制系统，同时给出了系统开环[图 4-12(a)]和闭环[图 4-12(b)]信号流图。图 4-13 和图 4-14 是使用本软件输入的两种等效闭环信号流图。图 4-15 是软件计算出的图 4-13 和图 4-14 等效信号流图的闭环传递函数，结果完全相同。

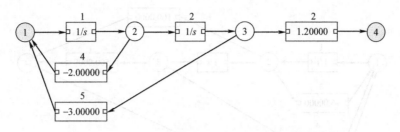

图 4-11 传递函数式(4-3) 的信号流图

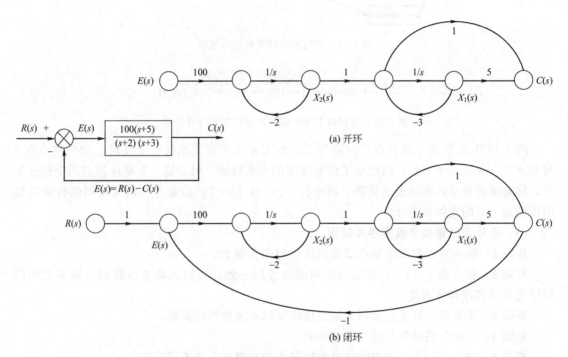

图 4-12 用传递函数表达的控制系统

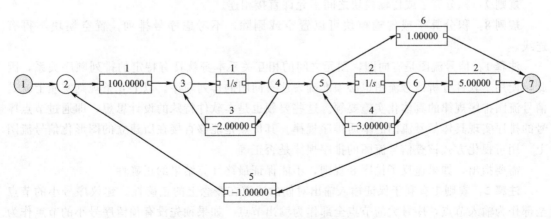

图 4-13 案例的闭环信号流图

105

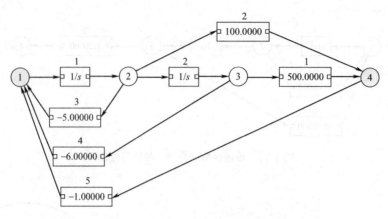

图 4-14 案例的闭环等效信号流图

$$G(s) = \frac{100.0000s + 500.0000}{1.000000s^2 + 105.0000s + 506.0000}$$

图 4-15 案例两个等效信号流图的软件计算结果

图 4-13 中从节点 4 到节点 5 传输为 1.0 的支路是不可或缺的一个支路。如果将节点 4 与节点 5 合并成一个节点，则改变了信号流图的本来特征。因为这个支路连接着两个积分算子，传递函数分母的数学表达是两个因式（$s+2$）和（$s+3$）相乘，其信号流图的特征需要用传输为 1.0 的支路分割开。

(5) 信号流图建模节点排序 8 规则

规则 1：输入节点和输出节点都必须位于前向支路上。

规则 2：积分算子（1/s）必须与前向通道方向一致；必须正确表达各积分算子之间的顺序关系（直连和分割连）。

规则 3：不与积分算子直接相关的纯传输可以不考虑顺序关系。

规则 4：反向支路通常与反馈通道相关。

规则 5：节点可以置空或删除，原有序号不变；置空节点不得有连线。

规则 6：节点之间直接有向连线的传输默认为 1.0。

规则 7：积分算子或传输模块之间不允许直接相连。

规则 8：积分算子或传输模块可以置空或删除，不考虑序号排列；置空模块不得有连线。

注释 1：信号流图是有向图，图元之间的相互关系本身就具有特定的排列顺序关系，因此，使用本软件分析信号流图也必须准确表达有向图的排列顺序。以上 8 条规则实质上就是信号流图排序规律的具体化实施要领。这些要领也是本软件特殊的设计思想，即通过节点序号的排序实现具体信号流图的本质排序规律。其优点是能够直接在所建立的图形化信号流图上，用可视化方式核查信号流图的排序规律是否正确。

需要指出，如果违反了排序 8 规则，不能保证最终计算结果的正确性。

注释 2：规则 1 有利于保证输入输出对偶的通道在概念上的正确性。建议序号小的节点全部作为输入节点，序号大的节点全部作为输出节点。如果预先没有预留序号小的节点作为输入节点，可直接在信号流图中将期望作为输入的节点直接选定为输入节点。输出节点也可以如此处理。由于序号大的节点总可以事后生成，因此不存在输出节点缺少的问题。

注释 3：规则 5 的确定缘由是，在信号流图建模时如果删除部分节点后由软件自动重排序号，有可能打乱前向及反向支路的原有设计意图。因此，当节点置空或被删除时，所有节点序号保持原编号不变。

注释 4："置空"的含义是，自动编有序号的节点、积分或传输模块既可以放置在信号流图之外不用，也可以删除。放置的模块可以随时加入到信号流图中，但必须符合建模排序 8 规则。

注释 5：不考虑顺序关系，换言之就是该模块既可以处于前向支路上，也可以处于反向支路上。

注释 6：规则 6 的实用意义是，传输为 1.0 的支路上可以不必使用传输模块。这是软件提供的功能，常用于输入或输出节点的设置。

注释 7：积分算子或传输模块之间不能互连，是靠软件自动识别实现的。也就是软件自动拒绝此种连接。此外软件还能自动拒绝每一个积分算子和传输模块两端与节点连线不正确的情况。

注释 8：规则 4 的具体情况是，如果遵循了其他规则，反馈通道的最后一个支路通常是反向支路。换言之，如果在信号流图建模中坚持了规则 4，可能其他规则会自然得到保证。

4.3.3 采用 CSA 自动解算复杂信号流图系统

本案例来自文献［73］及文献［79］。仿真模型沿用文献［79］的化工计量单位。某连续带搅拌釜式反应器（CSTR）及控制系统如图 4-16 所示，反应釜中反应物 A 的浓度为 C_A，流入反应器的流量为 Q。在体积为 V 的反应器中，反应物 A 近似为二级反应（反应的动态规律呈非线性），具有反应速度常数 K。反应出口含有的反应物 A 和产物 B 浓度分别为 C_A 和 C_B。出口的物质 B 浓度测量值馈入一个 PID 控制器，通过 C_B 的测量值和要求的给定值 C_{Bset} 的偏差来调整纯物质 A 的流量 Q_A，以便校正偏差。这个过程包含着传递滞后，纯滞后时间为 τ，因为测量和信号的传送不是同时的。

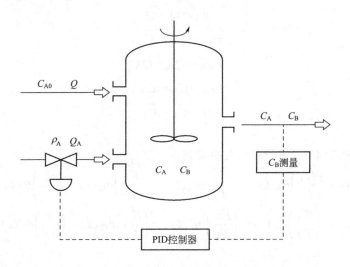

图 4-16 某连续带搅拌釜式反应器（CSTR）及控制系统

稳态操作条件和参数如下：

$\overline{C}_{A0}=0.4\text{lb}^{①}/\text{gal}^{②}$，$\overline{C}_A=0.84\text{lb/gal}$，$\overline{C}_B=1.0\text{lb/gal}$，$\overline{Q}=50.0\text{gal/min}$，$\overline{Q}_A=10.0\text{gal/min}$，$V=600.0\text{gal}$，$\rho_A=9.04\text{lb/ft}^{3③}$，$K=0.1418\text{gal/lb/min}$，$\tau=2/3\text{min}$。

主要数学模型如下。

由 A 组分和 B 组分的物料平衡关系，可以导出描述本反应的微分方程：

$$\left(\frac{dC_A}{dt}\right)V = QC_{A0} + \rho_A Q_A - C_A(Q+Q_A) - KC_A^2 V \tag{4-4}$$

$$\left(\frac{dC_B}{dt}\right)V = -C_B(Q+Q_A) + KC_A^2 V \tag{4-5}$$

由于方程 (4-4) 和方程 (4-5) 是非线性的（方程含有变量的平方项 C_A^2），必须将它们在操作点附近加以线性化，以便转化为信号流图。文献采用了泰勒级数展开法实现线性化，并且在操作点附近仅取级数的一阶项。反应动力学方程右端函数 $f(C_A, C_B, Q, Q_A)$ 中有四个变量，即 C_A、C_B、Q 和 Q_A，分别求一阶偏导，得到：

$$\frac{\partial f}{\partial C_A} = 2K\overline{C}_A V$$

$$\frac{\partial f}{\partial C_B} = \overline{Q} + \overline{Q}_A$$

$$\frac{\partial f}{\partial Q} = \overline{C}_B$$

$$\frac{\partial f}{\partial Q_A} = \overline{C}_B$$

于是，反应动力学方程的一阶泰勒展开的线性化方程为：

$$V\left(\frac{dQ_A}{dt}\right) = [-2K\overline{C}_A V - (\overline{Q}+\overline{Q}_A)]\theta_A + (C_{A0}-\overline{C}_A)\theta_Q + (\rho_A-\overline{C}_A)\theta_{QA} \tag{4-6}$$

$$V\left(\frac{d\theta_B}{dt}\right) = 2K\overline{C}_A V\theta_A - (\overline{Q}+\overline{Q}_A)\theta_B - \overline{C}_B\theta_Q - \overline{C}_B\theta_{QA} \tag{4-7}$$

式(4-6) 和式(4-7) 中：

$$\theta_Q = Q - \overline{Q}$$

$$\theta_{A0} = C_{A0} - \overline{C}_{A0}$$

$$\theta_{QA} = Q_A - \overline{Q}_A$$

$$\theta_A = C_A - \overline{C}_A$$

$$\theta_B = C_B - \overline{C}_B$$

对式(4-6) 和式(4-7) 进行拉氏变换得到：

$$s\theta_A = \left(\frac{K_1}{T_1}\right)\theta_{A0}(s) + \left(\frac{K_2}{T_1}\right)\theta_{QA}(s) - \left(\frac{K_3}{T_1}\right)\theta_Q(s) - \left(\frac{1}{T_1}\right)\theta_A(s) \tag{4-8}$$

$$s\theta_B = \left(\frac{K_4}{T_2}\right)\theta_A(s) - \left(\frac{K_5}{T_2}\right)\theta_{QA}(s) - \left(\frac{K_5}{T_2}\right)\theta_Q(s) - \left(\frac{1}{T_2}\right)\theta_B(s) \tag{4-9}$$

---

① 1lb=0.4536kg。

② 1gal=4.54609L。

③ 1ft=0.028317m³。

式(4-8) 和式(4-9) 中：

$$T_1 = V/k_1$$
$$T_2 = V/(\overline{Q} + \overline{Q}_A)$$
$$K_1 = Q/k_1$$
$$K_2 = (\rho_A - \overline{C}_A)/k_1$$
$$K_3 = (\overline{C}_{A0} - \overline{C}_A)/k_1$$
$$K_4 = (2K\overline{C}_A V)/(\overline{Q} + \overline{Q}_A)$$
$$K_5 = C_B/(\overline{Q} + \overline{Q}_A)$$
$$k_1 = 2K\overline{C}_A V + \overline{Q} + \overline{Q}_A$$

由偏差 E 引起的控制作用，可用下式计算：

$$E(s) = \theta_{Bset}(s) - \dot{\theta}'_B \tag{4-10}$$

式中，$\dot{\theta}'_B$ 是延迟信号。$\dot{\theta}'_B$ 是关于 $\theta_B(s)$ 的传递函数：

$$\frac{\dot{\theta}'_B(s)}{\theta_B(s)} = e^{-\tau s}$$

由于信号流图处理纯滞后困难，可以将其转换为二阶 Pade 近似，即：

$$\dot{\theta}'_B(s) = \theta_B(s) - \left(\frac{1}{s}\right)\left[\left(\frac{4.7}{\tau}\right)\theta_B(s) + \left(\frac{4.7}{\tau}\right)\dot{\theta}'_B(s)\right] + \left(\frac{1}{s^2}\right)\left[\left(\frac{10}{\tau^2}\right)\theta_B(s) - \left(\frac{10}{\tau^2}\right)\dot{\theta}'_B(s)\right] \tag{4-11}$$

PID 控制器的传递函数为：

$$M(s) = \frac{K_C T_D}{T_I} E(s) + \frac{K_C}{T_I} \times \frac{1}{s} E(s) - \frac{1}{T_I} \times \frac{1}{s} M(s) \tag{4-12}$$

式中，$M(s)$ 是控制器输出信号；K_C 是控制器的比例常数；T_D 是微分常数；T_I 是积分常数。流速 $\theta_{QA}(s)$ 与 $M(s)$ 的关系式为：

$$\theta_{QA}(s) = 1.25 M(s) \tag{4-13}$$

式(4-13) 中，常数 1.25 是控制纯物质 A 的控制阀放大倍数。

以上各传递函数表达式完整地描述了反应系统。这些表达式可以直接转换成图 4-17 所示的信号流图。

采用 CSA 软件，直接将图 4-17 所示的反应系统信号流图，通过简单快捷的图形化方式输入信号流图。然后将各支路数据值通过对话框直接输入，输入的信号流图如图 4-18 所示。然后即可完成自动网络拓扑计算。

由图 4-18 可知，控制器的参数为：

$$K_C = 100.0$$
$$T_D = 3.3$$
$$T_I = 1/0.6667 = 15$$

图 4-19 是采用文献中 PID 控制器数据的响应曲线。图 4-20 是部分通道传递函数及劳斯稳定性判定结果。采用本软件可以直接得到系统特征传递函数式，因此可以实施劳斯判定。判定结果为闭环系统是稳定的，因为劳斯阵列第一列全为正数。由图 4-19 可见，显然 $K_C = 100.0$ 数值偏大，导致响应曲线振荡较大，超调量也较大。令 $K_C = 50.0$，即放大倍数减小一半后，响应曲线质量大为提高，超调量减小，衰减比为 9.2：1，控制作用良好，系统较

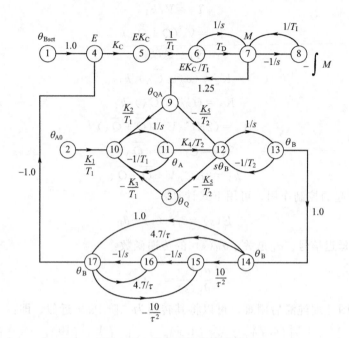

图 4-17 反应系统信号流图

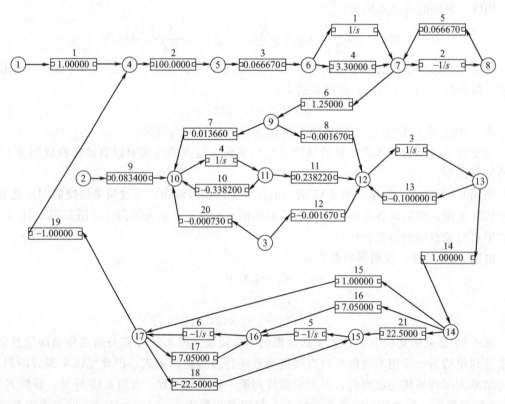

图 4-18 输入的本案例信号流图

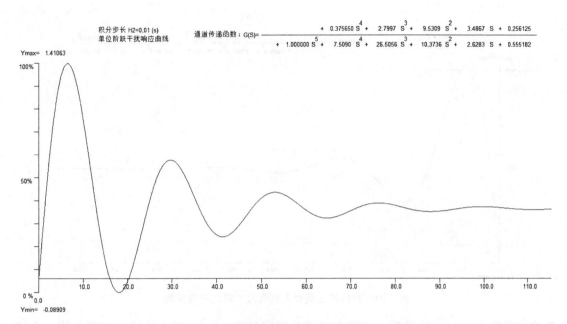

图 4-19　采用文献中 PID 控制器数据的响应曲线

通道 3 => 12　　传递函数：

0	-0.000000	0.302956
1	-0.001106	2.031205
2	-0.019442	11.089864
3	-0.043532	26.313950
4	-0.012599	7.531950
5	-0.001667	1.000000

$$G(S)=\frac{-\ 0.001667\,S^5-\ 0.012599\,S^4-\ 0.043532\,S^3-\ 0.019442\,S^2-\ 0.001106\,S-\ 0.000000}{1.000000\,S^5+\ 7.5319\,S^4+\ 26.3139\,S^3+\ 11.0899\,S^2+\ 2.0312\,S+\ 0.302956}$$

通道 3 => 13　　传递函数：

0	-0.001106	0.302956
1	-0.019442	2.031205
2	-0.043532	11.089864
3	-0.012599	26.313950
4	-0.001667	7.531950
5	0.000000	1.000000

$$G(S)=\frac{-\ 0.001667\,S^4-\ 0.012599\,S^3-\ 0.043532\,S^2-\ 0.019442\,S-\ 0.001106}{1.000000\,S^5+\ 7.5319\,S^4+\ 26.3139\,S^3+\ 11.0899\,S^2+\ 2.0312\,S+\ 0.302956}$$

劳斯判定结论为：稳定系统（检查信号流图确定为闭环系统）

劳斯阵列：

1.00000	26.31395	2.03121
7.53195	11.08986	0.30296
24.84157	1.99098	
10.48620	0.30296	
1.27329		
0.30296		

图 4-20　部分通道传递函数及劳斯稳定性判定

快衰减到稳定，如图 4-21 所示。

图 4-22、图 4-23 和图 4-24 是利用软件的曲线数据寻迹功能获取衰减比的截图。衰减比是过渡过程曲线上同方向第一个波峰到稳定基线 A 的高差 B 与第二个波峰到稳定基线的高差 C 之比，即 $n=B/C$。对于衰减振荡 $n>1$，n 越大系统越稳定。根据实际经验，系统控

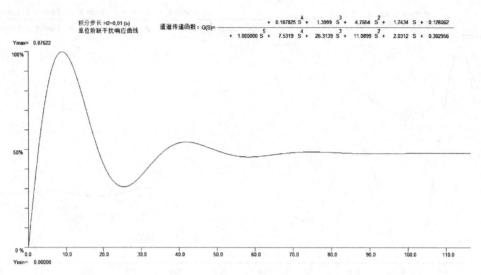

图 4-21　控制器比例放大倍数减半后的响应曲线

制的响应曲线 $n=4\sim10$ 为宜。从图 4-22 获得稳定基线 $A=0.423$，从图 4-23 得到第一个波峰到稳定基线 A 的高差 $B=0.876-0.423=0.453$，从图 4-24 获得第二个波峰到稳定基线的高差 $C=0.472-0.423=0.049$，于是 $n=0.453/0.049=9.2$。

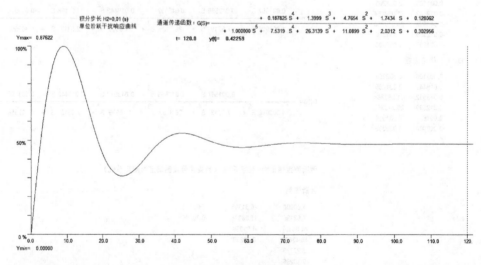

图 4-22　寻迹获取基线值

本案例说明，CSA 是一种智能化辅助学生运用控制理论分析和解决过程系统控制设计与调试的强有力的工具。CAS 将过程系统（包括控制系统）动态仿真建模、信号流图构建、智能化通路和回路搜索、自动梅逊公式计算、动态仿真计算和参数调试联合成一个软件平台，辅之以直观方便的图形化建模，为学生提供了一个理论联系实际的实验环境。

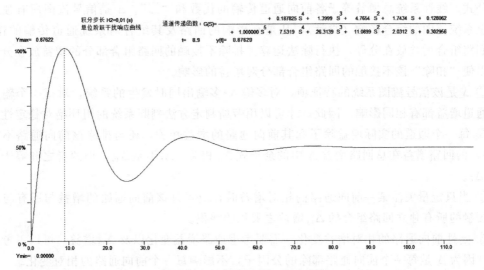

图 4-23 寻迹获取第一个波峰值

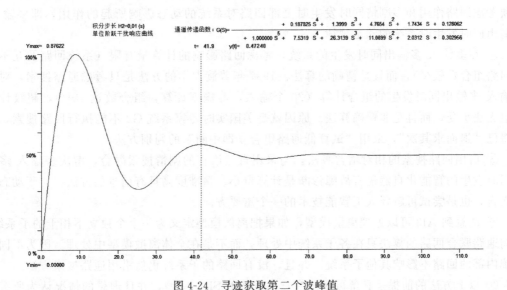

图 4-24 寻迹获取第二个波峰值

4.4 回路搜索和推理在动态系统分析和决策中的作用

(1) 梅逊公式的启示

"线性系统分析问题应该被解释为搜索某物或其他物的所有可能组合,并且应该采取某物的乘积之和除以另一个这样的乘积之和的方法。因此,我们可以通过寻找某些事物的组合来找到解决方案,而不是进行一系列的运算。如果这些组合在问题的上下文中有一个简单的解释,该方法将特别有用。"以上解释来自文献[77]。

复杂因果网络的因果解释可以从搜索某物或其他物的所有可能组合来解释,而不是进行一系列的运算。这就是梅逊公式对于今天可解释的 AI,又称 XAI 的意义所在。

对梅逊公式涵义的理解如下。

① 梅逊公式 [见式 (4-1)]是通过网络拓扑方法计算信号流图总增益(又称传输)p 的

著名公式。线性系统总增益等于各前向通道传输的代数和"∑"。Δ 是信号流图所有独立回路对全系统流图的综合影响（贡献），凡是有影响的回路及其组合对系统通道传输的作用，都将回路组合增益放在分母，执行除法运算。排除不接触的回路组合部分的增益放在分子上面，以便"扣除"该不接触的回路组合部分对增益的影响。

② Δ 是该信号流图系统的特征项，对多输入-多输出同时发生的系统，对每一个输入\输出通道增益都有相同影响。因此，才可以用劳斯判定方法判断系统的闭环绝对稳定性。

③ 每一个通道的实际增益除了和其前向通路的增益相关，还与排除该前向通路不相关（接触）的回路增益在总回路增益 Δ 中的余子式 $Δ_m$ 相关。$Δ_i$ 不是 $Δ_m$，但两者之和等于 Δ = $Δ_m + Δ_i$。

④ 当只定量关注某一前向通路的相对增益时，应当是该前向通路的增益与所有与该通路相接触的所有独立回路组合的 $Δ_m$ 增益之乘积的乘积。

⑤ 定性前向通路的相对增益变化，需要考虑通路增益变化以及 $Δ_m$ 增益。可以不考虑除以 Δ，因为 Δ 是每一个前向通路都除的公因子，不影响每一个前向通路的相对变化。

⑥ 注意梅逊公式是对多输入-多输出系统都有效的规律。因此 HAZOP 的单剧情识别也必须考虑回路作用和多剧情同时发生时全部回路对系统的动态影响所起的作用，即多输入-多输出同时发生时系统的动态规律。

⑦ 在多输入-多输出同时发生的系统，考虑回路影响的计算量有限（系统回路及互不接触回路组合数较少），而且是精确的算法。1997 年普渡大学的方法是只考虑通路搜索，对于多输入-多输出同时发生的组合计算（20 个输入，等概率计算，组合数达 10^{10}），超级计算机也无法承受，而且是非精确算法。原因就是美国实时专家系统 G2 不能执行回路搜索，才不得已"退而求其次"，采用"试算低通路组合立即中断"的判别方法。

⑧ 启用回路搜索的相对增益算法，与采用自然语言的剧情搜索融合，解决多输入-多输出同时发生的智能化自然语言故障诊断是计算量小、精准度高且有前景的方法。对于动态系统而言，也是尝试可解释人工智能技术的一个重要方面。

⑨ 注意到 AI3 可以处理离散模型，如果把离散模型定义为一个个独立不相干的子系统，前向通路联合回路的算法只在各子系统中处理，而不是在全体离散模型中处理。因为不同子系统内部的回路不影响其他子系统，并且，没有回路的子系统仍然沿用通路搜索方法。

⑩ 以上方法的前提是具备可观测变量占优势的 SDG 模型，并且理想的情况认为所有检测数据都是准确的（即"免责原则"）。否则，大数据不全会导致诊断的证据不全问题。人工智能从第一代发展到目前的第三代，很少涉及直接实施"回路搜索"和推理分析，但是在定量精确求解代数方程和微分方程时，梅逊却早已采用信号流图网络拓扑算法。该方法考虑了线性代数方程组（包括线性微分方程组）因果结构网络中所有独立的回路及其组合对动态系统增益的影响。特别是大规模电子电路和以负反馈为主的控制系统，必须研究反馈回路。因而基于前向通路和所有独立回路及其组合的网络拓扑精确增益算法在电子和自动控制领域得到发展。

(2) 没有考虑反馈回路的影响是 HAZOP 方法的缺失

在 HAZOP 分析中，只考虑"显式单原因-单后果"的危险剧情，主要原因可能是靠人脑和人工很难搜索出过程系统中所有完备且独立的反馈回路（包括负反馈和正反馈回路），因此长期以来没有考虑反馈回路导致故障和危险被屏蔽或传播"转向"的解决方法。特别是在多故障同时发生的剧情诊断时，还只能使用通路搜索方法。美国普渡大学过程系统故障诊断研究团队，1996 年研究过基于 SDG 模型的多故障诊断方法，直到 2010 年检索到的多故障诊断相关论文仍然沿用相同方法。当年，普渡大学团队是采用实时专家系统 G2 作为 SDG 建模和推理工具，G2 只有通路搜索。仿真也是用商品化软件。他们受限于软件工具的发展水平，当年也只能采用通路搜索解决多故障诊断问题，因此导致该方法对于一个具有 20 个原因等概率的 SDG 因果网络，要想获得多故障同时发生的最佳"解释"，会出现 10^{10} 的计算量，这是当今超级计算机也难以及时计算出结果的难题。另外一个不足是此种方法难以超前从"偏离"的源头跟踪故障的传播，往往是有滞后的终态（后效）识别，即遗漏了部分剧情演变过程中的动态特征（由于回路导致的系统动态变化特征）。

事实上，一个过程系统的负反馈回路几乎都是控制系统导致的，数量有限。工艺自衡现象导致的负反馈都是有条件的，数量不多。正反馈是事故爆发点，往往是多故障导致的后期状态。可见，对于实际系统回路搜索计算量通常都不大，因此，采用回路搜索的故障诊断既解决了从根源分析入手，还有计算量较少的优势。

人工智能推理方法应当进入通路和回路推理融合的发展方向。对此问题，AI3 有天生的优势，因为 AI3 的算法有能力采用完全相同的模型数据结构实现高速高效通路和回路推理搜索，完成基于梅逊公式原理的定性方法研究和软件实现。非常好的基础是：梅逊把线性代数方程组定量求解的图形化和形式化方法都解决了，更何况是定性方法，技术路线图都是明确无误的。

HAZOP 方法的缺失，仅以离心泵与液位仿真的单元系统就可以揭示，流程图画面见图 5-7（详见后文第五章）。例如，当泵入口阀 V2 堵塞，由于液位控制系统 LIC 的作用，液位不会超高或溢出。传统的 HAZOP 无法用相容原理分析（因为基本上没有液位 LIC 的"偏离"发生），但事故原因已经客观发生，即控制系统负反馈隐蔽了偏离现象。在多故障同时发生、控制系统又比较多的流程，此种隐蔽作用和变量变化相互抵消作用都是"反馈回路"在起作用所导致。更何况正反馈会导致系统性崩溃，因此 HAZOP 分析必须考虑回路的搜索和推理分析问题。

实际上 HAZOP 分析完全需要对控制阀阀位的明显偏离（控制器比例放大倍数和阀芯自身的 3D 结构特性，例如等百分比特性控制阀导致了放大倍数即控制阀是有增益的），著者 2005 年提出的执行"局部反向"推理（详见文献［122］），既考虑危险传播的"转向"是否引发新的不利后果，又通过"反事实"反向推理揭示被负反馈隐蔽的原因或后果，是一种控制系统负反馈回路搜索推理方法。

HAZOP 分析只适用于单个原因-单个后果的剧情搜索，因为此种情况没有其他原因的通道传输的影响，属于控制原理的开环单通道传输表达式(即单剧情)，一旦该通道上有控制系统作用，就是所谓"闭环"通道传输的识别问题，虽然没有其他原因导致的剧情的交叉影响，传统的 HAZOP 分析也存在"缺失"。

对于多故障同时发生，就是多变量动态系统复杂问题的分析，梅逊公式给出了形式化网络拓扑搜索解决方案，可以定性化搜索，简言之就是联合考虑通路和回路影响。

(3) 系统动态学将反馈回路的影响放在首位

系统动态学（System Dynamics，SD）出现于 1956 年，创始人为美国麻省理工学院（MIT）的杰伊·福瑞斯特（J. W. Forrester）教授。系统动态学是福瑞斯特教授于 1958 年为分析生产管理及库存管理等企业问题而提出的系统仿真方法，最初称为工业动态学，是一门分析研究信息反馈系统的学科，也是一门认识系统问题和解决系统问题的综合交叉学科。

从系统方法论来说，系统动态学是结构方法、功能方法和历史方法的统一。它基于系统论，吸收了控制论、信息论的精髓，是一门综合自然科学和社会科学的横向学科。

系统动态学运用"凡是系统必有结构，系统结构决定系统功能"的系统科学思想，根据系统内部组成要素互为因果的反馈特点，从系统的内部结构来寻找问题发生的根源，而不是用外部的干扰或随机事件来说明系统的行为性质。

杰伊·福瑞斯特1967年的论文精辟地论述了反馈回路在复杂系统中的重要作用。他指出："大多数工作集中在作为开环过程结构的个别决策上，这意味着对决策过程的投入被认为不受决策本身的影响。虽然开环假设简化了分析，但分析所依据的假设可能会因围绕实际决策过程的闭环结构而失效。"

事实上HAZOP方法就是一种基于开环假设的分析。这种简化方法比较容易实现，但也不可避免地存在缺失。

闭环结构的概念出自控制领域，福瑞斯特将它扩展到了社会科学和管理科学领域。他指出："探索表明，反馈系统的概念比通常实现的概念更普遍、更重要，更适用于社会系统。反馈系统分析在技术设备设计中得到了广泛的应用。控制论作为反馈过程的另一个名称正在成为生物科学中的一个常用词。反馈作为回路因果现象的基本思想，可以追溯到几个世纪的经济文献。但即便如此，反馈过程的含义、重要性和原则才刚刚开始被理解。人们没有对其进行详尽的研究，而是越来越清楚地看到，系统边界刚刚开始开放。反馈过程在社会系统中表现出普遍性，似乎是构建和澄清仍然令人困惑和矛盾的关系的关键。"

系统动态学的应用中具有代表性的成果之一是基于定性分析的因果回路图方法（Causal Loop Diagram，CLD）和一大批应用软件。定量化的成果是存量和流程图方法（Stock and Flow Diagram，SFD）和一大批应用软件。

自动控制理论指出：在线性系统中，正反馈回路会导致无限的偏离和破坏性后果。麻省理工学院复杂系统研究实验室主任南希·莱韦逊（Nancy G. Leveson）教授采用了定性因果回路图的方法，在复杂系统事故分析中应用成功。

福瑞斯特指出："反馈系统的文献大多集中在单一的反馈回路上，只有较少部分文献涉及两个或多个相互连接的回路系统。然而，要充分代表管理系统，必须包含2~20个主要回路，每个回路可能包含许多次要回路。"这也提示我们，将系统动态学引入工业过程HAZOP分析，需要借助于构建因果网络模型的技术，并且通过自动搜索推理，在因果网络模型中获取独立且完备的反馈回路，否则，靠人工很难实现。

（4）回路作用的时空概念

实际系统所显示的多种行为表明，系统中的反馈回路所导致的问题或故障与反馈回路的时间滞后直接相关。简言之，电子电路（包括大规模集成电路）、光电系统、电磁波系统和当前与互联网信息直接相关的系统（例如股票系统），都以光速在传播和变化之中。电流、电磁、光信号和互联网信息因果网络中的所有事件可以看作同时发生。也就是说，系统中所有的回路都正在起完整的作用，因此梅逊公式必须考虑所有独立反馈回路对系统的完整作用。

然而，对于时间滞后较大的系统，或称有惯性的系统，反馈回路的作用要复杂得多。化工过程除化学反应外，从物料传递、能量传递和动量传递（即"三传"）的范畴来看，过程系统中回路的传递都存在着或多或少的时间滞后。这种滞后可能导致两种后果，一种是反馈回路的作用是缓慢增加或减少的，对故障传播的隐蔽作用在一定的时段中可能并不明显，甚至不会发生显著的隐蔽作用；另一种就是回路反馈作用还未完全到达，故障已经发生，甚至那些正在发生的反馈回路已经不复存在。更为普遍的情况是，原因事件既可能出现在系统内部，也可能出现在系统的对外边界上，从原因到后果的危险传播剧情可能只是因果链的一个片段，甚至就是反馈回路的一个片段。从这个意义上，包括对于时间滞后较大的系统，通路搜索是"绝对的"，回路搜索是"相对的"。当然，对于正反馈回路的影响，即使是缓慢变化也是潜在的隐蔽的危险，安全评估时必须给以揭示。在危险剧情传播一致性（又称相容性）判断中，正反馈是增强偏离的，通常不会隐蔽传播路径。

例如，图 5-7 离心泵与液位仿真的单元系统的实验案例（见后文第五章）。著者为了突出故障的瞬态行为提醒操作人员的注意力，特意将液位控制系统的比例放大倍数适度减小，积分作用还必须保留，以便消除余差。微分作用取消，同时圆筒形储罐的直径有意选择得较小，使得输入的流量只要出现变化，液位就会出现明显变化。最终使得控制器 LIC 的输出变化滞后较大，即使 V2 阀门堵塞，液位 LIC 照旧大幅上升，使得控制系统 LIC 的隐蔽作用不明显。

如果适度加大控制器 LIC 的比例放大倍数，增加微分作用，即增加控制阀的反应速率，同时加大储罐的直径，对于阀门 V2 堵塞故障，液位控制阀会快速关闭。关闭过程流入储罐的流量积量相对储罐的容量很小，也就是说 LIC 液位没有明显变化。此种工况 LIC 控制器的负反馈作用成功隐蔽了 LIC 液位的变化。不过幸运的是此种工况 LIC 控制阀的阀位会大幅度"回零"。著者通过控制阀的偏离事件实施"局部反向推理"，也就是在因果事件链中将负反馈回路的影响引入分析和决策，克服负反馈回路对危险传播的隐蔽作用，继续因果事件链（前向通路/危险传播路径）的传播分析。

再例如，对于间歇过程一般只考虑当前阶段（步骤）所发生的具有明显作用的反馈回路。工况的其他阶段、工艺系统的结构可能都发生了变化，之前阶段的反馈回路可能已不复存在，可能出现了新的反馈回路。

一般而言，对于具有传递滞后的系统，需要分析和决策从原因到当前不利后果之前已经发生的那些反馈回路的"＋"（正作用）或"－"（反作用）对当前原因到后果的因果事件链的影响。即所谓反馈回路对时空而言是"相对的"。典型的例证是，对于生物进化的极为缓慢的历史长河而言，现代生物的基因不可能反馈影响到遥远祖先的基因，因为遥远的祖先早已不复存在了。

（5）考虑回路的多故障同时发生的因果定性建模技巧

HAZOP 方法需要扩展到高完备性通路与回路联合搜索的推理方法，彻底解决高完备性故障诊断的定性、半定量人工智能方法。

美国能源部"根原因"分析导则的建模启示如图 2-36 所示。在每一个子系统中，把概念事件从混合模型中分开，核心模型部分仍是 SDG 模型。前向通路和回路联合算法比较方便，不易被穿插的概念事件"搅乱"导致推理出错。依据的原理是"与门"因果链（即剧情）中的各条件和使能事件（往往是概念事件）遵守"交换律"。

比较实用且可行的方法是，把与原因相关的条件和概念事件向各原因事件"靠拢"串联排列，与后果相关的条件和概念事件向各后果事件"靠拢"串联排列即可。即把以具体事件为主的 SDG 因果动态知识图谱模型集中在因果网络的中心部位。不过 AI3 有能力处理中间任意串联概念事件的因果网络模型，因此，不必将混合模型的具体事件与概念事件分开。

综合上述，反馈回路在复杂动态系统分析和决策中具有十分重要的意义，必须引入到基于剧情的过程危险分析 HAZOP 方法之中。完备的动态系统分析和决策，必须是通路搜索与回路搜索融合的方法。

本章给出的因果网络中完备的独立通路和独立回路搜索算法是在完全相同的因果网络模型数据环境中实现的。这是两个算法融合的最大优势，同时也为通路与回路融合的分析与决策方法研发和程序实现创造了先决条件。

本章介绍的 CSA 软件是采用网络拓扑方法获取微分方程组的专用图形化软件。在某种意义上已经将梅逊公式的应用范围从获取代数方程的增益解扩展到微分方程组的结构和增益系数的全解，进一步证实了梅逊公式的广泛适用性。因此，梅逊公式是研发因果网络通路与回路融合动态分析方法的理论基础和指导方针。

著者研究开发的 AI3-RT 双机联网实时专家系统图形化软件联合动态仿真系统软件，是通路与回路融合的动态系统分析与决策算法实施多故障诊断的有效试验、验证和确认（VV&A）平台。

第五章

基于符号有向图（SDG）的深度学习

所谓符号有向图，是一种由节点和节点之间有方向的支路构成的网络图，英文缩略语简称为 SDG（Signed Directed Graph）。实质上当所有事件都是具体事件时，SDG 图就是 SOM_G 图的一种特例。换言之，SDG 就是代数方程组或微分方程组的结构信息图。所谓定性代数和定性物理也是同一概念。SDG 在传统数学方程求解方面开创了一个新的思路，就是深度"挖掘"数学方程组中的结构信息，或者说从因果模型中挖掘结构信息。基于 SDG 的深度学习与神经网络基于数据和统计计算的深度学习不同，前者可以在数据缺失，甚至没有数据的条件下实现深度学习，其难点是必须事先构建切合实际的定性因果模型。神经网络深度学习可以为本方法辅以过去已发生的在各节点上分布有数据的"证据"。本方法允许使用自然语言；可以通过结构信息"挖掘"出的显式剧情，给出深入解释和未来预测；可以通过因果"反事实"推理辅助评估、决策和创新。因此本方法是过程系统智能安全评估、实时故障诊断和智能教学不可或缺的核心技术。

传统的数学模型求解只关注具体的输入数据经过方程组计算后获得的输出数据，从某种含义上这是不完整的解，只考虑了内容信息的取值和结构信息的总体效果取值。如果人们不但需要计算输出的数值结果，还需要知道输出数据（即结果、后果、响应曲线）是怎么得来的，就必然要采用推理引擎深入到数学模型的结构信息（知识图谱）中探索。

SDG 模型虽然只考虑具体事件，即给知识图谱以半定量特征，但是却能突出表达具体事件的"流"在网络结构中的"流动规律"，这在过程系统中却恰恰是危险传播的主要线索。换言之，SDG 模型有能力蕴含大规模由具体事件构成的危险剧情。当用推理引擎求解 SDG 模型时，可以挖掘出全部显式独立的从原因历经中间关键事件直到不利后果事件的危险剧情，也就是深度"挖掘"数学方程组中的结构信息规律。当所有具体事件都是可观测的前提下，挖掘的危险剧情就是毫不含糊的、精简扼要的和确定的危险剧情。这对于智能仿真系统具有先天的优势，因为定量仿真数学模型的所有变量都是可观测的。

专家系统从单纯基于"IF-THEN"规则的知识库进展到基于类似于 SDG 模型化的知识库，被认为是专家系统从第一代向第二代（Second Generation Expert System）的发展。基于知识模型的数据"挖掘"，以及更进一步的深度学习，则是向第三代专家系统（Third Generation Expert System）的进展。

第一代专家系统是一种知识转移的方法，即把人类专家的经验用简单的规则表达，并转移到知识库中。此种转移除了费时费力外，主要问题是经验规则的系统性和结构性差，内容信息和结构信息的缺失导致规则的完备性很差，因此难以推广使用。当时的研究主要集中在形式化、推理机制和工具的开发上，以便实现基于知识的系统（KBS）。通常，研发工作仅限于实现小型 KBS，以便研究不同办法的可行性。虽然这些研究提供了相当有希望的结果，但在许多情况下，将这项技术转化为商业用途（建造大型 KBS）时失败了（即 AI 寒冬）。这种情况与 20 世纪 60 年代末被称为"软件危机"的传统软件系统开发中的类似情况是一样的，开发小型学术原型的手段没有扩大到大型长寿命商业系统的设计和维护。从知识转移方法到知识建模方法的模式转变，被认为是从第一代专家系统向第二代专家系统的转变。结合多种模型和推理技术，并使用知识工程的方法来设计系统，这些方法是利用互补的方法来克服第一代专家系统的缺点。

第二代专家系统与第一代专家系统有一些共同的特点。

① 首先也是最重要的，是认识到知识是解决问题的核心，知识的显式建模对于创建可理解和可维护的系统非常重要。过程的不同方面需要不同的模型和解决问题的方法，模型和方法的选择对基于知识系统的效率和能力有很大影响。

② 另一个共同的特点是区分使用什么知识和如何执行知识。

特别是，第二代专家系统证明了对特定问题使用适当知识并以适当方式表示知识的重要性。这样的系统通常将多种表示、解决问题的策略和学习方法结合在一个单一的系统中。简而言之，由于不同领域的特征，需要更多地理解为解决问题所涉及的知识，以及如何最好地编码这种知识，以便计算机能够利用它。这正是本书所探讨的一个核心问题。

文献［81］指出：第一代专家系统是指知识库与推理机不关联的软件系统。第二代专家系统被定义为具有基本学习能力的专家系统。在这里，学习可以通过非自动解释或用户查询来完成。第三代专家系统则更进一步，它们通过数据挖掘子系统提供规则库的学习。文献介绍了利用数据挖掘技术解决知识获取瓶颈的方法。也就是说，传统的专家系统知识的定义、插入和验证是一个劳动非常密集的过程。具有挖掘子系统的专家系统确保错误规则被分类在一起，以便学习过程不会导致同一类错误出现两次。也就是说，引入错误规则的概率将随着学习逐渐接近于零，这些扩展数据的挖掘会产生新的知识，这种知识的质量将高于没有进行增强学习时的情况。简单地说，这个系统可以创建新的公理。客观地说，由于文献［81］所处的年代较早（2000 年），对第三代专家系统的认知还不可避免地存在局限性，但是至少认识到了第一和第二代专家系统的不足，及必须发展到第三代。

神经网络和基于神经网络的专家系统具有深度学习能力。神经网络在自动控制领域的参数辨识、数学方程、曲线拟合、控制策略和软测量等方面，已经应用了较长时间。神经网络的学习需要提供大规模的训练样本数据和大规模的计算。对于高危险领域，绝不能人为制造事故进行在线训练。现实的过程工厂出现所有潜在事故的可能性几乎为零，出现重特大事故的概率也非常小，这使得神经网络的深度学习缺乏可学习的样本，因而无法应用。

基于神经网络的深度学习还有两个不足：其一，不能给出自然语言表达的解释；其二，不能给出未来变化的预测。因为对于每一个特定的具体过程，在现实中不存在未来预测的数据样本，因此无法实现智能安全评价、实时故障诊断和仿真培训系统的自动解释和误操作或事故导致不利后果的预测和行动指导。而采用 SDG 模型及其扩展模型 SOM 的深度学习可以解决以上两个不足。

近年来基于知识图谱的深度学习研究已经成为热点。尤其是知识图谱作为研究复杂的多关系结构的重要模型，受到了广泛的关注。传统上，知识图谱被认为是多关系数据的静态快照。这种基于静态知识图谱的深度学习方法已经有不少研究，例如在知识图谱模型中通过多约束推理搜索深度路径、将推理路径进行定性分析和决策，以便实现增强型深度学习。

最近大量基于事件的数据除了具有多重关系的特性外，还显示出复杂的时间动态特性，这就产生了对能够描述和解释时间演化方法的需求，即对动态知识图谱深度学习方法的需求，例如，对时态表达和推理方法的需求，对动态知识图谱深度时态推理的知识进化方法的需求等。

5.1 符号有向图（SDG）方法的历史与进展

SDG 具有预测和揭示潜在危险以及故障在系统中传播规律的特殊作用。几十年来在危险级别非常高的化学工业、炼油及石油化学工业领域，为了进行有效的计算机自动化危险与可操作性分析以及在线故障诊断，许多学者进行了不懈的努力。随着计算机技术和自动控制技术的突飞猛进，多年来，SDG 在化学工业领域中，特别是在安全评价和故障诊断方面得到了应用。

在过程系统领域最早采用 SDG 方法进行故障诊断研究的学者是 S. A. Lapp 和 G. J. Powers，虽然在文献 [88] 中没有明确提出 SDG 这一名词，但的确建立了 SDG 模型，并首次运用 SDG 推导出了故障树（fault tree）。其实故障树就是隐含在 SDG 模型中的一种结构形式。

此文献主要特点：
① 首次提出用 SDG 解决故障树自动生成方法；
② 提出面向流程图的 SDG 建模方法。

M. Iri 等人在化工领域首次明确提出了符号图 SG（Signed Digraph）的定义以及运用深度优先技术在静态不完全的 SG 样本中探索故障源的基本算法。

此文献主要特点：
① 在化工领域首次明确提出了符号图（SG）用于单故障源的故障诊断；
② 提出了用相容原理在不完全 SDG 样本中对不可观测节点预估状态得到扩展样本；
③ 诊断原理是在 SDG 模型的扩展样本中搜索最大强连接组合（有根的 CE 图）。

1980 年，T. Umeda 等人提出了多级 SDG 表达随时间变化的原因及后果关系，以便分析动态过程。然而此方法对于大系统占用容量很大，应用起来过于复杂。

1985 年，J. Shiozaki 等人在 M. Iri 的基础上将 SD 明确为 SDG，提出了五级 SDG 模型的概念，即节点的状态为"＋"、"＋?"、"0"、"－?"和"－"五种，有利于提高诊断的准确性。同时提出了一种新的故障诊断算法，提高了计算效率。运用新的算法在一个试验工厂进行了在线故障诊断实验，取得了成功。经验表明，调整阈值（threshold）以及重新排列检测仪表有利于提高诊断的预测性和分辨率，也就是后来的传感器最优分布问题。

此文献主要特点：
① 明确提出 SDG 的概念；
② 诊断机制是在 SDG 扩展样本中反向搜索相容通路；
③ 指出一个相容有根树描述了故障在系统中的传播，其根部节点是故障源的候选；
④ 证明 M. Iri 定义的最大强连接组合（有根的 CE 图）和相容有根树是同一回事，因此算法就是反向搜索相容通路，不必按 M. Iri 所提出的复杂步骤查找；
⑤ 实验证明调整阈值（threshold）有利于提高诊断的预测性和分辨率；
⑥ 实验证明重新排列检测仪表有利于提高诊断的预测性和分辨率。

1987 年，M. A. Kramer 等人比较系统地提出运用 SDG 模型"挖掘"出专家系统的规则，并将这些规则用于化工过程的故障诊断。按照现在的说法就是一种"挖掘"结构信息的深度学习方法。传统的专家系统规则来源于浅层经验知识，难于揭示深层规律，难以达到完备性要求。采用 SDG 推导知识库规则无疑是一个重要的进展。但也产生了新的困难，即如果 SDG 模型质量不高，推导出的规则可能出现"信息爆炸"问题。因此 M. A. Kramer 的研究开始涉足在 SDG 模型中如何考虑控制回路、反馈回路、非线性支路、条件支路和不可观测节点的删减等深层问题，即在深度学习中如何"剪枝"。

1987 年，J. Shiozaki 等人经过四年之后，又提出了运用暂态信息，即故障显现时间的概念改进 SDG 故障诊断方法，提高了诊断的分辨率。所谓故障显现时间是基于一个事实，即在相容通路上的各节点越靠近故障源，超过阈值的时间越早。然而，当混有不可观测节点时，判定也增加了难度。著者在多储罐和管网系统中进行在线故障诊断实验表明，本方法比一般的 SDG 方法和多级 SDG 方法诊断结果的分辨精度高，而计算速度几乎相同。

1990 年，C. C. Chang 等人在 M. A. Kramer 等前人工作的基础上，提出了对 SDG 模型必须进行合理简化，有利于克服定性诊断普遍存在的分辨率不高的弱点。SDG 的简化原则可以从删除不可观测的非潜在根节点、根据系统的状态以及故障传播路径的主导作用等三个方面加以选择。

我们注意到，20 世纪 80 年代十年间有关 SDG 定性仿真的研究被局限在纯定性的范畴，这显然具有不足之处，具体如下：

① SDG 的研究过分集中在故障诊断领域。

② 对 SDG 的建模方法和规律性研究不足。

③ 传统的 SDG 模型节点的状态只能在"＋"、"－"或"0"中三者择一。如果实际系统中有两条支路一个为"＋"，另一个为"－"，同时指向（作用于）一个节点，该节点应该取"＋"还是"－"？换言之，在 SDG 中搜索到多条相容支路都指向同一节点，哪一条影响度最大？

④ 阈值固定不变。有的支路已经十分接近相容条件，但由于还未超过阈值而被忽略掉。为了解决此类问题，20 世纪 90 年代初开始，模糊集合理论（fuzzy set theory）、半定量分析、聚类和偏最小二乘等技术被引入 SDG 方法。

C. C. Yu 等人、X. Z. Wang 等人及 E. E. Tarifa 等人将支路定量稳态增益和隶属函数（membership functions）结合起来，依据模糊逻辑的计算规则可以计算出相容通路的相容度（degree of consistency），为相容通路确定了相容的灰度级别。隶属函数引入 SDG 又称为定性/定量的过程知识表达。当然要完成模糊运算，前提是节点都为可观测变量。

隶属函数引入 SDG 分两重含义：

① 为相容通路确定相容的灰度级别，取相容通路中隶属度最小的支路近似整条通路的隶属度；

② 用阈值隶属度的概念增强 SDG 方法的诊断预测性。

美国普渡大学以 V. Venkatasubramanian 教授为首的过程系统研究室的研究群体对 SDG 方法的完善和工业化应用做出了显著成绩，取得了进展。1997 年世界最著名的以工业过程控制著称的霍尼韦尔（Honeywell）公司发起，联合十个工业界公司包括了七大石油公司（Amoco、British Petroleum、Chevron、Exxon、Mobil、Shell 和 Texaco）、两个著名软件公司（Gensym 与 ATR）和两所著名大学［普渡大学（Purdue）与俄亥俄（Ohio）大学］，在美国国家标准和技术研究院（NIST）立项资助下，开展了"新一代过程控制系统非正常事件指导和信息系统（AEGIS）"的开发研究计划。该系统的特点是深度运用了动态仿真技术、定性仿真技术和人工智能技术，在该系统上进行危险与可操作性分析结果在 Amoco 公司支援的催化裂化（FCCU）流程动态仿真试验平台上得到验证。它是国际上第一个大型工业过程的实时诊断系统。

1997 年，H. Vedam 等人将 SDG 方法推广到多故障源的诊断（MFD，Multiple Fault Diagnosis）。当同时发生的故障源数量增加时，穷举故障源组合的数量也会出现"信息爆炸"。基于故障源越少实际发生的概率越大的事实，穷举推理可以从单故障源开始逐渐递增，一旦第一个多故障源找到立即停止穷举推理，这样比全排列组合搜索计算量大为减少。当然，"突然停止"法是基于数个多故障源同时发生的概率更小这一前提。H. Vedam 的研究进展还体现在，执行深层知识推理时引入浅层知识规则的约束，使分辨率大为提高。为了验证新方法的效果，著者采用了一个工业级水平的炼油厂催化裂化装置（FCCU）的动态仿真系统进行诊断试验。SDG 包括了 69 个可观测节点和 224 个不可观测节点，能够搜索 88 种不同的故障及其组合。试验表明，新算法的计算速度和诊断分辨率都得到了提高。尽管如此，SDG 方法分辨率较低的问题没有彻底解决，仍然需要改进。

D. Mylaraswamy 等人及 S. Dash 等人综合介绍了普渡大学开发的针对大型工业过程故障诊断系统的进展。该实时故障诊断系统命名为 Dkit，在实时专家系统 G2 环境中运行，采用了多种故障诊断方法，原因是到目前为止尚无一种诊断方法能适用于所有的应用对象，即各有优缺点，采用多种方法并行，可以优势互补。然而，多种方法并用可能出现诊断结论的冲突问题。考虑到 SDG 方法的诊断完备性最好，因此将 SDG 诊断的结果作为比较的基准，其他方法得出的结果如果在 SDG 的结论中不存在，则该结果一般不予考虑。同一结果在多种方法的结果中都出现时，则该结果可信度最高。

所谓 SDG 分辨率不高，是指故障诊断的结论罗列了较多的相关结果，到底是哪一个不易分清。然而从完备性角度来看，却是 SDG 方法的突出优点。V. Venkatasubramanian 等人充分注意到这一优点，成功地将 SDG 方法应用于化工过程危险与可操作性（HAZOP）分析。只要 SDG 模型合理，它能尽可能完备地揭示过程系统中潜在的故障及故障传播演变的途径，即可以实现基于知识图谱结构信息的深度学习。因此，SDG 方法引入 HAZOP 是计算机辅助安全评价技术的一个进展。

综合上述，用 SDG 技术解决石油化工流程的在线"数据挖掘"（DM，Data Mining）与 SDG 在 HAZOP 中的突出优势有同等重要意义。

① SDG 方法在线"数据挖掘"不同于 HAZOP，机制是实时在线的，是在瞬时检测样本中从报警节点反向搜索相容通路，机制同故障诊断，但目的不是诊断，而是为了完备地保留非正常工况的瞬时"现场"。

② SDG 方法在线"数据挖掘"的信息是有效信息，是对工厂历史状况的有效记录，有利于分析历史故障，预测未来，能大幅度提升现有信息系统功能，减少大量"垃圾信息"和"信息爆炸"问题。

③ SDG 方法在线"数据挖掘"的能力非常高，当不可观测节点数占 76% 时还能达到比其他故障诊断方法都好的完备性。

④ SDG 方法是模型在线实时跟踪工厂的一种有效方法。

5.2 SDG 方法的优缺点

SDG 方法的优点是：特别适合于具有根部原因及多重因果关系问题的分析；结论完备

性好（适于评价）；可提供故障传播的路径，提供故障演变的解释；适合于评价及操作指导；对干扰不敏感，鲁棒性好；适应性强，便于修改；对某些操作失误有较高分辨率；易于理解，易于使用，易于推广。

优点分析：

① SDG 抓主流（宏观规律、主要矛盾），看大趋势；

② SDG 的解无惯性时耗，即无定量动态响应的过渡过程，该过程占用时间；

③ SDG 推理需要的数值运算少，定量仿真求解微分方程的数值计算需耗用大量机时；

④ SDG 能直接揭示偏离传播规律结构信息，代数方程和微分方程大量数值解（无穷组）的规律必须再识别、再"挖掘"；

⑤ SDG 建模所用的信息较少，易于从现场和经验中获取。

SDG 方法的缺点是：在 HAZOP 分析中只表达了具体事件和具体事件间的影响关系，没有表达约占 70% 的概念事件，以及用概念事件表达的影响关系，导致危险剧情表达的不完备性、剧情缺失和无法适应概念性引导词；用于实际过程工厂故障诊断时难于早期发现（预测性不好）；多义性推理结论导致诊断分辨率差；如果模型不准，将导致诊断失误或结论的不完备性；由于没有考虑概念事件，诊断解释会不完全或缺失解释。当用于智能安全评价、故障诊断和智能仿真培训时，采用 SDG 与 CDG 扩展的 SOM_G 模型，配合因果反事实推理和 G2 中的"试验"决策方法，这些缺点都能得到克服。

5.3 SDG 原理与建模

5.3.1 定量和定性仿真与 SDG 的关系

(1) 定量和定性仿真模型与解法体系

人工智能领域所研究的定性代数方法和化工领域危险分析的 SDG 推理解法其实都是同一个概念。为了统一基本概念，将定量数学模型和定性数学模型及其求解方法进一步展开和细化，可以得到图 5-1 所示的定量和定性仿真模型与解法体系。通过图 5-1 可以将人工智能定性方法与 SDG 定性方法统一起来，另外图 5-1 清楚地表达了定性仿真与定量仿真两者的区别和联系。

如果将自变量定义成原因，因变量定义成后果，则仿真数学模型都可看作是因果关系的数学描述。

当因果关系可以用增益系数表达并且为已知常数时，由变量本身所构成的方程即是描述稳态问题的代数方程。当因果关系可用增益系数表达，但无法确切知道其值，而只能表达为定性数据时，由自变量和因变量所构成的方程是定性代数方程。

定性与定量微分方程与代数方程的区别是，变量中有微分项（自变量的变化率或高阶变化率）存在。

目前，能够求解复杂定性代数方程的计算机方法只有 SDG 推理方法。应用成熟的领域是危险识别、分析和诊断。过程系统中危险的传播属于动态问题，因此 SDG 模型节点的状态是变化率的定性趋势，属于定性微分方程的范畴，为了与稳态 SDG 区别，采用 DSDG 表示。

求解定量代数方程的图论方法，主要步骤是将代数方程转化为信息流图（SFG），采用

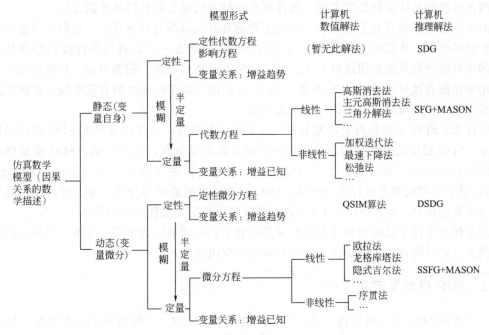

图 5-1 定量和定性仿真模型与解法体系

推理搜索方法找出相关的前向通路和所有独立回路,然后运用梅逊公式得到方程的数值解。在图 5-1 中将两种方法的结合表示为"SFG+MASON"。

定量微分方程的图论解法,主要步骤是通过拉氏变换将微分方程转换为含有积分算子 $1/s$ 的代数方程形式,并且表达成含有 $1/s$ 算子的信息流图(SSFD),采用推理搜索方法找出相关的前向通路和所有独立回路,然后运用梅逊公式得到指定通道标准传递函数。在图 5-1 中将两种方法的结合表示为"SSFG+MASON"。

定性方法可以通过半定量或模糊方法向定量方法转化。在数学概念上"模糊"需要大量的定量信息,因此已经超出定性的范畴。

至于定量代数方程和微分方程的计算机数值解法可以在多种算法库和文献中得到,在此不做解释。

(2)SDG 定性仿真和定量仿真的辅助关系

B. P. 齐格勒(Bernard P. Zeigler)在 1976 年所著《建模与仿真理论》一书中,将定性仿真模型称为非形式描述的模型。这种模型由"分量"、"描述变量"和"分量相互关系"构成,模型可以映射为"图解"形式。

① 分量:是把分量与实际系统的概念部分联系起来的某些一般描述。

② 描述变量:每个变量的范围、表征这个集的元素和变量作用的简单描述等。

③ 分量相互关系:分量对其他各个分量的效应、影响或作用,和/或它们同其他各分量的联系。

④ 图解:按分量的名称标记的方框显示各个分量,且根据箭头的方向表示各分量间影响的真实情况。这个图形联系了模型因果通道的集,它是模型结构的一个重要方面。

这与现在的知识本体和知识图谱非常相似,几乎完整地定义了 SDG 模型。该书详细探讨了定性仿真建模与定量仿真建模的互补、辅助与协同方法。

定量动态仿真和定性 SDG 仿真具有很强的互补性和协同性。这种互补性和协同性既体现在两种方法的直接辅助作用方面，也体现在两种方法融合后的特殊作用方面。

由于定量动态仿真有无穷组解，在建模和仿真时最困难的问题在于，如何完备地验证无穷组解的正确性。传统的方法是做少量的案例仿真，观察一下仿真结果曲线的趋势是否正确。国内外的研究普遍采用这种方法。显然这是不严格的方法。前面提到，如果已知定量模型，用偏导法直接可推导出 SDG 模型，而 SDG 是揭示其结构规律的有效手段。其解虽然可能数量巨大，但该数量是有界的，不是无穷的。

反过来，SDG 定性仿真的研究和开发离不开定量仿真，定量仿真可为 SDG 建模提供机理信息。SDG 建模的案例试验与分析必须用到动态定量仿真，其中包括：SDG 模型修改依据；SDG 阈值的确定和试验；提供动态的节点状态；提供支路前后节点影响关系（增量、减量）；对不可观测节点进行状态预测；SDG 推理结果的验证与分析；等。可以说，离开动态定量仿真的辅助，基于 SDG 的安全评价和故障诊断研究工作寸步难行。

用定性动态模型跟踪定量动态模型就是智能仿真培训系统的识别、分析、解释和指导的运作模式。定性仿真和定量仿真相结合具有实际应用前景。

5.3.2　SDG 模型及定义

为了说明 SDG 模型的结构，举一个简单的例子，见图 5-2 所表示的过程系统。该系统由一个开口容器、一台离心泵、一个控制阀（V_1）、一个手动阀（V_2）和若干管道组成。其中，容器的液位由一个单回路控制器（LIC）控制，LS 是液位传感器，上游入口流量为 F_1，下游出口流量为 F_2，离心泵出口压力为 P。图 5-3 是该系统的 SDG 模型的一种表达。图 5-3 中的节点表示过程系统中的物理变量（又称具体事件），如流量、液位、温度、压力和组成等，还包括操作变量，如阀门、开关等，以及相关的仪表，如控制器、变送器等。

SDG 中所有节点在相同时刻状态观测值的集合称为一个瞬时样本（pattern）。如果样本只包括"＋"、"－"或"0"三种状态符号，称为三级 SDG 样本。在三级样本中，节点所表示的变量超过了上限阈值（threshold）取"＋"号，超过了下限阈值取"－"号，在上、下限之间为正常状态，取"0"符号。表 5-1 是某一时刻观测得到的 SDG 三级样本。

SDG 中节点之间的有向支路表示节点之间的定性影响关系。箭头上游节点称为初始节点（initial node），下游节点称为终止节点（terminal node）。如果初始节点增加（或减少）影响到下游节点也增加（或减少），则支路影响称为增量影响（positive influence），用"＋"符号表示，在 SDG 图中用实线箭头相连。若两相邻节点的影响使终止节点取初始节点相反的符号，则称为减量影响（negative influence），在 SDG 中用虚线箭头相连。

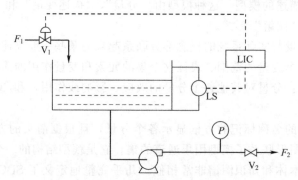

图 5-2　液位及离心泵系统控制流程图

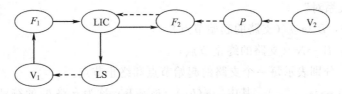

图 5-3　液位及离心泵系统 SDG 模型

表 5-1　SDG 的一个瞬时样本

F_1	F_2	LIC	P	LS	V_1	V_2
+	+	0	−	−	+	+

SDG 模型看似简单，却能够表达复杂的因果关系，并且具有包容大规模潜在内容信息和结构信息的能力。以图 5-3 所表示的 SDG 为例，令图中的每一个节点都有表示一个物理变量，并且都按量空间定义取 "+" "−" "0" 三种状态中的一种，其中某个节点取 "+" 值表示该物理变量超过了允许的上限，取 "−" 值表示低于允许的下限，取 "0" 表示变量处于正常范围，则图 5-3 的 SDG 所表达的所有节点可能取得不同状态的组合，又称为样本 (patterns) 数，为 2187 个：

$$3^7 = 2187 \tag{5-1}$$

$$3^{100} = 5.15 \times 10^{47} \tag{5-2}$$

$$P_{\max} = 3^N \tag{5-3}$$

若节点数为 100 个，则节点状态组合的样本的总数达到 5.15×10^{47} 个。也就是说当今的海量数字计算机也难于容纳下这些组合。节点组合的样本总数 $P_{\max}$ 由式 (5-3) 计算，N 为节点数。由于有向支路的约束，计算 $P_{\max}$ 时节点之间的位置不能调换，因此，$P_{\max}$ 的计算符合"密码锁"的规律。如果仅就 SDG 模型表达能力而言，支路也有包含信息的能力，支路有增量影响与减量影响两种取值状态，设支路总数为 M，则样本总数可用式 (5-4) 表达。对于图 5-3 所示的例子，样本总数为 559872 个。通过这一计算，充分说明了 SDG 具有包容大量信息的能力。

$$P_{\max} = 3^N \times 2^M \tag{5-4}$$

从数学概念可知，常微分方程的通解有无穷多个，而定性微分方程的解是有限个可能性的预测。由于约束的存在，其可能解的总数总是远小于式 (5-4) 计算得到的数量。

SDG 模型能够定性地表达各节点的值如果偏离了正常值，相应于所有的样本，这些偏离将会在系统中如何传播的所有可能的路径。对于一个瞬时样本，在 SDG 中可以搜索到已经发生偏离的节点及支路传播路径。这种路径由方向一致且已经产生影响的若干支路形成的通路构成，又称为故障传播路径（fault propagation pathway）或相容通路（consistent path）。相容通路是能够传播故障信息的通路。消去和相容通路无关的节点和支路后，余下的残图称为该样本的原因-后果图（CEG，Cause and Effect Graph）。

参照 T. Umeda 等人的表述，对 SDG 概念做进一步的精确定义如下。

定义一：SDG 模型 γ 是有向图 ζ 与函数 φ 的组合 (ζ, φ)。

① 有向图 ζ 由四部分组成 $(N, B, \partial^+, \partial^-)$
(a) 节点集合 $N = \{n_1, n_2, \cdots, n_m\}$；
(b) 支路集合 $B = \{b_1, b_2, \cdots, b_n\}$；

(c) 影响"关系对"

$\partial^+: B \rightarrow N$ （支路的起始节点）

$\partial^-: B \rightarrow N$ （支路的终止节点）

该"关系对"分别表示每一个支路的起始节点和终止节点。

② 函数 $\varphi: B \rightarrow \{+, -\}$，其中 $\varphi(b_k)$ $(b_k \in B)$ 称为支路 b_k 的符号。

以上定义是假定系统的状态描述为状态变量相应于每一个元素的值，这些值可以取为正常状态的值，以及大于或小于正常值的值。

定义二：SDG 模型 $\gamma = (\zeta, \varphi)$ 的样本是一个函数 $\psi: N \rightarrow \{+, 0, -\}$，$\psi(n_\alpha)$ $(n_\alpha \in N)$ 称为节点 n_α 的符号。

即：$\psi(n_\alpha) = 0$ $\quad (|X_{n\alpha} - \underline{X}_{n\alpha}| < \varepsilon_{n\alpha})$

$\psi(n_\alpha) = +$ $\quad (X_{n\alpha} - \underline{X}_{n\alpha} \geq \varepsilon_{n\alpha})$

$\psi(n_\alpha) = -$ $\quad (\underline{X}_{n\alpha} - X_{n\alpha} \geq \varepsilon_{n\alpha})$

对于一个给定的具有可观测样本的 SDG 模型，其状态变化的传播方式由原因-后果图（简称为 CEG）所表达，定义如下：

定义三：具有样本 ψ 的 SDG 模型 $\gamma = (\zeta, \varphi)$ 之中，如果 $\psi(\partial^+ b_k)\varphi(b_k)\psi(\partial^- b_k) = +$，则该支路 b_k 称为相容；如果 $\psi(n_\alpha) \neq 0$，则该节点 n_α 称为有效节点。

定义四：当一个 SDG 模型 $\gamma = (\zeta, \varphi_1, \varphi_2, \cdots, \varphi_k)$ 的样本 ψ 和一系列的函数 φ_k $(k = 1, \cdots, k)$ 确定时，如果 $\psi(\partial^+ b_1)\varphi(b_1)\cdots\varphi(b_k)\psi(\partial^- b_k) = +$，则支路组合亦称为在 ψ 样本下的相容。

如果所有模型的符号可以测量确定，**定义三**将重复地使用。当包括有不可观测的节点（支路）时，采用**定义四**。依据**定义四**，如果一系列的支路函数 $\varphi(b_1) \cdots \varphi(b_k)$ 替换为一个支路组合 $\varphi_\pi(b_1, \cdots, b_k)$，$\varphi_\pi$ 是每一个 $\varphi(b_k)$ $(k = 1, \cdots, k)$ 的乘积，则 $\psi(\partial^+ b_1)\varphi_\pi(b_1, \cdots, b_k)\psi(\partial^- b_k)$ 等效于 $\psi(\partial^+ b_1)\varphi(b_1)\cdots\varphi(b_k)\psi(\partial^- b_k)$。**定义四**可以视为一条定理，说明了 SDG 中节点和支路选定的相对性原理和化简规则。也就是说，如果为了进一步揭示系统的内在联系，在已经了解了系统的内在影响的定性机制的前提下，可以在原有的 SDG 模型中增加节点和支路；另一方面，如果为了简化 SDG 模型，特别是当某些通路上不可观测的节点较多时，可以适度合并节点和支路。

定义五：ζ 的子图 ζ^* 若包括了全部有效节点和所有的相容支路，则 ζ^* 称为图模型 γ 在样本 ψ 下的原因-后果图（CEG）。

5.3.3 SDG 建模方法和原则

SDG 建模是定性仿真的基础，具有很强的针对性和灵活性。由于 SDG 模型仅由节点和有向支路组成，在形式上只要画出节点和有向支路就是 SDG 模型。然而要使 SDG 模型能够符合客观规律，能够真正表达过程系统的定性特征，其中每一个节点、每一条支路都需要慎重考虑，涉及对过程的深入了解和实践经验。

SDG 建模主要有两种：数学模型推导法和经验法，或两种方法结合使用。

(1) 数学模型推导法 SDG 建模

当已知过程系统的稳态代数方程模型或动态常微分方程时，可以从数学模型直接推导得到 SDG 模型。

① 由代数方程推导 SDG 模型　此方法在前面已经提到过。推导步骤是，首先将代数方程的增益系数定性简化成"1"，即仅保留增益系数的正负号（也就是自变量对因变量的影响是"增量"还是"减量"），把方程的"="号改为向左方向的箭头"←"。此步将代数方程转化为影响方程。采用影响方程直接可以得出 SDG 模型，方法是：将影响方程的变量名直接作为 SDG 模型节点名，节点间的有向支路是影响方程在图模型上的映射，取每一个影响方程的右端自变量（原因点）向左端因变量（后果点）作有向支路，当自变量的符号为"+"时是实线箭头所构成的有向支路，当自变量的符号为"－"时是虚线箭头所构成的有向支路。将影响方程的自变量全部取完，SDG 模型即告完成。

【例】 已知定量代数方程为式(5-5)，推导该代数方程的 SDG 模型。

$$\begin{cases} x_1 = 2x_2 - 3x_3 + 5x_4 + 0.6x_5 \\ x_2 = -3x_1 + x_3 - 2x_5 \\ x_3 = 0.5x_1 + 2.2x_3 - 7.1x_4 \\ x_4 = x_3 + 4.2x_5 \\ x_5 = -0.9x_4 \end{cases} \tag{5-5}$$

将式(5-5)转化为影响方程式(5-6)。

$$\begin{cases} x_1 \leftarrow x_2 - x_3 + x_4 + x_5 \\ x_2 \leftarrow -x_1 + x_3 - x_5 \\ x_3 \leftarrow x_1 + x_3 - x_4 \\ x_4 \leftarrow x_3 + x_5 \\ x_5 \leftarrow -x_4 \end{cases} \tag{5-6}$$

先在图中作出 x_1、x_2、x_3、x_4 和 x_5 节点，标以变量名，从影响方程式(5-6)中逐一选取自变量，对应节点作支路，直到自变量选完，SDG 模型完成。本例代数方程组的 SDG 模型如图 5-4 所示。

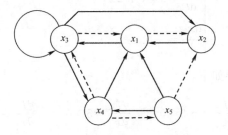

图 5-4　代数方程组的 SDG 模型

注意，在节点 x_3 处有一个自环支路，如果应用 SDG 模型的目的是进行危险识别、危险分析或故障诊断，此种自环支路对于搜索相容通路没有意义，因此应当删去。

② 由常微分方程推导 SDG 模型　当 SDG 模型的支路表示变量的增量影响，则 SDG 表达了常微分方程的定性图模型。此种 SDG 模型是过程工业危险识别、危险分析和故障诊断中常用的模型。

如果已经得到了过程系统的高阶常微分方程模型，通过一定的变换总可以写成式(5-7)所示的一阶微分方程组的形式：

$$\frac{dx_i}{dt} = f_i(x_1, x_2, \cdots, x_n) \tag{5-7}$$

当一个支路从 x_j 起始，终止于 x_i，如果两变量之间存在影响，则偏导项 $\frac{\partial f_i}{\partial x_j} \neq 0$，并且该支路的符号等于偏导 $\frac{\partial f_i}{\partial x_j}$ 的符号，即 $\frac{\partial f_i}{\partial x_j} > 0$ 时，支路符号为"+"，$\frac{\partial f_i}{\partial x_j} < 0$ 时，支路符号为"−"。当 $\frac{\partial f_i}{\partial x_i} \neq 0$ 时，出现自环支路，由于自环支路对搜索故障源没有意义，通常应该删去。

由常微分方程推导 SDG 模型的步骤是：

a. 将高阶常微分方程转化为一阶微分方程组形式；

b. 对每一个微分方程的每一个自变量逐一取偏导 $\frac{\partial f_i}{\partial x_j}$；

c. 沿用一阶微分方程组的结构，取消一阶微分方程的常系数，替换成偏导 $\frac{\partial f_i}{\partial x_j}$ 的符号，将方程等号改为"←"，左端微分项改成变量自身，即得到影响方程；

d. 将影响方程直接转换成 SDG 模型。

【例】 已知一阶常微分方程组为式(5-8)，推导该微分方程的 SDG 模型。

$$\begin{cases} \dfrac{dx_1}{dt} = 2x_2 - 3x_3 + 5x_4 + 0.6x_5 \\ \dfrac{dx_2}{dt} = -3x_1 + x_3 - 2x_5 \\ \dfrac{dx_3}{dt} = 0.5x_1 + 2.2x_3 - 7.1x_4 \\ \dfrac{dx_4}{dt} = x_3 + 4.2x_5 \\ \dfrac{dx_5}{dt} = -0.9x_4 \end{cases} \tag{5-8}$$

求得各影响关系的偏导如下：

$\dfrac{\partial f_1}{\partial x_2} = 2 > 0$ $\quad$ $\dfrac{\partial f_1}{\partial x_3} = -3 < 0$ $\quad$ $\dfrac{\partial f_1}{\partial x_4} = 5 > 0$ $\quad$ $\dfrac{\partial f_1}{\partial x_5} = 0.6 > 0$

$\dfrac{\partial f_2}{\partial x_1} = -3 < 0$ $\quad$ $\dfrac{\partial f_2}{\partial x_3} = 1 > 0$ $\quad$ $\dfrac{\partial f_2}{\partial x_5} = -2 < 0$

$\dfrac{\partial f_3}{\partial x_1} = 0.5 > 0$ $\quad$ $\dfrac{\partial f_3}{\partial x_3} = 2.2 > 0$ $\quad$ $\dfrac{\partial f_3}{\partial x_4} = -7.1 < 0$

$\dfrac{\partial f_4}{\partial x_3} = 1 > 0$ $\quad$ $\dfrac{\partial f_4}{\partial x_5} = 4.2 > 0$

$\dfrac{\partial f_5}{\partial x_4} = -0.9 < 0$

将式(5-8)转化为影响方程组式(5-9)：

$$\begin{cases} x_1 \leftarrow x_2 - x_3 + x_4 + x_5 \\ x_2 \leftarrow -x_1 + x_3 - x_5 \\ x_3 \leftarrow x_1 + x_3 - x_4 \\ x_4 \leftarrow x_3 + x_5 \\ x_5 \leftarrow -x_4 \end{cases} \quad (5-9)$$

直接对应影响方程组得到本例常微分方程组的 SDG 模型，如图 5-5 所示。

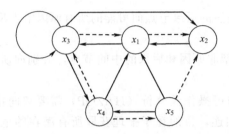

图 5-5 微分方程组取偏导后的 SDG 模型

微分方程组取偏导后的 SDG 模型描述了节点变量出现偏离变化时的因果动态影响，因此可以表达偏离在系统中的传播路径。虽然图 5-4 与图 5-5 的 SDG 模型形式相同，但含义不同。

(2) 经验法 SDG 建模

在实际应用中，定量动态模型通常很难得到，所以经验法是 SDG 建模的主要方法。经验法 SDG 建模，当过程系统已经存在并且处于投入生产运行的阶段，主要依据是过程操作数据和现场操作人员的经验。由于操作人员的经验取决于个人的认知水平，有可能出现不完备的情况，或者含有猜测的成分。当过程系统尚处于设计阶段，主要依据是工艺设计资料、过程控制设计资料或相似工厂的操作数据和操作经验。

为了提高 SDG 建模质量和建模效率，防止模型的缺陷和错误，建议按如下步骤进行：

步骤一 经过多位专业技术人员集体讨论，挑选出与故障相关的关键变量作为节点；

步骤二 尽量找出直接导致这些关键节点故障原因的节点和支路的组合，从原理上分清是增量影响还是减量影响，然后用支路与各关键节点相连；

步骤三 分析和确认关键变量节点之间的影响关系，用"+"或"−"支路相连；

步骤四 采用经验信息、经过集体讨论，结合现场信息或通过部分动态定量仿真，对 SDG 模型进行检验、案例试验、修改和化简，直到模型满足设计要求。

在 SDG 建模中，节点和支路的确定原则是，在符合客观规律的前提下，应当有利于揭示故障的原因及后果。

实践证明，按照以上四个步骤进行 SDG 建模可以提高建模效率，克服建模经验不足所导致的无从下手、模型缺陷和常见的错误。步骤一目的在于保证 SDG 模型中的节点是重要节点。步骤二可以防止遗漏掉直接影响重要节点的多种主要原因。步骤三强调把握系统中危险传播的主要路径应当在关键节点中传播。高质量的能够抓住过程系统特性要害的 SDG 模型绝不是一次建模就能得到的，必须经过反复试验、多次修正才能得到。

5.3.4 SDG 模型的主要推理机制

基于 SDG 模型的推理是完备地且不得重复地在 SDG 模型中搜索（穷举）所有的相容通

路（即潜在的危险剧情）。搜索任务通过推理"引擎"自动完成。高效、准确、超实时的推理引擎是 SDG 定性仿真的核心与关键。对于大系统 SDG 模型，为了提高效率，应当采用分级或分布式推理策略。

SDG 的推理机制主要有三种：正向推理、反向推理和双向推理。分述如下。

正向推理的前提是在 SDG 模型中，从选定的原因节点向后果节点探索可能的、完备的且独立的相容通路。每一个原因节点都要对所有的后果节点做一次全面探索，并且在探索中对通路经过的节点做相容性标记。最后应当对所有探索到的可能的且独立的相容通路进行合理性分析。

反向推理是从当前所关注的后果节点向可能的所有原因节点反向探索可能的且独立的相容通路。

双向推理是从 SDG 模型非原因和后果的中间节点，分别向所有后果节点和原因节点探索可能的且独立的相容通路。

在实际应用中，危险与可操作性分析（HAZOP）需要双向推理，并且 SDG 模型节点事件的状态不与实测数据相连，目的在于推理获取所有潜在的危险剧情。用于故障诊断的 SDG 模型事件节点必须与现场所有可以实现测量的数据相连。故障诊断也需要正、反向两种推理联合使用，目的在于推理识别出当前正在发生的危险剧情。智能仿真培训系统与故障诊断系统原理相同，优势是可以连接的可观测数据更多、更全面和更少干扰，因而分析和预测更准确。

5.4 SDG 简单建模实例

虽然 SDG 模型的用途不同，模型的结构有所不同，但是关键节点及主要支路，即 SDG 主体结构是共有的部分。以下案例重点讨论 SDG 模型的主体结构建模。

5.4.1 世界系统 SDG 建模

人类和生物界世代生活的地球是一个极其复杂的大系统，尽管如此，只要选出关键变量，也可以作出宏观 SDG 模型。如果所关心的是世界人口、工业和污染三大问题，为了建立 SDG 模型，首先必须了解清楚三个变量自身的特性和相互影响关系。

人口、工业和污染自身的变化是一个增加或减少的过程。人口的发展会促进人口进一步增加。工业的发展也会促进工业进一步发展。人口增加客观上会增加环境污染，环境污染反过来会导致疾病，使人口减少，同时也会制约工业发展。工业发展会导致污染增加，另一方面会促进人口增加。

根据以上分析，列写影响方程如下：

$$[人口] \leftarrow [人口] + [工业] - [污染]$$
$$[工业] \leftarrow [工业] - [污染]$$
$$[污染] \leftarrow [人口] + [工业]$$

依据影响方程直接得到 SDG 世界模型图，如图 5-6 所示。

图 5-6 所表达的 SDG 世界模型是一个高度抽象的定性模型。事实上如果将节点和支路进一步展开，可以得到极为复杂的世界定性 SDG 模型。高度抽象的 SDG 模型也有特殊的用途。在开发复杂的定量过程系统模型时，为了把握变量之间正确的影响关系，可以先开发一

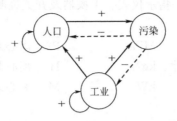

图 5-6　SDG 世界模型

种框架模型，即 SDG 模型。

5.4.2　离心泵与液位系统 SDG 建模

(1) 离心泵与液位系统工艺流程说明

如图 5-7 所示，离心泵系统由一个贮水槽、一台主离心泵、一台备用离心泵、管线、控制器及阀门等组成。上游水源经管线由控制阀 V1 控制进入贮水槽。上游水流量通过孔板流量计 FI 检测。水槽液位由控制器 LIC 控制，LIC 的输出信号连接至 V1。离心泵的入口管线连接至水槽下部。管线上设有手操阀 V2 及旁路备用手操阀 V2B、离心泵入口压力表 P1。离心泵设有高点排气阀 V5、低点排液阀 V6。主离心泵电机开关是 PK1，备用离心泵电机开关是 PK2。离心泵电机功率 N、总扬程 H 及效率 M 分别有数字显示。离心泵出口管线设有出口压力表 P2、止逆阀、出口阀 V3、出口流量检测仪表、出口流量控制器 FIC 及控制阀 V4。

图 5-7 中离心泵电机上方的小流程图表示了主离心泵和备用离心泵的安装方式。

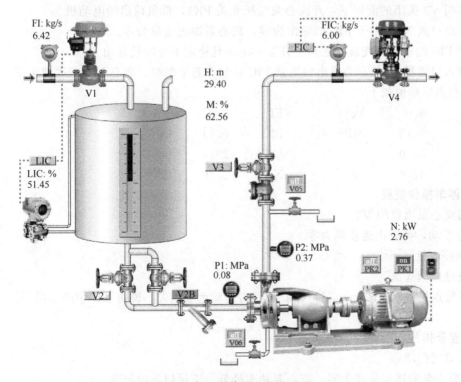

图 5-7　离心泵单元流程图画面

离心泵与储罐液位系统视频

离心泵系统相关的控制器、指示仪表、手操器及开关说明如下。
① 指示仪表

P1	离心泵入口压力表	MPa	P2	离心泵出口压力表	MPa
FI	低位贮水槽入口流量计	kg/s	H	离心泵扬程	m
N	离心泵电机功率	kW	M	离心泵效率	%

② 控制器及控制阀

LIC	低位贮水槽液位控制器	%	FIC	离心泵出口流量控制器	kg/h
V1	低位贮水槽入口控制阀		V4	离心泵出口流量控制阀	

③ 手动操作器

V2	离心泵入口阀	V2B	离心泵入口旁路备用阀	V3	离心泵出口阀

④ 开关及快开阀门

V5	离心泵高点排气阀		V6	离心泵排液阀
PK1	离心泵电机开关		PK2	离心泵备用电机开关

(2) 离心泵冷态开车操作规程

① 检查各开关、手动阀门是否处于关闭状态。

② 将液位控制器 LIC 置手动,控制器输出为零。

③ 将液位控制器 FIC 置手动,控制器输出为零。

④ 进行离心泵充水和排气操作。开离心泵入口阀 V2,开离心泵排气阀 V5,直至排气口出现蓝色点,表示排气完成,关阀门 V5。

⑤ 为了防止离心泵开动后贮水槽液位下降至零,手动操作 LIC 的输出使液位上升到 50% 时投自动。或先将 LIC 投自动,待离心泵启动后再将 LIC 给定值提升至 50%。

⑥ 在泵出口阀 V3 关闭的前提下,开离心泵电机开关 PK1,低负荷启动电动机。

⑦ 开离心泵出口阀 V3,由于 FIC 的输出为零,离心泵输出流量为零。

⑧ 手动调整 FIC 的输出,使流量逐渐上升至 6kg/s 且稳定不变时投自动。

⑨ 当贮水槽入口流量 FI 与离心泵出口流量 FIC 达到动态平衡时,离心泵开车达到正常工况。此时各检测点指示值如下:

FIC	6.0	kg/s	FI	6.0	kg/s
P1	0.15	MPa	P2	0.44	MPa
LIC	50.0	%	H	29.4	m
M	62.6	%	N	2.76	kW

(3) 离心泵停车操作规程

① 首先关闭离心泵出口阀 V3。

② 将 LIC 置手动,将输出逐步降为零。

③ 关 PK1(停电机)。

④ 关离心泵进口阀 V2。

⑤ 开离心泵低点排液阀 V6 及高点排气阀 V5,直到蓝色点消失,说明泵体中的水排干。最后关 V6。

(4) 事故设置及排除

① 离心泵入口阀门堵塞

事故现象:离心泵输送流量降为零;离心泵功率降低;流量超下限报警。

排除方法:首先关闭出口阀 V3,再开旁路备用阀 V2B,最后开 V3 阀恢复正常运转。

合格标准：根据事故现象能迅速做出合理判断；能及时关泵并打开阀门 V2B，没有出现贮水槽液位超上限报警，并且操作步骤的顺序正确为合格。

② 电机故障

事故现象：电机突然停转；离心泵流量、功率、扬程和出口压力均降为零；贮水槽液位上升。

排除方法：立即启动备用泵，步骤是首先关闭离心泵出口阀 V3，再开备用电机开关 PK2，最后开泵出口阀 V3。

合格标准：判断准确，开备用泵的操作步骤正确，没有出现贮水槽液位超上限报警，为合格。

③ 离心泵"气缚"故障

事故现象：离心泵几乎送不出流量，检测数据波动，流量下限报警。

排除方法：及时关闭出口阀 V3，关电机开关 PK1，打开高点排气阀 V5，直至蓝色点出现后，关阀门 V5，然后按开车规程开车。

合格标准：根据事故现象能迅速做出合理判断；能及时停泵，打开阀门 V5 排气，并使离心泵恢复正常运转为合格。

④ 离心泵叶轮松脱

事故现象：离心泵流量、扬程和出口压力降为零，功率下降，贮水槽液位上升。

排除方法：与电机故障相同，启动备用泵。

合格标准：判断正确，合格标准与电机故障相同。

(5) 离心泵与液位系统 SDG 建模

按照经验法完成离心泵与液位系统的 SDG 建模，首先将建模所涉及的过程范围之内的相关部件、变量按需要一一列出如下。

FI：水罐上游入口流量计　　FL：水罐漏水流量计（可能出现的情况）
LIC：水罐液位控制器　　　N：泵电机功率　　FIC：泵出口流量控制器
P1：泵入口压力表　　　　P2：泵出口压力表　　IN：变量检测单元
V1：液位控制阀　　　　　V2：离心泵入口阀　　V2B：离心泵入口备用阀
V3：离心泵出口阀　　　　V4：流量控制阀

经分析，水罐液位 LIC 和泵出口流量 FIC 是关键变量节点。找出对关键变量节点直接影响的因素。

图 5-8(a) 为关键变量 LIC，水罐上游入口流量 FI 增加时，LIC 上升，且 FI 是原因，LIC 是后果，因此从 FI 作一条有向实线支路指向 LIC。当水罐可能的泄漏量 FL 增加时，LIC 下降，且 FL 是原因，LIC 是后果，因此从 FL 作一条有向虚线支路指向 LIC。

引入水罐漏水流量 FL 说明了一种将故障原因引入 SDG 模型的方法。实际上 FL 是无法直接检测的，但是经确认 LIC 的减小确实不是由于 FI 和 FIC 的变化所引起，那么只可能是水罐损坏漏水流量 FL 所致。FL 可以看作是一种非正常原因节点，此种节点只有箭头输出，没有箭头进入。

进一步引申，也可以将不利后果引入 SDG 模型。例如，当 FIC 减小是由于泵出口管路破裂导致，而管路中的物料是易燃气体或液体，则可能引发燃烧或爆炸；而管路中的物料是有毒气体或液体，则可能引发人员中毒、环境污染等不利后果。此种情况，可在 FIC 节点引出一个不利后果节点，此种节点只有箭头进入，没有箭头输出。

当水罐出口流量 FIC 加大时，LIC 下降，且 FIC 是原因，LIC 是后果，因此从 FIC 作一条有向虚线支路指向 LIC。

图 5-8(b) 为关键变量 FIC，对其施加直接影响的有四个因素：N、P1、P2、V4。通过对离心泵特性的分析可知，电机的功率 N 越大，泵出口流量 FIC 越大。此外，当电机功率为零时，可能是电机电路损坏或断电故障；当电机功率相当小时，可能是离心泵叶轮和驱动轴脱落，负载很小所致；离心泵出口压力 P2 越低，泵出口流量 FIC 越大；离心泵吸入压力 P1 越大时，泵出口流量 FIC 越大；阀门 V4 开大，FIC 加大。因此，可以得到图 5-8(b) 所示的 SDG 部分模型。

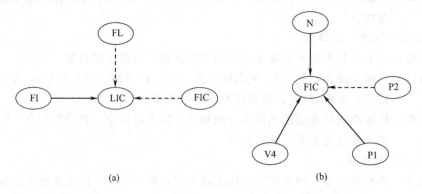

图 5-8　对关键变量节点直接影响的 SDG 部分模型

本过程涉及两个单变量控制回路：LIC 和 FIC。采用 SDG 模型可以细致地表达控制回路中控制器、变送器、检测元件、信号线、阀门定位器、阀杆运动等多种因素相互影响关系，然而，目的在于过程宏观定性分析时，可以将控制系统内部结构略去，只考虑控制器在过程中的作用，也就是正作用和反作用。对于有控制器作用的部分，引入两个节点：控制器输入节点 IN 和控制器输出节点 OUT。当输出连接到控制阀时，OUT 直接替换为阀门。当控制器为正作用时，输入信号 IN 增大，输出信号 OUT 也增大，两者用实线箭头相连；当控制器为反作用时，输入信号 IN 增大，输出信号 OUT 减小，两者用虚线箭头相连。图 5-9 所示是液位控制系统为反作用时的 SDG 模型。

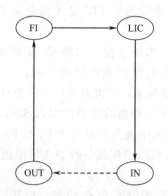

图 5-9　反作用控制器的 SDG 模型举例

除了以上所分析的关键变量直接影响的因果关系外，还有一些因果关系补充如下。

液位控制阀 V1 开大，流量 FI 加大，可从 V1 作一实线箭头指向 FI。

同理，流量控制阀 V4 开大，泵出口流量增加，可从 V4 作一实线箭头指向 FIC。

第五章 基于符号有向图（SDG）的深度学习

依据离心泵出口流量与出口压力的特性可知，当出口阀门 V3 开大时，泵出口压力 P2 减小，可以从 V3 作一虚线箭头指向 P2。同时依据离心泵特性可知 P2 减小流量 FIC 加大，因此可以从 P2 作一虚线箭头指向 FIC。

在离心泵的吸入端，阀门 V2 关小，依据伯努利原理动压头加大，静压头 P1 减小，可从 V2 作一实线箭头指向 P1。由于 P1 的减小，FIC 会减小，可从 P1 作一实线箭头指向 FIC。

综合以上结果，可以考虑关键变量 LIC 和 FIC 的影响关系，FIC 是原因，当 FIC 减小时，LIC 上升或是下降减缓，可从 FIC 作一实线箭头指向 LIC。到此，可以列写系统影响方程，见式(5-10)。从影响方程直接得到离心泵与液位系统的整体 SDG 模型，如图 5-10 所示。当建立了初步的 SDG 模型后，进一步工作是检验 SDG 模型的正确性。可以采用多种已知原因及后果的故障案例对 SDG 模型进行验证，看能否在 SDG 模型中得到完全一致的危险的相容通路。

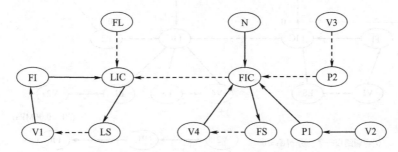

图 5-10　离心泵与液位系统的整体 SDG 模型

以下选择了 8 个案例，已知各节点在 8 种故障时的偏离状态实测数据如表 5-2 所示。

表 5-2　偏离状态实测数据

案例	LIC	FIC	LS	FS	FI	N	P1	P2	V1	V2	V3	V4	诊断结果（故障源）
1	0	−	+	−	0	−	0	−	−	0	0	+	V2 关小
2	0	−	+	−	−	−	+	−	−	0	0	+	N=0，电机故障
3	0	−	+	−	−	+	+	−	−	0	0	+	N>0，叶轮脱落
4	−	0	−	0	−	0	0	0	0	0	0	0	V1 关小
5	+	0	+	0	+	0	0	0	+	0	0	0	V1 开大
6	−	+	−	+	0	0	0	0	0	0	0	+	V4 开大
7	+	−	+	−	0	0	0	0	0	0	0	−	V4 关小
8	+	−	+	−	0	0	0	0	0	+	0	+	V2 关小

将以上数据分为不同的案例赋予 SDG 模型的各节点，然后进行从关键变量节点 SDG 反向推理找到故障原因，分析和试验结果是否一致。此种检验的机理与故障诊断相似。在以下的验证案例中，在 SDG 模型推理结论中都正确，而且结论唯一。验证试验表明 SDG 模型达到了设计要求。

$$LIC \leftarrow FI - FL - FIC$$
$$FI \leftarrow V1$$
$$V1 \leftarrow -LS$$
$$LS \leftarrow LIC$$
$$FIC \leftarrow N + P1 + V4 - P2 \quad (5-10)$$
$$V4 \leftarrow -FS$$
$$FS \leftarrow FIC$$
$$P1 \leftarrow V2$$
$$P2 \leftarrow -V3$$

【案例1】 V2（离心泵入口阀）关小，出现汽蚀。推理结果如图5-11所示。

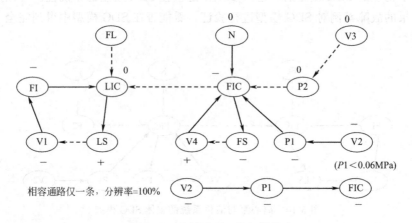

图 5-11　案例验证 1 推理结果

图5-11结果表明，按照相容通路的定义对SDG模型进行全面搜索，所得到的相容通路只有一条，而且准确地指出了故障源是阀门V2开度关小，最终导致流量FIC减小。说明SDG模型通过了本项验证。

【案例2】 电机故障。推理结果如图5-12所示。

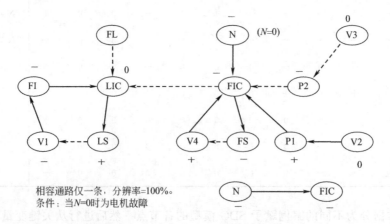

图 5-12　案例验证 2 推理结果

图5-12结果表明，按照相容通路的定义对SDG模型进行全面搜索，所得到的相容通路只有一条，准确地指出了故障源是电机功率减小，导致流量FIC减小。但是实际情况是电

机功率 N 降为 0，可能是停电事故，如果没有停电则是电机本身的故障。对于此问题 SDG 模型需增加一个条件判断。

【案例 3】 叶轮脱落。推理结果如图 5-13 所示。

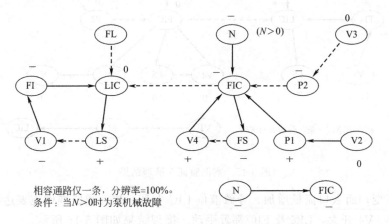

图 5-13　案例验证 3 推理结果

图 5-13 结果表明，按照相容通路的定义对 SDG 模型进行全面搜索，所得到的相容通路只有一条，准确地指出了故障源是电机功率减小，导致流量 FIC 减小。此种情况是电机功率 N 减小，说明电机本身正常，但是处于空转状态，即没有负载。只有离心泵叶轮脱落会导致电机空转。

【案例 4】 V1 关小，此时 LIC 置手动。推理结果如图 5-14 所示。

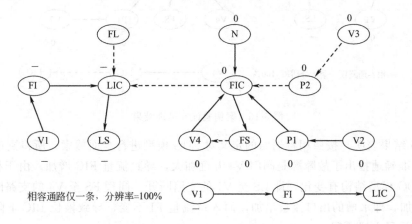

图 5-14　案例验证 4 推理结果

图 5-14 结果表明，按照相容通路的定义对 SDG 模型进行全面搜索，所得到的相容通路只有一条，准确地指出了故障源是阀门 V1 开度减小，导致流量 FI 减小。由于控制器 LIC 置手动，SDG 模型结构有变化，即 LS 至 V1 的支路断开。此时 FIC 流量保持不变，即水槽的出口流量不变，而入口流量减少，导致液位 LIC 下降。相容通路准确地表达了上述历程。

【案例 5】 V1 开大，此时 LIC 置手动。推理结果如图 5-15 所示。

图 5-15 结果表明，按照相容通路的定义对 SDG 模型进行全面搜索，所得到的相容通路只有一条，准确地指出了故障源是阀门 V1 开度加大，导致流量 FI 增加。由于控制器 LIC 置手动，SDG 模型结构有变化，即 LS 至 V1 的支路断开。此时 FIC 流量保持不变，即水槽

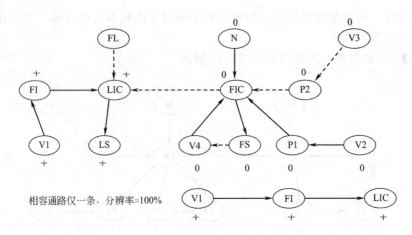

图 5-15 案例验证 5 推理结果

的出口流量不变,而入口流量增加,导致液位 LIC 上升。相容通路准确地表达了上述历程。

【案例 6】 V4 开大,LIC 及 FIC 都置手动。推理结果如图 5-16 所示。

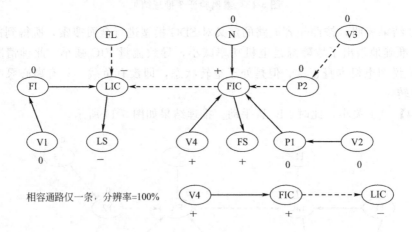

图 5-16 案例验证 6 推理结果

图 5-16 结果表明,按照相容通路的定义对 SDG 模型进行全面搜索,所得到的相容通路只有一条,准确地指出了故障源是阀门 V4 开度加大,导致流量 FIC 增加。由于控制器 LIC 置手动,SDG 模型结构有变化,即 LS 至 V1 的支路断开。同理 FS 至 V4 的支路断开。此时 FIC 流量增加,即水槽的出口流量增加,而入口流量 FI 不变,导致液位 LIC 下降。相容通路准确地表达了上述历程。

【案例 7】 V4 关小,LIC 及 FIC 都置手动。推理结果如图 5-17 所示。

图 5-17 结果表明,按照相容通路的定义对 SDG 模型进行全面搜索,所得到的相容通路只有一条,准确地指出了故障源是阀门 V4 开度减小,导致流量 FIC 下降。由于控制器 LIC 置手动,SDG 模型结构有变化,即 LS 至 V1 的支路断开。同理 FS 至 V4 的支路断开。此时 FIC 流量减小,即水槽的出口流量减小,而入口流量 FI 不变,导致液位 LIC 上升。相容通路准确地表达了上述历程。

【案例 8】 V2 关小,LIC 置手动,FIC 低位报警,汽蚀,其后 LIC 高位报警。推理结果如图 5-18 所示。

图 5-18 结果表明,按照相容通路的定义对 SDG 模型进行全面搜索,所得到的相容通路

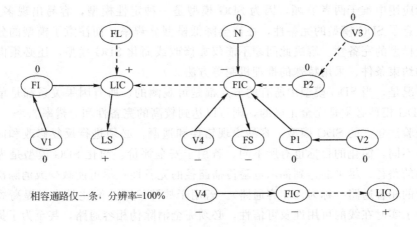

图 5-17　案例验证 7 推理结果

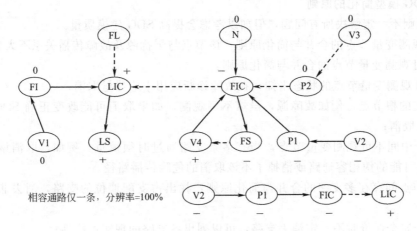

图 5-18　案例验证 8 推理结果

对 SDG 模型进行全面搜索，所得到的相容通路只有一条，准确地指出了故障源是阀门 V2 开度大幅减小，导致流量 FIC 下降。由于控制器 LIC 置手动，SDG 模型结构有变化，即 LS 至 V1 的支路断开。此时即使控制器加大 V4 的开度也制止不了 FIC 流量减小，即水槽的出口流量减小，而入口流量 FI 不变，导致液位 LIC 上升。相容通路准确地表达了上述历程。

通过以上 8 个案例的试验说明，所得到的 SDG 模型具有较高的质量。对于每一个设定的节点偏离或故障，都只有一条相容通路，并且将原因与后果关联起来。达到了 100％ 的分辨率和 100％ 的完备性。当然，本案例所有的节点都是可观测的，属于比较理想的情况，只要模型正确，都能达到比较满意的效果。

5.5　SDG 模型简化

（1）SDG 模型简化的目的

在实际应用中，SDG 模型的质量非常重要。因为低水平的 SDG 模型会给出实际过程完全不可能出现的结论，甚至是完全错误的结论，这种模型不能投入应用。

SDG 模型的质量主要体现在两方面：其一是完备性，即在 SDG 模型中能够搜索到全部有关的且正确的相容通路；其二是高分辨率，即在 SDG 模型中搜索给出的结论是唯一准确的。

在实际应用中难于两者兼顾,因为 SDG 模型是一种定性模型,容易出现多义性结论。所以,当注意了 SDG 模型的完备性,往往会降低模型分辨率;而注意了模型的分辨率,又可能会降低模型的完备性。解决此问题不能仅靠修改或简化 SDG 模型,还必须借助于定量信息、增加约束条件、采用特殊的推理机制等方法。

理想情况是,当 SDG 模型中所有的节点都是可观测的、所有因果关系都是单调变化函数,并且 SDG 模型必须是完全正确的,则可以达到较高的完备性和分辨率。

采用经验法建立的 SDG 模型,容易出现错误和遗漏,必须进行反复修改和简化。SDG 模型的用途不同,简化的目标也有所不同。若用于安全评价:简化 SDG 模型是为了便于揭示故障传播的路径;尽可能达到揭示危险传播路径的完备性;尽可能减少或消除次要的、实际上不可能的相容通路(称为伪相容通路)。若用于故障诊断:简化是为了提高故障诊断的分辨率;为了实时在线的可用性及可信性,必须完全消除伪相容通路,甚至为了提高分辨率而适当降低完备性要求。

(2) SDG 模型简化的原则

以下原则不一定解决所有问题,但加以考虑会提高 SDG 建模质量。

① 可观测变量节点的合并与简化原则:该节点与干扰源及故障传播关系不大者可取消。

② 不可观测变量节点的合并与简化原则:

a. 不可观测变量节点的状态未知,在故障诊断应用中应尽量取消;

b. 潜在的根节点,例如故障源,虽然不可观测,如果取消可能改变正确 SDG 的结构,则不能随意取消;

c. 对于中间不可观测变量节点,当有多条支路通过时须慎重,例如,取消该节点会引出实际中不可能的伪相容通路或消掉了不该取消的危险传播路径。

③ 两节点间存在多支路的合并与简化原则:找出占支配地位的支路,消去非支配地位的支路。

a. 用于安全评价时不一定消去支路,可以列出各支路的现实可能性;

b. 用于故障诊断时,可根据现场数据或经验判定支配地位的支路;

c. 如果负反馈支路属于非控制反馈变量(例如自衡现象),且不足以补偿或抵消干扰的传播时,该支路可取消;

d. 如果可以得到相关数据,满足半定量分析的条件,利用 SFG 分析找出占支配地位的支路,消去非支配地位的支路;

e. 合理修改 SDG 结构,减少该节点相关支路。

④ 故障因素的引入:按故障发生的机制和历史事故经验添加节点和支路。

⑤ 非单调影响的单调化:非线性关系的分段线性化;如果非线性规律是单调变化,可以看成线性单调变化。

⑥ 条件支路:

a. 安全评价时,对控制回路置手动,即取消反馈支路;

b. 故障诊断时,可以闭合自动控制反馈支路。

⑦ 不考虑某种故障或危险时,取消与该变量的相关节点或支路。

5.6 加热炉 SDG 建模与验证试验

加热炉 SDG 建模与验证试验是在我们开发的一个小型仿真试验平台上进行的。试验平台由两台计算机联网构成。两台计算机每秒定时传送数据。一台计算机运行仿真系统，采用经过升级的高精度动态仿真软件。另一台计算机运行 SDG 实时故障诊断软件。实际上已经构成了一个智能仿真培训系统原型。SDG 实时故障诊断系统可以随时对仿真培训中的误操作和事故进行跟踪分析与诊断。

5.6.1 加热炉工艺流程简介

(1) 流程简述

本加热炉所使用的燃料气主要含甲烷与氢气。燃料气供给管路系统在加热炉的结构中是较复杂的部分，流程图如图 5-19 所示。燃料气首先经过供气总管从界区引到炉前。该管道的端头下部连有一个气液分离罐，分离罐设两路排放管线，一路将燃料气中所夹带的水和凝液排放入地沟，另一路将燃料气管线中可能滞留的空气排入火炬系统。

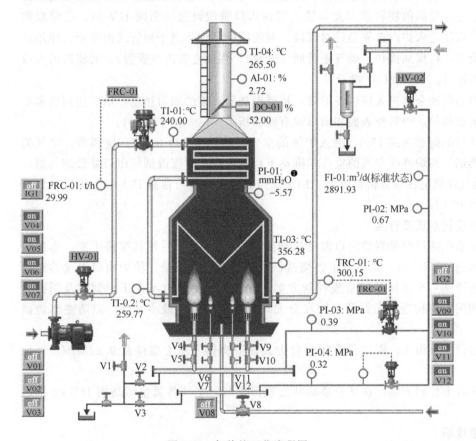

图 5-19 加热炉工艺流程图

加热炉系统视频

在距供燃气管线端头 2m 处有一分支管线，将燃料气引入加热炉。此管线上设紧急切断阀 HV-02，这个阀门由控制室遥控开或关。

当出现燃料气异常，如突然阻断引起炉膛熄火事故时，应首先关闭此阀。加热炉停车时也应关闭此阀。管线上装有流量变送器及孔板，用来检测记录燃料气的流量 FI-01。计量单位为 m³/d（标准状态）。另外由一现场压力表 PI-02 显示燃料气的总压，正常值为

---

❶ $1\text{mmH}_2\text{O} = 9.80665\text{Pa}$。

0.5~0.8MPa。

管线引至炉底分成两路，一路供主燃烧器使用，另一路供副燃烧器使用。在主燃烧器管线上设炉出口温度控制调节阀，通过调节燃气的流量来控制炉出口温度。现场压力 PI-03 指示主燃烧器供气支管压力。在副燃烧器供气管线上装有一个自力式压力控制器 PC-01，当燃料气总压波动时，维持副燃烧器支管压力为 0.32MPa，通过现场压力表 PI-04 指示。

滞留在主、副燃烧器支管中的水或非燃料气，如空气、氮气等，通过 V1、V2、V3 排入地沟或火炬系统。

加热炉的两个主燃烧器分别通过阀门 V4、V5 或 V9、V10 同主燃烧器供气管相连。两个副燃烧器分别通过阀门 V6、V7 或 V11、V12 同副燃烧器供气管相连。

炉膛蒸汽吹扫管线上设置阀门 V8，蒸汽由此管线进入炉膛。

加热炉物料为煤油，来自分离塔塔釜，经过加热后返回塔釜。加热炉在分离塔中起再沸器的作用。对于沸点较高的物料常用此方法。煤油入口管线设置切断阀 HV-01、流量检测孔板及调节阀。煤油进入炉内首先经过对流段。对流段的结构相当于列管式换热器，作用是回收烟气中的余热，将煤油预热。烟气走管间（壳程），煤油走管内（管程）。对流段的入口和出口分别由温度 TI-01 和 TI-02 指示。

对流段流出的煤油全部进入辐射段炉管，接受燃烧器火焰的辐射热量，最后达到所需要的加热温度后出加热炉。炉管外表面和出口设有温度指示 TI-03 和 TRC-01。

加热炉炉体与烟筒总共高 15m，进入炉体的空气量由挡板 DO-01 的开度调节。空气的吸入是在炉内热烟气与炉外冷空气的重度差推动下自然进行。对流段烟气出口处设烟气温度检测 TI-04，烟气含氧量在线分析检测点 AI-01 及挡板开度调节与检测 DO-01。炉膛中设有炉膛压力检测点 PI-01。

(2) 加热炉控制系统及特点

加热炉控制系统的目的是当炉出口温度达到要求值（300℃）后使其维持不变。本加热炉的温度控制回路（TRC-01）是通过主燃烧器供气管的燃料气流量，使炉出口温度达到给定值。该控制系统是一个单回路的常规控制方案。比较特殊的地方不在于控制器及回路本身，而在调节阀的特殊构造上。此调节阀在全关时仍能保持一个最小开度，以防主燃烧器熄火。

副燃烧器的供气量很小，所以采取压力自力式调节将供气压力维持在 0.32MPa，以保持长明状态。

由于采用了以上控制方案，在紧急事故状态或停车时，必须将紧急切断阀 HV-02 彻底关断。

(3) 流程图说明

① 指示仪表

FI-01	燃料气流量 m^3/d（标准状态）	TI-01	煤油入口温度 ℃
TI-02	加热炉对流段出口温度 ℃	TI-03	辐射段炉管表面温度 ℃
TI-04	对流段烟气出口温度 ℃	PI-01	炉膛压力 mmH_2O
PI-02	燃料气总压力 MPa	PI-03	主燃烧器供气管分压力 MPa
PI-04	副燃烧器供气管分压力 MPa	DO-01	挡板开度 %
AI-01	烟气含氧量 %		

② 控制器

FRC-01	被加热物料煤油流量控制器	t/h
TRC-01	煤油出口温度控制器	℃
PC-01	副燃烧器供气压力自力式控制器	MPa

③ 手动操作器

HV-01	煤油切断阀		HV-02	燃料气紧急切断阀
DO-01	烟气挡板			

④ 开关及快开阀门

V1	至火炬泄放阀		V2	副燃烧器供气管路泄放阀
V3	主燃烧器供气管路泄放阀		V4	1号主燃烧器供气前阀
V5	1号主燃烧器供气后阀		V6	1号副燃烧器供气前阀
V7	1号副燃烧器供气后阀		V8	蒸汽吹扫阀
V9	2号主燃烧器供气前阀		V10	2号主燃烧器供气后阀
V11	2号副燃烧器供气前阀		V12	2号副燃烧器供气后阀

⑤ 报警限（H：高限报警，L：低限报警）

TRC-01	<295℃	(L)	TRC-01	>310℃	(H)
FRC-01	<3.0t/h	(L)	AI-01	>5.0%	(H)
AI-01	<0.5%	(L)	PI-01	>0.0mmH$_2$O	(H)

5.6.2 加热炉故障诊断模型的建立

(1) 加热炉关键变量的选取

加热炉系统的变量可以归纳为两大类，一类是主要的过程变量，另一类是与操作相关的变量（称为操作变量），例如手动阀门、控制阀门、开关等，由人工或控制系统实施调整的部件，在SDG模型中也称为变量。对于本加热炉流程主要的过程变量如表5-3所示。

表5-3 加热炉主要过程变量

序号	变量名称	位号	单位	仪表上限	仪表下限
1	煤油出口温度（控制器）	TRC-01	℃	500	0
2	煤油流量（控制器）	FRC-01	t/h	50	0
3	燃料气流量	FI-01	m^3/d（标准状态下）	5000	0
4	炉膛压力	PI-01	mmH$_2$O	10	0
5	燃料气总压力	PI-02	MPa	1	0
6	主燃烧器供气管分压力	PI-03	MPa	0.5	0
7	副燃烧器供气管分压力	PI-04	MPa	0.5	0
8	烟气含氧量	AI-01	%	25	0
9	煤油入口温度	TI-01	℃	300	0

续表

序号	变量名称	位号	单位	仪表上限	仪表下限
10	对流段出口温度	TI-02	℃	300	0
11	辐射段炉管表面温度	TI-03	℃	1000	0
12	对流段烟气出口温度	TI-04	℃	1000	0

对于本加热炉流程主要的操作变量如表 5-4 所示（序号与上表接续）。

表 5-4 加热炉主要操作变量

序号	变量名称	位号	单位	仪表上限	仪表下限
13	TRC-01 控制阀	CV1	%	100	0
14	FRC-01 控制阀	CV2	%	100	0
15	煤油切断阀	HV-01	%	100	0
16	燃料气紧急切断阀	HV-02	%	100	0
17	烟气挡板	DO-01	%	100	0
18	1 号主燃烧器供气前阀	V4		1	0
19	1 号主燃烧器供气后阀	V5		1	0
20	1 号副燃烧器供气前阀	V6		1	0
21	1 号副燃烧器供气后阀	V7		1	0
22	2 号主燃烧器供气前阀	V9		1	0
23	2 号主燃烧器供气后阀	V10		1	0
24	2 号副燃烧器供气前阀	V11		1	0
25	2 号副燃烧器供气后阀	V12		1	0

两类变量相互之间的影响主要体现在以操作变量为原因和以过程变量为后果的影响和过程变量之间的影响。可以分别对两类影响关系进行完备性检查。

（2）因果关系及定性影响分析

进行因果关系分析的目的是为建立和验证 SDG 模型提供的基础信息。得到准确的因果关系信息，可以避免 SDG 建模的盲目性，可以提高 SDG 建模效率及建模质量。

因果关系分析是尽可能完备地搜索到被分析系统中每两个具有直接原因-后果定性影响的对偶。定性影响不必考虑原因变量对后果变量的准确量值影响，而是考虑原因变量对后果变量的宏观趋势影响。宏观趋势影响主要有两种模式，即增量影响和减量影响。增量影响是指原因变量增加（或减少）会导致后果变量也增加（或减少）；减量影响是指原因变量增加（或减少）会导致后果变量减少（或增加）。在此必须指出，从定性的原则考虑，应当优先选择影响明显的原因-后果对偶，忽略那些影响微弱的原因-后果对偶。此外，原因与后果可能是相互的，即原因与后果变量间存在双向影响。考虑到变量间非线性关系，增量影响和减量影响可能是具有条件限制的。

进行变量间因果关系分析的主要依据是带测量与控制点的工艺流程图（P&ID）、开车规程、工艺与控制技术说明、有关安全规范等资料。当无法断定某两个变量间的影响关系时，可以由多位熟悉该装置的技术人员讨论决定，如果集体讨论仍无法断定，则对实际装置进行开停车试验和操作偏离试验是最有效的辅助手段。当实际装置不允许进行试验时，能够采用该装置的动态仿真系统进行试验也是十分有效的手段。

(3) 影响矩阵表分析方法

为了完备地搜索到原因-后果影响对偶，可以采用影响矩阵表法。影响矩阵表是一个二维的表格，令表格的左面一列的变量表示原因，第一行的变量表示后果。影响矩阵表中的每一格都对应一个原因-后果对偶影响关系，而且对应了所有可能的影响对偶。只要将表格中的所有单元格都检查一遍，找出具有显著影响的原因-后果对偶，就可以保证在已经列出的原因与后果变量中完成了完备性检查。如果存在某些原因与后果变量未被列入矩阵表，则无法达到对这些变量的因果关系检查，因此必须注意变量的选择，特别是不能忽略那些不可观测的重要变量。

因果影响关系的查找必须分清两个主要概念：第一是正确区分原因变量与后果变量，原因变量是施加影响作用的一方，后果变量是被施加影响作用的一方，当然有双向影响的情况为特例；第二是正确区分是直接影响作用还是间接影响作用，必须尽可能得到直接作用，并且只考虑直接作用的影响关系对偶。此原则有利于搜索到起主导影响的关系，同时有利于排除大量的重复影响关系被填入表格。比较有效的判断方法是在影响关系矩阵表中那些直接被操作变量所调整的过程变量之间必然是直接作用，例如一条管路上的阀门与该管路中的流量是直接作用关系，对于加热炉而言，物料管路上的控制阀 CV2 与物料流量 FRC-01 是直接作用关系，开大燃料气管路的控制阀 CV1 是由 TRC-01 控制器控制加热炉出口温度，由于控制器的作用使得 CV1 对 TRC-01 的影响是直接的。事实上调整 CV2 也会影响到 TRC-01，但 CV2 对 TRC-01 的影响是先影响 FRC-01，而 FRC-01 直接影响 TRC-01，因此 CV2 对 TRC-01 的影响是间接作用关系。

由于 SDG 模型既可以表达系统的宏观定性特性，也可以表达系统微观定性特性，由一条简化定理证明，即当 SDG 模型中某两个相关节点是可观测的，这两个节点中间存在若干中间节点，但都不可观测，则所有中间节点都可以简化掉，并采用这两个节点的因果影响代表一系列的节点影响关系。这一条定理说明查找因果影响关系对偶是相对的，当客观条件无法了解更加深入的知识时，可以用间接关系表达因果影响，但这种影响是独立的、唯一的、不重复的，或者说在现有的知识范畴内是最直接的影响关系。

事实上，控制阀 CV2 影响物料流量 FRC-01 通过了一系列的中间环节和部件，这些中间环节和部件主要有流量检测所用的复杂的传感器、信号传输线路、复杂的控制器、信号输出线路、控制阀定位器、控制阀的机械系统流路系统，最终作用于物料流体并导致流量变化，所涉及的电子和机械部件可能有几百个。如果采用 SDG 模型进行微观故障分析，则 CV2 与 FRC-01 之间将是一个复杂的子系统。

以操作变量为原因和以过程变量为后果的影响关系矩阵表如表 5-5 所示。

表 5-5 操作变量为原因和以过程变量为后果的影响关系矩阵表

原因	后果											
	TRC-01	FRC-01	FI-01	PI-01	PI-02	PI-03	PI-04	AI-01	TI-01	T-02	TI-03	TI-04
CV1	(↓)	—	↑	—	—	—	—	↓	—	—	—	—
CV2	—	↑(↓)	—	—	—	—	—	—	—	—	—	—
HV-01	—	—	—	—	—	—	—	—	↑	—	—	—
HV-02	—	—	↑	—	↑	—	—	↓	—	—	—	—

续表

原因	后果											
	TRC-01	FRC-01	FI-01	PI-01	PI-02	PI-03	PI-04	AI-01	TI-01	T-02	TI-03	TI-04
DO-01	—	—	—	↓	—	—	—	↑	—	—	—	—
V4	—	—	↑	—	—	—	—	—	—	—	—	—
V5	—	—	↑	—	—	—	—	—	—	—	—	—
V6	—	—	↑	—	—	—	—	—	—	—	—	—
V7	—	—	↑	—	—	—	—	—	—	—	—	—
V9	—	—	↑	—	—	—	—	—	—	—	—	—
V10	—	—	↑	—	—	—	—	—	—	—	—	—
V11	—	—	↑	—	—	—	—	—	—	—	—	—
V12	—	—	↑	—	—	—	—	—	—	—	—	—

注：符号"↑"表示原因对后果为增量影响，"↓"表示原因对后果为减量影响，"(↓)"表示控制器对控制阀的反向因果影响，"—"表示原因对后果为无影响或影响很弱。

表5-5的第一列表明加热炉物料出口温度控制器TRC-01对控制阀CV1有一个反向的减量因果影响，即TRC-01是原因，CV1是后果，当TRC-01超高时，直接导致CV1开度减小。

表5-5的第二列记录了3个影响对偶，分述如下：

① CV2是原因，FRC-01是后果，两者有增量影响，即控制阀CV2开度加大直接导致物料流量FRC-01增加；

② 流量控制器FRC-01对控制阀CV2有一个反向的减量因果影响，即FRC-01是原因，CV2是后果，当FRC-01超高时，根据控制原理，CV2开度减小；

③ 手动遥控物料切断阀HV-01为原因，物料流量FRC-01为后果，两者有增量影响，即阀门HV-01开度加大，直接导致流量FRC-01增加。

表5-5的第三列记录了10个影响对偶，分述如下：

① CV1是原因，FI-01是后果，两者有增量影响，即控制阀CV1开度加大直接导致燃料气流量FI-01增加；

② HV-02是原因，FI-01是后果，两者有增量影响，即手动阀HV-02开度加大直接导致燃料气流量FI-01增加；

③ V4至V12都是原因，每一个阀门都影响后果FI-01，并且都为增量影响，即V4至V12的开度加大直接导致燃料气流量FI-01增加，其中主燃烧器的供气手动阀V4、V5、V9、V10的流通能力较大，对FI-01的影响较大，副燃烧器的供气手动阀V6、V7、V11、V12的流通能力较小，对FI-01的影响较小。

表5-5的第四列记录了1个影响对偶，DO-01是原因，PI-01是后果，两者有减量影响，即挡板开度加大直接导致炉底进风量加大，使得炉膛中气体流量加大，依据流体力学原理，动压头增加静压头减小，即炉膛压力下降。

表5-5的第五～七列记录了1个影响对偶，原因是HV-02，后果是PI-02。虽然HV-02也影响PI-03和PI-04，但是HV-02的变化首先全部传递到PI-02，然后PI-02的变化再传递到PI-03和PI-04，即在传播的顺序上看，HV-02对PI-03和PI-04的作用是间接的。

表5-5的第八列记录了3个影响对偶，分述如下：

① DO-01 是原因，AI-01 是后果，两者有增量影响，即挡板开度加大直接导致炉底进风量加大，使得炉膛中空气流量加大，烟气中的氧气含量增加；

② CV1 是原因，AI-01 是后果，控制阀 CV1 开大使得燃料气总量加大，在燃烧过程中将会消耗掉更多的氧气，使得氧气含量下降，因此是减量影响；

③ 手动遥控燃气切断阀 HV-02 为原因，AI-01 为后果，两者有减量影响，其作用与 CV1 相同。

表 5-5 的第九～十二列记录了 1 个影响对偶，HV-01 是原因，TI-01 是后果，两者有增量影响，即物料切断阀开度加大使得 240℃的物料进入加热炉管，导致入口温度升高（注意在仿真软件中令初始温度为 240℃，因此看不到此影响）。

过程变量之间的原因与后果影响关系矩阵表如表 5-6 所示。表 5-6 记录了过程变量中的 9 个影响对偶，分析如下。

表 5-6 过程变量之间的原因与后果影响关系矩阵表

原因	后果											
	TRC-01	FRC-01	FI-01	PI-01	PI-02	PI-03	PI-04	AI-01	TI-01	TI-02	TI-03	TI-04
TRC-01	—	—	—	—	—	—	—	—	—	—	—	—
FRC-01	—	—	—	—	—	—	—	—	—	—	↓	—
FI-01	—	—	—	↑	—	—	—	↓	—	—	↑	—
PI-01	—	—	—	—	—	—	—	—	—	—	—	—
PI-02	—	—	—	—	—	↑	↑	—	—	—	—	—
PI-03	—	—	—	—	—	—	—	—	—	—	—	—
PI-04	—	—	—	—	—	—	—	—	—	—	—	—
AI-01	—	—	—	—	—	—	—	—	—	—	—	—
TI-01	—	—	—	—	—	—	—	—	—	—	—	—
TI-02	—	—	—	—	—	—	—	—	—	—	—	—
TI-03	↑	—	—	—	—	—	—	—	—	↑	—	↑
TI-04	—	—	—	—	—	—	—	—	—	—	—	—

① TI-03 是原因，TI-02 是后果，两者有增量影响，即炉膛中燃烧负荷增加使燃烧辐射热量增加，由 TI-03 首先检测到，随后使对流段管外烟气温度提高，最终导致对流段出口温度上升；

② TI-03 是原因，TI-04 是后果，两者有增量影响，即炉膛中燃烧负荷增加使燃烧辐射热量增加，由 TI-03 首先检测到，随后使对流段管外入口烟气温度提高，最终使烟气出口温度 TI-04 上升；

③ TI-03 是原因，TRC-01 是后果，两者有增量影响，即炉膛中燃烧负荷增加使燃烧辐射热量增加，由 TI-03 首先检测到，随后使加热炉物料出口温度 TRC-01 上升；

④ FI-01 是原因，TI-03 为后果，两者有增量影响，即燃料流量加大使燃烧负荷加大，辐射热增加，即辐射段炉管外温度 TI-03 上升；

⑤ FI-01 是原因，AI-01 为后果，两者有减量影响，即燃料流量加大使燃烧负荷加大，消耗氧气增加，烟气含氧量 AI-01 下降；

⑥ FI-01 是原因，PI-01 为后果，两者有增量影响，即燃料流量增加对炉膛有充压作用，使炉膛压力 PI-01 上升；

⑦ FRC-01 是原因，TI-03 是后果，两者有减量影响，即物料流量增加需要吸收更多的热量，使辐射段炉管外温度 TI-03 下降；

⑧ PI-02 是原因，PI-03 是后果，两者有增量影响，即燃料气总压力上升使主燃烧器供气分压 PI-03 上升；

⑨ PI-02 是原因，PI-04 是后果，两者有增量影响，即燃料气总压力上升使副燃烧器供气分压 PI-04 上升。

(4) 加热炉影响方程的列写

将表 5-5（操作变量为原因和过程变量为后果的影响关系矩阵表）及表 5-6（过程变量之间的原因与后果影响关系矩阵表）用影响方程表达方法综合在一个方程组中，结果如下。

$TRC\text{-}01 \leftarrow TI\text{-}03$

$FRC\text{-}01 \leftarrow CV2 + HV\text{-}01$

$FI\text{-}01 \leftarrow CV1 + HV\text{-}02 + V4 + V5 + V6 + V7 + V9 + V10 + V11 + V12$

$PI\text{-}01 \leftarrow FI\text{-}01 - DO\text{-}01$

$PI\text{-}02 \leftarrow HV\text{-}02$

$PI\text{-}03 \leftarrow PI\text{-}02$

$PI\text{-}04 \leftarrow PI\text{-}02$

$AI\text{-}01 \leftarrow DO\text{-}01 - FI\text{-}01$

$TI\text{-}01 \leftarrow HV\text{-}01$

$TI\text{-}02 \leftarrow TI\text{-}03$

$TI\text{-}03 \leftarrow FI\text{-}01 - FRC\text{-}01$

$TI\text{-}04 \leftarrow TI\text{-}03$

$CV1 \leftarrow -TRC\text{-}01$

$CV2 \leftarrow -FRC\text{-}01$

影响方程组建立之后应当对定性模型进行三项检查，即合理性检查、缺项检查和重复项检查。

① 合理性检查必须根据基本原理和经验，分析所列影响方程表达的因果关系是否正确，如果无法断定则需借助于现场测试或仿真试验。

② 缺项检查是在已知的操作变量和过程变量基础上，依据因果关系矩阵表，看是否有遗漏项。如果有遗漏应当进行补充。

③ 重复项包含显性重复和隐性重复。显性重复直接可以检查得到，将其消去即可；隐性重复必须仔细观察整个影响方程组，分析哪些是重复的表达。例如式(5-11)和式(5-12)都能通过合理性检查和缺项检查，但是式(5-12)是属于隐性重复方程，因为 CV1 和 HV-01 对 AI-01 的定性影响已经由变量 FI-01 的影响方程体现，因此应当简化成式(5-11)的表达形式。如果采用式(5-12)，当实施计算机自动推理时会出现重复结论。

$AI\text{-}01 \leftarrow DO\text{-}01 - FI\text{-}01$ (5-11)

$AI\text{-}01 \leftarrow -CV1 - HV\text{-}02 + DO\text{-}01 - FI\text{-}01$ (5-12)

(5) 加热炉 SDG 主干模型的建立

应用 SDG 故障诊断平台建立主干模型。在进行完备的 SDG-HAZOP 建模之前，首先建立加热炉主干 SDG 模型。SDG 主干模型即影响方程向 SDG 模型的完全映射。SDG 主干模型描述了操作变量和过程关键变量之间的因果关系，无论是进行 HAZOP 安全评价还是故障诊断，主干模型都是描述系统定性特性的核心部分。加热炉的影响方程就是 SDG 主干模型的数学表达式，在图形建模平台上将加热炉的影响方程直接转化为 SDG 图模型的方法是，变量为节点，节点间的有向线段表示因果有向关系，增量影响为实线箭头，减量影响为虚线箭头。

SDG 故障诊断软件平台全面采用图形化建模。对于 SDG 模型所需的节点与支路，以及它们的属性都可以通过鼠标以作图的方式进行。由图形化模型至 SDG 引擎运行所需数据的转换由软件自动完成。引入图形化建模方式，不仅使建模效率与正确率得到较大的改善，而且对模型的修改变得极为容易。图形建模是在软件的绘图区上进行的，从 SDG 标准模板页上，用户可以方便地拖拽变量节点或原因结果节点至绘图区上，绘图区的大小可以随意调节。对于节点之间的连接，可以通过点击两个节点中间的停靠点来达到，并且支持支路的随意弯曲。

SDG 建模平台可以详细地描述模型中各节点的属性，包括各节点的位号、名称、正偏离文字说明、负偏离文字说明、上限阈值、下限阈值以及是故障原因点、报警点还是控制节点（调节阀）等。有关属性解释如下。

位号：若是操作变量，填写实际装置的阀门、开关或操作设备的位号；若是过程变量，填写实际装置对变量定义的位号。

数据通道号：当通过串口进行数据采集时，通道号指明本节点所对应的数据索引号（从 1 开始）。

节点名称：对当前节点的简短文字说明。

正偏离文字说明和负偏离文字说明：当节点超上、下限时的文字说明。例如，对于手动操作阀门 HV-01 而言，正偏离文字说明即阀门开大；负偏离文字说明即阀门关小。对于过程变量流量 FI-01 而言，正偏离文字说明即流量 FI-01 开大；负偏离文字说明即流量 FI-01 偏小。当确定该变量为无正偏离时，正偏离文字说明置空；当确定该变量为无负偏离时，负偏离文字说明置空。

上限阈值：填入标准化后的上限报警阈值，如果当前采集的数据大于该值，则节点状态处于偏高。

下限阈值：填入标准化后的下限报警阈值。如果当前采集的数据小于该值，则节点状态处于偏低。

当前值：当前从串口采集来的实际值，同样是标准化后的值。该值为只读值。

状态：以只读方式显示在推理过程中当前的状态。用户无法对该属性进行修改。

故障原因点：指明该节点是引起故障的初始原因节点。在 SDG 诊断的标准模式下，只有事先指明是故障原因点的节点，才被列为当前事故的候选（可能）故障原因。因此，通常将与设备、人为操作相关联的节点设为故障原因节点。而在 SDG 诊断的扩展模式下，该属性被忽略，任何可疑的处于偏差的节点都将被选为当前事故的候选故障原因。

报警点：流程中重点监测的工艺变量。当事故发生时，SDG 从报警点开始反向推理，查找故障原因点。

控制节点：控制回路中的执行单元，如调节阀所对应的节点。

属性设定是通过填表方法实现的，只要选中图中某一节点后，点击右键，在弹出的菜单中选择 SDG 属性，即弹出该节点对应的属性对话框。此外，在选中节点后，也可以按下字母"A"键，直接进入属性对话框。变量节点的 SDG 属性对话框如图 5-20 所示。

（6）偏离阈值的设定

对于三级 SDG 模型，每一个节点最多有两个阈值，即上限阈值和下限阈值。阈值是经过合理的选择后得到的判断各节点变量是否偏离正常状态（即"0"状态）的上限或下限的界限值。当某节点变量的测量值等于或大于阈值上限时，该节点的状态从"0"变为"+"；

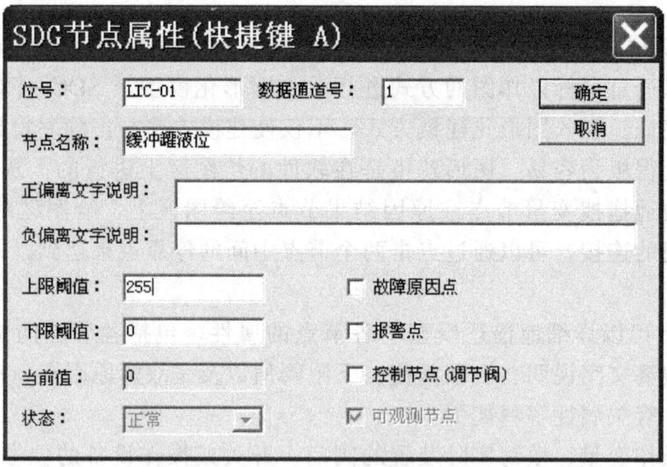

图 5-20　SDG 节点属性对话框

当某节点变量的测量值等于或小于阈值下限时，该节点的状态从"0"变为"一"。

阈值的上、下限通常是以正常工况为中心点，向上或向下偏离范围的界限值。上限阈值是当某节点对应的变量增加到足以使该点危险前兆发生或足以使危险向下游传播的界限值，当变量继续增加超过该界限值时，危险前兆发生或危险沿该节点向下游传播。下限阈值是当某节点对应的变量减少到足以使危险前兆发生或足以使危险向下游传播的界限值，当变量继续减少低于该界限值时，危险前兆发生或危险沿该节点向下游传播。如果某节点对应的变量检测值在上限阈值和下限阈值之间，则认为危险前兆不会发生或危险不会沿该节点向下游传播。所谓危险前兆，是预示着危险将要发生，或有可能发生。

在实际过程中危险传播的主导路径所涉及的节点集合通常都是偏离正常工况状态最大的节点集合。阈值是采用 SDG 模型进行在线危险识别的重要定量判定界限值，用于在推理过程中判定危险传播的路径。正确设定阈值是提高 SDG 方法对主要危险识别分辨率的有效方法。

理论上看，所有的节点的偏离，无论大小，都是故障的征兆。但是在实际工况下，由于检测仪表的原因或多种干扰的原因，使得比较微小的偏离容易与随机干扰混淆，因此在实用意义上，设定阈值相当于一种约束，即只有当偏离变得比较明显时才确定为偏离发生。

阈值的上、下限应当依据故障发生和传播的规律经反复试验调整后确定。阈值上、下限范围过宽，会导致故障诊断的灵敏度和预测性差。因为节点变量在阈值上、下限以内，其状态视为正常（"0"），推理"引擎"无法搜索出故障传播的路径。反之，阈值上、下限范围过窄，会导致灵敏度过高或预报过早，而实际过程还处于安全范围，即故障没有发生。

阈值的确定必须符合客观实际，紧密结合工艺流程。阈值调整不合适将不会产生正确的诊断结果，另外模型的建立必须和阈值配合才能实现 SDG 模型的完备性。

(7) 加热炉 SDG 主干模型

在 SDG 软件平台上完成的加热炉 SDG 主干模型如图 5-21 所示。

5.6.3　SDG 模型检验与验证方法分类

SDG 故障诊断模型的检验与验证方法是针对定性模型的检验和验证问题，内容较新，目前国内外的研究还很少，经文献查询发现大多数研究集中在 SDG 方法如何解决危险识别

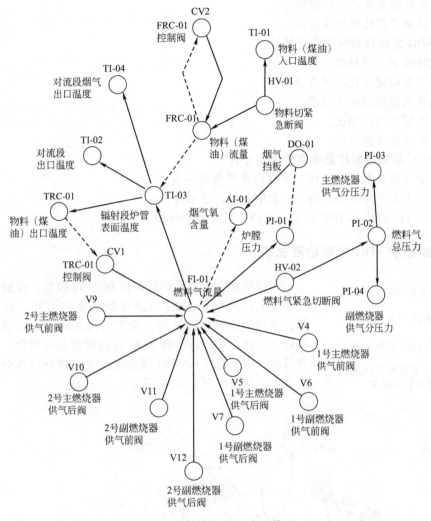

图 5-21 加热炉 SDG 主干模型

和故障诊断方面,关于如何验证定性 SDG 模型的正确性和模型自身的质量问题,还未查询到比较系统且专门的检验与验证方法。

依据多年来的研究和工业应用经验,参照定量数学模型的检验与验证方法体系,初步得出基于 SDG 定性数学模型的检验与验证方法,可按如下四个方面分类。

(1) SDG 故障诊断模型非正式检验

① 工艺原理审查。

② 基于经验的审查。

③ SDG 模型简化。

(2) SDG 故障诊断模型静态检查

① 因果关系对检查。

② 影响方程合理性检查。

③ 基于 SDG-HAZOP 的 SDG 故障诊断模型检验:

a. 操作点可达性检验;

b. 不利后果(故障)可达性检验。

c. 节点的剧情关联特性检验;
d. 可观测节点优化配置检验。

(3) SDG 故障诊断模型动态试验

① 定性影响关系检验。
② 因果影响定量化灵敏度分析。
③ 偏离阈值的设定和试验。
④ 节点偏离时序测试。
⑤ 故障诊断案例试验。

(4) SDG 故障诊断结果半定量风险分析

① 基于危险指数的"剧情"不利后果严重度分析。
② 基于 IEC 61508-SIL 的"子剧情"风险概率分析。
③ 基于 HAZOP-LOPA 的"全剧情"风险概率分析。

5.6.4 加热炉 SDG 故障诊断试验

利用所建立的加热炉故障诊断 SDG 模型,在故障诊断试验平台上,进行了 SDG 故障诊断的案例研究,包括单故障源、多故障源等多种情况,均能给出正确的诊断结果,表明所建立的加热炉故障诊断 SDG 应用模型是有效的、实用的和完备的。以下是应用 SDG 模型进行故障诊断的部分结果。图中节点的状态如图 5-22 所示。

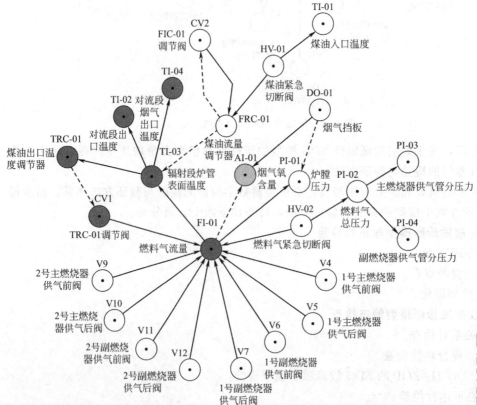

图 5-22 节点的不同颜色表示不同状态

图 5-23 案例 1 故障诊断结果的图形显示

图形显示彩图

【**案例 1**】煤油出口温度调节阀降低（TRC-01 切手动，减小 CV1 开度）。

SDG 故障诊断系统搜索到 6 条故障传播路径，结论：所有报警点的原因都指向 CV1 低限报警。SDG 故障诊断结果的图形显示如图 5-23 所示。当前出现的故障传播路径在图中的相关节点和有向通路颜色加深。故障传播路径列表显示如图 5-24 所示。

序号	报警点			
1	TRC-01	TI-03	FI-01	CV1
2	FI-01	CV1		
3	AI-01	FI-01	CV1	
4	TI-02	TI-03	FI-01	CV1
5	TI-03	FI-01	CV1	
6	TI-04	TI-03	FI-01	CV1

图 5-24　案例 1 故障传播路径列表显示

【**案例 2**】煤油出口温度调节阀增加（TRC-01 切手动，开大 CV1）。

SDG 故障诊断系统搜索到 7 条故障传播路径，结论：所有报警点的原因都指向 CV1 高限报警。SDG 故障诊断结果的图形显示如图 5-25 所示。当前出现的故障传播路径在图中的相关节点和有向通路颜色加深。故障传播路径列表显示如图 5-26 所示。

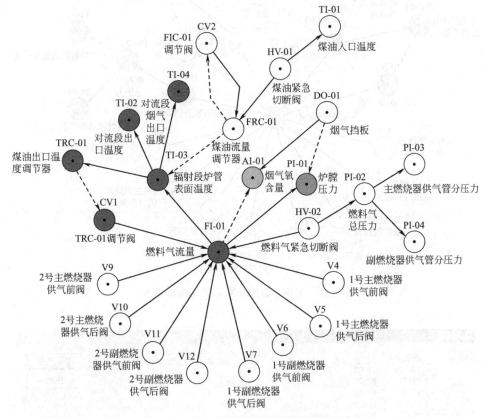

图 5-25　案例 2 故障诊断结果的图形显示

【**案例 3**】燃料气紧急切断阀降低（减小 HV-02 开度）。

SDG 故障诊断系统搜索到 9 条故障传播路径，结论：所有报警点的原因都指向燃料气紧急切断阀低限报警。SDG 故障诊断结果的图形显示如图 5-27 所示。当前出现的故障传播路径在图中的相关节点和有向通路颜色加深。故障传播路径列表显示如图 5-28 所示。

序号	报警点			
1	TRC-01	TI-03	FI-01	CV1
2	FI-01	CV1		
3	PI-01	FI-01	CV1	
4	AI-01	FI-01	CV1	
5	TI-02	TI-03	FI-01	CV1
6	TI-03	FI-01	CV1	
7	TI-04	TI-03	FI-01	CV1

图 5-26 案例 2 故障传播路径列表显示

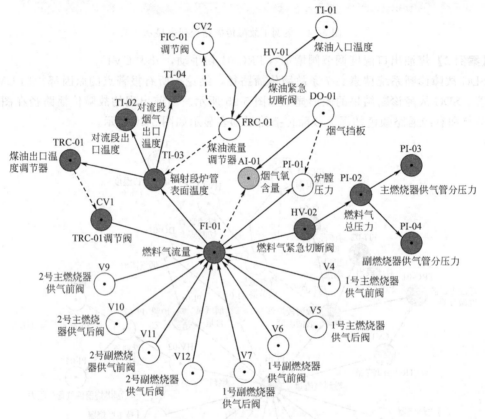

图 5-27 案例 3 故障诊断结果的图形显示

序号	报警点			
1	TRC-01	TI-03	FI-01	HV-02
2	FI-01	HV-02		
3	PI-02	HV-02		
4	PI-03	PI-02	HV-02	
5	PI-04	PI-02	HV-02	
6	AI-01	FI-01	HV-02	
7	TI-02	TI-03	FI-01	HV-02
8	TI-03	FI-01	HV-02	
9	TI-04	TI-03	FI-01	HV-02

图 5-28 案例 3 故障传播路径列表显示

【**案例 4**】1 号主燃烧器供气前阀和燃料气紧急切断阀同时关小。

SDG 故障诊断系统搜索到 15 条故障传播路径，结论：6 条路径的原因都指向 1 号主燃烧器供气前阀低限报警（V4 低限报警），9 条路径的原因都指向燃料气紧急切断阀低限报警（HV-02 低限报警）。SDG 故障诊断结果的图形显示如图 5-29 所示。当前出现的故障传播路径在图中的相关节点和有向通路颜色加深。故障传播路径列表显示如图 5-30 所示。

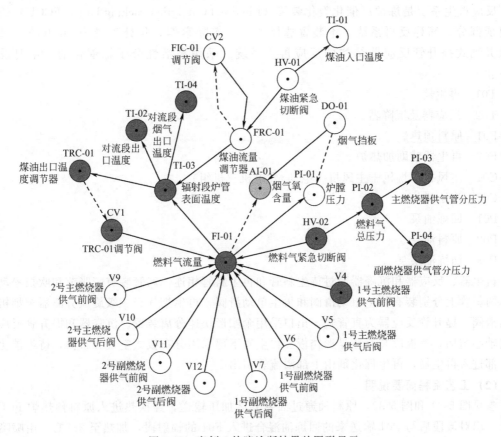

图 5-29　案例 4 故障诊断结果的图形显示

序号	报警点			
1	TRC-01	TI-03	FI-01	V4
2	TRC-01	TI-03	FI-01	HV-02
3	FI-01	V4		
4	FI-01	HV-02		
5	PI-02	HV-02		
6	PI-03	PI-02	HV-02	
7	PI-04	PI-02	HV-02	
8	AI-01	FI-01	V4	
9	AI-01	FI-01	HV-02	
10	TI-02	TI-03	FI-01	V4
11	TI-02	TI-03	FI-01	HV-02
12	TI-03	FI-01	V4	
13	TI-03	FI-01	HV-02	
14	TI-04	TI-03	FI-01	V4
15	TI-04	TI-03	FI-01	HV-02

图 5-30　案例 4 故障传播路径列表显示

5.7 反应再生装置 SDG 故障诊断试验

5.7.1 反应再生装置工艺流程简介

(1) 反应再生装置概述

反应再生系统是炼油厂催化裂化装置（Fluidized Catalytic Cracking Unit，FCCU）的核心组成部分，简称反再系统。本装置选择了一个实际案例，年处理量为 80 万吨，属于高低并列式提升管反应器结构的反应再生系统。采用高活性分子筛催化剂。主要设备如下：

T01　再生器
T02　反应器及沉降器
F01　原料预热炉
F02　再生器辅助加热炉
C01　主风机（烟机＋主风机＋电动/发电机三机组）
C02　汽压机
P01　回炼油泵
P02　原料油泵
P03　回炼油浆泵

再生器、反应器和沉降器通过待生斜管和再生斜管相连，斜管装有膨胀节和吹扫松动设备。两斜管上分别装有待生单动滑阀和再生单动滑阀，再生烟气经三级旋风分离器至烟机和双动滑阀。提升管反应器为直管式，出口采用伞帽形快速分离装置。沉降器和提升管反应器为同轴心结构，汽提段装有环盘形挡板。再生器下部采用分布板式空气分布器，待生催化剂从下部进入再生器，再生催化剂由上部溢流管引出。

(2) 工艺流程简要说明

参见图 5-31 和图 5-32，原料油通过油泵 P02 加压输送，经换热进入原料预热炉 F01 对流段。出对流段后与 P01 输送来的回炼油混合进入 F01 的辐射段，加热至 365℃，由喷嘴经雾化蒸汽雾化后喷入提升管底部，混合油料流量由 FIC-3 控制。回炼油浆用泵 P03 加压，直接通过 FIC-4 流量控制，经蒸汽雾化后喷入提升管中部。两路油料喷入反应器后与高温再生催化剂相遇，产生汽化反应。油气与雾化蒸汽及预提升蒸汽一起以 7～8m/s 的入口线速运载催化剂沿提升管向上流动，在 480℃的反应温度下停留约 2～4s，以 13～20m/s 的高线速通过提升管出口的快速分离器进入沉降器。带有少量催化剂颗粒的裂化油气与蒸汽的混合气体经两级旋风分离器，进入集气室，由沉降器顶部，经油汽线进入分馏塔下部。

经快速分离器分出的催化剂，自沉降器下部进入汽提段。经旋风分离器回收的催化剂通过料腿也流入汽提段。进入汽提段的待生催化剂用蒸汽吹脱吸附的油气，经待生斜管，在待生单动滑阀的控制下以切线方向进入再生器。在 650～700℃的温度下与压缩空气（主风）呈沸腾状态进行烧焦再生。再生器顶部压力为 165kPa，床层线速约 1～1.2m/s。含碳量降到 0.2% 以下的再生催化剂经溢流管、再生斜管，由再生单动滑阀控制返回提升管反应器循环使用，构成反应器、沉降器和再生器三器循环。

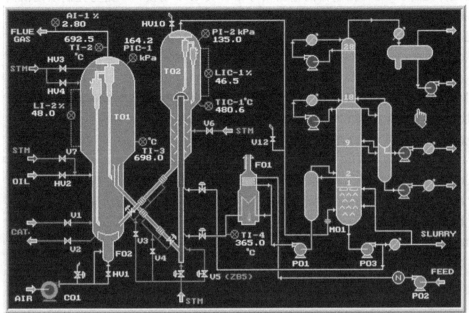

图 5-31　反应再生系统流程图画面（一）　　　　画面一彩图

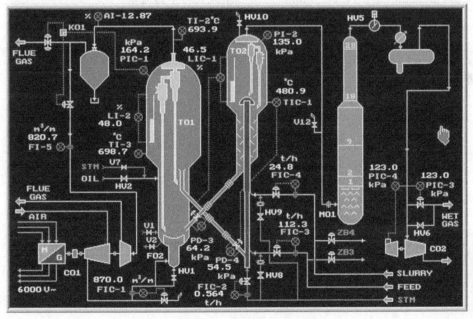

图 5-32　反应再生系统流程图画面（二）　　　　画面二彩图

烧焦生成的再生烟气，经再生器稀相段进入旋风分离器。经两级分离除去携带的大部分催化剂。烟气经再生器顶部集气室送至三级旋风分离器，进一步除掉剩余的催化剂后进入烟机回收热能发电。回收的催化剂经料腿返再生密相床层。再生烧焦所需的空气由主风机提供。主风经辅助加热炉 F02 及再生器下部的分布板进入再生器。

本反应再生系统的控制方法如下：

a. 再生器压力控制 PIC-1，控制器的输出信号由开关 K01 切换，一路为控制双动滑阀排放，另一路经控制阀进入烟机回收能量；

b. 沉降器料位控制 LIC-1，通过待生单动滑阀调节料位；

c. 反应器出口温度控制 TIC-1，通过再生单动滑阀调节进入反应器催化剂的流量控制温度；

d. 原料油入反应器流量控制 FIC-3，由控制阀直接控制流量；

e. 回炼油入反应器流量控制 FIC-4，由控制阀直接控制流量；

f. 预提升蒸汽流量控制 FIC-2，由控制阀直接控制流量；

g. 主风入再生器流量控制 FIC-1，通过调节放空分流方法调节；

h. 油汽分离器压力控制 PIC-3，当气量不大时（反应进油前），通过放火炬控制压力；

i. 油汽分离器压力控制 PIC-4，当反应进油后，油汽量大时，改用汽压机抽气方法控制压力，即透平机调速方法控压。

① 控制器

PIC-1	165kPa	0～200kPa	再生器压力
PIC-3	122kPa	0～200kPa	油汽分离器压力
PIC-4	122kPa	0～200kPa	汽压机油汽分离器压力
TIC-1	480℃	0～1000℃	反应器出口温度
LIC-1	40%	0～100%	沉降器料位
FIC-1	870m^3/min	0～1000m^3/min	主风入再生器流量
FIC-2	0.56t/h	0～1t/h	预提升蒸汽流量
FIC-3	100t/h	0～150t/h	原料油进料流量
FIC-4	25t/h	0～50t/h	回炼油进料流量

② 手操器

HV1	一次风阀
HV2	再生器燃油阀
HV3	旋风分离器冷却蒸汽阀
HV4	再生稀相冷却蒸汽阀
HV5	分馏塔顶出口阀
HV6	汽压机入口放火炬阀
HV7	再生辅助加热炉 F02 燃油阀
HV8	原料油雾化蒸汽阀
HV9	回炼油雾化蒸汽阀
HV10	沉降器顶放空阀

③ 开关

V01	再生器催化剂进料阀
V02	再生器催化剂卸料阀
V03	待生松动蒸汽阀
V04	再生松动蒸汽阀
V05	提升管反应器事故蒸汽阀
V06	沉降器汽提蒸汽阀
V07	再生燃油雾化蒸汽阀

V08	辅助燃烧炉 F02 排凝阀	
V09	辅助燃烧炉燃油雾化蒸汽阀	
V10	辅助燃烧炉燃气阀（副燃烧器）	
V12	油汽线放空阀	
IG1	原料预热炉开车	
IG2	辅助燃烧炉 F02 副燃烧器点火器	
M01	8 字形盲板（分馏塔油汽入口处）	
P01	回炼油罐底油泵开关	
P02	新鲜原料油泵开关	
P03	分馏塔底回炼油泵开关	
K01	PIC-1 输出切换开关（K01＝0 至双动滑阀，K01＝1 至烟机入口阀）	
C01	主风压缩机开车	
C02	汽压机开车	
ZBZ	自动保护系统总开关	
ZB1	主风事故蒸汽阀	
ZB2	主风事故切断阀	
ZB3	原料油返料阀	
ZB4	回炼油返料阀	

④ 指示变量

PI-2	135kPa	沉降器顶压力
TI-2	690～700℃	再生器出口烟气温度
TI-3	680～700℃	再生器床层密相温度
TI-4	365℃	原料预热炉出口温度
TI-5	＞450℃	再生器底温
TI-6	＞300℃	辅助加热炉燃烧温度
LI-2	45%～55%	再生器料位
FI-5	820m³/min	入烟机烟气流量
FI-6	0m³/min	一次风流量
PD-3	＞30kPa	待生单动滑阀压降
PD-4	＞30kPa	再生单动滑阀压降
PD-5	＜30kPa	两器压差
AI-1	2%～4%	烟气含氧量

⑤ 报警限

（正常工况条件下，H：高限报警，L：低限报警）

TIC-1	＞530℃	（H）
TIC-1	＜470℃	（L）
PD-5	＞30kPa	（H）
PD-5	＜10kPa	（L）
FIC-3	＜40t/h	（L）
FIC-4	＜10t/h	（L）
TI-3	＞705℃	（H）

TI-3	<550℃	(L)
FIC-1	>900m³/min	(H)
AI-1	>3.3%	(H)
AI-1	<0.8%	(L)
TI-5	>550℃	(H)
LI-2	<20%	(L)
LI-2	>60%	(H)
LIC-1	>65%	(H)
LIC-1	<35%	(L)
PD-3	<10kPa	(L)
PD-4	<10kPa	(L)
FIC-2	<0.1t/h	(L)
PI-2	<110kPa	(L)
PI-2	>150kPa	(H)
PIC-1	>190kPa	(H)
PIC-1	<160kPa	(L)
TI-4	<350℃	(L)
TI-2	>710℃	(H)
TI-2	<600℃	(L)
PIC-3	>140kPa	(H)

⑥ 自动保护系统

将开关 ZBZ 置开状态。如果出现原料流量低限（FIC-3＋FIC-4＜50t/h）或主风流量低限（FIC-1＜750m³/min）或待生单动滑阀差压低限（PD-3＜20kPa）或再生单动滑阀差压低限（PD-4＜20kPa）之中的一项，则相关的阀门将产生自动保护动作，详见表 5-7。

表 5-7 自动保护系统动作表

项目	原料进料					主风		单动滑阀	
	原料进料阀	事故旁通阀 ZB3	事故蒸汽阀 V05	回炼进料阀	回炼旁通阀 ZB4	切断阀 ZB2	事故蒸汽阀 ZB1	待生单动滑阀	再生单动滑阀
原料流量低限	关	开	开	关	开				
主风流量低限	关	开	开	关	开	关	开		
待生差压低限	关	开	开	关	开			关	关
再生差压低限	关	开	开	关	开			关	关
正常工况	开	关	关	开	关	开	关	开	关
冷态工况	关	关	关	关	关	开	关	关	关

5.7.2 反应再生装置故障诊断模型的建立

(1) 反再系统关键变量选定

建立反再系统 SDG 模型目的是为了研究在正常工况下由于操作、控制失误所导致的故障识别问题，因此与开车、停车相关的手动阀门和机械设备故障暂不考虑。流化催化裂化

(FCC)诊断试验中最终选定了19个过程变量、9个控制阀、7个手动阀、6个开关及5个保护联锁开关作为SDG模型变量，变量表见表5-8。

表 5-8 FCC诊断试验用SDG建模变量表

序号	变量名称	位号	阈值上限	阈值下限	单位	仪表上限	仪表下限
1	再生器压力	PIC-1	214	197	kPa	200	0
2	沉降器顶压力	PI-2	178	165	kPa	200	0
3	反应器出口温度	TIC-1	123	121	℃	1000	0
4	再生器出口烟气温度	TI-2	177	175	℃	1000	0
5	再生器床层密相温度	TI-3	178	176	℃	1000	0
6	原料预热炉出口温度	TI-4	96	91	℃	1000	0
7	沉降器料位	LIC-1	127	107	%	100	0
8	再生器料位	LI-2	132	114	%	100	0
9	入烟机烟气流量	FI-5	131	129	m³/min	1600	0
10	主风入再生器流量	FIC-1	222	220	m³/min	1000	0
11	待生单动滑阀压降	PD-3	178	153	kPa	+100	−100
12	再生单动滑阀压降	PD-4	165	127	kPa	+100	−100
13	两器压差	PD-5	204	186	kPa	+50	−50
14	预提升蒸汽流量	FIC-2	165	127	t/h	1	0
15	原料油进料流量	FIC-3	200	183	t/h	150	0
16	回炼油进料流量	FIC-4	142	102	t/h	50	0
17	油汽分离器压力	PIC-3	161	150	kPa	200	0
18	汽压机油汽分离器压力	PIC-4	161	150	kPa	200	0
19	烟气氧含量	AI-1	32	26	%	25	
20	再生器压力控制阀(PIC-1)	CV1	198	188	%	100	0
21	油汽分离器压力控制阀(PIC-3)	CV2	280	−10	%	100	0
22	汽压机油汽分离器压力控制器(PIC-4)	CV3	198	186	%	100	0
23	反应器出口温度控制阀(TIC-1)	CV4	104	89	%	100	0
24	沉降器料位控制阀(LIC-1)	CV5	102	86	%	100	0
25	主风入再生器流量控制阀(FIC-1)	CV6	58	43	%	100	0
26	预提升蒸汽流量控制阀(FIC-2)	CV7	150	135	%	100	0
27	原料油进料流量控制阀(FIC-3)	CV8	232	216	%	100	0
28	回炼油进料流量控制阀(FIC-4)	CV9	155	140	%	100	0
29	旋风分离器冷却蒸汽阀	HV3	135	119	%	100	0
30	再生稀相冷却蒸汽阀	HV4	51	−10	%	100	0
31	分馏塔顶出口阀	HV5	280	204	%	100	0
32	汽压机入口放火炬阀	HV6	51	−10	%	100	0
33	原料油雾化蒸汽阀	HV8	211	196	%	100	0
34	回炼油雾化蒸汽阀	HV9	211	196	%	100	0
35	沉降器顶放空阀	HV10	25	−10	%	100	0

续表

序号	变量名称	位号	阈值上限	阈值下限	单位	仪表上限	仪表下限
36	原料预热炉开车	IG1	280	102		1	0
37	回炼油罐底油泵开关	P01	280	102		1	0
38	新鲜原料油泵开关	P02	280	102		1	0
39	分馏塔底回炼油泵开关	P03	280	102		1	0
40	主风压缩机开车	C01	280	102		1	0
41	汽压机开车	C02	280	102		1	0
42	自动保护系统总开关	ZBZ	200	－10		1	0
43	主风事故蒸汽阀	ZB1	200	－10		1	0
44	主风事故切断阀	ZB2	280	102		1	0
45	原料油返料阀	ZB3	200	－10		1	0
46	回炼油返料阀	ZB4	200	－10		1	0

(2) 阈值设定

为了使反再系统仿真软件的输出数据与SDG推理平台之间快速传输,将所有变量换算为0~255内的整型数。在正常工况值的上下偏离约±(3%~5%)范围确定阈值上、下限。当只有上限时,下限设定为"－10",即不可能出现超下限的状态。当只有下限时,上限设定为超过255的整数,即不可能出现超上限的状态。此种方法是通过阈值设定实现条件约束。

(3) 变量间影响关系的分析依据

① 分析反再系统各主要变量之间关系的基本原理,依据如下:

$$转化率=100\% \times [(气体)+(汽油)+(焦炭)]/(原料油)$$

② 当反应温度提高时,转化率上升,同时(气体+焦炭)产量也上升,导致轻柴油产量下降。因此,转化率不能过高,必须靠调整回炼比控制转化率。

$$回炼比=[(回炼油)+(油浆)]/(新鲜原料油)$$

③ 当回炼比增加时,新鲜原料油的处理量减小。

$$剂油比=(催化剂循环量)(吨/时)/(总进料)(吨/时)$$

当剂油比提高时,转化率上升,同时焦炭产率也提高,若主风量不变,再生烟气的氧含量下降。

④ 提升管中的反应停留时间($t=1~4s$)。反应停留时间短,转化率低,回炼比增加;反应停留时间长,转化率高,汽油和轻柴油收率下降,生焦率提高,若主风量不变,再生烟气的氧含量下降。

⑤ 反应温度一般在460~510℃之间。反应温度提高,转化率提高,干气量提高,汽油量下降,焦炭量提高,若主风量不变,再生烟气的氧含量下降。控制反应温度较灵敏的是再生催化剂流量,再生催化剂流量提升,反应温度上升。

⑥ 原料油预热温度影响进料雾化效果,雾化效果好,(干气+焦炭)产率下降,轻油收率提高。采用雾化效果好的进料喷嘴可降低预热温度。调整预热温度对改变剂油比最灵敏。

⑦ 催化剂活性高,转化率高,产品中烷烃含量提高,烯烃含量下降。

⑧ 提升管中的反应压力提高,反应速率提高,转化率提高,生焦率提高。

（4）变量间影响关系

借助于反再系统仿真模型的动态模拟，通过"拉偏"测试，配合工艺流程资料、控制系统资料和经验知识，得到系统各过程变量与操作、控制变量间的影响关系。选定的 46 个变量的影响方程如下：

PIC-1←FIC-1−CV1

PI-2←FIC-3+FIC-4+PIC-3+PIC-4−HV10−HV5

TIC-1←CV4−HV8−HV9+TI-4+TI-2+FIC-3+FIC-4+FIC-2

TI-2←FIC-3+FIC-4+CV5−HV3−HV4

TI-3←FIC-3+FIC-4+TI-2

TI-4←IG1

LIC-1←CV4−CV5

LI-2←CV5−CV4

FI-5←CV1

FIC-1←CV1+C01−CV6−ZB1+ZB2−ZB3−ZB4

PD-3←−CV5−ZB3−ZB4

PD-4←−CV4−ZB3−ZB4

PD-5←PIC-1−PI-2

FIC-2←CV7

FIC-3←CV8−ZB3+P01+P02

FIC-4←P03+CV9−ZB4

PIC-3←PI-2+HV5−CV2−CV3−C02−HV6

PIC-4←PI-2+HV5−CV2−CV3−C02−HV6

AI-1←FIC-1+FI-5+TI-4+HV8+HV9−TIC-1−FIC-2−FIC-3−FIC-4−TI-2

CV1←PIC-1

CV2←PIC-3

CV3←PIC-4+C02

CV4←−TIC-1

CV5←LIC-1

CV6←FIC-1

CV7←−FIC-2

CV8←−FIC-3

CV9←−FIC-4

（5）反再系统 SDG 模型

根据以上影响方程可以直接做出反再系统 SDG 模型。由于这种 SDG 模型尚未经过实践检验，因此还属于试验级模型，必须对试验级模型进行仿真试验、修改和化简，直到能够定性地准确反映变量之间的影响关系才能投入工业应用。可以用于工业应用的 SDG 模型称为 SDG 应用模型。在建模过程中如果某些变量之间的影响关系尚不明确，则宁愿暂时不考虑相关节点。FCC 反再系统的 SDG 模型见图 5-33。

图中 SDG 模型增加了新的功能，即在常规 SDG 模型的基础上表达了事故联锁系统的因果关系，能够分辨出安全保护控制系统的动作时序和确切的故障所导致的正在进行联锁动作的系统。

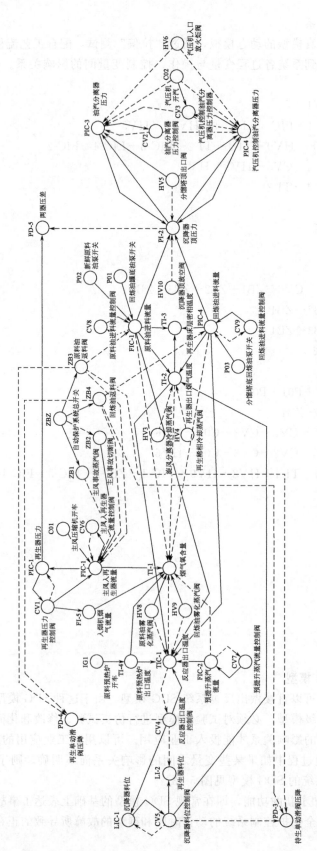

图 5-33 FCC 反再系统的 SDG 模型

5.7.3 反应再生装置 SDG 故障诊断试验

【案例 1】 回炼油罐底油泵开关 P01 关闭。

故障诊断系统找到故障传播的路径如下（所有报警点的原因都指向 P01 关闭状态）：

FIC-3←P01

AI-1←FIC-3←P01

TI-2←FIC-3←P01

TI-3←TI-2←FIC-3←P01

TI-3←FIC-3←P01

AI-1←TI-2←FIC-3←P01

报警自解释软件对本案例的推理结果示意画面如图 5-34 所示。

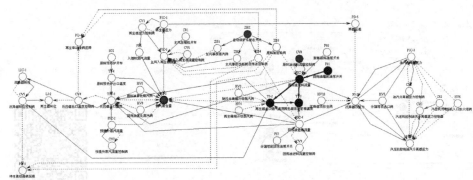

图 5-34　实验案例 1 的推理结果示意画面　　　　画面彩图

【案例 2】 原料油进料流量 FIC-3 增加（FIC-3 切手动，开大 CV8）。

故障诊断系统找到故障传播的路径如下：

FIC-3←CV8

AI-1←FIC-3←CV8

TI-2←FIC-3←CV8

AI-1←TI-2←FIC-3←CV8

报警自解释软件对本案例的推理结果示意画面如图 5-35 所示。

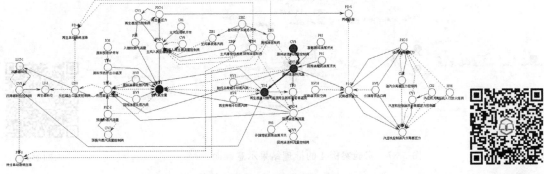

图 5-35　实验案例 2 的推理结果示意画面　　　　画面彩图

【案例 3】 原料油进料流量 FIC-3 增加之后回炼油进料流量 FIC-4 也增加（FIC-4 切手动，开大 CV9，多故障源顺序发生）。

故障诊断系统找到故障传播的路径如下：

FIC-3←CV8

AI-1←FIC-3←CV8

TI-2←FIC-3←CV8

AI-1←TI-2←FIC-3←CV8

FIC-4←CV9

AI-1←FIC-4←CV9

TI-2←FIC-4←CV9

AI-1←TI-2←FIC-4←CV9

报警自解释软件对本案例的推理结果示意画面如图 5-36 所示。

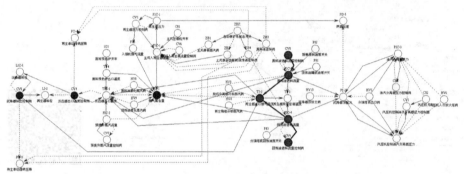

图 5-36　实验案例 3 的推理结果示意画面　　　　　　　画面彩图

【案例 4】 原料油雾化蒸汽阀 HV8 和回炼油雾化蒸汽阀 HV9 关小。

故障诊断系统找到故障传播的路径如下：

AI-1←HV8

AI-1←HV9

报警自解释软件对本案例的推理结果示意画面如图 5-37 所示。

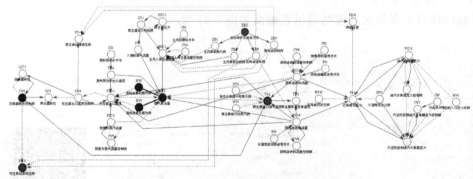

图 5-37　实验案例 4 的推理结果示意画面　　　　　　　画面彩图

【案例 5】 分馏塔顶出口阀 HV5 关小。

故障诊断系统找到故障传播的路径如下：

PI-2←HV5

PD-5←PI-2←HV5

报警自解释软件对本案例的推理结果示意画面如图 5-38 所示。

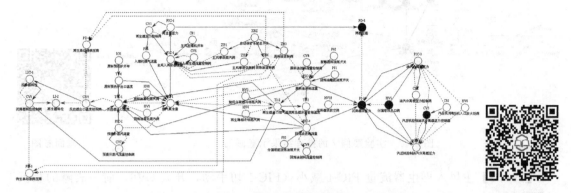

图 5-38　实验案例 5 的推理结果示意画面　　　　画面彩图

【案例 6】主风压缩机停车（C01 关闭，不投联锁）。

故障诊断系统找到故障传播的路径如下：

PIC-1←FIC-1←C01

PD-5←PIC-1←FIC-1←C01

FI-5←CV1←PIC-1←FIC-1←C01

AI-1←FI-5←CV1←PIC-1←FIC-1←C01

FIC-1←C01

AI-1←FIC-1←C01

报警自解释软件对本案例的推理结果示意画面如图 5-39 所示。

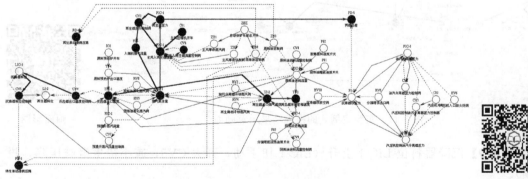

图 5-39　实验案例 6 的推理结果示意画面　　　　画面彩图

【案例 7】主风入再生器流量 FIC-1 增加（FIC-1 切手动，关小 CV6）。

故障诊断系统找到故障传播的路径如下：

FI-5←CV1←PIC-1←FIC-1←CV6

FIC-1←CV6

AI-1←FI-5←CV1←PIC-1←FIC-1←CV6

AI-1←FIC-1←CV6

报警自解释软件对本案例的推理结果示意画面如图 5-40 所示。

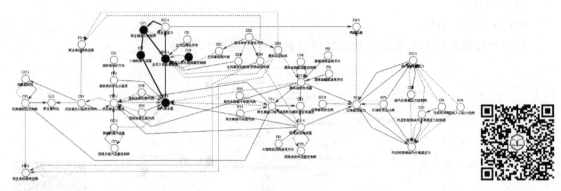

图 5-40　实验案例 7 的推理结果示意画面　　　　　　　画面彩图

【案例 8】主风入再生器流量 FIC-1 减小（FIC-1 切手动，开大 CV6，前一故障的相反过程）。

故障诊断系统找到故障传播的路径如下：

FI-5←CV1←PIC-1←FIC-1←CV6

FIC-1←CV6

AI-1←FI-5←CV1←PIC-1←FIC-1←CV6

AI-1←FIC-1←CV6

报警自解释软件对本案例的推理结果示意画面如图 5-41 所示。

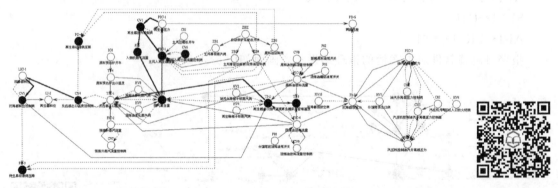

图 5-41　实验案例 8 的推理结果示意画面　　　　　　　画面彩图

【案例 9】沉降器料位 LIC-1 上升（LIC-1 切手动，开大 CV5，减小待生滑阀压降，投联锁）。

故障发生的初期阶段，故障诊断系统找到故障传播的路径如下：

PD-3←CV5

PD-3←ZB3←ZBZ

PD-3←ZB4←ZBZ

FIC-3←ZB3←ZB4

FIC-4←ZB4←ZBZ

当联锁动作后切断了进料 FIC-3 和 FIC-4，故障扩大，故障传播的路径增加到 46 条，报警自解释软件对本案例的推理结果示意画面如图 5-42 所示。

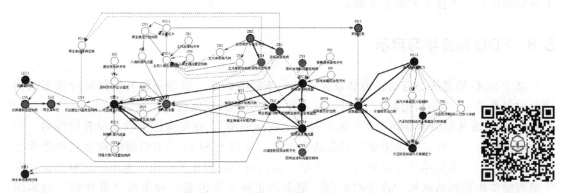

图 5-42　实验案例 9 的推理结果示意画面　　　　　　　　　　画面彩图

【案例 10】主风机停，气压机停，所有进料油泵停（关闭 C01、C02、P01、P02 及 P03）。

故障诊断系统找到故障传播的路径达到 57 条，报警自解释软件对本案例的推理结果示意画面如图 5-43 所示。本案例投入事故联锁后的推理结果示意画面如图 5-44 所示，故障诊断系统找到故障传播的路径达到 125 条，反再系统全面停车。

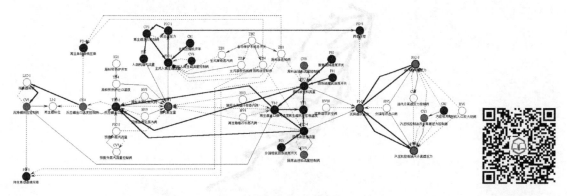

图 5-43　实验案例 10 未投事故联锁的推理结果示意画面　　　　画面彩图

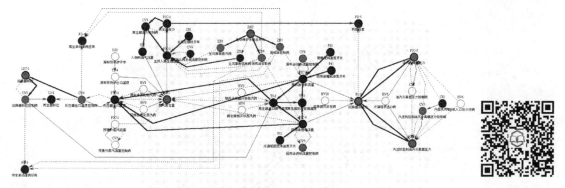

图 5-44　实验案例 10 投入事故联锁的推理结果示意画面　　　　画面彩图

综上所述，仿真实验均得到满意结果，表明 SDG 模型质量较高。必须指出，由于本实验是在仿真软件平台上进行，所有实验条件近乎理想状态。例如，所有关键变量是可观测的，数据没有随机干扰，所有阀门、开关和联锁状态都是可观测的。所以，将本系统应用于工业现场还有许多技术关键需要解决。

5.8 SDG 深度学习启示

基于 SDG 图谱模型与动态仿真系统联机实施故障诊断，就是一种大数据联合动态结构信息的深度学习（"剧情挖掘"）实验。以上各装置故障诊断实验的三点启示如下。

① 只考虑从原因事件到不利后果事件的"危险剧情"，在安全评价时是没有问题的。但在故障诊断时，实际"剧情图谱"不会这么简单。从以上 SDG 因果模型结构信息深度学习的"剧情挖掘"实验结果可以看出：对于单一原因所导致的显式剧情，也不一定只是正在发生偏离的单串型剧情结构一致性的识别。更多的正在发生的是一种单束"事件树"结构图谱，并且结构信息会随时间变化。即从单个或多个相关原因事件多束传播延伸出多个不完全和/或完全剧情的混合图谱，或称其为"未遂事件树与危险剧情的混合图谱"。例如，控制系统的反馈作用就是导致分支路径和部分剧情中断的原因之一。如图 5-45 和图 5-46 所示，都是单原因的延伸的单束"事件树"结构图谱。多原因的复合"事件树"结构图谱规律相同。利用这种事件树混合图谱的特征可以提高故障诊断剧情的分辨率，即提高故障隔离的质量，而且能够为实时决策提供"线索"。

图 5-45 "事件树"结构图谱（一）

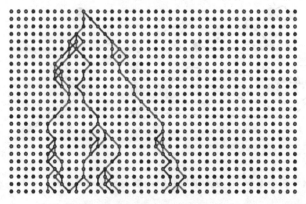

图 5-46 "事件树"结构图谱（二）

② 故障诊断推理方式必须应对某种实际情况。也就是不局限于单纯从中间报警事件实施反向推理，而是必须采用从中间报警事件先反向推理达到相关原因事件，然后再从推理得

到的所有相关原因事件分别实施正向推理的方法，才能获取完备性高的"未遂事件树与危险剧情的混合图谱"。这是 AI3 专家系统软件平台所特有的故障诊断双向推理方法。

③ 现实世界大数据中隐含的单束和多束复合"事件树"结构图谱的普遍性规律，是多层神经网络深度学习常常能奏效的原因，因为神经网络的结构可以包容复杂的多束"事件树"结构图谱。此外，在实现基于统计数据的神经网络深度学习试验中，调整神经网络的结构，即调整输入层、输出层和隐含层会影响数据拟合的精度。这与基于数据的数学方程回归方法和曲线拟合方法比较有许多相同之处。因此我们在机器学习程序中设计了神经网络结构调整组态功能（见第八章图 8-8）。

从原理上分析，神经网络结构越趋近于实际因果模型的结构，训练的结果越容易准确。因此，基于数据的深度学习结果可以支持基于结构信息的深度学习结果，获取分布在多束"事件树"结构图谱上的数据的"证据"，以便确认剧情结构识别的可信性，即提高故障诊断的分辨率和故障隔离特性。当然必须是已经发生过，并且被神经网络学习过的事故再度发生时才有实际意义。而反过来，预先获取某一问题的结构信息模型，例如 SDG 模型，可以为神经网络模型的结构调整提出导向建议，以便提高神经网络深度学习的质量。因为从以上实验结果图形中可以直接观察到，所有导致剧情的变化数据都聚集和分布在单束或多束"事件树"因果关系结构图谱的各分支上。

第六章

知识图谱建模与智能推理软件 AI3 的设计与开发

6.1 AI3 概述

AI3 是 Artificial Intelligence 3 的简称，即人工智能 3，是一个面向事件的人工智能"专家系统"软件平台。AI3 是通用性高、图形化、可由用户自定制的知识图谱建模和推理软件平台，用于直观快速地实现人工智能"专家系统"应用。AI3 采用高效、高速和省容量的推理算法；定性建模基于国际信息标准，并扩展了面向事件的知识图谱模型的描述能力和应用领域；采用正向、反向和双向三类推理引擎技术；具备系统和离散双重推理功能；将第一、二代专家系统优势互补，混合应用；将静态和动态知识图谱联合应用，大幅度提高了软件的自然语言处理工业应用的潜力；采用多维信息图形化结构建模方法，将隐含的信息显式化，具备直观、形象、深入浅出、易学易用等特点；提供自然语言的人机信息交互功能；提供笔记本电脑处理大系统的高性价比能力。AI3 已在大型石油化工过程实时故障诊断和监控、安全评估、智能仿真培训和 ITS 方面成功应用。2016 年已完成 AI3 国家版权局计算机软件著作权登记（登记号 2016SR372689）。

6.2 AI3 总体功能、结构设计描述和应用

（1）AI3 总体功能与结构设计描述

AI3 是一个面向事件的图形化专家系统软件平台，用于直观快速地构建人工智能专家系统 SOM_G 模型和基于 SOM_G 模型的自动高效推理应用。软件平台采用 VC++语言编程。

AI3 建模方法既可以适应经验方法，也可以实现基于知识图谱模型的深度学习方法。这个功能设计得益于钱学森"从定性到定量综合集成法"的指导思想。也就是说，对于初次使用 AI3 的用户，可以参照通过大量工业安全评估实践总结的经验法，特别是 HAZOP 方法，由简到繁、循序渐进地提高知识图谱建模能力。在经验法基础上，提供影响矩阵分析方法，详见第五章，以便抓住因果对偶间的影响关系构建知识图谱模型，进而使用高效推理引擎在知识图谱模型中深度挖掘显式危险剧情，详见第五章。换言之，AI3 融合了第一代和第二代专家系统的功能为一体，可以建立类似于多智能体于同一个知识库的离散模型，并且实现多功能离散推理。

AI3 软件过程系统领域知识本体 SOM_G 的基础是国际标准 ISO 15926-2（已采标为国家标准）的扩展，详见第二章。AI3 方法和任务知识本体是国际标准 IEC 61882（已采标为国家标准）的扩展，即以 HAZOP 分析方法为核心，详见第三章。将知识本体模型中的事件区分为具体事件和概念事件是对事件特性分类的重要拓展，AI3 允许具体事件和概念事件类型共存和相互转换，可以适应定性和半定量模型推理，也包括两者混合模型推理。因此最大限度扩展了知识本体模型对实际问题的描述能力和应用范围。

AI3 知识图谱模型将基本事件精简为"原因事件"、"中间事件"、"影响关系事件"和"后果事件"四种典型类别，便于理解与使用。中间事件是广义事件，不但可以表达中间关键事件，也可以表达条件事件或使能事件，也可以是一个"行动"步骤的事件序列，可以是用户自定义事件，等等。各基本事件的属性用静态知识本体表达，采用二维表格方式（软件对话框模式）输入和显示，具有简明、直观、形象和便于使用等特点。由各基本事件间影响关系构成的有向网络通过图形化绘制输入，突出了系统动态变化信息流的直观、形象的显示。这种将静态知识本体与动态知识本体图谱分开（分层）表达的方法，使得动态关系网络不会被静态关系网络混杂表达时所导致的思维混乱和视觉干扰。使用时只要点击事件图元即可弹出该事件属性表。影响关系也是事件，因此具有自身的静态知识本体表格化输入和显示功能。

知识本体的图谱化模型全部采用鼠标在桌面上直接绘制。所绘制的离散型和/或系统型知识图谱由软件自动转换为数据库，用于推理引擎直接实施多功能推理算法的运作。

推理引擎采用本书提出的高速高效通路搜索算法。在同一模型结构中可以实施独立通路搜索和独立回路搜索。通路搜索包括"正向"、"反向"和"双向"三种推理模式，自动实现系统模型或离散模型的推理。还可以完成定量知识图谱基于梅逊公式网络拓扑形式化数值解算。所谓系统模型是指全部模型是一个网络化整体。离散模型是传统的单个规则、分散的定性事件树、定性故障树、领结、网络状模型任意分离表达的混合体。影响关系由具体影响和概念影响两种构成，自动分辨因果事件对偶的类型采用不同的逻辑推理方式。推理过程允许采用半定量阈值方法、模糊隶属函数方法、时态方法、风险估计方法、影响度计算方法和影响历经时间计算方法等。

独立回路搜索除了配合独立通路搜索结果完成形式化知识本体数值解算外，还可以在动态知识图谱中随机发现正反馈回路，即动态系统可能发生崩溃的部分。麻省理工学院莱维森教授团队用此类方法成功解决了具有多路复杂控制的大系统分析问题和哥伦比亚号航天飞机事故分析问题。

推理结果完全可以依据用户具体需要用组态方法实现定制，以便深入详尽地表达推理结果。我们在智能 HAZOP 软件 CAH 中就是采用这种编程方式。AI3 设计了一种详尽表达显式危险剧情结果的二维表方法，详见本章 6.5 节。同时通过知识图谱的事件颜色标记的变化，分辨推理结果的结构和状态信息。G2 软件平台也采用了类似方法。

AI3 采用多维信息图形化（知识图谱化）结构建模和图形化的人机界面，具备直观、形象、深入浅出、易学易用等特点。事件描述采用自然语言（中文和英文或混合使用均可），输出解释和预测信息也是自然语言。详见本章 6.3 节。

AI3 提供大型过程工业系统或实时在线分析、诊断和监控。提供高精度实用典型动态仿真案例实时联网，便于掌握和应用专家系统。也就是说，AI3 本身也是一种高效智能仿真培训系统。

AI3 是本书前面各章探讨的方法和技术集成融合的人工智能专家系统软件平台。其整体概念结构示意如图 6-1 所示。图中的双向箭头表示相互转换,"+"号表示联合。

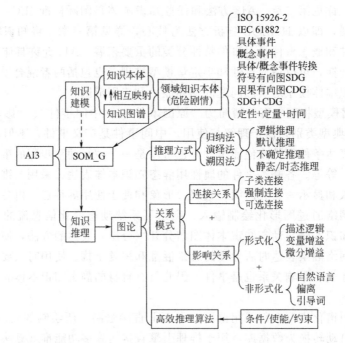

图 6-1　AI3 整体概念结构示意

(2) 基于静态知识图谱模型的 AI3 应用

静态知识图谱模型对于"对称型知识",即具有丰富的数据或知识、完全信息、确定性信息、静态、单领域和单任务,例如代数、几何、物理、化学等科目,具有很高的 ITS 应用成功率。采用 AI3 主要有以下四种应用。

① 知识融合:通过静态知识图谱可以对教学资源依据化工生命周期数据标准(ISO 15926)进行语义标注和链接,建立以化工过程知识为中心的教学资源语义集成服务。

② 语义搜索和推荐:静态知识图谱可以将教师搜索输入的各类专业化事件,映射为知识图谱,构建"知识地图""思维导图"。准确表达满足学生需求的标准化信息内容。

③ 问答和对话系统:基于知识的问答系统将静态知识图谱表达为一个大规模教学知识库,将学生的问题转化为多功能推理,对知识图谱自动查询,以自然语言的形式得到教师和学生关心问题的答案和相关信息。

④ 大数据分析与决策:静态知识图谱通过语义链接可以帮助理解化工生命周期大数据,获得对化工大数据的分析,例如,危险"剧情"风险计算、失效概率计算等,提供工业过程决策支持。

针对以上应用,只要将"影响关系"有向连线视为"连接关系",就可以直接构建各种静态知识图谱。可参见各种概念图的构建方法灵活运用 AI3。

(3) 基于静态与动态知识图谱模型融合的 AI3 应用

对于复杂的过程运行系统,仅仅用静态知识图谱模型无法描述动态系统问题。AI3 提供了针对动态知识图谱的自然语言表达、图形化建模和多功能推理功能。可以用来解决如下应用问题。

① 复杂过程系统危险与可操作性分析(HAZOP):对过程系统的危险和人为操作管理失误进行深入因果分析和后果预测,并且提出安全措施和对策。详见本书 CAH 软件介绍。

② 构建基于自然语言的经验和定性知识混合模型（知识库）：例如行为树、事件树、决策树、故障树、领结、因果事件链、因果事件网络模型的离散混合模型的图形化构建，直观、简明、易学、易用。

③ 因果反事实推理：可以用自然语言的任意有实际意义的引导词（偏离），对混合模型实施高速高效因果反事实自动推理（拉"偏"推理），结合风险矩阵计算和一致性原理"剪枝"获取自然语言表达的智能分析、智能决策和智能行动（包括智能控制）的指导信息。

以上应用不涉及大数据，即无需实时沟通过程系统的具体事件测量值，但必须区分具体事件和概念事件。具体事件对偶遵循定性偏离"四规则"，把握事故传播的主因。概念事件的推理规则沿用 AI3 的规定，目的在于获取尽可能完备的危险剧情，以便预先防范。

(4) 基于大数据联合静态与动态知识图谱模型融合的 AI3 应用

① 复杂过程系统实时在线故障诊断：相当于将智能 HAZOP 分析实时在线化，随时随刻跟踪过程系统的运行，自动识别故障、分析故障，给出推荐的人工智能解决方法。

② 构建基于自然语言的经验、定性、半定量知识混合模型（知识库）：将过程系统实时可观测的通过以太网传来的具体事件数据与概念事件融合构建静态＋动态知识图谱模型。

③ 结合基于实时数据"偏离阈值"的因果反事实推理：结合实时大数据的因果反事实模型推理，获取实时故障诊断结果，即自然语言表达的智能分析、智能决策和智能行动的指导信息，是实现可解释的人工智能仿真培训的核心技术，详见 AI3-TZZY 智能仿真培训软件介绍。

以上应用必须涉及大数据，即需要实时沟通过程系统的具体事件测量值。具体事件对偶遵循半定量偏离"四规则"，把握事故传播的主因。概念事件的推理规则沿用 AI3 的规定，目的在于识别与获取当前正在发生的危险剧情，以便及时有针对性地处理。

6.3 图形化人机界面使用说明与要点

6.3.1 AI3 图形化建模编程要点

所谓图形化建模，是用数值化解析几何计算方法，在计算机屏幕的二维桌面上用鼠标将期望的知识本体图谱绘制出来，并且可以对知识图谱实施操作，是新一代专家系统软件人机界面的最大特征和实现的关键技术。任何标准化知识本体的图形化表达方式都要完成如下映射和跟踪。

编程技术要点是：

① 绘制的所有几何图元（如线、圆、三角和矩形等）都对应着事件，必须将其充分且必要的坐标化特征数据自动构建成知识图谱数据库；

② 图元在桌面上的任何位置变动都必须将数据库中对应的坐标数据实时跟踪（更新）和保持；

③ 连线对应关系事件，方法可用"橡皮筋"编程技术实现，执行时坐标数据跟踪变化和保持；

④ 对已绘制的图元实施操作时，程序必须实时响应使用者的操作，捕捉到该图元，即与数据库中的对应事件建立直接关联。

6.3.2 AI3 基本画面和图形化操作方法设计与实现

(1) AI3 主画面

当双击"微型人工智能专家系统软件（AI3）"的运行图标" "以后，电脑桌面即显示本软件的主画面，见图 6-2。

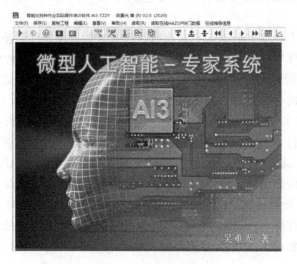

图 6-2　AI3 主画面

找到上方工具栏（第二行）左面第一个按钮图标"▶"，用鼠标单击该按钮，软件进入工作画面，见图 6-3。工作画面（桌面）很大，定义为 16999×19999 像素（培训学习版有所缩小），以便建立大系统模型。通过垂直和水平滑块定位桌面的区域，同时在状态栏显示当前鼠标的坐标位置，以便浏览和定位大型知识图谱模型。

图 6-3　工作画面（桌面）

为了便于记忆和掌握软件的基本使用操作方法，可以反复参照图 6-4 鼠标基本操作方法提示。具体使用方法详见下文。

(2) 软件工具栏操作按钮

软件工具栏的操作按钮分三组，即"事件生成组"、"模型编辑组"和"推理显示组"，如图 6-5 所示。当进行一个新项目时，尚未建立知识图谱模型，此时利用"事件生成组"和

图示	鼠标操作	连线模式	非连线模式
	单击左键	菜单&工具栏 按钮操作	菜单&工具栏 按钮操作
	双击左键	选择/退选 双向推理事件	—
	按压左键 & 拖动	连线	拖动图元
	单击右键	弹出图元对话框	选择删除图元 （单击左键退选）

图 6-4 鼠标基本操作方法提示

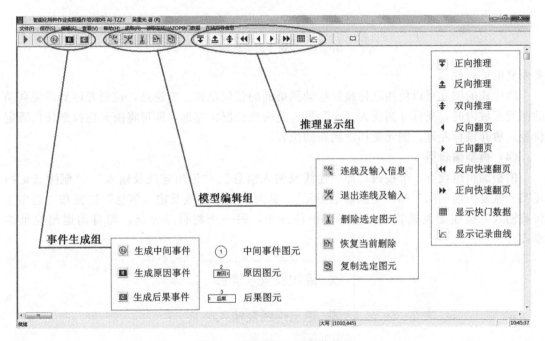

图 6-5 工具栏的三组操作按钮

"模型编辑组"完成知识图谱建模工作任务。对于已经完成建模的项目和已有模型项目，则采用"推理显示组"对模型实施三种推理和显示所有推理得到的显式（非隐式）危险剧情结果或误操作诊断、解释和指导信息。

(3) 事件生成组

事件生成组设有三个按钮，即生成中间事件、生成原因事件和生成后果事件三种，见图 6-6。方法是，在单击了"退出连线及输入信息"（见"模型编辑组"）的前提下，鼠标每单击三个按钮中的任意一个一次，即在靠近该按钮下部的桌面上生成一个对应的事件图元，见图 6-7。这一功能是在大型桌面自由流动更换位置时，在任意所处的位置，都可以生成事件图元。事件图元的序号自动生成，且不会重复。（注：当删除某个图元时，该序号也删除，未删除的图元序号不会重排改变，以便保证未删除模型的结构不变，以及满足已删除对象需

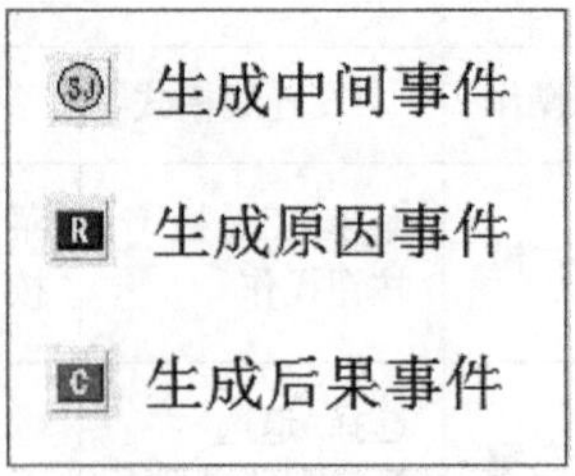

图 6-6 事件生成组按钮

图 6-7 三种生成事件图元

要恢复的可行性。)

所生成的图元可以使用鼠标拖放移动到桌面的任何位置。方法是，控制光标到需要移动的图元区域内时，光标立刻变为"＋"形，此时按住鼠标左键，即可将图元拖拉到任何既定位置，放开鼠标左键，图元就移动到新的位置。

(4) 模型编辑组

模型编辑组设有 5 个按钮，即"连线及输入信息"、"退出连线及输入"、"删除选定图元"、"恢复当前删除"和"复制选定图元"，见图 6-8。"连线及输入信息"按钮和"退出连线及输入"按钮是互锁模式，按下其中任一个，另一个将自动弹起，即自动退出先前的模式。

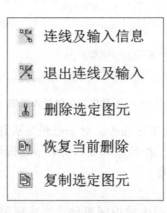

图 6-8 模型编辑组

① 连线及输入信息按钮按下时：可以按照建模团队集体"头脑风暴"的 HAZOP 分析过程与结果，使用鼠标将原因事件、中间事件和不利后果事件之间的影响关系用连线图元连接起来。并且可以对每一个生成的四种类型图元（包括影响关系连线图元）通过对话框输入属性信息。

②连线：是将相邻的有直接因果影响关系的两个事件用有向连线连接起来。连线方法是：对选中的因果事件对偶，当光标进入三种事件图元时，光标形状改变为"＋"，按压鼠标左键不松手，拖动鼠标，有一条虚线跟随至相关事件点，见图 6-9。放开按压左键，即完成一条有向影响关系连线，见图 6-10。

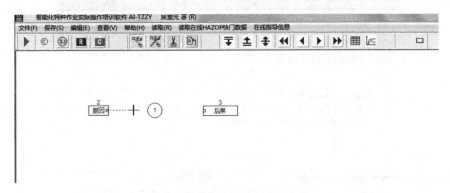

图 6-9　拖动鼠标有一条蓝色虚线跟随

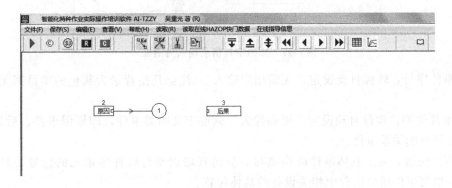

图 6-10　放开按压左键完成一条有向连线

注意事项：
　　a. 原因与后果事件不能直接相连，必须至少有一个中间事件，才能形成完整剧情。（软件自动限制）
　　b. 从任何两个事件以上的事件图元分别连线指向同一个后续事件图元时，前面的事件都独立影响后续事件，前面的各事件与该后续事件之间默认为"或门"（OR）逻辑关系。
　　c. 任何相邻两事件的直接连线关系默认为"与门"（AND）逻辑关系。
　　d. 两事件图元之间不能连接两条及两条以上连线（包括不同方向的连线），必须通过引入新事件表明确切的影响规律才能实施。（软件自动限制）
　　e. 一个事件不允许直接影响自身，除非引入新的事件才能实现。（软件自动限制）
　　f. 原因只允许连出一条影响关系连线，以便表明一个独立的原因。（软件自动限制）
　　g. 后果只允许连入一条影响关系连线，以便表明一个独立的后果。（软件自动限制）
　　h. 连线方向与相邻两事件的序号无关，软件推理只关注连线的方向。

③ 对话框输入事件的关键信息：当鼠标指向一个原因事件时单击鼠标右键，即显示原因事件信息输入对话框，详见图 6-11。对话框是一个二维表格，用于存储和显示该事件的静态知识本体内容信息。对话框中按照实际应用，精简概括设计了 13 项属性内容，用自然语言简明表达。经过优选的各属性项填写要求如下。

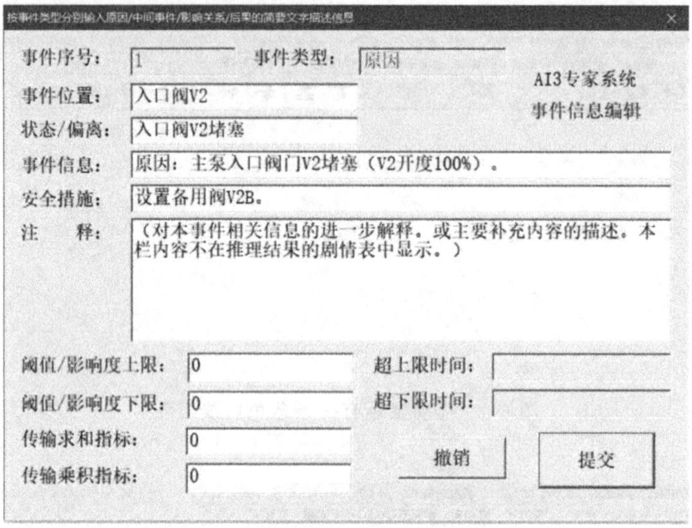

图 6-11 原因事件信息输入对话框

a. 事件序号：软件自动设定，无需用户输入。（注：凡是背景为灰色的项目都无需用户输入。）

b. 事件类型：软件自动设定，无需输入。软件定义四类事件，即原因事件、后果事件、中间事件及影响关系事件。

c. 事件位置：对于具体事件应当填写对应仿真培训平台软件各单元的位号，对于概念事件应当填写事件所处流程中相关设备的具体位置。

d. 事件信息：对所填写事件的简明描述。原因和后果可在前面注明。

e. 安全措施：该事件直接相关的安全措施和安全操作要求的简明描述。

f. 状态/偏离：具体事件和概念事件填写内容有所区别，原因事件、后果事件、中间事件规定填写"状态"，影响关系事件规定填写"偏离"。具体要求如下。

ⅰ. 对应原因和后果事件，用简明自然语言直接表达原因与后果的简要具体内容，规定填写"状态"。建模图元原因和后果的下方显示该"状态"内容。

ⅱ. 中间事件图元的下方规定显示事件位置（当填入 7 个仿真培训软件单元的对应位号时，表达该事件为具体事件，并且自动判定相容状态）。

ⅲ. 影响关系规定填写"偏离"。最好直接填入该处 HAZOP 分析所采用的"引导词"，例如，对于具体事件对偶，可用：无、增加、上升、减少、下降等；相邻两事件对偶中有一个以上是概念事件，可用：早、晚、先、后、逆向、伴随、部分、异常、波动、导致、产生、引发、招致、发生、带来、通向、许可、主使、煽动、教唆、或条件、使能条件，等等，即最切合对偶事件的影响关系的简要表达词。

g. 阈值/影响度上限值：仅针对具体事件才考虑阈值，必须在具体事件对话框中填写。并且 AI3 软件仅考虑可观测具体事件（又称为变量）的阈值，而不是影响关系传输的阈值（影响度传输阈值在对应的影响关系事件对话框中填写。由于 AI3 暂不考虑此功能，因此填写无效）。填入上限值的含义是该具体事件的当前数值大于阈值上限值时，判定为偏离。上下限阈值的填写需要技巧，依据用户的逻辑本意，有多种排列组合相对应，以便实现不同的具体事件对偶间影响关系表达的偏离引导词所导致的相容状态。只填入上限阈值，下限阈值填写得比仪表下限值还小，是一种只设上限阈值的技巧。当该事件是具体事件构成的原因或后果时常用这种约束条件。

h. 阈值/影响度下限值：仅针对具体事件才考虑阈值，必须在具体事件对话框中填写。并且 AI3 软件仅考虑可观测具体事件（又称为变量）的阈值，而不是影响关系传输的阈值（影响度传输阈值在对应的影响关系事件对话框中填写。由于 AI3 暂不考虑此功能，因此填写无效）。填入下限值的含义是该具体事件的当前数值小于阈值下限值时，判定为偏离。上下限阈值的填写需要技巧，依据用户的逻辑本意，有多种排列组合相对应，以便实现不同的具体事件对偶间影响关系表达的偏离引导词所导致的相容状态。只填入下限阈值，上限阈值填写得比仪表上限值还大，是一种只设下限阈值的技巧。当该事件是具体事件构成的原因或后果时常用这种约束条件。

此外，在 g. 和 h. 两处还可以引入"隶属函数"和分级可变阈值，包括"可变基准工况"等功能。在双机实时在线故障诊断软件 AI3-RT-TZZY 版本中设置。AI3 版本软件中无此功能。

i. 超上限时间：备用项，软件自动获取，无需用户输入。

j. 超下限时间：备用项，软件自动获取，无需用户输入。

k. 传输求和指标：仅对影响关系事件才考虑传输，可以是影响权重或影响历经时间等。依据实际情况，由用户的需要确定。

l. 传输乘积指标：仅对影响关系事件才考虑传输，可以是概率值、频率值或严重度值等。依据实际情况，由用户的需要确定（例如，计算剧情风险）。

注意：软件规定，当本指标为负值，或填入"－1"时，是用来定义相邻两具体事件之间为反作用规律，有向连线自动转换为虚线表达。

推理时自动按反作用规律判定。正作用为正值，自动（默认）表达为实线。（此种设定在 AI3 软件中已经过处理，不影响传输乘积。）

m. 注释：对本事件相关信息的进一步解释，或对需要补充的重要内容的描述。本注释内容供信息查询用，即打开相关对话框即可看到，利用图形化结构及推理引擎可以实现自动查询。注释内容不在推理结果剧情表中显示。

AI3 暂定以上关于知识表达的 13 项关键信息。目的在于简明扼要，并且能够尽可能完备地适应过程系统知识建模的需要。对于不同的事件类型，应当按需要填写，也可以依据实际情况对某些项目不填写内容。

为了实现软件更深入、更方便和更快捷的使用，可以采用"勾选"、扩充组态、默认、提供分类知识库参考、互联网搜索等多种编程方法扩展知识表达能力。例如，CAH 软件就可以设置引导词预选表、风险矩阵、保护层知识库、根原因知识库、带仪表控制点的工艺流程图 P&ID 及工程资料、HAZOP 检查表等随机查询、"勾选"和组态，尽最大可能方便用户使用。

知识图谱模型的表达最好是实现国家（国际）标准化，以便跨越不同的相关软件共享知识图谱模型。2004 年大卫·R. 苏鲁普等人，通过对工业应用比较广泛的调查，提出了四十多项知识图谱建模需要标准化的内容。

大卫·R. 苏鲁普等人在美国航空航天领域的调研与著者二十多年过程工业的经验高度一致。不同之处是，在 AI3 软件开发时完成了详细的精准分类和实时联合大数据的扩展，还完成了与之配套的图形化建模软件开发和高效多功能推理机开发,包括故障诊断和智能教学的应用拓展。除了"高阶逻辑运算符"没有什么应用场合外,文献[10]知识图谱建模标准化详细列表内容已经全部集成在 AI3 中。

由于 AI3 软件图形化功能对因果事件链(网)的表达能力很强,当表达相关的其他信息网络或链时,可以灵活运用各事件类型和对话框给出的属性项目,表达使用者各种模型的设计意图。例如:运用中间事件和影响关系可以图形化精确表达比较复杂的开/停车、异常工况故障处理、事故处理规程(复杂操作程序为定性事件树结构,简单的规程直接在"安全措施/操作要求"项填写即可),此时连线的方向是从剧情相关事件箭头向外的连线关系。如果不连规程的第一步骤事件,相当于旁注。连入剧情,还可以在规程事件链中设置"原因"和/或"后果",参与自动推理,见图 6-12~图 6-14。当旁注或连入的事件链方向是指向剧情相关事件时,可以表达比较复杂的条件或使能事件序列(定性事件树结构,又称决策树)。条件或使能条件也可以插入主剧情事件链中,按使用者的目的而异。此方法就是决策树剧情法。

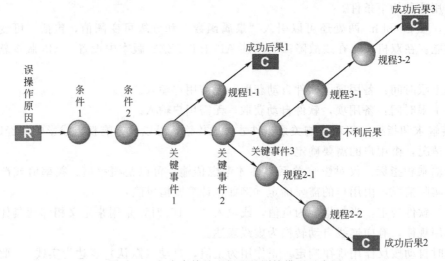

图 6-12 包含事故处理规程的剧情模型示意图

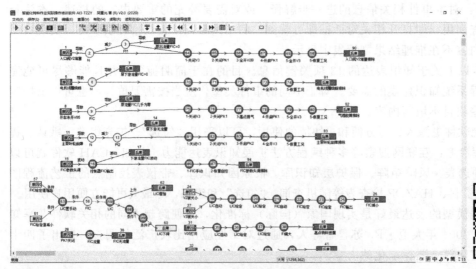

图 6-13 包含事故处理规程的剧情建模界面　　　界面彩图

第六章　知识图谱建模与智能推理软件 AI3 的设计与开发

图 6-14　包含事故处理规程的模型推理结果界面

注意事项：

a. 原因与后果事件都是独立的事件，只能对外输出或输入一条影响关系连线。如果有相同的原因事件影响到其他中间事件或中间事件影响到相同后果事件，则需重新生成原因或后果事件。或者通过中间事件与其他事件建立影响关系。

b. 事件分具体事件和概念事件两种，在对话框填写"事件位置"栏时，如果填写与仿真培训软件统一约定的位号，则认定为具体事件，否则一律认定为概念事件。在使用中只要改写位号的任一符号，就可以将具体事件变换为概念事件，或反之。

c. 对话框中的属性填写必须用简洁且准确的文字描述，必须防止概念模糊或含义混淆的描述。对于具体事件，当读入工况"快门"数据时，自动推理判断是否超越所填写的给定阈值。概念事件不进行阈值判定。

d. 原因事件、中间事件、影响关系和后果事件等都是事件，因此它们的属性种类有相同的规律。部分属性的具体含义有所不同，但对话框中类型名称相同。应当在填写的内容上加以准确的描述和区分。

e. 剧情图既可以表达 HAZOP "头脑风暴"的评估过程（隐式剧情），也可以表达推理分析结果（显式剧情）。建议使用直观的、简单且明了的显式剧情表达方式，即每个事件图元最多只有两条连线。

f. 事件序号由软件自动生成，用户不必考虑。事件的种类和数量由用户确定，对话框自动区分事件类型。

g. 影响关系也是事件，因此也具有相同分类的属性。传输（增益）、作用规律和作用时间体现在影响关系事件中。相邻两具体事件对偶间的定量影响关系只有"正向"和"反向"两种，并且形成四种组合方式。

图 6-15 是中间事件信息输入对话框。图 6-16 是后果事件信息输入对话框。图 6-17 是影响关系事件信息输入对话框。图 6-15～图 6-17 中以离心泵与储罐液位单元为例，给出了填写内容参考。

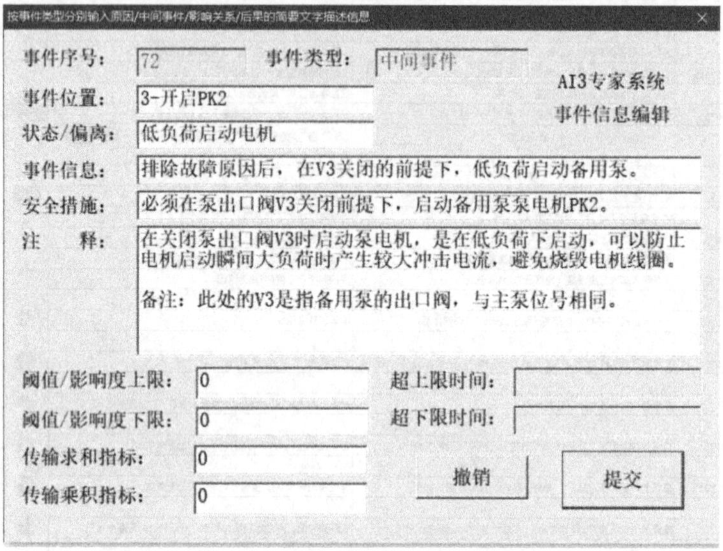

图 6-15 中间事件信息输入对话框

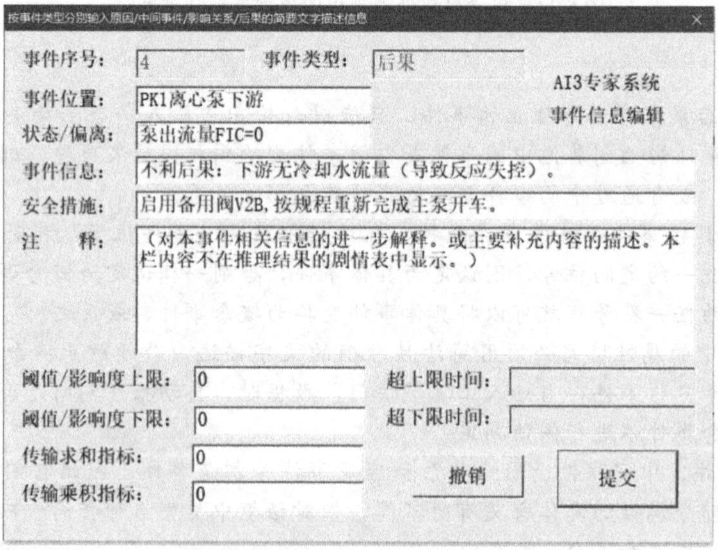

图 6-16 后果事件信息输入对话框

④ 删除选定图元：删除选定图元分以下两步进行。

第一步：确认处于"退出连线及输入信息"按钮模式，选择需要删除的图元，当光标进入图元区域（包括连线范围），单击鼠标右键，即可看到被选定的图元会被红色方框框住，或连线变为红色。可以任意选择希望删除的多个图元，如图 6-18 所示，选择了一个序号为"5"的事件。

第二步：单击工具栏的剪切按钮" ✂ "，希望删除的图元即被删除，见图 6-19。注意：如果选择了原因、后果或中间事件，则其相关的连线会自动删除。连线只删除自身。

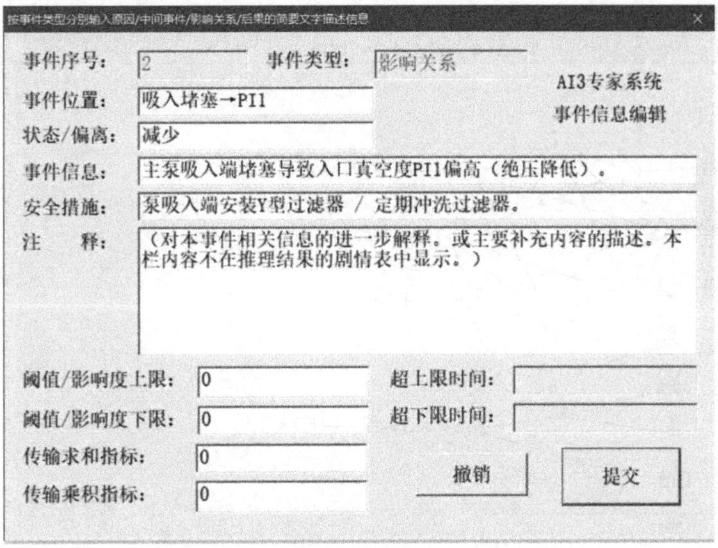

图 6-17　影响关系事件信息输入对话框

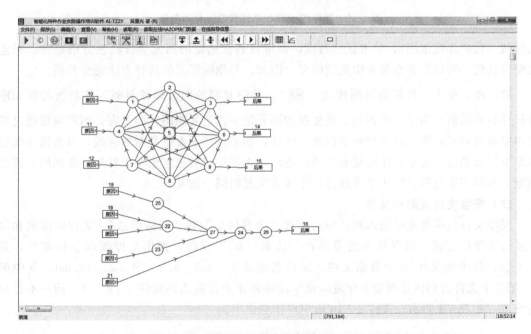

图 6-18　删除选定图元

如果希望恢复当前选定删除的各图元，只需单击工具栏的按钮"🖼"即可。不设多次递归恢复功能。

⑤ 复制选定图元：当同一事件需要分别描述在不同的阈值下的不同剧情结构，或同一事件在显式建模时可能多次出现在不同的剧情结构中，或事件属性有多种相同信息时，为了方便图形化建模，软件允许复制选定的各类图元，必要时只做部分信息修改。每次复制的图元允许达到数百个。

复制选定图元分以下两步进行。

第一步：确认处于"退出连线及输入"按钮模式，选择需要复制的图元，当光标进入图

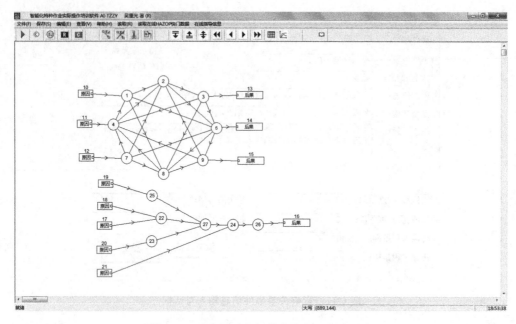

图 6-19　选定图元和相关连线图元自动删除

元区域（包括连线范围），单击鼠标右键，即可看到被选定的图元会被红色方框框住，或连线变为红色。可以任意选择希望复制的多个图元。与删除图元的选择方法完全相同。

第二步：单击工具栏的复制按钮"　"，希望复制的图元即被复制，其新增的图元序号软件自动赋值。为了方便识别，被复制的图元位于选定复制图元的下方，用户可以通过拖动功能将该被复制图元移动到新的位置。注意：如果选择了希望复制的连线，只有该连线的两端事件都被选定复制，才能复制被选的连线，否则即使被选定也不予复制。复制图元需要慎重，不得多重复制。除非继续选择，才能再次复制同一图元。

（5）模型文件读取和保存

模型文件包括建模时输入和绘制的所有"内容信息"和"结构信息"。文件的读取和保存通过菜单栏完成。当鼠标单击菜单栏"读取（R）"项时，弹出文件读取下拉菜单，见图 6-20，其中选项有 10 个数据文件。文件名定义为：csa＿1.dat 至 csa＿10.dat。其中第 1～第 7 个文件分别固定对应 7 个危险化学品特种作业仿真培训软件（TZZY），用户不得自行修改，如表 6-1 所示。文件 8～10 给用户任意使用。

图 6-20　读取数据文件下拉菜单

表 6-1　数据文件与仿真培训软件对照表

序号	文件名	危险化学品特种作业实际操作仿真培训软件名称
1	csa_1.dat	离心泵与储罐液位系统
2	csa_2.dat	热交换系统
3	csa_3.dat	间歇反应系统
4	csa_4.dat	连续反应系统
5	csa_5.dat	加热炉系统
6	csa_6.dat	精馏系统
7	csa_7.dat	透平与往复压缩系统

在下拉菜单中选定一个数据文件后，桌面调出已有图形化知识图谱模型，可以修改、补充模型，然后进行自动推理和结果显示。

当鼠标单击菜单栏"保存（S）"项时，弹出文件保存下拉菜单，见图 6-21。注意在保存数据文件时，必须按照表 6-1 的规定序号选项，否则会打乱数据的对应关系。其中最主要的限制是，前面的 7 个不同的数据文件对应着 7 个不同的仿真单元，其中的具体事件是用预先定义的"位号"获取对应的"快门"数据，不能打乱对应关系。而 csa-8.dat、csa-9.dat、csa-10.dat 三个数据文件不对应任何仿真单元，因此也不能接收"快门"数据。也就是推理时全部事件都看作"概念事件"，可以实施"可达性"路径试验。在这三个建模空间可以任意编辑前 7 个知识图谱模型，当替换为前 7 个其中的某一个模型文件名时，就可以接收对应的仿真单元"快门"数据，实现该系统的推理和结果显示。当试验多个针对同一个仿真单元知识图谱模型方案时也可以采用此种技巧。

每当模型有任何修改或任何补充时，必须加以保存，否则文件仍维持原来的信息不变。当模型修改后保存数据时，会覆盖原来的模型数据，因此必须慎重，软件会给出提示，允许不保存该数据到当前指定的数据文件中。

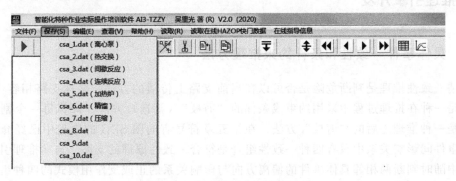

图 6-21　保存数据文件下拉菜单

如果用户使用本软件属于自行定制模型，可以不必遵守文件序号规定，按用户需求在 csa-8.dat、csa-9.dat、csa-10.dat 建模空间中自行定义。没有规定更多的建模空间是为了不会产生过多的"垃圾"信息。因此，当必须保留更多的建模文件时，只要将数据文件改名即可。每一个模型的数据由两个分数据文件构成，一个存实数数据，另一个存符号数据。实数数据文件名如图 6-21 所示。对应的字符数据文件名为：csa_12.dat，csa_22.dat，csa_32.dat，…，csa_82.dat，csa_92.dat，csa_102.dat 等 10 个。

(6) 读取"快门"数据文件

软件对应每一个危险化学品特种作业仿真培训软件（TZZY）定义了 5 个工况数据记录"快门"文件。当实施自动推理之前，读入某一个"快门"数据，则自动完成误操作自解释模式，推理结果是仿真培训软件存入该"快门"文件时刻的工况解释信息。实施推理前，读取在线 HAZOP 分析"快门"数据的下拉菜单，见图 6-22。

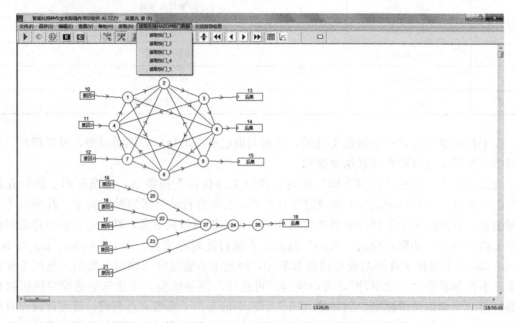

图 6-22　读取在线 HAZOP 分析"快门"数据的下拉菜单

注意：读取的数据一定是仿真培训时保存过的对应的"快门"数据，否则自动推理解释的信息不是所要求的信息。

6.4　推理引擎开发

6.4.1　具体事件一致性和条件约束推理方法

所谓一致性推理是判断危险是否可以在当前支路上传播的方法，又称支路相容性判断。其实就是一种在推理过程中采用约束或条件的"剪枝"（筛选）方法。计算每一个剧情的风险值，是一种推理之后的"剪枝"方法。在第五章符号有向图 SDG 的原理中已经介绍，相邻具体事件间影响关系中只有四种一致性组合是符合一致性原理的支路。自动推理引擎在推理过程中随时判断两相邻具体事件的偏离方向与影响关系的正或反作用模式的四种组合逻辑关系，凡是不符合图 6-23 关系者，危险不会在此因果事件对偶传播，即刻中断此路径推理。简称具体事件一致性判定"四规则"。

示例：一个简单的符号定向图如图 6-24 所示。该图由 6 个节点事件和连接节点间的有向影响关系事件支路组成。事件的状态为"+"、"0"或"-"3 种变化趋势。事件间为正影响（增加）时，连以实线箭头；事件间为反影响（减少）时，连以虚线箭头。

事件 D、E 和 F 只有影响其他事件的输出箭头，而没有影响它们自身的输入箭头，此种事件考虑为原因事件；其中事件 C 只有输入的箭头，没有输出的箭头，此种事件考虑为后

第六章　知识图谱建模与智能推理软件 AI3 的设计与开发

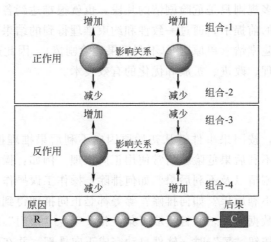

图 6-23　具体事件影响关系的正或反作用模式的四种组合

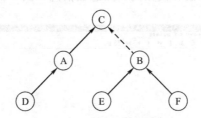

图 6-24　一个简单的符号定向图

果事件。可以从 3 个原因事件分别作为起点，依次令其偏离状态为增加或减少，按照一致性推理四种组合判断，最多可以以搜索到 6 条危险可能传播的相容通路，如图 6-25 所示。

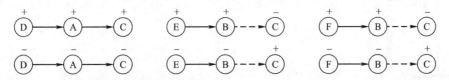

图 6-25　推理得到的 6 条可能的相容通路

6 条相容通路表达了干扰分别从 3 个原因事件 D、E、F 传播到唯一的后果事件 C 的全部可能通路，又称为"危险剧情"。这个推理过程本身就是一种条件约束的推理方式。注意：凡是为"0"状态的事件定义为该事件没有发生偏离，推理终止，其实也是一种条件约束。SDG 模型的样本总数可用式（5-4）表达，本示例的样本总数为 23328 个。也就是说其中只有 6 个是符合危险一致性传播规律约束条件的候选通路。

在 6 个可能的通路中，如果只有 F 事件是原因事件，即 D 和 E 不是原因事件，则图 6-24 中只剩下右边两条通路是合格的。如果再加约束条件"F 事件只可能出现增加偏离"，例如系统中只有阀门开大才会导致事故，阀门关小不会导致事故，则又去掉一个减少偏离的候选通路。最终从本示例的 23328 个完备路径组合中推理得到 1 个合格危险剧情。

这个示例说明了一致性推理和条件约束推理的原理。如果模型比较复杂，通路样本数量会以指数量级扩大，人工完成如此大规模的搜索判断任务是完全不可能的。专家系统的推理引擎提供了很大的帮助。这个示例还说明基于人工构建的经验规则，即第一代专家系统的"IF-THEN"规则模型，会有大量缺失和不完备的缺陷。因为这些规则不是从所有可能的样本中筛选而来，并且许多规则只是危险剧情的片段，也就很难达到各规则必须是独立且完备的要求。在模型是准确的前提下，通过一致性和约束推理得到的结果，一定是该模型中蕴含的独立且完备的显式危险剧情（单原因-单不利后果危险剧情）。因此这种方法也是公认的大规模知识库无效知识清理、改进、扩展和优化的有效技术。

6.4.2 正向推理

在识别危险剧情时，按因果事件链从初始原因向不利后果推理搜索的过程称为正向推理。解释误操作导致的不利后果危险剧情常使用正向推理。例如：操作工误操作开大了某一阀门，会导致什么危险剧情以及不利后果？如何排除？操作工误操作关闭了一台离心泵，会导致什么危险剧情以及不利后果？如何排除？等等都是正向推理得到的剧情结果。

在读取对应的模型数据文件，并且读取了某一相关工况"快门"数据文件后，当用鼠标单击工具栏的正向推理按钮"▼"时，软件自动完成正向推理，并在桌面显示推理任务完成信息。推理获取的危险剧情总数和模型的支路总数信息如图6-26所示。

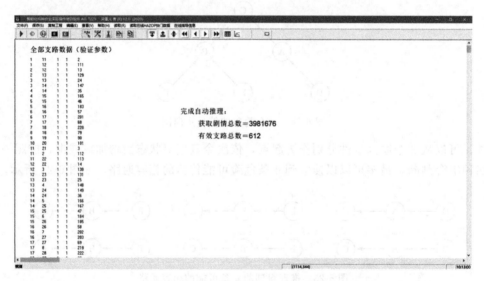

图6-26 推理任务完成信息

然后进入正向推理结果信息查询操作。此时直接用鼠标单击菜单栏"在线指导信息"，即可进入详细的危险剧情显示画面，如图6-27所示。

正向（包括反向）推理得到的危险剧情都是从原因事件开始，按因果事件链的顺序直到不利后果事件为止。推理完成后历经查询"在线指导信息"时，直接点击按钮"▼"，则返回模型画面，此时模型画面自动用色标显示当前工况各具体事件的偏离状态。正偏离是超建模设计的阈值上限用"橙色"标记，正常状态是在上限阈值和下限阈值之间用"绿色"标记，负偏离是超阈值下限用"蓝色"标记，概念事件一律用"粉红色"标记，如图6-28所示。

6.4.3 反向推理

按因果事件链从不利后果向初始原因推理搜索的过程称为反向推理。在危险识别中反向推理称为后果优先方法，可以节省分析时间，不易遗漏重大不利后果的危险剧情（因为正向

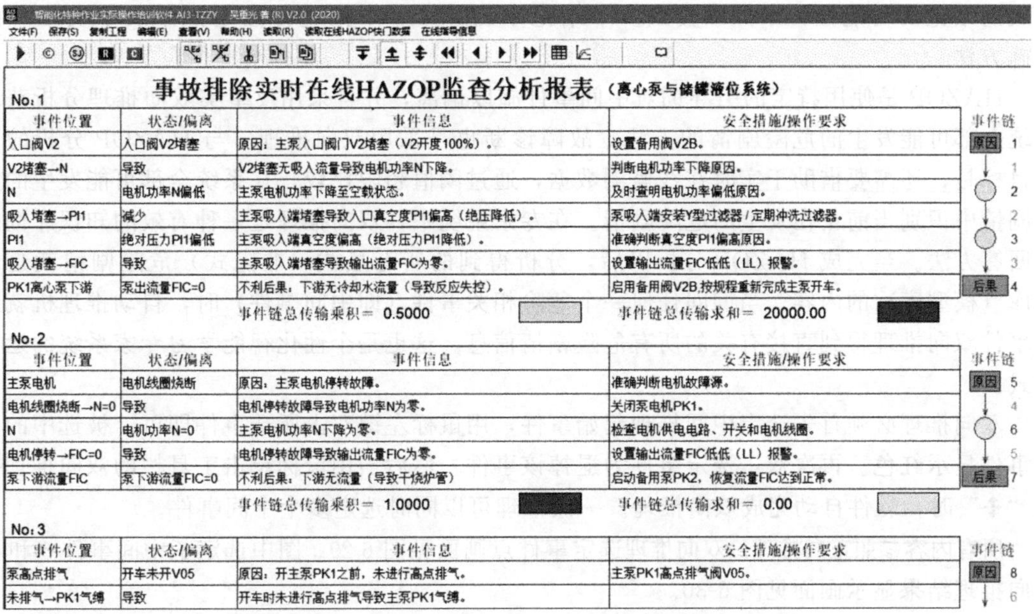

第六章　知识图谱建模与智能推理软件 AI3 的设计与开发

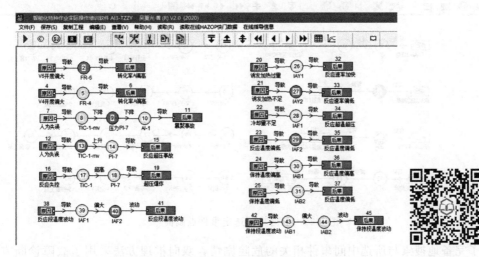

图 6-27　正向（包括反向）推理危险剧情显示画面

图 6-28　推理完成后自动用色标显示当前工况的偏离状态　　偏离状态彩图

推理如果最后没有重大不利后果，前面的分析推理就白费时间了）。

在读取对应的模型数据文件，并且读取了某一相关工况"快门"数据文件后，当用鼠标单击工具栏的反向推理按钮"▲"时，软件自动完成反向推理。

虽然反向推理是从不利后果向初始原因的推理，但是反向推理结果显示画面与正向推理的事件顺序相同，如图 6-27 所示。

6.4.4　双向推理

双向推理是从中间事件的偏离开始，分别向不利后果及初始原因推理，搜索危险剧情。这种推理方法的结构较为复杂而且可能包括演绎与归纳两种论证。双向（溯因）推理的主要特征是给出一组或多或少有争议的假设，要么成为其他可能解释的证据，要么展现出

193

赞成的结论的可能性,来探索赞成多个结论中的一个。本推理方法是因果反事实推理的实施方法。

HAZOP 是使用特定的引导词对中间事件施以偏离,并且采用反事实双向推理分析获取系统全部可能发生的危险剧情的方法。故障诊断也是采用双向推理,与 HAZOP 分析的不同目标是,还需要借助于实时在线监测数据,通过阈值超限比较,在系统全部可能发生的危险剧情中识别当前正在发生的危险剧情。在专家系统中,双向推理是一种有效的知识库询问与回答方法。当完成 HAZOP 分析以后,分析得到的所有显式(非隐式)危险剧情就是知识库(模型库)的内容。当询问任何一个危险相关事件(即中间事件)时,自动推理机就从该事件双向推理得到直接有关的所有危险剧情信息。这也是个性化智能学习专家系统的运行方式。

双向推理必须首先选定中间推理起始事件,用鼠标左键双击所选事件即可。被选中的中间事件显示红色。再次双击选定事件为退掉该事件。然后当用鼠标单击工具栏的双向推理按钮"⇞"时,软件自动完成双向推理。一次推理可以同时选定多个中间事件。

所有内容参照正向推理。双向推理选定事件点画面见图 6-29。图中选定了中间事件 6 和 9。双向推理结果显示画面见图 6-30。

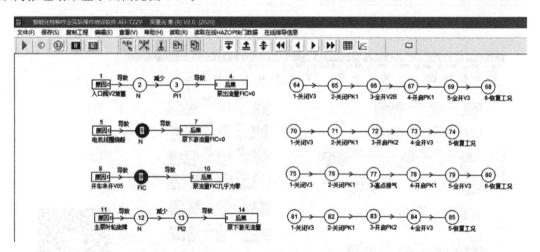

图 6-29　双向推理选定事件点画面

为了完备地搜索与所选中间事件相关的危险剧情,双向推理方法采用了故障诊断方法,即不是简单地从中间事件向初始原因及不利后果推理,而是先反向推理搜索全部相关的原因事件,然后从这些原因事件正向推理得到所有危险剧情。这种双向推理方式完备性高。

国外知名专家系统软件基本上都不提供双向推理,AI3 提供双向推理是一大特色。

6.4.5　AI3 推理速度测试

(1) AI3 版本

AI3-2016-6-25 版本。运行硬件环境:戴尔笔记本电脑,Windows10 操作系统。

(2) 测试模型

如图 6-31 所示,事件点 120 个,其中原因 10 个,后果 10 个,中间事件 100 个。事件点间连接方式,首先设计 10 个都具有 10 个中间事件的原因-后果单串剧情,然后逐渐增加各剧情之间的连线,分别进行正/反向和双向推理试验。

第六章 知识图谱建模与智能推理软件 AI3 的设计与开发

事故排除实时在线HAZOP监查分析报表（离心泵与储罐液位系统）

No:1

事件位置	状态/偏离	事件信息	安全措施/操作要求	事件链
主泵电机	电机线圈烧断	原因：主泵电机停转故障。	准确判断电机故障源。	原因 5
电机线圈烧断→N=0	导致	电机停转故障导致电机功率N为零。	关闭泵电机PK1。	6
N	电机功率N=0	主泵电机功率N下降为零。	检查电机供电电路、开关和电机线圈。	5
电机停转→FIC=0	导致	电机停转故障导致输出流量FIC为零。	设置备用流量低低（LL）报警。	5
泵下游流量FIC	泵下游流量FIC=0	不利后果，下游无流量（导致干烧炉管）。	启动备用泵PK2，恢复流量FIC达到正常。	后果 7

事件链总传输乘积＝ 1.0000   事件链总传输求和＝ 0.00

No:2

事件位置	状态/偏离	事件信息	安全措施/操作要求	事件链
泵高点排气	开车未开V05	原因：开主泵PK1之前，未进行高点排气。	主泵PK1高点排气阀V05。	原因 8
未排气→PK1气缚	导致	开车时未进行高点排气导致主泵PK1气缚。		6
FIC	流量FIC波动	主泵出口流量FIC大幅波动，无法正常运行。	准确判断离心泵气缚故障。	9
泵气缚→FIC波动	导致	主泵气缚故障导致输出流量FIC几乎为零。	关闭主泵PK1。	7
主泵下游	泵流量FIC几乎为零	不利后果，主泵下游无流量（导致超温事故）。	及时下零泵，按规程重开主泵，注意高点排气。	后果 10

事件链总传输乘积＝ 1.0000   事件链总传输求和＝ 0.00

图 6-30　双向推理结果显示画面

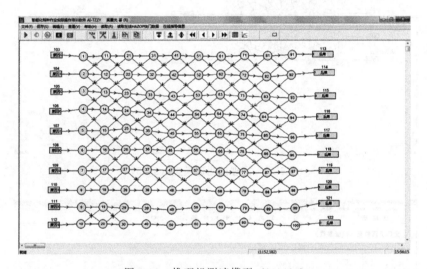

图 6-31　推理机测速模型 (10×10)

图 6-32　针对图 6-31 模型的推理剧情总数显示

(3) 推理机推理速度

① 图 6-31 为模型（10×10）推理测试。在 10 个原因、10 个后果、100 个中间事件点的部分模型上，部分密集型网络连接，两组剧情分离模式。离散推理得到：1990828 个剧情，剧情长度≥10 且≤80 中间事件（平均长度为 45 个中间事件）。推理时间＜1s。如图 6-32 所示。

② 图 6-33 为模型（5×5）推理测试，用正向推理得到：49613995 个剧情，剧情长度≥5 且≤25 中间事件（平均长度为 15 个中间事件）。推理时间＜8s，推理速度：6201749 剧情/s。如图 6-34 所示。

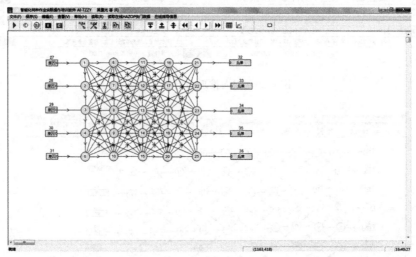

图 6-33　推理机测速模型（5×5）

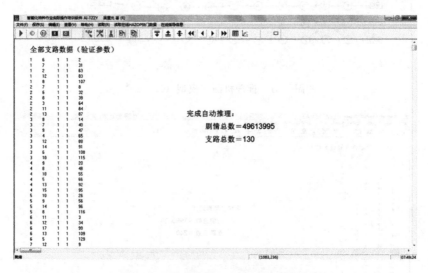

图 6-34　测速模型（5×5）推理结果

③ 结论：推理速度超过 2000000 剧情/s，平均剧情事件链越短速度越快，甚至每秒超过 10000000 剧情。在笔记本电脑上能有如此效率，为 AI3 提供了很大的推理能力。实际知识图谱都是稀疏网络，这种推理速度已经够用了。对于大系统可以采取分级与分布式推理，所需时间会呈指数下降。据 Gensym 公司互联网广告介绍："G2 每秒能够处理数千个规则和过程，确保实时性关键任务的完成。"（注意：故障诊断是在当前超阈值的事件所涉及的部分

网络图中的推理,因此涉及剧情较少,理论上不能完全考核推理引擎的推理速度)用 G2 进行对比试验也能体会到,AI3 的推理速度似乎要快得多。

(4) 模型结构与剧情组合数规律

① 通用规律:事件点越多,连线越复杂,剧情组合数越大,呈几何级数规律上升。

② 连线规律对剧情组合数的增加速率影响很大。当连线方向是增加事件相互影响关系时,剧情总数大幅增加;当连线方向趋于单向影响时,剧情总数增加较慢。

6.5 推理输出结果表达

6.5.1 AI3 推理结果画面

(1) AI3 推理结果的表格化报告

如图 6-35 所示,当推理完成后,用鼠标在菜单栏选定推理结果报表画面。如图 6-14 所示案例,报表给出如下内容。

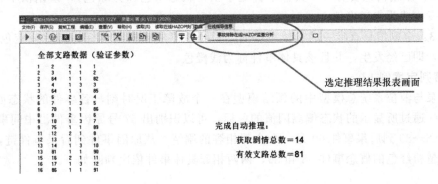

图 6-35 在菜单栏选定推理结果报表画面的方法

① 对应推理获得的每一个显式(即非隐式)单原因-单后果剧情,给出一个在右上角标有剧情序号(例如 No.2)的报表。报表的每一行对应因果事件链序列中的一个事件和一个事件间的影响关系。并且在报表的右端,自上而下从原因到后果显示具有相容性色标的一列剧情链图以及对应模型画面的事件和影响关系的序号,便于将剧情图与模型画面相互对照查询。该报表是对每一个危险剧情的完备、详细、形象的自然语言描述和解释。

② 对应剧情中每一个事件和影响关系,报表中显示对应的自然语言文字的解释,包括事件处理工艺流程的具体位置、事件的状态或条件、事件信息、相应的安全措施和安全操作要求等四项重要内容。如图 6-14、图 6-27 所示。

③ 显示报表的内容对于开发版(AI3-K)和应用版(AI3-Y)有所不同。开发版为了便于开发、补充和修改模型,必须显示所有推理得到的剧情。应用版只显示当前发生的并且是全剧情都符合相容规则的剧情,以及全部由概念事件构成的,或者属于"疑似"发生的剧情,即自动排除了无效或当前没有发生的危险剧情,这是故障诊断的结果。

报表的显示涉及剧情的相容性自动判定。所谓相容就是危险可以传播的路径。软件自动判定的实施规则如下。

规则 1:凡是属于仿真对应单元位号(位号名称的完整符号串,常用大写英文字符表示,例如 FIC-105、TRC-1209、PIC-03、LIC-2 等,详见仿真软件过程变量说明)规定的可观测变量称为具体事件。

规则 2：两相邻的符合具体事件规定的因果事件对偶，依据其影响关系的正作用或反作用，采用"6.4.1 具体事件一致性和条件约束推理方法"判定。相容时两对偶事件色标变为浅橙色。不相容的具体事件维持其正常或超限状态色标（与模型画面色标规定相同）。

规则 3：两相邻因果对偶具体事件的中间嵌入了一个以上概念事件，则认定概念事件完全传递前面的原因事件，直到对偶的后果事件，即不改变具体事件对偶的影响关系，仍然遵循规则 2 的判定。影响关系认定为前一具体事件引出的关系事件。

规则 4：凡是不属于仿真对应单元规定位号的事件，都视为概念事件。并且认为相邻的概念事件都相容或"疑似"相容。事件图元在剧情链图中都标以粉红色。

规则 5：对于概念事件或对应仿真培训软件没有预先输入工况快门数据文件的情况，推理时不进行相容性判断。事件链图元都为粉红色，即全部认作概念事件，相当于 HAZOP 分析报告。

推论 1：第一原因事件为具体事件，并且处于正常状态（色标为绿色），该剧情不相容，即没有发生。

推论 2：全剧情只要有一个具体事件处于正常状态（色标为绿色），该剧情不相容，即剧情没有发生或为未遂事件。

推论 3：全剧情只有唯一的具体事件时，只要该事件超限（色标为橙色或蓝色），该剧情就相容，即已经发生，并且该具体事件标为浅橙色。

【相容判定案例 1】

离心泵与液位系统总模型中的领结模型在一个故障工况时刻，各事件的状态如图 6-36 色标所示。通过所显示的状态偏离阈值的色标，可以识别出 57 号原因事件沿中间事件 63→58→59→88→89 到后果事件 60 是一个全部相容的剧情。从原因事件到后果事件链，AI3 软件自动穿越粉红色的概念事件 88 和 89，两两相邻具体事件依次判断如下。

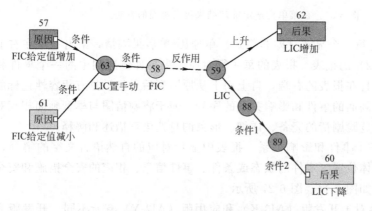

图 6-36　离心泵液位单元中的领结模型各事件的状态之一　　　　状态一彩图

① 具体事件 57 超上限（橙色），自动穿越事件 63（粉红色），与对偶事件 58 超上限（橙色）比较，事件 57 之后是实线箭头，即正作用。事件 57 与 58 相容，在报表中两个具体事件替换为浅橙色。

② 对偶具体事件 58 与 59，58 超上限（橙色），59 超下限（蓝色），两事件间影响关系是反作用，因此两者相容。在报表中两个具体事件替换为浅橙色。

③ 自动穿越概念事件 88 和 89，判断对偶具体事件 59 与 60 是否相容。影响关系（见事

件 59 之后的实线箭头）是正作用，并且两个事件都超下限（蓝色），因此相容。在报表中两个具体事件替换为浅橙色。

④ 将以上判断连贯起来，可知该剧情全部相容，即正在发生。因为在 LIC 置手动的条件下，FIC 给定值增加必然导致储罐出口流量 FIC 增大，接着使液位 LIC 下降，最终不利后果是储罐液被抽空事故。自动推理和相容判定的结果报表见图 6-37。对于领结模型，用人工视觉直接实施一致性判断还是比较容易的。但是在网络形状的模型中人工判断就十分困难了，用 AI3 软件自动推理判断易如反掌。

事件位置	状态/偏离	事件信息	安全措施/操作要求	事件链
FIC-sp	FIC给定值增加	原因，人为将控制器FIC给定值增加。		原因 57
LIC手动→FIC增加	条件	在控制器LIC手动的前提条件下，增加FIC给定值。		56
LIC置手动	LIC置手动模式	在LIC置手动前提条件下，改变控制器FIC给定值。		63
LIC手动→FIC变化	条件	在储罐液位LIC控制器手动模式下，改变FIC给定值。		58
FIC	FIC增加或减少	人为改变控制器FIC给定值导致流量FIC增加或减少。		58
FIC变化→LIC变化	反作用	LIC手动模式下，当FIC变化，导致储罐液位LIC变化。		52
LIC	储罐液位变化	流量FIC"增/减"导致储罐液位LIC"减/增"。	关注储罐液位是否持续增加或持续减小。	59
				79
条件1				88
				80
条件2				89
				81
LIC	LIC下降	后果，储罐液位LIC持续下降，导致储罐抽空事故。	及时发现LIC持续下降，增加上游流量，将LIC投自动。	后果 60

图 6-37　领结模型当前工况之一的相容剧情报表

【相容判定案例 2】

离心泵与液位系统总模型中的领结模型在另外一个故障工况时刻，各事件的状态如图 6-38 色标所示。通过所显示的状态偏离阈值的色标，可以识别出原因事件 61 沿中间事件 63→58→59 到后果事件 62 是一个全部相容的剧情。从原因事件到后果事件链，AI3 软件自动穿越粉红色的概念事件 63，两两相邻具体事件依次判断如下。

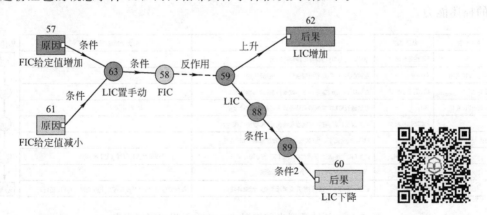

图 6-38　离心泵液位单元中的领结模型各事件的状态之二　　　　状态二彩图

① 参照案例 1，61（蓝色）和 58（蓝色）具体事件对偶正作用相容。在报表中两个具体事件替换为浅橙色。

② 58（蓝色）和 59（橙色）具体事件对偶反作用相容。在报表中两个具体事件替换为浅橙色。

③ 59（橙色）和 62（橙色）具体事件对偶正作用相容。在报表中两个具体事件替换为浅橙色。

④ 将以上判断连贯起来，可知该剧情全部相容，即正在发生。因为在 LIC 置手动的条件下，FIC 给定值减少必然导致储罐出口流量 FIC 减少，接着使液位 LIC 上升，最终不利后果是满罐溢流事故。自动推理和相容判定的结果报表见图 6-39 所示。

事件位置	状态/偏离	事件信息	安全措施/操作要求	事件链	
FIC-sp	FIC给定值减小	原因，人为将控制器FIC给定值减少。		原因	61
LIC手动→减FIC给定	条件	在储罐液位LIC手动模式下，减小控制器FIC给定值。		●	57
LIC置手动	LIC置手动模式	在LIC手动前提条件下，改变控制器FIC给定值。		●	63
LIC手动→FIC变化	条件	在储罐液位LIC控制器手动模式下，改变FIC给定值。		●	58
FIC	FIC增加或减少	人为改变控制器FIC给定值导致流量FIC增加或减少。		●	58
FIC变化→LIC变化	反作用	LIC手动模式下，当FIC变化，导致储罐液位LIC变化。		●	52
LIC	储罐液位变化	流量FIC "增/减" 导致储罐液位LIC "减/增"。	关注储罐液位是否持续增加或持续减少。	●	59
LIC上升→满罐	上升	当储罐液位持续上升，会导致满罐溢流。		●	55
LIC	LIC增加	后果，储罐液位LIC持续升高满罐溢流，污染环境。	及时发现LIC持续升高，减小上游流量，将LIC投自动。	后果	62

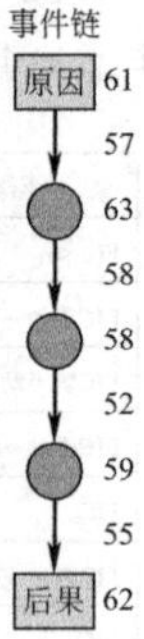

图 6-39 领结模型当前工况之二的相容剧情报表

【不相容判定案例 3】

由图 6-36 离心泵与液位系统总模型中的领结模型所处的工况状态，还可以推理得到 57→63→58→59→62 剧情，结果报表如图 6-40 所示。报表显示该剧情不相容。仔细查看报表的内容，有实际经验的工程技术人员很快就可能认为这个剧情在实际装置中是不可能发生的。因为从物料平衡的原理分析，在一个储罐的入口流量不变的前提下，出口流量增加到大于入口流量时只能使液位下降，不可能升高到满罐。在图 6-38 中，61→63→58→59→88→89→60 剧情也是同类型不相容的剧情。

但是，此类剧情的一种可能是 LIC 液位计失效导致指示虚高（或者虚低）。如果建模时增加这种条件（概念）事件反事实描述后，以上两个剧情会转换成相容剧情，并且有重要实际意义。这也恰恰印证了由具体事件构成的知识图谱模型嵌入概念事件后扩展了对客观实际问题的描述能力。

事件位置	状态/偏离	事件信息	安全措施/操作要求	事件链	
FIC-sp	FIC给定值增加	原因，人为将控制器FIC给定值增加。		原因	57
LIC手动→FIC增加	条件	在控制器LIC手动的前提条件下，增加FIC给定值。		●	56
LIC置手动	LIC置手动模式	在LIC置手动前提条件下，改变控制器FIC给定值。		●	63
LIC手动→FIC变化	条件	在储罐液位LIC控制器手动模式下，改变FIC给定值。		●	58
FIC	FIC增加或减少	人为改变控制器FIC给定值导致流量FIC增加或减少。		●	58
FIC变化→LIC变化	反作用	LIC手动模式下，当FIC变化，导致储罐液位LIC变化。		●	52
LIC	储罐液位变化	流量FIC "增/减" 导致储罐液位LIC "减/增"。	关注储罐液位是否持续增加或持续减少。	●	59
LIC上升→满罐	上升	当储罐液位持续上升，会导致满罐溢流。		●	55
LIC	LIC增加	后果，储罐液位LIC持续升高满罐溢流，污染环境。	及时发现LIC持续升高，减小上游流量，将LIC投自动。	后果	62

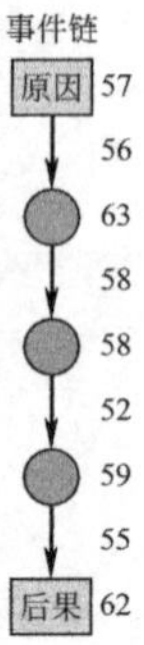

图 6-40 领结模型当前工况之一的永不相容剧情报表

(2) 剧情传输求和指标与传输乘积指标

AI3 软件在每一个剧情的结束行显示因果事件链，即显式（非隐式）单原因-单后果剧情中所有影响关系传输（又称支路增益或放大倍数）的总乘积，原理见图 6-41。以及所有影响关系传输（可以是支路影响历经的时间或支路的影响权重）的总求和，原理见图 6-42。

长方块色标采用绿、黄或红表达数量级的三个相对级别。

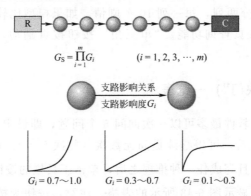

$$G_\mathrm{S} = \prod_{i=1}^{m} G_i \qquad (i = 1, 2, 3, \cdots, m)$$

图 6-41　显式单原因-单后果剧情的传输乘积原理

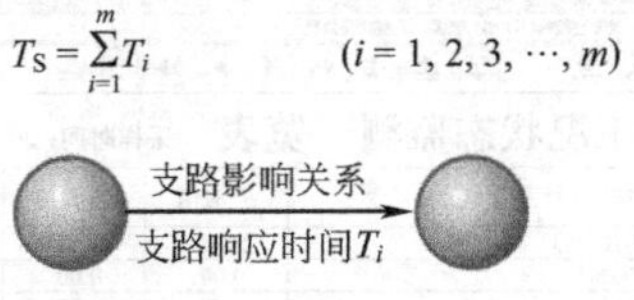

$$T_\mathrm{S} = \sum_{i=1}^{m} T_i \qquad (i = 1, 2, 3, \cdots, m)$$

图 6-42　显式单原因-单后果剧情的传输求和原理

如图 6-17 所示，对应各影响关系的传输必须在影响关系事件对话框中填写，在其他类型事件的对话框中填写无效。对于同一个剧情而言，传输的对话框数据写入应符合交换律，既可以一次性在一个影响关系上写入总量，也可以在多个影响关系中换位写入分量。

在计算剧情传输乘积时，常有以下两种情况。

① 剧情影响度计算。剧情中各影响关系的增益总乘积称为该剧情的影响度。剧情影响度的取值是 [0,1] 之间的实数，是所有获取的危险剧情中的相对比较值。剧情影响度<0.3 为绿色，0.3～0.7 为黄色，>0.7 为红色。影响度是该剧情发生剧烈或平缓的表征，也可以应用此功能表达不确定推理的"确定度"，取值也是 [0,1] 之间的实数，物理意义是该影响关系发生的概率或称可能性。

② 剧情风险度计算。一个危险剧情经多种条件概率修正（乘积关系）的原因失效频率与不利后果严重度总乘积等于风险值。剧情风险值<100 为绿色，100～1000 为黄色，>1000 为红色。当总增益求积时，如果某影响关系的增益没有填入数据，则该支路增益默认值为 1.0。剧情风险度是依据国际公认的保护层分析（LOPA）计算方法获取的，详见"3.3.6 LOPA 方法描述"。顾名思义，就是该剧情在所有推理获取的剧情中的相对风险大小，风险值越大，危险剧情导致的破坏和损失越大。

显式（非隐式）单原因-单后果剧情影响关系的传输求和值与风险值长方块色标分级相同。剧情影响关系传输求和也有多种用途。例如，将每一支路的发生时间求和，就是该剧情从原因开始导致后果发生的总时间估计。剧情发生的总时间越短，处理该事故的紧迫性越强。依据 LOPA 的推荐数据，总时间小于 10min，操作工已经难以响应并处理该事故；如果大于 30min，操作工可以处理。总时间越长操作工越容易处理，这也是设计是否采用自动紧急停车系统的依据之一。剧情传输求和还可以用于最少能耗、最优传感器设计或最小成本规划等工程分析。

AI3 软件将总剧情显示数量限制在 20000 个，多于 20000 个时不予显示。因为结果太多时，已经无法人工分辨和记忆如此多的记录信息。但推理获取的剧情数量不限。桌面每一页显示 20 个剧情，分两列，每一列 10 个剧情。如果模型比较复杂，推理得到的危险剧情数量很多，则提供翻页查询功能。"单三角"按钮按页翻动，"双三角"按钮单击一次翻动 10 页。

6.5.2　工况数据（"快门"）一览表

对应每一个仿真培训软件最多可以一次询问 5 个问题，即设定 5 个"快门"。超过 5 个问题，在专家系统回答之后，可以继续提问无数次（每次 5 个）。此举在于防止用户记错。当读取一个在线快门，并且完成任一种推理之后，单击工具栏的按钮"▦"（显示当前工况状态监测一览表）时，将显示图 6-43 所示的表格。注意：按钮为按下保持状态，必须再次单击该按钮才能退出一览表画面。

一览表彩图　　　　　　　　　图 6-43　当前工况状态监测一览表

当前由"快门"采样的工况状态监测一览表中的位号是共同约定的统一位号。建模时事件输入了相同的位号，专家系统自动识别为具体事件，并且自动进行相容性判断。一览表中标明的正常值是设计正常工况值，当前值是设定该"快门"时刻的工况值。状态监测一览表的右上角标有采样时间。正常上限和正常下限是以正常值±5%的偏差限，是一个大概的范围。超上限为橙色，超下限为粉红色，在上下限之间为绿色。注意：这个上下限只说明某变量与正常值有了偏离，不是用户建模时相容判定所用的具体事件偏离"阈值"，偏离"阈值"由用户在事件信息输入对话框中按实际情况设定。

6.5.3　反应温度记录曲线查询

对应仿真培训软件的连续反应和间歇反应，为了识别全程反应每一时刻的状态，在"快门"中特别加入了从反应温升开始到设定"快门"时刻为止的温度曲线。如图 6-44 所示,单击工具栏的按钮""(显示反应曲线)时,将显示温度曲线图。注意:按钮为按下保持状态,必须再次单击该按钮才能退出曲线显示画面。图中绿色的曲线是标准反应温度曲线,红色曲线是学员的反应温度曲线,蓝色曲线是学员的反应压力曲线。用鼠标拖动方法,会显示一条红色的垂直虚线,对每一秒的瞬时温度和压力数据实现扫描寻迹显示。软件以标准反应温度曲线为基础,自动计算 6 种当前"快门"曲线与标准反应曲线的偏差绝对值积分指标。即:

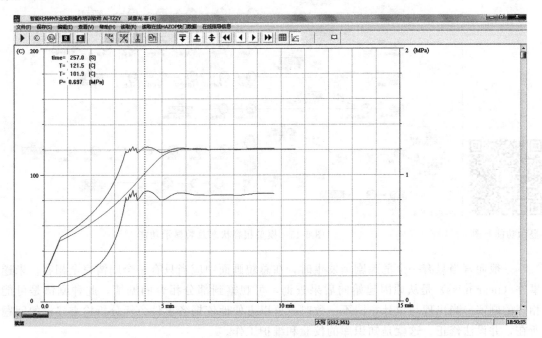

图 6-44 反应温度记录曲线

IAY1 反应诱发段温度超上限积分指标,对诱发反应加热过量的定量估计。
IAY2 反应诱发段温度超下限积分指标,对诱发反应加热不足的定量估计。
IAF1 反应段温度超上限积分指标,对反应剧烈段冷却量不足的定量估计。
IAF2 反应段温度超下限积分指标,对反应剧烈段冷却量过大的定量估计。
IAB1 保持段温度超上限积分指标,对反应保温或保持段冷却量不足的定量估计。
IAB2 保持段温度超下限积分指标,对反应保温或保持段冷却量过大的定量估计。

在 HAZOP 评估模型中引用以上 6 种积分指标,可以准确评估反应全过程操作的安全性和反应质量水平。在当前工况状态监测一览表中给出了 6 种积分指标值。注意:曲线显示和积分指标评估功能仅限于连续反应和间歇反应,其他单元没有此功能。

6.5.4 模型中具体事件超限状态显示

为了方便审查模型的分辨率质量,特意提供了模型中具体事件超阈值限状态显示功能。在完成三种推理的任一种推理后,推理引擎已经实施了模型全部信息的遍历搜索,并且完成了所有事件的相容状态判断和结果报表显示。当返回建模画面时,软件自动将当前自动推理判断的超设计阈值上限,该具体事件图元为"橙色",超下限为"蓝色"或正常状态,在上限和下限之间为"绿色"。并且标记在所有模型具体事件图元上展示,称为系统模型超限显示功能。当下一次自动推理完成后,超限状态会自动更新。此功能解决了如何简单、直观和形象地进行模型分辨率验证、修改和优化的难题。如图 6-45 所示,在左下方的 2×2 领结模型中,可以看到只有一个剧情相容,即 61→63→58→59→62 剧情。

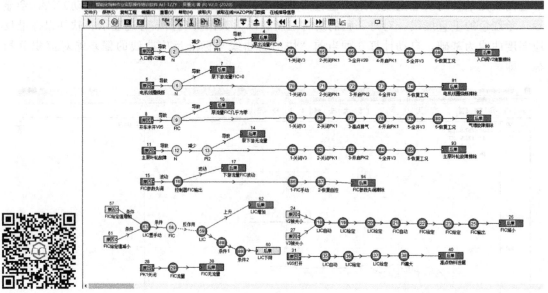

显示功能彩图　　　　　　　　图 6-45　模型相容状态总貌显示功能

一般而言当只有一个危险剧情发生时,在总貌画面中应当只有一个剧情完全相容。未遂事件(near miss)是从原因起始向后果查询,可观察到部分相容的剧情,此种剧情是可能相容的剧情。当出现与设计意图不一致时,可以方便地依据各事件色标分析检查建模的问题所在,并设法修正。这就是知识库的校验和维护工作。

建模桌面的剧情图是一种基于事件的因果有向图(CDG),对应剧情的每一种事件有被用户输入的相关信息显示,如图 6-46 所示。图 6-46 中,原因和后果事件在其下方显示用户输入的"状态";影响关系(有向线段)显示用户输入的"偏离";中间事件显示用户输入的"事件位置",对于具体事件就是过程变量的位号(按所规定的符号显示)。为了简明扼要,用户输入相关信息时注意用精简的文字表达。

AI3 的新版(V2.0-2020)完成了重要改进和升级,主要进展如下。

① 优化了数据结构,便于功能扩展和与第三方软件对接。

② 实时在线数据编程采用流循环方法,通用性、简捷性、可扩展性提高,并且方便与第三方仿真软件交换数据。

③ 专业版 AI3 增加了"工程模型"复制功能,扩展和方便了复杂系统建模。

④ 桌面模型改为推理后用"绿"、"橙"、"蓝"和"粉"色标分别表达"正常"、"超过外给上限"、"超过外给下限"和"疑似/概念事件"。通过改变知识图谱模型中各事件的颜色、显式剧情 HAZOP 报表和快门数据报表三种信息对照,以便模型开发者确定、修改、确认"阈值"(AI3-RT 的在线实时偏离显示和曲线显示功能更有利于建模的"阈值"设计)。AI3 旧版软件的色标"浅橙"和"粉"只表达相容状态,其一是无法直观表达不相容的原因,其二是与 HAZOP 报表重复。

⑤ 在具体事件因果对偶中可以任意插入"条件"、"使能"和"概念事件",自动处理被

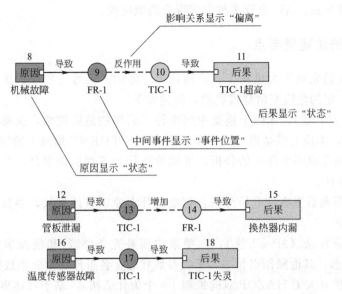

图 6-46 剧情图中不同类型事件的简要信息显示方式

概念事件分隔后具体事件对偶的相容状态。旧版本必须人工处理，即"具体事件复制法"。这是具体事件与概念事件混合表达知识图谱的进展。

⑥ 在推理过程中获取因果通路时不判定相容状态，只标记超限和概念事件状态。在 HAZOP 报表时自动判定显式剧情相容状态，为第⑤条中功能的实现创造了先决条件。同时对于显式剧情不相容段落保持第④条所述的色标模式，可以动态分辨相容沿剧情路径的深入程度，提高了可视性。

⑦ 增强了 AI3 与 TZZY 的网络信息沟通能力，如实时性、快捷性、可靠性等，是实现智能仿真的核心技术。

⑧ 增加了便捷操作功能。旧版工具栏按钮操作的相互"制约"逻辑关系尽可能排除掉。例如：显示 HAZOP 报表状态不必退出，就可直接操作其他按钮。不退出推理状态也可以读入新的工程项目。TZKH 网络提交成绩的教师台软件，能够自动启动和同步退出相互集成的网络监听程序和网络信息提交程序。还增加了提示可能出现误操作情况的"信息框"等许多便捷功能。

⑨ 专业版中的反向推理结果的剧情图形化显示从后果指向原因改为原因指向后果。这样便于审查剧情结果从原因沿传播路径至不利后果的一致性（相容性）判断。

6.6　AI3 应用建模方法

有了得心应手的图形化专家系统软件平台 AI3 后，解决应用问题最大的工作量是花费在知识本体建模方面，也是应用成功的最大障碍。领域专家的建模水平和全身心长期投入是专家系统应用成功的决定因素。未来需要大量具有实践经验的、熟悉专家系统建模技术和 IT 技术的职业专家，可能是一种急需的人工智能（AI）就业方向。

实际系统及其变化过程中所有事件都是定量可观测的理想情况少之又少，知识本体采用非形式化、半定量与定量混合方式建模越来越得到认同。纵观 G2 建模方法的进展，其采用混合方法建模的趋势十分明显。这与 G2 大量工业应用的实践密切相关，大概也是专家系统能解决问题的关键所在。AI3 允许多种方式混合离散建模。

6.6.1 经验渐进法建模要点

二十多年来我们完成了大量化工、石油化工、炼油、天然气和环保企业的 HAZOP 分析项目，积累了一定的危险剧情建模经验，简述如下。

① 三要素法（3P法）：原因＋重要中间事件＋后果的危险剧情，又称为常见的"如果－怎么办？"方法，本质上就是第一代专家系统的"IF-THEN"最简单的规则。

a. 从常见误操作原因事件开始分析，可能导致什么不利后果事件，并且找出一个明显发生变化的中间事件。

b. 从常见的不利后果事件开始分析，可能是什么原因事件导致，并且找出一个明显发生变化的中间事件。

② 三要素加条件法（3P＋1法）：三要素中间补充条件或/和使能事件包括概念事件（例如，控制器状态、其他操作点状态、工况参数状态、各事件发生概率数据等）。

③ 单串剧情法（人工 HAZOP 双向推理＋5 个为什么法）：基于具体事件的偏离，配合评价团队"头脑风暴"双向推理分析得到单"原因-后果"对偶的事件链"危险剧情"或"误操作剧情"。剧情中包含条件与使能事件，包括具体事件和概念事件，是一种直观的显式表达方法。本质上就是第一代专家系统的"IF-AND-AND-AND-……-THEN"比较复杂的规则。

④ 对以上三种方法得到的剧情结果，实施独立性判定；可以采用图形目视法比较各离散剧情是否各自独立；用事件序列检查表法判断各剧情的独立性；不明确的影响关系如果可行，采用现场调查验证或小偏离测试法验证，或采用高精度仿真方法验证。

⑤ 树权法（定性事件树 ET、定性故障树 FT）

a. 定性事件树法（又称决策树法）：一个原因事件可能带来几个危险后果事件。

b. 定性故障树法：一个危险后果事件有几个可能的原因事件。

⑥ 领结法（BT）：同一个失事点涉及多个原因事件并且导致多个可能的不利后果事件。也就是将以上三要素法、三要素加条件法、单串剧情法、树权法得到的结果中具有共同失事点事件的剧情合并。

⑦ 链法：将以上不同的单剧情中直接相关的事件用影响关系链接，构成网络状知识图谱。如图 6-47 所示，图中有 3 个三要素方法得到的离散模型和 2 个定性故障树模型。然后在 5 个离散型模型中的部分事件间发现有直接影响关系，将它们之间的因果有向影响关系链接即可。链接后的模型是一个网络模型。实施自动推理可以得到所有独立显式危险剧情。

6.6.2 "与门"串联连接规则

因为凡是和"与门"相关的对偶事件都是直接的蕴涵逻辑关系，因此是一种链状串联关系。在因果事件链中不违反时序或必须考虑发生次序的前提下，事件链中各事件的排序可以使用交换律法则。但引入的概念事件（例如条件事件或使能事件）在结构上会把具体事件构成的因果事件对偶分隔开，AI3 可以自动识别此种情况。注意："或门"后分叉的逻辑关系属于独立的两种后果事件，不能串联连接。

经验法建模时必须按照原因在前，条件事件用"与门"在后串联连接构成剧情图，示例

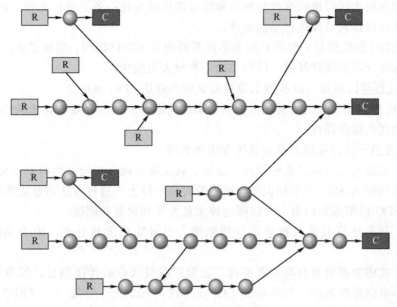

图 6-47 经验模型链接为网络模型示意

如图 6-48 所示。在实际应用中，这种处理方式将问题简化并且易于人工分析。AI3 的推理结果使用"与门"串联方法。第一代专家系统的"IF-THEN"规则就是串联的"与门"链。

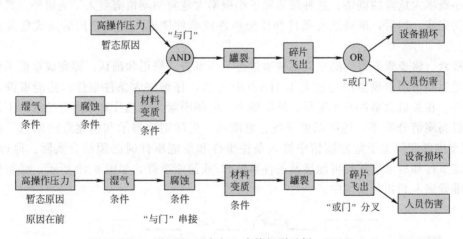

图 6-48 "与门"串接规则示例

6.6.3 经验与深度学习相结合的建模要点

步骤一 考虑符号有向图 SDG 系统模型表达了危险传播的主因（详见第五章），首先构建以具体变量为主干的 SDG 模型。要点和注意事项如下。

① 具体变量既包括可观测的具体事件，也包括不可观测的具体事件，以便保证传播主因事件的完备性。

② 危险传播主因事件是过程系统中与物料流、能量流和信息流三大类流动相关的事件。例如：流量、压力、温度、物位、组成等；影响流动的压差、势能差；影响热流通量的温差；影响转动（动量传递）的力矩差；传感器和控制系统的正/反作用、串级、比值、分程控制、先进控制、逻辑信号单元等（以便在模型中体现控制规律对信息流的导向作用）；控

制信息会直接作用于执行机构导致物料流和能量流传播变化;各类操作单元,如阀门、控制阀、开关等涉及操作人员操作行动的部件。

③ 基于 SDG 的模型是一种可观测和不可观测的具体事件模型,省略了大约 70%的概念事件,使得深度学习推理计算量,特别是结果数量大大减少。

④ 建模过程可以利用 AI3 推理引擎反复试验和修正 SDG 模型。

⑤ SDG 建模应按照建模的具体目标决定事件的取舍。例如需要考虑人为操作失误的危险剧情,必须嵌入操作部件。

⑥ SDG 建模方法详见第五章的具体方法和案例。

步骤二 通过人工团队"头脑风暴"分析,将实际中确实可能发生的原因与不利后果事件通过 AI3 软件嵌入 SDG 主干知识图谱模型的对口事件上。这种方法需要实践经验和技巧。实际上是对 SDG 模型施加约束,可以筛选掉大量无效和次要的剧情。

步骤三 如果还有只涉及概念事件的剧情,尽可能离散状补充,因为 AI3 允许离散推理。

步骤四 实施全部模型自动离散推理,获取所有显式危险传播路径,即单原因-单后果对偶构成的单串型危险剧情。如果采用 LOPA 方法,AI3 允许将每一个原因事件都填入发生频率,每一个不利后果填入危险严重度(参见有关行业的风险矩阵标准),AI3 将自动计算每个显式危险剧情的风险值。

步骤五 通过人工团队"头脑风暴"分析,按照具体应用的需求筛选高风险、事件序列较长或小概率大危险的剧情。这种筛选除了小概率大危险的剧情需要人工选定外,其他筛选都可自动完成。然后,准确地将条件和使能事件或事件链嵌入各筛选出的显式危险剧情模型中。

步骤六 将步骤五得到的危险剧情通过进一步审查、修正和确认,即完成建模工作。

在危险剧情图谱模型中通过人工 HAZOP 分析,仔细嵌入条件事件、使能事件、人为失误事件、相关概念事件及半定量、风险概率、时间因素、机理计算数据等信息,不但可以进一步提高剧情分辨率,还可以更完备、更准确、更详细地揭示和描述危险剧情。在基于 SDG 模型推理获得主干危险剧情中嵌入条件事件和使能事件时必须结合实际。原因事件、中间关键事件和后果事件都可能涉及条件事件和/或使能事件,如图 6-49 所示,必须依据实际情况准确嵌入到相关剧情中。

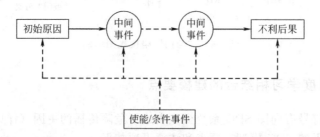

图 6-49 条件事件和/或使能事件与剧情的关系

当只是单纯 SDG 模型时,在因果事件链或网络中推理是没有问题的(只要因果关系是正确的、符合实际的)。但中间穿插了概念事件需要默认推理时,即所谓 SDG+CDG 混合模型,则原 SDG 模型或显示危险剧情的一致性结构可能被隔断或消掉。因此在具体事件和概念事件混合模型中只考虑其中具体事件对偶的相容性,可能会出现误判。例如:图 6-50 中纯 SDG 具体事件链 A 串的第 2 和第 3 事件中间插入了概念事件或概念事件串(用虚线简化表示），即 B 串所示，也会判定为相容。实际上该事件串从事件 3 继续推理是不相容的，因为第 2 到第 3 具体事件间的影响关系，即 C 因果对偶被消掉了。

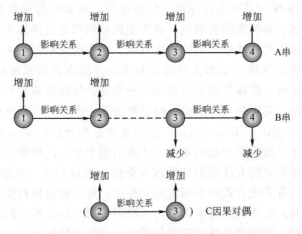

图 6-50　SDG 模型相容传播被隔断的问题

一种正确保持相容性的建模方法是：在插入概念事件（或概念事件串）后，复制一次具体事件 2，则无论嵌入多少个概念事件也可以保持 C 因果对偶不被消掉，使得该剧情正确的相容特性不变。如图 6-51 中的 D 串示意模型所示。

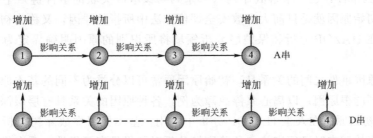

图 6-51　复制具体事件 2 来保持相容特性不变的建模方法

AI3 软件值得介绍的特殊推理功能是：在具体事件因果对偶中允许任意插入"条件事件""使能事件""概念事件"，并且自动处理具体事件因果对偶被概念事件分隔后的相容状态，即不必复制具体事件。

其他相关知识包括常用数据在《危险与可操作性分析（HAZOP）应用指南》❶ 一书中有详细介绍。以下对原因事件和后果事件做简要说明。

(1) 原因事件

原因事件是产生某种影响的条件或事件。换言之是对结果具有决定性作用或影响的任何事情。例如，对仪表信号通道的干扰事件、管道破裂、操作人员失误、管理不善或缺乏管理等。原因事件分析可以增进对事故发生机制和各种原因事件的了解，同时有助于确定所需要的安全措施。其重要性在于，不但有助于减少或避免当前特定事故的再度发生，还可以帮助设法减少或避免类似事故的重复发生。过程系统危险事故可能是由单一原因或多个原因所致，通常原因事件有如下四种说法。

① 直接原因事件：直接导致事故发生的原因。例如，某泄漏事故的直接原因是构件或

---

❶ 吴重光. 危险与可操作性分析（HAZOP）应用指南 [M]. 北京：中国石化出版社，2012.

设备的故障，某系统失调故障的直接原因是操作人员调整系统时出错。如果直接原因得到纠正，则在同一地点再度发生相同事故时，可能加以避免。但是无法防止类似事故发生。

② 起作用的原因事件：或称条件原因、使能原因，对事故的发生起作用，但其本身不会导致事故发生。例如，有关泄漏的案例，起作用的原因可能是操作人员在检查和应对方面缺乏适当的训练，导致了其他更加严重的事故发生。在系统失调案例中，起作用的原因可能是由于交接班时段过度地分散了操作人员的注意力，导致在调整系统时没有注意重要的细节。使能原因的例子还有，排球队的主力受伤没有参赛，导致比赛失利。纠正起作用的或使能原因，有助于消除将来发生的类似事故，但是解决了一次不等于所有问题都能解决。

③ 根原因事件：该原因如果得到纠正，能防止由它所导致的事故或类似的事故再次发生。根原因不仅应用于预防当前事故的发生，还能适用于更广泛的事故类别。它是最根本的原因，并且可以通过逻辑分析方法识别和通过安全措施加以纠正。例如，有关泄漏的案例，根原因可能是管理方没有实施有效的维修管理和控制，导致密封材料使用不当或部件预防性维修错误最终导致泄漏；在系统失调案例中，根原因可能是培训程序的问题，导致操作人员没有完全熟悉操作规程，因此容易被过度的分散注意力的事情所干扰。为了识别根原因，要识别一系列相互关联的事件及其原因。沿着这个因果事件序列应当一直追溯到根部，直到识别出能够纠正错误的根原因（通常根原因是人为失误或管理上存在的某种缺陷）。识别和纠正根原因将会大幅度减少或消除该事故或类似事故复发的风险。

④ 初始原因事件：在一个事故序列（一系列与该事故关联的事件链）中第一个事件称为初始原因，初始原因就是目前大多数安全评价方法中所指的原因，又称为初始事件或触发事件。例如，在 HAZOP 分析和保护层分析领域将所识别的原因明确界定为初始原因或初始事件。

以上各种原因事件之间的关系是，初始原因通常可以分类为不同的基本原因，基本原因可以分类为不同的根原因。以离心泵停故障为例，各种原因的关系具有层层深入的特点，如图 6-52 所示。初始原因在人工 HAZOP 分析中常用。基本原因在故障树分析中常用。根原因分析在重大事故调查时必须实施。危险剧情分析时如果具有可行性，反向推理追溯到根原因是终极目标。

图 6-52 各种原因事件的层层深入关系

(2) 常见原因事件分类

为了克服识别原因事件时的盲目性，提高原因事件识别准确率，以下七种原因事件分类有助于建模时抓住重点。

① 设备/材料问题

a. 有缺陷或失效的部件；

b. 有缺陷或失效的材料；

c. 有缺陷的焊接处、合金焊或焊剂连接处；

d. 装运或检验引起的错误；
e. 电器或仪表干扰；
f. 污染。
② 操作规程问题
a. 有缺陷或不适当的规程；
b. 无规程。
③ 人员失误问题
a. 不适宜的工作环境；
b. 疏忽了细节；
c. 违反了要求或规程；
d. 语言交流障碍；
e. 其他人员失误。
④ 设计问题
a. 不适当的人机界面；
b. 不适当的或有缺陷的设计；
c. 设备或材料选择错误；
d. 设计图、说明或数据错误。
⑤ 训练不足
a. 没有提供训练；
b. 实践不足或动手经验不足；
c. 不适当的要领；
d. 复习训练不足；
e. 不适当的资料或描述。
⑥ 管理问题
a. 不适当的行政控制；
b. 工作组织/计划不足；
c. 不适当的指导；
d. 不正确的资源配置；
e. 策略的定义、宣传或强制不适当；
f. 其他管理问题。
⑦ 外部原因
a. 天气或环境条件；
b. 供电的失效或瞬变；
c. 外部的火灾或爆炸；
d. 失窃、干涉、破坏、怠工、贿赂或损害公物行为。

(3) 人为失误的原因事件分类

智能仿真培训系统需要对操作人员的失误原因进行指导。因此知识本体建模中需要考虑人为失误危险剧情。近年来美国、欧盟、日本等国家和地区都做了大量研究，颁布了许多与人为失误有关的安全规范。例如，英国 HSE（Health and Safety Executive）对人为失误的原因简要分类见图 6-53。

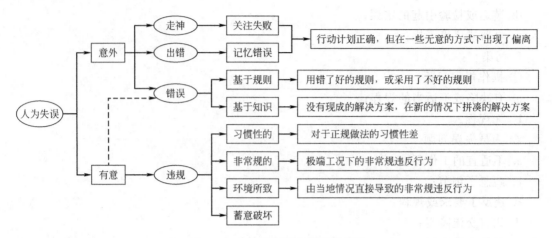

图 6-53　人为失误的原因简要分类

(4) 不利后果事件及其严重度分级

大型化工公司通常将事故后果事件按人员伤害、财产损失、环境破坏和企业声誉四种类型分类。不利后果事件严重度分为非常低、低、中、高、非常高等五个等级。相关指标见表 6-2。

表 6-2　事故后果事件严重度分级

等级	后果严重程度	分类			
		人员伤害	财产损失	环境破坏	企业声誉
1	非常低	医疗处理,不需住院;短时间身体不适	一次造成直接经济损失不足10万元	事件影响未超过工厂界区	企业内部关注;形象没有受损
2	低	工作受限制;轻伤	一次造成直接经济损失10万元以上50万元以下	事件不会受到管理部门的通报或违反许可条件	社区、邻居、合作伙伴影响
3	中	严重伤害;职业相关疾病	一次造成直接经济损失50万元以上100万元以下	泄漏事件受到政府主管部门的通报或违反许可条件	本地区内影响;政府管制,公众关注负面后果
4	高	1~2人死亡或丧失劳动能力;3~9人重伤	一次造成直接经济损失10万元以上500万元以下	重大泄漏,给工作场所外带来严重影响	国内影响;政府管制,媒体和公众关注负面后果
5	非常高	3人以上死亡;10人以上重伤	一次造成直接经济损失500万元以上	重大泄漏,给工作场所外带来严重的环境影响,且会导致直接或潜在的健康危害	国际影响

因果反事实推理"如果-怎么样?"化工过程典型问题集详见附录一。

6.6.4　知识图谱的初步认知

① 知识图谱有点像人类的大脑,是一个海量信息存储网络。例如,图 6-33 是一个非常简单的因果有向图案例,只有单一状态、单一影响关系,仅 5 个原因和 5 个后果事件(5×5),所容纳的因果事件链为 49613995 个。

② 知识图谱是问题的直接存放与展示处所，也是结论的直接存放与展示处所（图谱加深和变色即可），还是各类网络拓扑推理或运算过程的直接处所。一图同时三用，比较方便。

③ 神经网络是知识图谱的一种特例，其基于数据的状态辨识是固定网络结构的纯数值计算，人脑无此机制。目前还不能解释理由，也不能预测未来。知识图谱可以用人类自然语言解释理由，可以实施多种预测，还可以用网络拓扑方法，例如梅逊公式数值计算。两者应当融合，或者是扩展神经网络为多种动态知识图谱网络，以实现更多的应用。

④ 知识图谱是一个"大家族"，有很多种类型，依据客观实际的特征和规律而定，用于实现大千世界的智能化。AI3 能够深度表达知识图谱，因此对多种图分析方法都有很强的适应性，也就是有多种用途。用户可以灵活运用或借助于离散推理混合运用，相当于一个知识库中包括了多智能体模型。如图 6-54 所示。

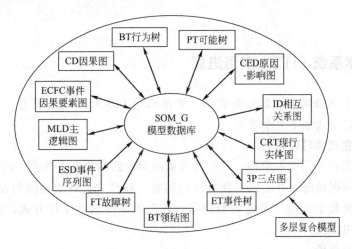

图 6-54　AI3 的多种用途示意

第七章

AI3 在智能教学中的应用

7.1 智能教学系统(ITS)应用进展

纵观近年来 ITS 领域的最新发展成果,概括归纳 ITS 所涉及的理论、方法、技术研究和软件创新,可以分为如下 8 个方面。

(1) 苏格拉底式学习理论

本学习理论源自公元前古希腊,采用教师提问学生回答的方式教学。教师在问答过程中了解学生的知识掌握情况,并给以有针对性的辅导。此种方式师生比限制在 1:3 左右,目的在于实现个性化教学。问与答是典型的第一代专家系统软件工作方式,因此促成了早期 ITS 的开发和应用试验。

(2) 认知学习理论

认知学习理论是目前最成功、应用最广的 ITS 方法和技术,是第二代和第三代专家系统在智能教学过程中的应用。第一代专家系统基于产生式规则,即把人类专家的经验"转移"到计算机中。第二代专家系统基于知识模型,一个简单知识模型可以轻易地蕴含数以千计的高质量产生式规则,借助于"推理引擎",专家系统的效率和能力大幅度提高。第三代专家系统是在前两代融合的基础上增加智能学习功能,可以自动扩展知识模型。

目前,比较成熟的认知学习理论和方法主要包括如下几种。

① 思想理性的自适应控制理论(ACT-R) 创建者是安德森(John R. Anderson)教授,研究团队是卡内基梅隆大学心理学系的 ACT-R 研究小组。ACT-R 理论区分了陈述性知识和过程性知识。认知技能取决于将这些知识转化为专家系统规则定性模型,这些规则模型代表了过程知识。强调陈述性知识和过程性知识都是通过实践获得的。目前应用软件的最新版本是 ACT-R 7.6+。

② 基于约束建模 CBM(Constraint-Based Modeling)的方法 CBM 创始者是斯特兰·奥尔松(Stellan Ohlsson)教授和安东尼·米特罗维奇(Antonija Mitrovic)教授。基于约束的建模是一种实用化智能教学的方法。研究团队是伊利诺伊大学心理学系和新西兰坎特伯雷大学计算机科学与软件工程系的智能计算机教学小组。

CBM 的约束是评价性的,可用于判断。因为错误知识的空间是巨大的,CBM 没有捕获错误,而是专注于每个正确的解决方案都必须遵循的领域知识原则。CBM 是一种经过测试和广泛使用的方法，已经积累了大量经验，在各种教学领域开发基于约束的"智能教学导师"，被世界各地的研究人员使用。

在本书 AI3-TZZY 软件中采用了独创的"三段评价"（操作步骤评价、操作质量评价和操作安全评价）方法，就是 CBM 方法。实现技术是将过程性评估和状态性评估的产生式规则嵌入仿真系统，相当于多智能体跟踪仿真运行，判断"合规"和"违规"。大规模工业仿真训练应用表明，"三段评价"方法能科学地、严格地、智能化地评价学员仿真训练成绩，30 年来在大规模仿真培训中得到数百家化工和石化企业的高度认可。

③ 定性建模和定性推理方法　定性物理、定性建模、定性推理和定性仿真属于同一范畴，是智能教学中知识模型、教师模型和学生模型的主要构建技术和方法。福伯斯（Kenneth D. Forbus）教授是创始人之一。早期在麻省理工（MIT）人工智能实验室开始从事定性推理研究。他认为，定性推理包含两方面的内容，其一是建立定性模型，其二是在信息量不完全条件下定性推理。福伯斯教授一直致力于智能教学。目前定性建模和定性推理已经被认为是实现"可解释人工智能"（XAI）的一种方法。另一位是德克莱尔（Johan de Kleer）。早期与福伯斯一起在麻省理工（MIT）人工智能实验室从事定性物理和定性推理研究，包括求解方法。他在故障诊断、系统监控、自动设计、智能控制、智能学习、图形识别等应用领域取得多项成果。定性仿真创始者之一是凯伯斯（Benjamin Kuipers），他发表了比较系统的定性仿真（QSIM）算法，用系统部件的参量作为变量来描述系统的特性，依据物理定律得到约束关系，从初始状态出发，最终得到系统的展望（定性预测）。

④ 机器学习方法　目前是基于大数据学习的 ITS 技术。机器学习技术使教学系统能够从经验中学习。机器学习指的是一个教学系统通过大规模观察获得和整合知识的能力。机器学习是一门应用广泛的学科，它产生了关于学习过程的基本统计计算理论，设计了语音识别、图像识别中经常使用的学习算法，并从数据挖掘行业中分离出来，在不断增长的在线数据中发现隐藏的规律。这些技术通过对数据的智能记录和推理，组织已有的知识，获取新的知识。目前，在线工具通常不能提供足够的信息，因为教师使用智能教学软件的时间很短，这严重限制了机器学习可以使用的培训实例的数量。机器学习联合仿真培训是一种有效的解决方法。

⑤ 贝叶斯网络和因果反事实推理方法　该方法是基于大数据概率统计与因果推理评估的 ITS 技术，主要用于对学生在使用 ITS 软件过程中所取得效果的个性化评估，以及对批量使用 ITS 效果的综合性评估。

贝叶斯网络和因果反事实推理方法创始人是朱迪亚·伯尔（Judea Pearl），加州大学（洛杉矶）计算机科学与统计学教授，认知系统实验室主任。他是人工智能领域的先驱、"贝叶斯网络大师"和 2011 年图灵奖获得者。他提出了基于"因果模型反事实推理"的理论，称其为"新的因果科学"和"因果革命"。他认为，决策理论也许是创造出人类智慧的一个方式。他指出："今天的机器学习是由统计学家主导的，他们相信你可以从数据中学到一切。这种以数据为中心的哲学是有限的。我称之为曲线拟合。"

⑥ 概念图方法　基于静态知识图谱，目的在于克服死记硬背的学习方式，提倡有意义的学习。由康奈尔大学诺瓦克（Joseph D. Novak）教授于 20 世纪 70 年代提出。佛罗里达大学人机认知研究所首席科学家喀纳斯（Alberto J. Cañas）教授长期推广应用。概念图是某个主题的概念及其关系的图形化表示，是用来组织和表征知识的工具。概念图又称为概念地图（concept maps）或思维导图。北京师范大学和华东师范大学在推广概念图方面做了大量工作。国内外已经研发出许多优秀的概念图软件，例如，XMind 思维导图和头脑风暴软件、

百度脑图软件、iMindMap7 中文版思维导图软件、Inspiration 9 思维和学习软件、Mind-Mapper 专业的可视化概念图软件等。

⑦ 知识工程、知识图谱与逻辑推理方法　属于知识工程学科，目前已经进化到第三代专家系统。该方法是知识模型、统计数据和定性/定量推理的综合方法与技术，是目前人工智能面向工业应用深入发展的方向之一，是与 ITS 密切相关的技术，也是本书人工智能软件 AI3 所采用的方法和技术。

知识工程创始者是爱德华·阿尔伯特·费根鲍姆（Edward Albert Feigenbaum），斯坦福大学计算机科学系教授，人工智能实验室主任。他认为"知识工程是在计算机上建立专家系统的技术"。他的重大贡献在于通过实验和研究，证明了实现智能行为的主要手段在于知识，在多数实际情况下是特定领域的知识，并且最早倡导了"知识工程"。他主持开发出了世界上第一个专家系统程序 DENDRAL，可以根据给定的有机化合物的分子式和质谱图，从几千种可能的分子结构中挑选出一个正确的分子结构。他为医学、工程和国防等部门成功研制出一系列实用的专家系统，荣获 1994 年度的图灵奖。

(3) 建构主义理论

建构主义理论提倡学生掌握分析问题、解决问题的元认知、自建模、自学习能力，面向个性化学习和终身学习。

建构主义将学习描述为一个活跃的创造性过程，在此过程中，学习者根据当前/过去的知识构建新的概念。学习者总是参与案例学习或探究学习，在先前学习的基础上构建假设。他们的认知结构（如图式、心理模型）不断尝试组织新的活动，并超越所提供的信息。建构主义提倡一种开放的学习体验，在这种体验中，学习方法和结果很难衡量，每个学习者可能也不一样。

建构主义认为：

① 学习是一个积极的过程，意义是从经验中发展出来的；
② 概念的增长来自协商的意义、分享多个观点和通过协作学习改变知识的表达；
③ 学习应处于与任务相结合的现实环境和测试中，而不是单独的活动；
④ 由于学习成果并非总是可预测的，所以教学应该培养而不是控制学习，并受个人的意图、需求或期望的制约。

(4) 情境学习理论

情境学习理论提倡加强社会和工程实践，运用定性与定量仿真的融合技术以及虚拟现实（VR）技术教学。

情境学习理论与建构主义学习理论有许多共同的原则。在这两种方法中，学习都处于与任务相结合的现实环境和测试中，而不是作为一项单独的活动。环境提供有意义的、真实的上下文，由来自现实世界中的基于案例的问题所支持。

然而，情境学习理论和认知学习理论在基本概念、目标表征和评价方法等方面存在差异。认知学习视角的基本概念是关于过程和结构（例如，知识、知觉、记忆、推理和决策）的，假设它们在学生个人层面发挥作用。

情境学习的目的不是将事实和规则从一个实体转移到另一个实体，而是关注学生如何参与学习实践。它基于这样一种信念：所有人都有学习的自然倾向；教师的角色是创造一个积极的环境，提供资源，分享情感和思想，而不是支配学习者。当学生完全参与学习过程并对其性质和方向进行控制时，学习就更容易了。

(5) 社会互动和近端发展区域理论

社会互动和近端发展区域理论提倡在社会互动中学习，运用集体智慧和头脑风暴学习方法，面向终身学习。以人类学习理论为基础的辅导策略来源于社会互动。这一理论是由心理学家列夫·维果斯基（Lev Vygotsky）于1978年提出的，认为社会互动在认知发展中起着根本性的作用。

社会互动观点认为，认知技能和思维方式不是主要由先天因素决定的，而是个人成长的文化社会机构中实践活动的产物。社会历史和儿童的个人历史是个体思维的重要决定因素。近端发展区域（Zone of Proximal Development，ZPD）定义了儿童在从事社会行为时达到的发展水平，这些行为超出了他们单独学习的时间。

列夫·维果斯基1978年指出，ZPD是由独立问题解决确定的实际发展水平与通过在成人指导或更有能力的同行协作下解决的问题而确定的与潜在发展水平之间的距离。

① ZPD是有效指导中的主要成分。
② ZPD的全面发展取决于全社会互动。
③ ZPD是儿童的潜在能力的量度，它是由儿童的学习经验中的相互作用创造的东西。它需要协作或从另一个更能干的伙伴/学生那里得到帮助。这是因为构成一部分教育的活动必须超出个人的独立能力。
④ 学习合作伙伴提供具有挑战性的活动和有质量的帮助。
⑤ 教师和对等学生完成了ZPD要求的协作伙伴关系角色。

有效的ZPD的定义是：如果向学生提供可用的帮助，那么任务的难度就很大，因为在实践中，ITS帮助学生的资源和可能性有限。这个区域因每个学生对无聊和困惑的容忍度的不同而不同。ZPD既不是学习环境的属性，也不是学生的属性，而是两者相互作用的属性。当学生表现出高效和有效的学习时，他们就是"在ZPD中"的。而ITS也能发挥这一作用。

(6) 技术促进的教学模式

例如运用计算机动画、学生学习情绪识别等技术，面向个性化教学。此种教学代理源于对情感计算（能够感知、识别和响应人类情绪的个人系统）、人工智能（仿真模拟人类智力、语音识别、演绎、推理和创造性反应）以及手势和叙事语言的研究工作（如何利用心理社会能力设计工件、代理和教具）。ITS的行为是由一个行为排序引擎动态选择和组合的，该指导引擎向学习者提出解决问题的建议。情绪-动觉行为框架动态地对代理人的全身情感表达进行了排序。它控制代理人的行为，以响应学生行为和问题解决环境的变化。ITS从一个行为空间中构建了一系列解释性、咨询性、可信度增强的行为和叙事话语，其中包含了多种动画行为和多种言语行为。行为排序引擎通过开发一个充满情感行为并由教学言语行为类别构成的丰富的行为空间，实时地选择和组合上下文中合适的表达行为。这个框架是在栩栩如生的"教学代理"ITS中实现的。

(7) 工业和军事训练的ITS

工业和军事训练的ITS主要用于实现智能仿真培训，以便增强和扩展教师的辅导能力，提高学生的知识、能力和熟练度，目的在于面向个性化和终身学习。近年来，在工业企业、小学、中学、大学以及军事训练中ITS研发与应用方面发展十分迅速。工业和军事领域培训需求非常大，并且依靠培训的创新。它们需要高质量的培训技术，使成年人能够高水平地完成本职任务。工业和军事领域为培训人员使用了昂贵的培训设备和服务资源，并为远程人员提供新的技能培训，不会由于技术的更新换代而将他们解雇。软件化ITS培训更便宜、更快捷和更实用，可避免技术工人和军人的技能衰退。

(8) 集成与融合以上多种教学策略和人工智能技术的 ITS

集成与融合以上多种教学策略和人工智能技术的 ITS 是目前最新发展水平，例如前面提到的智能教学软件 Electronix Tutor，也是本书后面将要介绍的智能仿真培训系统 AI3-TZZY 所采用的 ITS 技术。目前 ITS 的方法和技术简要分类见图 7-1。

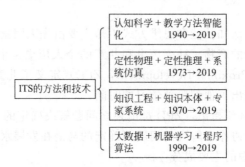

图 7-1　ITS 的方法和技术简要分类

与国外发达国家相比，国内对智能教学系统的研究起步较晚。在理论研究方面仍以引用国外成果为主，研究工作主要在少数大学和科研机构进行，其成果多为一些"展示型"系统。真正走出实验室并投入教学实践的智能教学系统并不多。由于开发一个完整的智能教学系统十分困难，需要学科教师、知识工程师、教学设计人员和程序开发人员等，还需要投入大量物力。因此近年来国内虽然有一些研究对智能教学系统做了有益的探索，但从总体上看，智能教学系统研究仍处于低谷，在自主知识产权的研究成果方面也没有重大突破。

与发达国家比较，我国智能教学领域的主要短板如下。

① 在广大民众特别是教师群体中对智能教学的认知不足。需要政府、民间组织和 IT 公司共同努力，需要大规模普及智能教学入门知识。应当通过出版智能教学的科普书籍、举办初级智能教学软件的使用培训班、从小学到大学广泛进行智能教学试点等措施，提高全民对智能教学的认知。

② 基于知识工程的领域知识本体开发工作几乎没有可用的成果。这是智能教学在一个领域和一个专业的任何一门课程得以实现的"生态环境"。必须全面、深入和细致地设计开发出每一种课程的知识本体，也就是包括该课程的领域知识本体以及方法和任务知识本体，才有可能进而开发智能教学系统，包括教师模型、学生模型、课程管理模型、基于知识本体的自动推理引擎和自动解释系统等。这是一个可能需要所有教师包括学生参与的巨大工程。

③ 智能化水平不高。有限的智能教学展示型软件还停留在第一代专家系统水平。软件比较简单，解决的问题范围较窄。缺乏国产化高质量的专家系统软件支撑。即使应用国外专家系统平台成功开发了一些初级智能教学软件，由于"水土不服"，也难于推广应用。

④ 计算机推理引擎技术虽然没有知识建模那样复杂且涉及内容广泛，却是国内智能教学系统研发的短板和"心脏病"。没有专业人员研究推理算法和程序，也没有得心应手的高效多功能推理引擎软件可用。随着知识图谱的应用，知识模型的结构信息已经超出了一阶逻辑和描述逻辑的范畴，传统的推理方式已经面临挑战。高效推理引擎必须与领域知识本体与方法和任务知识本体密切配合才能奏效。因此解决专家系统知识库的开发，只涉及了智能教学系统的一半。

⑤ 国内人工智能人才极为短缺。我国还没有形成多专业密切融合的人工智能研发团队，这同我国人工智能技术刚刚起步有关。

7.2 学习内容、教学方法和智能教学

　　智能教学的未来不是代替教师，而是人机结合。应当扩展教师能力，提高教学效率。应当扩展学生能力，提高学习效率。因此一些教育专家强调，教学需要的是"增强智能，而不是人工智能"。智能教学应当促进老师和学生更积极地动脑，提高教学效率。智能教学不是把学生变得越来越"傻"，而是越来越聪明。这些有关智能教学的理念已经成为人们的共识。因此将智能教学改称为计算机智能辅助教学，似乎更确切一些。

　　计算机智能辅助教学具有多种方法和多种组合形式，以便适应不同的课程和教学目的，并且在不断的更新和发展中。要探讨智能辅助教学的方法和作用，必须首先了解人类学习的内容是什么，以及人类的学习机制是什么。

　　人类学习的内容分为两大类型，其一是知识的学习和记忆，其二是熟练度和能力的学习。第二类学习对于职业人员，例如工厂操作人员、飞机驾驶员、战舰和潜艇驾驶员、海陆空作战人员等，尤为重要。知识的记忆用老师讲学生听的"粉笔加黑板"模式尚可应付，但这种传统的死记硬背方式，即使对于知识的记忆也是效率最低的一种方法，而对于熟练度和能力的培养几乎没有什么效果。举一个简单的例子，一个学员耗费两年的时间，既听老师讲，也看过几十本如何驾驶小汽车的书。然而，给他一辆小汽车让他开，照样不会开。因为熟练度和能力的培养是人类感觉通道（视觉、听觉、触觉、嗅觉、味觉）、记忆通道、思维通道和运动通道（四肢、躯干、头部、面部、眼球、颈部等）的综合调用和协调训练的结果，必须反复练习才能掌握。最新研究成果表明，低等动物如果蝇，其能力来自基因，而人类的知识和能力几乎都是后天实践训练的结果。实验教学是熟练度和能力学习的主要方法。对于复杂大系统和高危险性领域的实践技能教学，采用仿真培训系统是最好的选择。

　　教学方法也可以分为两类：其一是被动式教学方法，即传统的老师讲学生听的"粉笔加黑板"形式；其二是参与式教学方法。大量的实践表明，即使知识的记忆用参与式教学方法也会大大提高效率，如图 7-2 所示，是美国国家培训实验室的调查结果。从调查结果可以得出如下几点启示。

　　① 被动式教学方法中，"粉笔加黑板"单纯讲课方法的知识平均保持率最低，只有 5% 左右。

　　② 在被动式教学方法中增加了阅读、多媒体和演示综合方法，平均保持率提高到 30% 左右。智能教学可以辅助教师组织管理多媒体教学课件。

　　③ 参与式教学方法的分组讨论方法简单易行，却能将平均保持率提高到 50%。这种功能可以采取智能教学的"问题/回答"、行为树引导、决策树引导、基于"头脑风暴"的"危险与可操作性分析"（HAZOP）讨论会议等互动方法实现。

　　④ 参与式教学方法的实践与练习方法可以将平均保持率大幅提高到 75% 左右。智能教学系统可以采用自动评估、自动考试、自动阅卷和个性化辅导等方法辅助教学。仿真培训的引入是最佳方法。特别是对复杂高危险性系统的掌控能力和操作熟练度的培养，仿真培训是唯一选择。智能仿真培训相当于在实践与练习的基础上联合了讨论和互动方法，确保了 75% 的平均保持率。

　　⑤ 参与式教学方法的"其他教学内容"引入可将平均保持率提高到 90%。这在智能教学系统中可以增加参考资料知识库供学生浏览。进一步采用神经网络深度学习功能、基于知识模

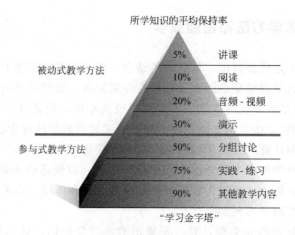

图 7-2 被动式和参与式教学方法的效果

型的深度学习（挖掘）功能或互联网基于知识图谱的知识搜索功能等新方法新技术实现。

在执行仿真培训教学时发现，例如对操作工只进行一次性培训，平均保持率会随时间流逝而下降。事实上对于任何学习者，无论是熟练度和能力的保持，还是知识的记忆保持，都有一个随时间减弱的趋势。特别是具有先进控制的连续过程系统，会使操作工的能力减弱得更快，主要有如下三方面的损害导致平均保持率下降：

① 使操作熟练工人已有的熟练度遭到损害；
② 减慢了学习的速度；
③ 熟练度训练的功能失调将严重阻碍操作专家资格的取得：
　a. 限制了操作工了解数据变化的关系和识别数据变化的能力；
　b. 阻碍了操作工了解隐蔽的过程是如何运作的能力；
　c. 当控制系统只提供建议和报警时，没有办法要求操作工通过他们自己的评估将故障从过程中排除；
　d. 阻碍了操作工发现异常并且排除异常的能力。

调查统计数据表明，必须两年一个周期反复强化仿真训练，才能保持操作工的熟练度和能力处于 80% 的合格水平，如图 7-3 所示。

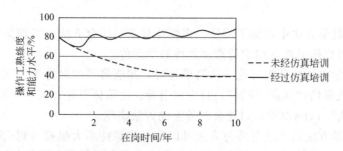

图 7-3 周期性重复训练保持操作工熟练度和能力水平

实施计算机智能辅助教学，能够以多种形式在如下四种现有的教学模式中发挥作用。

(1) 教室教学

教室教学除了采用传统教学的课程讲授外，可以增加熟练度和行为的智力开发内容，增加多种先进辅助教学方法。例如，充分利用多媒体设备，以便应用3D图片、音像、动画演示等技术。教师通过提问与回答、案例分析、教学演示和过程仿真等方法调动学生的学习兴趣和主动性。可以引入研讨方式使得学生与教师互动来强化教学效果。注重提高教材水平，例如，工程课程由技术专家开发和提供，采用成熟的学习方法，使学生学习到理论联系实际的有用知识。

（2）基于网络的教学

基于网络的教学被证明是一种低成本灵活的培训工具，既包括局域网多微机机房设施，也包括互联网终端。网络教学允许大规模群组的人员增长技术基础知识，用他们自己的步调学习，并且没有固定上课时间的限制。基于网络的培训，对于操作工个人也包括管理人员都是重要的获取基础技术知识的方法。通过网络交互方式、高质量的图形与动画、小测验和学习评估等方法，基于网络教学的记忆保持率比简单的阅读书籍要高。基于网络的教学是一种自我步调的模式，并且可以用于操作工单独技术培训，也可用作岗前教师指导培训或复习性培训。网络化仿真培训是一种有发展前景的方法。

用教材标准化办法保障网上学习，是解决学习资源共享和系统互操作性的根本途径。学习资源共享是指一个学习对象可被多个学习系统利用。系统互操作性则是指多个系统及组件之间能够交换与使用彼此的信息。世界各国在发展教育信息化的过程中深刻认识到，学习资源的可共享性和系统的互操作性对于教育系统的实用性和经济性具有决定性意义。

（3）基于仿真器的培训

使用仿真器培训，通过给学员参与操作的机会，以便在教室里就可以运用知识进行熟练度的学习实践，增强了培训的效果。培训仿真器提供的"动手实践"经验，给予参与者在自信心、安全和知识等方面胜任的能力，该能力体现在试车、开车、正常工况操作、停车、紧急状态操作和长周期过程装置的操作等方面。使用培训仿真器培训之后，操作工的熟练水平都有了令人振奋的提高。统计表明运用高质量的仿真培训系统，两周的强化仿真培训相当于在工厂两年的实际操作经验。培训仿真器既可以是基于最通用的过程单元流程软件，也可以是针对用户实际流程的专用软件。

（4）基于专家系统的智能教学

专家系统是一种基于计算机的软件工具，是解决操作问题和故障排除的有效方法。专家系统由有经验的技术专家开发。应用专家多年的操作知识和故障诊断方法，可以针对学员的误操作或故障排除给予指导。最好具有大量的背景材料和参考资料随时可供参考，以便学员可以获得对本课程内容更深入的了解。

当专家系统与仿真培训系统集成构成智能仿真培训系统后，可以训练在线故障排除科目。如果学员操作失误，不会造成真实的事故损失，也不会有真实的危险发生。更重要的是对于复杂的过程工厂，系统出现的非正常工况、失效、故障和误操作序列可能是天文数字。基于知识模型的深度学习技术可以自动给出大量高风险案例供学员训练，并且随时给出指导建议，进而对不熟悉的案例实现反复练习。以上这些训练还可以由学员自我支配，自我调整，用于提高学员的元认知能力。

美国国家培训实验室的调查结果表明（图7-2），多种教学方法以及智能教学方法的联合可以取得更好的学习效果。因为每一种教学方法和软件工具都有很强的知识传授能力和适用范围，如表7-1所示。正是多种教学方法和工具的联合和培训才帮助学员在知识、熟练度和能力三个方面都得到了提高。其中仿真培训对于提高学员的能力和熟练度具有特殊功效。

表 7-1 多种教学方法的适用范围

教学方法	知识	熟练度	能力
课堂讲课培训	★		
网络化培训	★		
仿真培训	★	★	
高级仿真培训	★	★	★
专家系统事故处理	★	★	★
资格训练程序	★	★	★
开/停车技术培训	★	★	★

智能仿真培训系统是目前技术含量最高，涉及技术门类较多，且研发难度最大的综合性高科技系统，也是本书探讨的重点内容。下面将介绍智能仿真培训系统的概念、国内外进展和关键技术。

7.3 智能仿真培训系统

(1) 过程工业仿真培训系统国内进展

将过程系统动态知识图谱模型用计算机实时积分运算，辅以图形化、虚拟现实或半实物操作单元就构成了仿真培训系统。自 20 世纪 70 年代以来，仿真培训系统已经广泛应用于过程工业操作工人的知识、能力和熟练度培训。

我国化工、石油化工与炼油工业仿真培训起始于 1987 年。在中国石油化工股份有限公司的投资、合作与全力支持下，我国第一个石油化工仿真培训系统研发成功，为大型引进装置开车可行性分析和操作工人的培训发挥了重大作用。其项目获中国石化科技进步二等奖。30 多年来我国石油化工仿真培训事业在企业教育培训部门的积极推动下取得令人瞩目的成就和长足的发展。其发展经历了技术研发阶段、推广应用阶段和产业化发展阶段。

在技术研发阶段，重点解决了我国石油化工仿真技术研究与开发体系的建设问题。技术体系主要包括：大中型合成氨厂流程动态建模、大型乙烯厂流程动态建模和大型炼油流程的动态建模，这是石油化工三大主流生产装置；复杂动态模型实时运行支撑平台技术；基于规则的仿真训练评分标准和教师仿真训练监控技术；多种仿集散型控制系统（DCS）的组态和操作平台技术；基于微机网络的分布式仿真软件运行技术；模拟仪表盘型和 DCS 型系列仿真器设计与批量制造技术等。研发阶段的成果为我国石油化工仿真培训系统的产业化奠定了坚实的人才基础、应用理论和开发技术基础。

1990 年，北京化工大学仿真中心在国内首先提出并倡导采用全数字仿真技术解决本科生的工程实践教学问题。著者所研发的化工仿真实习软件 PS-1000 \ PS-2000 \ PS-3000 系列（PS 是 Personal Simulator 的缩写，即个性化仿真器），已经在清华大学、北京大学、浙江大学、西安交通大学、上海交通大学、南京大学、华东理工大学、华中科技大学、兰州大学和西北工业大学等 100 多所大学应用，涉及工业过程自动化、化学工程、应用化学、环境工程、过程装备与控制工程、安全工程、生物及制药工程、热能与动力工程等多个专业。从 1993 年开始，通过在企业大办仿真技术培训班，仿真系统得到企业的普遍认同，仿真培训系统在全国范围推广应用。仿真系统已经成为不可或缺的职业训练手段。目前石化企业已全面将仿真系统应用于新入厂操作人员与技术人员的操作技能培训，新建或改造装置完成操作技能培训、在岗人员技能提升培训等。据不完全统计，我国化工领域应用仿真系统培训的工人数量超过了 100 万。北京东方仿真控制技术有限公司近 30 年来在化工仿真培训系统研发、产业化和大规模推广应用方面业绩显著。

2003 年，仿真中心研制成功多功能过程与控制实验系统 MPCE（Multifunction Process and Control Experiment System）。该系统采用先进的半实物仿真技术进行多功能、多组合、多专业的教学与科学实验。

2007 年，由上海市教委投资，北京化工大学仿真中心、上海信息技术学校与东方仿真控制技术有限公司合作完成了全流程级半实物仿真工厂，将我国石化仿真培训技术发展到一个新的水平。

2016 年，著者研发成功智能仿真培训系统 AI3-TZZY，实现了智能仿真培训系统的国产化。

(2) 智能仿真培训系统概念及国内外进展

将智能教学系统与仿真培训系统集成与融合，即构成了智能仿真培训系统。一个领域或专业智能仿真培训系统的实现，必须具备成熟的仿真培训系统和人工智能专家系统的基础，否则无法进行智能仿真培训系统的研发。

长期以来，在仿真培训系统大规模应用过程中，遇到的第一个普遍性难题是，一个教师无法顾及几十个到数百个学员同时进行的仿真训练，教师没有能力跟踪和监控每一个学员训练全过程。因此，大多数仿真培训系统具有自动评分程序，对每一个学员进行个性化操作质量评估。该程序可以实现操作步骤是否正确的跟踪评估、操作过程是否稳定的安全性跟踪评估和操作工况质量是否合格、依据记录曲线的偏离情况评估等功能。此类仿真系统已经是具有初级智能的仿真培训系统。具体方法是将专家系统规则或一些智能体程序嵌入到仿真模型中，完成操作质量评估任务。但是这种初级的智能程序仍然无法识别学员超越既定规则的误操作，并且对学员的操作失误不能及时给出详细的分析和解释，更无法给出学员正确操作的指导。

第二个普遍性难题是，缺少有丰富实践操作经验，特别是具有高水平故障排除能力的培训教师。合格的仿真培训教师需要长时间、大量的、精准分析评估的操作实践。即使这种有经验的教师，面对复杂的培训过程，识别学员动态随机故障的能力也是有限的。因为教师会疲劳，教师几乎无法记住众多学员操作的全过程细节，即大量基于"上下文"的前因后果操作事件和系统动态变化的事件。因此导致仿真培训教学质量难于提高。

第三个难题是根原因确认和不利后果的预测问题。由于教师几乎无法记住众多学员操作的全过程细节，学生往往是在操作中途出现偏离导致了大量需要解决的问题时才请教培训教师，因此教师也难于准确按操作时序的反方向分析出确切的根原因。因为操作的完整"痕迹"，特别是隐含的"痕迹"已经大部分消失，教师更难给出准确的如果继续偏离下去将会发生何种不利后果的预测。因为这是一个全工况、全流程范围的准确故障诊断和预测问题。

如果能使仿真系统更加智能化，自动解决以上三类问题，则可以在增强培训效果的同时大幅度降低教师数量和负担。这些问题可以通过采用高逼真度的仿真器，并将智能导师作为仿真器设计的一部分来解决。因此，人们越来越看重人工智能专家系统在仿真培训中的作用。

发达国家的智能仿真培训系统研发始于 20 世纪 80 年代。受当时计算机软硬件性能不足的制约，还属于方法可行性研究。例如，1989 年佐治亚理工学院人机系统研究中心，开发了复杂动态系统操作训练的定性仿真与智能教学系统。文献 [130] 指出：在复杂的动态系统如飞机、化工厂和发电厂的运行中，操作人员必须及时处理大量的信息，以保持理想的系统性能。一个复杂系统的各个子系统不断产生着大量的信息，并且必须及时处理。在这种监控环境中，人的有效性、及时识别和整合相关信息的能力，取决于他对系统操作的知识、解决问题的技巧以及他所提供的帮助。智能教学系统可以帮助组织系统知识和操作信息，并提供实践，用以开发学员的技能。仿真器与 ITS 相结合可以帮助学员训练有效的故障排除技巧。

1996 年，文献［131］提出利用智能教学系统加强仿真教育，列举了仿真教育利用智能教学的优点。该文献概述了离散事件仿真综合课程的目标和内容，介绍了一个智能教学系统的体系结构，讨论了这些复杂的学习辅助工具如何在学生学习环境中提供个性化的指导和支持。同时介绍了一个原型智能教学系统，即"仿真导师"，并提出了如何开发该系统，以加强仿真教育。

1997 年，文献［132］指出仿真在军事训练中发挥了重要作用。分布式交互仿真（DIS）允许多个学员对一个常见的训练问题进行实时互动。智能教学系统（ITS）的重点是在一对一的基础上提供教学，具有为每个受训人员提供个性化指导的同时，进行大规模团队演习的能力。陆军仿真、训练和设备司令部（STRICOM）发起了第二阶段小型企业创新研究（SBIR）资助项目。该项目开发了一个分布式交互式智能教学仿真系统，用于训练陆军步兵队长和消防队长在城市地形上合作执行军事行动所需的技能。

2001 年，文献［133］空军研究实验室的项目"基于剧情仿真和教学系统的快捷开发"指出，基于剧情（情景，场景）的培训中，学员通过对他们将在工作中使用的设备进行逼真的仿真来练习处理特定情况。这已被证明是一种非常有效的培训和认证方法。当仿真与智能教学相结合时效率就会提高。智能教学系统（ITS）通过评估学员的行为和提供个性化的指导来改进仿真训练。

2005 年，文献［134］中的"智能教学与仿真系统的结合"介绍了智能建模与仿真教学系统软件平台。与传统的 ITS 或仿真系统相比，该方法的目的是帮助学生在示例性训练案例中学习建模和仿真。所用的智能建模与仿真教学系统简称 TutMoSi。在 TutMoSi 中，客户提供了模型的一些信息，要求学生与客户互动。在获得所需的事实后，学生必须选择适当的建模形式，并构建模型。在建立模型后，学生必须通过仿真运行和与客户讨论评估结果来验证模型，以检查它是否符合要求。这种系统具有提高学生元认知水平的功能。

2005 年，文献［135］探讨了知识本体在智能教学系统中的作用，提出了用知识本体描述课程内容和在智能体（agent）之间交互信息。在实施多智能体协调行为时都存在着固有的困难，这些困难可以用知识本体来克服。知识本体描述了通信协议，提供了智能体之间如何交互的方式，并帮助智能体自行找到解决方案从而实现其目标。

2009 年，斯坦福大学的语言和信息学习中心发表文献［136］，提出了仿真训练中病态不确定域的智能教学问题。通过教官在损伤控制和船舶处理领域的访谈和观察，提供了教官如何将学生的培训扩展到定义良好的仿真世界之外的例子，其中包含关于上下文、假设变体和关键因素的定性推理剧情（场景，情景）。智能教学系统有机会成功地寻找学生答案中的相关因素，并应用约束以确保学生的推理和知识在可接受的范围内。

2010 年，文献［137］介绍了在智能导航系统中建立船舶导航专家性能认知模型的项目。虚拟环境（COVE）是海军用来训练军官如何完成船舶导航行动的船舶操纵仿真系统。这个系统的一个缺点是，不管练习多么基本，都要求专家级指导员不断监控进度并提供反馈。该项目的目标是开发一个具有专家船舶操纵系统性能的认知模型。该模型集成了智能教学系统和海军使用的虚拟视觉仿真环境。这种智能导师和专家认知模型为学生提供基于学生动作的指导，可以减少教师的工作量。

2010年，文献［138］介绍了在现有的训练仿真器中增加智能教学系统的方法，指出在发展低成本的仿真军事训练方面已经取得很大进展。军方认可先进的远程学习的潜力，力争最大限度地为教育和培训使用。例如，"战斗命令2010"（BC2010）是一种战术决策仿真软件。这是一个使用低成本仿真来增强高级远程学习的例子。实现方法是在现有的训练仿真软件中增加一个智能教学系统（ITS）。这些努力减少了训练士兵所需的计算机和人力的开销。士兵使用一台个人电脑，可以在仿真战场环境中练习战术技能。几年前，这样的培训还需要多台电脑、几个电脑操作员和一个观测控制器协调员。

2016年，文献［139］介绍了基于仿真的冷冻外科智能教学系统（ITS）原型，指出在医疗领域，特别是对技能和熟练度要求极高的外科手术领域，基于计算机的智能仿真培训可以克服传统教育方法固有的一些局限性，同时提供各种好处，例如降低风险、提高成本效益、增加演示和实践锻炼的机会、改进评估知识和能力的手段以及缓解与培训病人相关的道德问题。

以上国外进展综述中对部分文献内容适度进行了展开，从有限的国外进展文献中可以得到如下一些有启发性的结论。

随着智能仿真培训系统的推广应用，普遍认识到此类系统在减轻仿真培训教师负担、提高培训质量方面的优点。特别是在能力和熟练度训练，包括故障排除能力训练方面具有特殊功效。

成熟的仿真培训系统和智能教学系统（ITS）是研发智能仿真培训系统的基础和先决条件。智能仿真培训系统的研发不是少数人的行为，需要研发团队长期坚持和不懈努力，涉及大量资助和计算机软硬件设备。

智能仿真培训系统具有提高学生元认知能力的特殊功能，为学生创造了一种个性化、自我训练、自我认知、自我调节、自我控制的学习环境。但要实现此功能，需要设计良好的专家系统和多智能体与仿真系统的互动协同模式。

仿真训练中病态不确定域的智能教学，是长期困扰智能仿真培训系统研发和实用化的难题。"剧情"（scenario，又称场景、情景）是一种特殊定义的知识本体，具有用自然语言沟通上下文和准确描述时空多维度因果事件链的能力。在石化企业几十年大规模仿真培训和大型石化智能安全评估的实践中也能体会到，"剧情"是智能仿真培训知识本体的核心内容。

国内智能仿真培训技术的发展还处于起步阶段。据不完全了解，主要研究工作还局限在大学和研究单位，研究内容大多是自选课题，基本上没有重大立项和资助。例如：文献［140］和文献［141］对智能仿真培训系统进行了知识介绍，提到专家系统与仿真培训系统的几种联合方式。北京理工大学研发了一种间歇反应器智能仿真培训系统。中国石油大学研究了人工智能原理在炼油化工仿真培训系统中的应用。实时专家系统G2是著名商品化软件，在许多国家有较大的市场占有率，可以用来构建化工仿真培训系统，也可以构建作战指挥控制流程建模仿真系统，此外还可以用来构建卫星控制系统故障诊断的半物理仿真系统等。但是G2软件价格高，并且只能租用，无法与第三方仿真培训软件无缝连接，因此无法在国内推广应用。文献［148］讨论了应用多智能体的多无人水下航行器（UUV）仿真系统。文献［149］和文献［150］介绍了专家系统在仿真培训事故诊断与处理中的应用研究。还有一类文献介绍了电力仿真和化工仿真培训的智能评分系统。

从2003年开始，化工领域智能仿真培训系统的研发迎来了难得的机遇，历时15年的不懈努力取得了重大进展。著者在总结大量应用经验的基础上,通过在十几个化工企业试点,成功开发便携式智能型危险化学品特种作业仿真培训系统 AI3-TZZY(TZZY 是汉语拼音"特种作业"的大写字头)。这种智能化仿真培训系统融入了危险与可操作性分析(HAZOP)方法、新一代人工智能专家系统 AI3 技术和个性化仿真培训系统技术。

下面介绍知识本体模型与仿真模型的协同技术,重点是提高定量动态仿真模型逼真度的方法。作为全书内容的综合应用,介绍两个不同类型的仿真与智能教学系统成功应用案例:多功能过程与控制仿真实验系统(MPCE)和智能危险化学品特种作业实际操作仿真培训与考核软件 AI3-TZZY。

7.4 知识本体模型与仿真模型的协同技术

考虑到仿真建模在工程应用中是比较成熟的技术,因此不做全面展开,详细内容可参见本书著者所著《系统建模与仿真》[1] 一书。本书重点介绍仿真与智能教学系统开发中,专家系统的知识本体模型与仿真模型的协同技术。所谓协同技术,是确保仿真模型的计算结果与专家系统智能分析、解释和指导结论都正确,并且具有一致性的技术。

当知识本体中的事件都为具体事件,并且所有事件可定量观测时,则构成形式化知识本体,其协同问题十分简单。例如,动态形式化知识本体就是微分方程组,按照第五章由常微分方程组推导 SDG 模型的方法,直接推导出 SDG 定性模型。在仿真与智能教学系统中,微分方程组的循环数值积分过程就是仿真系统的实时运行过程;通过推理引擎直接挖掘对应 SDG 模型中的显式危险剧情,实现智能分析、智能诊断和智能指导。两种模型各司其职,完成智能仿真教学系统定性和定量模型的协同功能。此种情况大概也只有纯物理系统仿真模型有可行性。过程系统仿真模型多为复杂混合方程,其中所有具体事件的可观测性在仿真系统中可以满足,采用影响矩阵方法构建 SDG 模型,进而通过经验方法扩展为 SDG 联合 CDG 的 SOM_G 模型也有可行性。然而遗憾的是,由于实际系统多数变量是不可观测的,使得仿真模型的数据和参数缺乏实际依据。此外,大部分仿真数学模型是人工开发的,由于开发者了解实际过程的深度有限,导致仿真培训模型难于达到高逼真度要求。因此形式化知识本体通过偏导计算实现定性化方法大概也只有理论意义。

从根本上看,必须首先确保仿真模型是高质量的、准确的,全工况仿真结果都是高逼真度的,才能保证知识本体模型得到的诊断结果具有一致性,即不会出现矛盾,也就是保证了仿真与智能教学系统的可信性和可用性。

开发智能仿真教学模型比一般仿真培训模型的逼真度要求要高得多。除了准确仿真开/停车和正常工况,还需要准确仿真各种事故状态和非正常状态。为了适应智能仿真教学,本节对原仿真模型进行了全面修改,大部分仿真模型必须推倒重来。经验表明如果从一开始就严格遵守如下仿真模型开发要求,会少走许多弯路。

7.4.1 仿真模型的质量评估

仿真模型是否达到了预期的效果,能否投入仿真应用,特别是智能教学的应用,是模型开发者完成建模工作后特别关心的问题。仿真模型必须进行有效性检验与验证(V&V)。这

---

[1] 吴重光. 系统建模与仿真 [M]. 北京:清华大学出版社,2008.

项工作通常称为模型质量评估与修正。进行模型质量评估涉及仿真模型的有效性和仿真模型的评价方法。

(1) 仿真模型的有效性

仿真模型是依据过程系统数据源由人工建立的数学描述,这种数学描述能够产生与过程系统相似的行为数据。仿真模型所产生的行为数据与实际过程系统数据源的相似程度称为模型的有效性。通常仿真模型的有效性按复制有效、预测有效和结构有效分为三级,后面的相似程度高于前面的相似程度。

① 若仿真模型产生的数据与过程系统数据源相匹配,称为复制有效。

② 在过程系统数据源取得之前,可以得到仿真模型产生的数据与过程系统数据源的匹配情况,称为预测有效。

③ 仿真模型不仅具有预测有效特性,而且可以反映出产生这些行为数据的内在原因,称为结构有效。智能仿真模型恰恰需要这种结构有效特性,以便通过挖掘所发生的剧情解释确切原因和预测后果。

仿真模型所达到的有效级别越高,建模工作的难度越大,付出的人力、时间和经费越多。因此,针对不同的应用课题不一定非要采用结构有效的仿真模型。例如:一般的仿真培训任务采用复制有效模型就可以满足要求;事故分析需要采用预测有效模型;智能仿真培训系统模型最好是结构有效模型,以便准确仿真尽可能多的非正常工况、未遂事件和事故特性;生产优化可能涉及结构有效模型,这种选择又称为最小费用模型问题。

(2) 广义和狭义对象动态特性仿真

过程系统的稳定状态(即稳态)不是静止不动的含义,而是指系统处于动态平衡时,各参数的变化率为零,即参数维持不变。动态是指当系统受到扰动后,从原来的稳态变化到新的稳态的全过程(对于常见的自衡系统或有自动控制的系统而言),在这个过程中,各参数的变化率不为零,即处于变化之中。为了实施有效的仿真,必须首先准确把握过程的动态特性。

过程系统是控制系统之外的被控对象。被控对象又分为广义对象和狭义对象。广义对象是指系统中除控制器以外的所有部分,即从控制器输出端开始到控制器输入端为止的整个通道。广义对象通常包括阀门定位器、执行机构、控制阀、狭义对象、检测元件、变送器等相关部分。所有广义对象包含的部分都应当用动态仿真模型准确仿真。为了确保仿真模型的有效性,本书介绍的 MPCE 系统特意规定:仿真模型在控制系统组态时控制器从"变送器采集点"取数据,并将控制器输出连接到"带定位器的控制阀",同时将控制器置手动,此时测得的特性为广义对象特性。智能仿真培训系统的模型必须是广义对象模型。

狭义对象是从控制阀出口到检测点之间的过程和设备,就是过程系统本身构成的对象。仿真模型在控制系统组态时,MPCE 系统规定:向"控制输出点"所定义的阀门送信号(包括手动操作),从"数据源"取响应数据,才能测得狭义对象特性。系统仿真实验时如果将控制器模型直接连接到狭义对象模型上,会出现很大的动态特性偏差,例如,当实际可编程序控制器(PLC)连接仿真模型构成半实物仿真实验时,如果连接的是狭义对象模型,则控制器所有参数都会比连接实际对象时出现很大偏差,也就是仿真模型的有效性变差。模型开发者往往对此种情况迷惑不解,认为自己的仿真模型没有任何问题,但仿真的结果就是不正确。殊不知是把狭义对象模型当成了广义对象模型。

在实际系统中,也有可能是广义和狭义对象的混合特性。为了试验信号传输动态特性对全系统动态特性的影响,应用 MPCE 进行仿真实验时可以对"数据源"、"变送器采集点"、

"控制输出点"和"带定位器的控制阀"通过控制系统组态软件自由组合。例如，当控制阀尺寸较小且气信号传输距离很短时或采用电动执行机构和电动调速机构且信号传输滞后小时，在控制系统组态时，可选"控制输出点"；在变量测试信号传输滞后很小的场合，在控制系统组态时，可选"数据源"。

(3) 动态仿真模型的评价方法

动态仿真模型的评价具有一定的难度，这些困难不在于方法，而在于实际过程系统的多数变量不可观测或不允许进行对照试验，因为大幅度改变实际过程的工况会导致恶性事故。

过程系统的动态特性不仅体现在相对平衡状态，即稳态时刻的状态，更主要的是体现在系统受到干扰或者经历了某些外部操作后，系统所呈现出的随时间增长的变化规律（瞬态响应过程）。这些变化规律对于同一系统在不同的初始条件下，或不同的外部干扰下，可能是不相同的（非线性系统）。因此，评价一个动态仿真模型的有效性，理论上应当对不同的边界条件、不同的初始条件和不同的外部干扰（包括干扰幅度的变化）做多种平行试验。同时在动态模型达到稳态后，将稳态值与真实过程系统的对应稳态值进行比较。

实际应用中考虑到条件限制，评价方法只能相应简化，常用稳态值鉴定法或时域评价法。

① 稳态值鉴定法 将仿真模型运行至正常工况，即设计要求的操作负荷。稳定工况 $0.5\sim1h$，直至各变量没有变化（或没有明显变化），与控制系统联机打印出主要参数的综合报表。将仿真结果与设计数据一一比较，对于一般仿真培训而言，最大偏差控制在 $\pm(3\%\sim5\%)$ 为合格。智能仿真培训要求更高。

如果现场能够提供峰值负荷及低限负荷的数据，可进一步按上述方法做峰值工况和低限工况的稳态值鉴定。对于一般仿真培训而言，最大偏差控制在 $\pm(3\%\sim10\%)$ 为合格。智能仿真培训要求更高。

稳态值鉴定法是应用非常广泛且有效的方法，该方法可以考核动态仿真模型的稳定性。如果动态仿真模型的固有稳定性差，可能无法长时间稳定在设计值上。同时该方法可以考核动态仿真模型变化趋势的正确性，如果仿真趋势相反，肯定不会收敛到与实际工况相同的稳态值范围内。最终，该方法考核了动态仿真模型定量化的稳态精度。动态仿真模型仿真结果与设计数据的稳态偏差越小，模型的有效性越高。

② 时域评价法 对于动态仿真模型只进行稳态值鉴定是不够的，因为稳态值鉴定法无法验证动态仿真模型在受到干扰后直到进入新的稳态之前这一段非稳态过程的特性，而操作步骤、操作方法、操作力度、操作时机、事故演变、事故处理策略，特别是控制系统的作用等都与这段非稳态特性相关。对于专家系统知识本体模型而言，这是影响关系来自实际的直接取证。理论上而言，经典控制理论和现代控制理论的方法都可以用来评价动态仿真模型的特性。但实际过程系统往往难于详细取证，为了使评价具有可操作性，时域评价法简化为经验法和抽样测试法两种。

经验法是由有经验的现场工程技术人员配合，对动态仿真模型中各主要设备模型和变量变化的时间常数及各时间常数的协调性进行调试和修改，直到现场工程技术人员对动态仿真模型主要变量的响应过渡时间与现场比较达到相似的"感受"为合格。这种动态检验对于仿真培训系统建模是可行的。如果仿真模型的用途是智能仿真培训、控制方案分析、优化操作或优化控制，则除了经验法外抽样测试法是必要的。

抽样测试法必须由建模人员与现场工程技术人员合作完成。首先双方共同选择被仿真对象中决定动态响应特性的关键变量，统一现场试验和仿真运行的初始条件；然后在尽可能相同的工况下分别在现场和仿真器上做试验，将得出的瞬态响应曲线进行比较。图 7-4 是某炼油厂催化裂化装置烟机甩负荷后，实际抽样测试数据与仿真模型计算曲线的对照结果。结果表明仿真模型基本达到了预测有效水平，实际应用效果很好，得到企业好评。

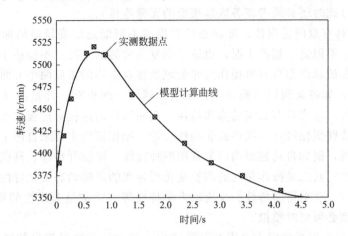

图 7-4　某炼油厂烟机甩负荷后实测数据与仿真超速曲线对比

仿真模型动态响应过程的定量化评价常用积分指标，即误差绝对值积分性能指标（IAE）、误差绝对值乘时间积分性能指标（ITAE）、误差平方积分性能指标（ISE）或误差平方乘时间积分性能指标（ITSE）等。积分指标有利于评价随时间变化过程的相似程度。

7.4.2　动态仿真模型的特点及建模注意事项

(1) 动态仿真模型求解的实时性

动态仿真模型运行特点是随着时间的连续增长，按选定的积分时间步长，每跨进一个步长，需将全部动态仿真模型求解一遍，只要不给出停止命令，这种按积分步长求解的循环应永不休止地继续下去。积分步长选多大为宜？对于过程系统而言，由于设备多、流程长、容量大，其动态特性一般都呈现出高阶微分方程的瞬态响应，即系统受到干扰后过渡过程比较长，变化较缓慢。经验证明积分步长选 1s 可以达到实时要求。

尽管如此，由于过程系统动态仿真模型复杂、规模大，在 1s 的时限内仿真机还需占用约 50% 的时间完成数据处理、通信、人机界面交互等任务，因此动态仿真模型的计算必须快速。提高仿真模型实时性常用的技巧如下：

① 通过预先试算找出规律，尽量避开非线性代数方程组的迭代计算；
② 使用回归（神经网络）或辨识方法获取简化降阶模型；
③ 使用欧拉法求解高阶微分方程；
④ 偏微分方程简化为常微分方程；
⑤ 采用稳态加动态补偿方法获取动态响应。

(2) 动态仿真模型的可操作性

动态仿真模型不仅可以反映正常工况的现象，而且要反映超负荷及低负荷工况的现象，还应包括冷态开车、热态开车、正常停车、紧急停车和事故状态的现象。所有操作点均能从 0% 到 100% 任意变化。动态仿真模型的这种大范围的适应能力称为可操作性。可操作性具有如下特点。

① 可操作性具有随机特点。即操作可能在任意时刻发生，操作时不能暂停仿真运算，

因此软件编程必须引入"键捕捉"或"软中断"技术。

② 可操作性具有全程特性。即动态仿真模型能适应操作变量在全范围的变化。如果达不到此要求,应修改动态仿真模型或使用条件语句切换多个适应不同范围的动态仿真模型以适应全范围变化(此时还必须考虑各区段模型的无缝连接)。

③ 可操作性具有双向适应性。即动态仿真模型不但能适应变量值增加的情况,同时也适应减少的情况;不但适于超限工况,也适于恢复正常后的工况;不但适于开车,也适于停车。换言之,动态仿真模型具有可操作意味着顾及客观事物的正反两个方面。

④ 操作单元,如各类阀门(截止阀、蝶阀、球阀、闸板阀、计量阀等)、各类控制阀、开关、烟气挡板等,应当具有真实的操作特性。例如操作的进程对过程变量所产生的时延特性、惯性特性或特殊变化特性(线性或非线性)等。操作特性主要来自两个方面:其一是操作单元自身的特性,例如自动控制阀门的常用四种特性,即快开特性、直线特性、等百分比特性和抛物线特性;其二是操作单元的调整变化所导致的系统动态变化特性,如管道流量变化特性、传热特性、动量传递特性、反应动力学特性等(常常是非线性的规律)。两方面密切相关,仿真模型必须同时模拟。

⑤ 操作单元在流程系统中大多安装在管路中,其对流动物料流量的操控能力与该操作单元在整个流路中阻力降所占的比例有关。这种比例是随着流体网络系统的工况状态变化的。仿真模型必须综合考虑网络流体动力学影响。

(3) 动态仿真模型的逼真性

仿真模型常采用微分方程、偏微分方程、代数方程和逻辑运算方程的连续和/或离散、线性和/或非线性混合模式,所以很难用理论方法(如控制理论中的状态空间)、经典方法(如时域、频域或根域法)进行评价。通常采用简化实用的评价方法如下:

① 变量变化的时间常数与现场一致或各变量时间常数相互之间的协调关系与现场一致;

② 变量变化的趋势正确;

③ 系统达到正常稳定工况时,主要变量值与设计值的偏差在-5%到$+5\%$之间;

④ 各变量之间相互影响的趋势关系正确。

为了使动态仿真模型达到较好的逼真性,开发者对实际过程系统进行深入的了解,详细分析现场技术资料,与现场技术人员密切合作是非常必要的。在此基础上还应采用恰如其分的数学描述,并且经过反复修改调试才能实现。

(4) 动态仿真模型的可靠性

仿真模型初步开发完成后,必须进行长时间的运行考核,以便检查动态仿真模型是否具有较强的可靠性。一般而言,当模型的连续运算稳定在某一状态后,若不进行任何操作,各变量在$8\sim24h$之内不应出现漂移,更不能出现超限或溢出返回系统等现象。

为了实现动态仿真模型动态运算的可靠性,可从以下四方面入手。

① 凡是采用二阶以上微分方程模型,都存在数学模型的固有稳定性问题。也就是说如果模型的结构和参数设置不当,模型自身就是不稳定的,会出现振荡,甚至发散型振荡导致计算溢出。

② 凡属代数方程模型及代数运算,应防止分母除零或对负数开方等不合理的计算发生。

③ 自动控制系统必须进行基于仿真的在线 PID 参数整定,以防控制器不稳定所引起的变量波动。

④ 任何数学公式都是有条件限制的,特别是经验方程,而化工计算中的绝大多数计算公式都是经验方程。经验方程超出条件范围后,可能导致计算结果偏离或发散。因此,除了

对数学公式的使用范围加以限制外，还应对有关变量的上、下限做限幅处理。

7.5 高精度动态仿真模型开发案例

高精度动态仿真模型开发的基本原则和检验标准只有一条，即必须得到实践的检验。因此应当选择工业实际中典型的单元和过程作为建模目标，最好是开发者非常熟悉的，亲自操作过并且获得大量一手数据资料的实际系统。依据具体问题具体分析的规则，有多种多样提高动态仿真模型精度的方法。本节从智能仿真培训系统建模中选择几个案例简要介绍如下。

7.5.1 充分利用工程设计的成熟计算方法

工程设计中成熟的工艺和设备计算方法，是保证动态仿真稳态精度的一种有效检验手段。也可以直接在仿真建模中运用工程设计算法。由于化学工业的历史悠久，在化学品物理性质计算、流体力学计算、典型化工设备的工艺特性计算、流体管道计算和化工计算程序等方面都有成熟的经验。例如热交换系统模型就可以运用工程设计算法。

(1) 热交换器总传热系数的计算方法

① 热交换器设备参数和工艺数据 热交换器的设备参数如下：

壳内径	$D=250\text{mm}$	管长	$L=5.0\text{m}$
折流板间距	$B=0.1\text{m}$	列管外径	$d_o=19\text{mm}$
列管内径	$d_i=15\text{mm}$	列管根数	$n=52$ 根

在仿真培训系统上测试得到的热交换器正常工况工艺数据如下：

FR-1	管程冷却水入口流量	18441kg/h
TI-2	管程入口温度	20.0℃
TI-3	管程出口温度	32℃
FIC-1	磷酸钾溶液壳程入口流量	8849kg/h
TI-1	壳程入口温度	65.0℃
TIC-1	壳程出口温度	32.0℃

热交换器实验物性数据如表 7-2 第 2 行所示。表 7-2 中的物性数据在下面逐一解释。

表 7-2 热交换器实验数据

实验数据	管程	壳程
定性温度	$t=(32+20)/2=26℃$	$T=(65+32)/2=48.5℃$
物性数据	$\rho_2=1000\text{kg/m}^3$ $\mu_2=3.27\text{kg/(m·h)}$ $C_{p2}=1.0\text{kcal}$❶$/(\text{kg·℃})$ $\lambda_2=0.51\text{kcal/(m·h·℃)}$	$\rho_1=1300\text{kg/m}^3$ $\mu_1=4.3\text{kg/(m·h)}$ $C_{p1}=0.757\text{kcal/(kg·℃)}$ $\lambda_1=0.49\text{kcal/(m·h·℃)}$

② 管程给热系数计算 依据《化工工艺设计手册》，管程给热系数 h_i 计算公式如下：

$$h_i = J_H C_p G_t \left(\frac{C_p \mu}{\lambda}\right)^{-2/3} \tag{7-1}$$

---

❶ 1kcal=4.1868kJ。

式中　h_i——管程给热系数，kcal/(m²·h·℃)；
　　　J_H——柯尔本因子；
　　　C_p——流体比热容，kcal/(kg·℃)；
　　　G_t——管内比流量，kg/(m²·h)；
　　　μ——流体平均温度下的黏度，kg/(m·h)；
　　　λ——流体热导率，kcal/(m·h·℃)。

计算管内比流量：

$$G_t = \frac{\text{FR-1} \times N_P}{\frac{1}{4}\pi d_i^2 N_t} = \frac{18441 \times 2}{0.785 \times (0.015)^2 \times 52} = 4.016 \times 10^6 \text{kg}/(\text{m}^2 \cdot \text{h})$$

式中　N_P——管程数；
　　　N_t——列管数；
　　　d_i——管内径，m。

管内流体流动雷诺数：

$$Re_t = \frac{G_t d_i}{\mu_2} = \frac{4.016 \times 10^6 \times 0.015}{3.27} = 18422$$

由《化工工艺设计手册》查得柯尔本因子：

$$J_H = 4.0 \times 10^{-3}$$

计算管程给热系数 h_i：

$$h_i = J_H C_p G_t \left(\frac{C_p \mu}{\lambda}\right)^{-2/3} = 4.0 \times 10^{-3} \times 1.0 \times 4.016 \times 10^6 \times \left(\frac{1.0 \times 3.27}{0.51}\right)^{-2/3}$$
$$= 4654.5 \text{kcal}/(\text{m}^2 \cdot \text{h} \cdot \text{℃})$$

③ 壳程给热系数计算　已知折流板间距 $B=0.1\text{m}$。计算壳程质量流速：

$$G_s = \frac{\text{FIC-1}}{a_s} = \frac{8849}{0.003} = 2.95 \times 10^6 \text{kg}/(\text{m}^2 \cdot \text{h})$$

式中：

$$a_s = D_s C' B / P_t = 0.25 \times 0.006 \times 0.05 / 0.025 = 0.003 \text{m}^2$$
$$C' = P_t - d_0 = 0.025 - 0.019 = 0.006 \text{m}$$

计算当量直径：

$$De_s = \frac{3.464 P_t^2 - \pi d_0^2}{\pi d_0} = \frac{3.464 \times (0.025)^2 - 3.1416 \times (0.019)^2}{3.1416 \times 0.019} = 0.0173 \text{m}$$

壳程流体流动雷诺数：

$$Re_s = \frac{G_s De_s}{\mu_1} = \frac{2.95 \times 10^6 \times 0.0173}{4.3} = 11869$$

已知折流板缺口为 25%，由《化工工艺设计手册》查得柯尔本因子：

$$J_s = 47$$

计算壳程给热系数 h_o：

$$h_o = J_s \frac{\lambda}{De_s} \left(\frac{C_p \mu}{\lambda}\right)^{1/3} = 47 \times \frac{0.49}{0.0173} \times \left(\frac{0.757 \times 4.3}{0.49}\right)^{1/3}$$
$$= 2502.5 \text{kcal}/(\text{m}^2 \cdot \text{h} \cdot \text{℃})$$

④ 总传热系数 u_c 计算　由《化工工艺设计手册》查得：管内流体污垢热阻 $\gamma_i = 0.0002$ (m·h·℃)/kcal，管外流体污垢热阻 $\gamma_o = 0.0001$ (m·h·℃)/kcal。管壁热阻为

$$\gamma_w = \frac{l_w}{\lambda_w} = \frac{0.002}{40} = 0.00005 (m^2 \cdot h \cdot ℃)/kcal$$

式中 l_w——管壁厚度，m；
λ_w——管材热导率，kcal/(m·h·℃)。

计算总传热系数 u_c：

$$u_c = \left(\frac{1}{h_o} + \frac{1}{h_i} \times \frac{d_o}{d_i} + \gamma_o + \gamma_i \times \frac{d_o}{d_i} + \gamma_w \times \frac{d_o}{d_{av}}\right)^{-1}$$
$$= \left(\frac{1}{2502} + \frac{1}{4654} \times \frac{0.019}{0.015} + 0.0001 + 0.0002 \times \frac{0.019}{0.015} + 0.00005 \times \frac{0.019}{0.017}\right)^{-1}$$
$$= 969.7 kcal/(m^2 \cdot h \cdot ℃)$$

仿真模型运行时改变热交换器的热流或冷流的流量，每改变一次且等待热交换器运行状态稳定后（通过记录曲线判断），记录一组数据，然后按照以上3个步骤计算出总传热系数 u_c。将各组总传热系数的结果进行比较，可以揭示影响热交换器传热效率的规律。

（2）热交换器实验数据仿真测试画面

图 7-5 是智能仿真培训软件 AI3-TZZY 中热交换器单元提供的实验数据测试画面。画面中的右下角小窗口实时显示了对应过程变量位号和数据。实验时可以方便地记录这些数据，并且通过记录曲线画面显示和保存。

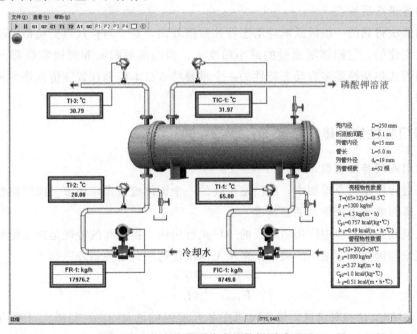

图 7-5　热交换器系统实验数据测试画面

（3）热交换器动态特性测试实验

列管式热交换器是常见的热交换设备，由于它是一个单一的设备，因此容易将其特性考虑成单容一阶特性。然而，由于列管式热交换器的特殊结构，使其热流和冷流的出口温度在热流或冷流流量变化时呈现多容高阶响应特性，因为无论是在列管式热交换器的壳程还是管程，流体传热都是依次流经较长距离的换热面积，在每一区段中都进行热交换过程，相当于一系列微元热交换器串联在一起。将每一个微元热交换器简化为一个单容过程，则出口温度已经属于多容的最末端检测值。因此，列管式热交换器构成的热交换过程具有多容特性。

过程变量阶跃响应动态特性的测试方法是，对冷却水控制阀（将控制器 TIC-1 置手动，调整手动输出）的每一次阶跃变化，采用图解法在响应曲线的拐点处做切线，利用水平和垂直辅助线找到切线与时间轴及新稳态值渐近线的交点，可近似测得高阶响应的特征参数，即纯滞后时间（τ）和时间常数（T）。部分结果见表 7-3 中的数据。

表 7-3 热交换器动态特性测试实验记录

测试结果项目	TIC-1 输出 /%	调整后的 TIC-1 输出 /%	时间参数	
			τ/s	T/s
1	80	85	9	21
2	40	30	39	54
3	30	25	43	61
4	25	20	55	72
5	20	10	102	142

测试结果表明，所有响应曲线都呈现 S 形，即起始缓慢，之后才加快速度，具有明显的多容过程的容量滞后特点。

通过图解法得到的一组阶跃响应动态特性数据看出，对于列管式热交换器纯滞后时间和时间常数是变化的，它们都随流量的减小而变大，即纯滞后时间和时间常数都与流量成反比，这是列管式热交换器多容动态特性的一个重要特点。本模型在智能仿真培训系统中得到了成功应用。

7.5.2 阀门特性仿真建模

(1) 常用阀门特性模型

在化工过程广义对象模型中，阀门是重要的一个流体流量操控环节。阀门特性在模型中是否准确计算影响着系统仿真的逼真度。

气动控制阀是在工业中应用最广泛的一种执行机构。控制阀的特性是指其流量特性，即控制阀的流量与阀门开度之间的关系。常用无因次化的相对量关系表达如下：

$$\frac{F}{F_{max}} = f\left(\frac{l}{L}\right) \tag{7-2}$$

式中，F/F_{max} 是相对流量，等于阀门在某开度时的流量（F）与最大流量（F_{max}）之比；l/L 是相对开度，等于阀门在某开度的阀杆行程（l）与全行程（L）之比，常用百分比（%）表示。

实际过程中，流经控制阀的流量与阀门的开度和阀门两端的压差有关。为了标准化，控制阀厂家提供的流量特性曲线，是在控制阀处于恒定压差下测得的。此种特性称为控制阀固有特性或理想特性。控制阀特性常见有直线特性、等百分比（对数）特性、抛物线特性和快开特性四种。

① 直线流量特性 是指控制阀相对流量与相对位开度成直线关系，即单位开度变化所引起的流量变化为常数。特性计算式为

$$\frac{F}{F_{\max}} = \frac{1}{R} + \left(1 - \frac{1}{R}\right)\frac{l}{L} \tag{7-3}$$

② 等百分比（对数）流量特性　是指单位开度变化所引起的相对流量变化与该点的相对流量成正比关系，即控制阀的增益随相对流量的增大而增大。特性计算式为

$$\frac{F}{F_{\max}} = R^{\frac{l}{L}-1} \tag{7-4}$$

③ 抛物线流量特性　是指单位开度变化所引起的相对流量变化与该点的相对流量的平方根成正比关系，即相对流量与相对开度之间为抛物线关系，位于直线和对数曲线之间。特性计算式为

$$\frac{F}{F_{\max}} = \frac{1}{R}\left[1 + (\sqrt{R} - 1)\frac{l}{L}\right]^2 \tag{7-5}$$

④ 快开流量特性　是指开度较小时就有较大的流量，随开度的增大，流量很快接近最大，再加大开度，流量变化很小。特性计算式为

$$\frac{F}{F_{\max}} = \frac{1}{R}\left[1 + (R^2 - 1)\frac{l}{L}\right]^{\frac{1}{2}} \tag{7-6}$$

以上各式中，阀门所能控制的最大流量（$F_{\max}$）与最小流量（$F_{\min}$）之比 R，称为可调比。一般控制阀 R 常取 30，高精度控制阀为 50。

控制阀的增益 K_V 定义为：所控制的流量相对变化量与阀杆行程的相对变化量之比。即

$$K_V = \frac{\Delta F/F_{\max}}{\Delta l/L} \tag{7-7}$$

实际工业中，控制阀很少在恒定压降下工作，导致控制阀的特性将偏离固有特性。偏离（畸变）的程度与控制阀前后压降占系统总压差的比有关，压降比 S 定义为控制阀全开时阀前后压差与系统总压差之比。S 值越小，偏离越严重。当阀门不是用于准确调节流量，而是用来开启或截止流量时，不必考虑流量特性。快开特性通常是此类手动操作阀门的流量特性。

(2) 控制阀特性仿真测试实验

① 实验目的

a. 了解控制阀固有流量特性。

b. 比较直线特性、等百分比（对数）特性、抛物线特性及快开特性的不同。

c. 测试计算控制阀的增益。

② 实验工艺过程描述

工艺过程选择 MPCE 中的离心泵与液位单元，流程图见图 7-6。通过自动控制液位维持上游稳定，更换不同流量特性，对相同流通能力的控制阀 V2，采用计算机控制组态软件的斜坡信号发生器向 V2 连续发送单位斜坡信号，使 V2 从 0% 到 100% 连续变化，记录流量 F2 的变化曲线，即控制阀固有流量特性的近似曲线。

③ 控制系统组态

a. 保留液位 L1 控制系统，以便稳定上游工况。采用本软件组态模块中的限幅器、除法器、乘法器、外作用函数（用两个，一个产生斜坡信号，另一个产生流量最大值阶跃信号）和记录仪，构成控制阀流量特性曲线生成自动计算和显示系统。组态画面如图 7-7 所示。

b. 完成趋势画面组态，选择 F2（流量）、V2（控制阀开度）两个变量进行趋势记录。

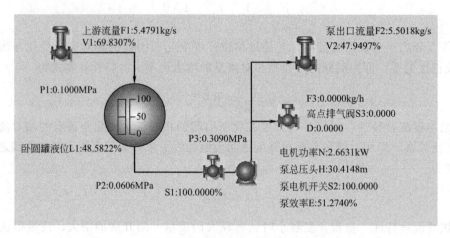

图 7-6　MPCE 中离心泵与液位单元流程图

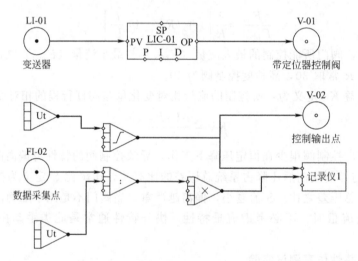

图 7-7　液位控制系统及控制阀流量特性曲线生成自动仿真系统组态

c. 阀门 V1 选线性特性。阀门 V2 在实验时更换特性。

④ 实验步骤

a. 将测试软件选定为运行状态。

b. 参照操作规程将本系统开车到稳定工况。此时，手动调整阀门 V2 的开度为 0%，液位 L1 设定值设为 50%，通过自动控制将液位 L1 稳定在 50%。

c. 在停止状态下，通过组态将阀门 V2 设定为直线特性，启动系统，记录流量 F2 随阀门 V2 逐渐从 0% 开大到 100% 的曲线，见图 7-8。

d. 将阀门 V2 调回 0% 开度，等系统稳定后，令上位机软件停止。

e. 在停止状态下，通过组态将阀门 V2 设定为等百分比特性，启动系统，记录流量 F2 随阀门 V2 逐渐从 0% 开大到 100% 的曲线，见图 7-9。

f. 将阀门 V2 调回 0% 开度，等系统稳定后，令上位机软件停止。

g. 在停止状态下，通过组态将阀门 V2 设定为抛物线特性，启动系统，记录流量 F2 随阀门 V2 逐渐从 0% 开大到 100% 的曲线，见图 7-10。

h. 将阀门 V2 调回 0% 开度，等系统稳定后，令上位机软件停止。

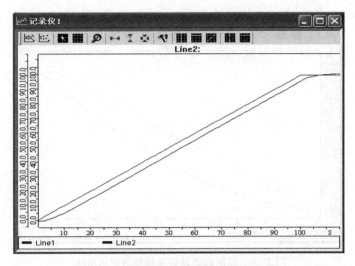

图 7-8 控制阀为直线特性的记录曲线

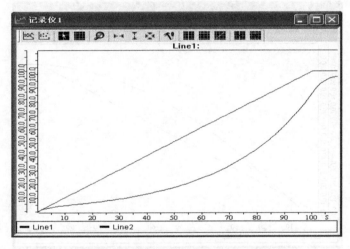

图 7-9 控制阀为等百分比特性的记录曲线

ⅰ. 在停止状态下,通过组态将阀门 V2 设定为快开特性,启动系统,记录流量 F2 随阀门 V2 逐渐从 0%开大到 100%的曲线,见图 7-11。

⑤ 实验结果记录

图 7-8~图 7-11 分别记录了阀门 V2 为直线特性、等百分比(对数)特性、抛物线特性及快开特性的阀门开度相对变化所引起 F2 的相对变化趋势。图 7-8~图 7-11 中的斜直线是控制阀 0%~100%开度理想直线特性曲线。

⑥ 实验分析与结论

a. 本实验利用了 MPCE 软件的多种特殊计算模块组态功能:其一,采用外作用函数模块及限幅器产生从 0 到 100、斜率为 1 的斜坡信号,发送到阀门 V2 使其等幅增加百分比开度;其二,采用外作用函数发生最大流量值 F_{max},利用乘法器与除法器计算流量变化相对百分比 $(F/F_{max}) \times 100\%$;其三,利用记录仪功能记录阀位和流量的相对百分比变化,通过记录仪直接得到控制阀流量特性曲线。

b. 选择离心泵流程试验控制阀特性,由于出口管路较短,控制阀的压降占优势,即 S

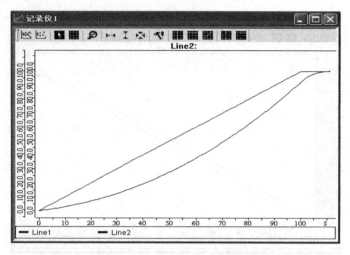

图 7-10　控制阀为抛物线特性的记录曲线

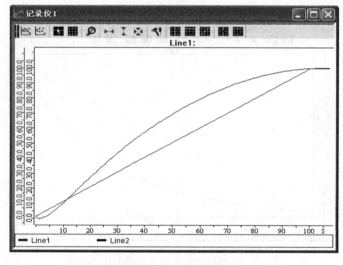

图 7-11　控制阀为快开特性的记录曲线

值接近 1，对减小控制阀流量特性曲线的畸变有利。即使在这种条件下，控制阀在管路系统特性的影响下，仍然会出现曲线比固有理想曲线偏低的现象。这恰恰说明仿真模型考虑了系统的综合流体力学特性，更接近于实际情况。

c. 在各条曲线的起始段与终止段，由于受到流量变化的一阶滞后影响曲线的畸变较大，同时在流量从 0% 变化到全量程 100% 的大范围内，受到离心泵出口流量特性的影响，使得测试曲线与理想曲线有较大偏差，不过已经可以明显看出四种流量特性的区别。

7.5.3　间歇反应动力学仿真建模

化学反应过程具有很大的危险性，一旦反应失控将会造成不可挽回的人员伤亡、财产损失和环境污染。间歇反应（包括连续反应）仿真实验，对于大多数学生而言主要是通过对反应机理的进一步了解，提高安全意识和掌控危险化学反应过程的能力。因此动态模型必须准确仿真反应动力学全过程。

经调研和计算试验，国内外教科书和反应动力学理论书上的反应动力学模型都存在着不足，直接引用无法满足仿真培训的需要。主要问题是反应动力学特性与实际情况相差很大，其时间分辨率远远不足。这同教科书的目的（只是表达反应动力学的概念）有关。

修改模型可以通过调整反应动力学模型数学结构、调整模型参数和使用两个积分步长等方法实现。下面分别给出本间歇反应过程的动力学模型、反应动力学数据、主要物性数据、间歇反应设备尺寸和批量用料量。借助于相关模型和数据，通过修改和扩展设计，获得了逼真度高和具有全工况仿真精度保持能力的反应动力学模型。

（1）间歇反应动力学模型

① 化学反应式

本书间歇反应选择橡胶硫化促进剂 M 反应过程。原料邻硝基氯苯、多硫化钠和二硫化碳在反应釜中经夹套蒸汽加入适度热量后，将诱发复杂的化学反应，反应过程需要操作员仔细控制反应速率，不但要尽量减少副反应的发生，还要确保反应不会失控爆炸。本间歇反应产生钠盐及其副产物，其主要化学反应可概略描述如下：

$$2\,\text{o-O}_2\text{N-C}_6\text{H}_4\text{-Cl} + \text{Na}_2\text{S}_n \longrightarrow (\text{o-O}_2\text{N-C}_6\text{H}_4\text{-S})_2 + 2\text{NaCl} + (n-2)\text{S}\downarrow$$

$$(\text{o-O}_2\text{N-C}_6\text{H}_4\text{-S})_2 + 2\text{CS}_2 + 2\text{H}_2\text{O} + 3\text{Na}_2\text{S}_n \longrightarrow 2\,\text{C}_6\text{H}_4(\text{N=C-SNa})\text{S} + 2\text{H}_2\text{S}\uparrow + 2\text{Na}_2\text{S}_2\text{O}_3 + (3n-4)\text{S}\downarrow$$

以上反应式还可分步写成：

$$(\text{o-O}_2\text{N-C}_6\text{H}_4\text{-S})_2 + \text{Na}_2\text{S}_n \longrightarrow 2\,\text{o-O}_2\text{N-C}_6\text{H}_4\text{-SNa} + n\text{S}\downarrow$$

$$\text{o-O}_2\text{N-C}_6\text{H}_4\text{-SNa} + \text{Na}_2\text{S}_n \xrightarrow{\text{H}_2\text{O}} \text{o-H}_2\text{N-C}_6\text{H}_4\text{-SNa} + \text{Na}_2\text{S}_2\text{O}_3 + (n-2)\text{S}\downarrow$$

$$\text{o-H}_2\text{N-C}_6\text{H}_4\text{-SNa} + \text{CS}_2 \longrightarrow \text{C}_6\text{H}_4(\text{N=C-SNa})\text{S} + \text{H}_2\text{S}\uparrow$$

$$2\,\text{C}_6\text{H}_4(\text{N=C-SH})\text{S} + \text{Na}_2\text{S}_n \longrightarrow 2\,\text{C}_6\text{H}_4(\text{N=C-SNa})\text{S} + \text{H}_2\text{S}\uparrow + (n-1)\text{S}\downarrow$$

实践证明缩合反应不是一步合成，除上述主反应外还伴有副反应发生：

$$\text{o-O}_2\text{N-C}_6\text{H}_4\text{-Cl} + \text{Na}_2\text{S}_n \xrightarrow{\text{H}_2\text{O}} \text{o-H}_2\text{N-C}_6\text{H}_4\text{-Cl} + \text{Na}_2\text{S}_2\text{O}_3 + (n-2)\text{S}\downarrow$$

缩合收率的大小与这个副反应有着密切关系。当硫指数较低时，反应向副反应方向进行。主反应的活化能高于副反应，因此提高反应温度有利于主反应的进行。但在本反应中若升温过快、过高，由于二硫化碳饱和蒸气压急剧上升，将可能造成不可遏制的爆炸而发生危险事故。

保温阶段的目的是尽可能多地获得所期望的主产物。为了最大限度地减少副产物生成，必须保持较高的反应釜温度。操作员应当经常注意釜内压力和温度，当温度、压力有所下降时，应向夹套内通入适当蒸汽以保持原有的釜温和釜压。

缩合反应历经保温阶段后，接着利用蒸汽压力将缩合釜内的料液压入下道工序。出料完毕，用蒸汽吹洗反应釜，为下一批作业做好准备，本间歇反应岗位操作即告完成。仿真模型必须适用于以上操作全过程，并且达到高逼真度。

② 数学模型　按一般的原理简化反应动力学模型如下：

主反应　　　　　　　　　　　$A+B+C \xrightarrow{k_1} D+F \downarrow$

副反应　　　　　　　　　　　$A+B \xrightarrow{k_2} E+F \downarrow$

式中　A——邻硝基氯苯；
　　　B——多硫化钠；
　　　C——二硫化碳；
　　　D——主产物；
　　　E——副产物；
　　　F——游离硫黄；
　　　k_1——主反应速率常数；
　　　k_2——副反应速率常数。

则可得到反应动力学模型：

$$k_1 = k_{01} e^{-E_1/(RT)}$$

$$k_2 = k_{02} e^{-E_2/(RT)}$$

$$R_1 = k_1 C_A C_B C_C$$

$$R_2 = k_2 C_A C_B$$

$$\frac{dC_A}{dt} = -k_1 C_A C_B C_C - k_2 C_A C_B$$

$$\frac{dC_B}{dt} = \frac{dC_A}{dt}$$

$$\frac{dC_C}{dt} = -k_1 C_A C_B C_C$$

$$\frac{dC_D}{dt} = k_1 C_A C_B C_C$$

$$\frac{dC_E}{dt} = k_2 C_A C_B$$

$$\frac{dC_F}{dt} = k_1 C_A C_B C_C + k_2 C_A C_B$$

$$\frac{dT}{dt} = \frac{1}{\overline{C_p} \sum M}(\Delta H_1 R_1 + \Delta H_2 R_2 + Q_1 - Q_2 - Q_3) \tag{7-8}$$

式中　R_1——主反应速率；
　　　R_2——副反应速率；
　　　T——反应温度；
　　　R——气体普适常数；
　　　E_1——主反应活化能；
　　　E_2——副反应活化能；
　　　k_{01}——主反应频率因子；
　　　k_{02}——副反应频率因子；
　　　C_A——邻硝基氯苯浓度；

C_B——多硫化钠浓度；

C_C——二硫化碳浓度；

C_D——主产物浓度；

C_E——副产物浓度；

C_F——游离硫黄浓度；

$\overline{C}_P$——平均比热容；

ΔH_1——主反应热；

ΔH_2——副反应热；

ΣM——反应物系总质量；

Q_1——夹套加热量；

Q_2——夹套冷却量；

Q_3——蛇管冷却量。

以上间歇反应动力学方程的信息流图如图 7-12 所示。仿真试验表明，以上反应动力学模型与实际操作特性出入较大。必须依据实际动力学特性对微分方程的结构和参数进行修改和调整，才能满足应用要求。模型仿真试验揭示的主要问题有两个：一是反应历程太快，还来不及操作，反应已经完成，而实际历程至少要数十分钟到 1h，其间需要复杂的操作以便在安全的前提下达到最大的主产物收益；第二是主副反应的竞争所位于的温度区间与实际不符，而且竞争趋势不明显。

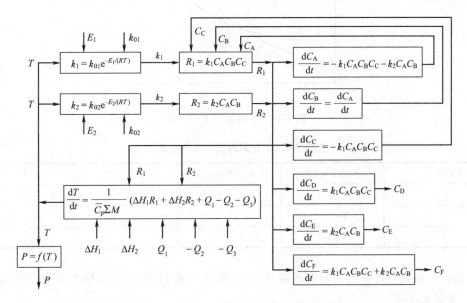

图 7-12 间歇反应动力学方程的信息流图

第一个问题可以从两个方面解决。首先可以大幅度减小仿真计算的积分步长，相当于提高了时间分辨率，拉长了反应时间。但是仍然实现不了操作员与反应过程激烈的竞争效果。进一步分析发现，常规的反应动力学方程所描述的反应物消失的速率太快。可以通过调整模型的数学结构解决，即采用使组分浓度变化微分方程幂函数的指数小于 1 的方法，可以延长反应物消失的速度。经试验，指数为 0.6 较为合适。修改后的部分微分方程如下：

$$\frac{dC_A}{dt} = -R_1^{0.6}$$

$$\frac{dC_B}{dt} = -R_1^{0.6}$$

$$\frac{dC_C}{dt} = -R_1^{0.6} \tag{7-9}$$

第二个问题，主要是主副反应的活化能和频率因子无法实际测定，而估计的数据偏差过大。定性的估计方法详见后面反应动力学数据及物性数据。经过以上方程结构和参数调整，使得反应动力学模型达到了十分逼真的效果。

(2) 反应动力学数据及物性数据

① 反应活化能及频率因子　实际反应过程主副反应的特点是，在较高的温度下有利于主反应，即主反应的反应速率大于副反应；在较低的温度下有利于副反应；大约在 90℃ 主副反应速率相等。主副反应速率曲线应当呈现图 7-13 的趋势。为了达到此目的应当调整活化能 E_1、E_2 和频率因子 k_{01}、k_{02}。由于无法进行现场实测，而且本仿真软件的要求是趋势正确，因此可以凭经验反复进行仿真计算，最终得到三组可用数据，见表 7-4。

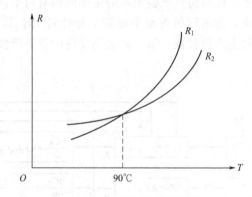

图 7-13　主副反应速率曲线

表 7-4　活化能与频率因子数据

分组序号	E_1/(J/mol)	E_2/(J/mol)	k_{01}	k_{02}
1	4×10^4	2×10^4	10^{24}	10^{13}
2	5×10^4	2.5×10^4	10^{31}	10^{16}
3	6×10^4	3×10^4	10^{38}	10^{20}

采用第一组数据计算出的对应温度 T 从 60℃ 变化至 110℃ 的主反应速率 R_1 和副反应速率 R_2 结果见表 7-5。

② 二硫化碳的蒸气压力计算　采用安托尼公式可以满足仿真要求。此经验公式表达了反应压力随反应温度呈指数特性上升的规律，可以准确仿真反应压力变化和失控爆炸的条件。由反应温度 t 求二硫化碳蒸气压力 P 的公式为

$$P = \exp\left(15.9844 - \frac{2690.85}{t+241.53}\right) \tag{7-10}$$

式中　P——二硫化碳蒸气压力，mmHg（1mmHg=133.322Pa）；

　　　t——反应温度，℃。

表 7-5 温度与反应速率数据

$T/℃$	R_1	R_2	$T/℃$	R_1	R_2
60	0.082	0.908	86	6.387	7.992
62	0.118	1.066	88	8.697	9.325
64	0.168	1.207	90	11.801	10.863
66	0.238	1.525	92	15.960	12.633
68	0.337	1.837	94	21.514	14.667
70	0.475	2.179	96	28.907	17.002
72	0.666	2.581	98	33.717	19.676
74	0.930	3.050	100	51.693	22.736
76	1.294	3.598	102	68.806	26.230
78	1.794	4.236	104	91.307	30.217
80	2.478	4.978	106	120.805	34.757
82	3.410	5.839	108	159.364	39.920
84	4.675	6.837	110	209.622	45.784

③ 水蒸气温度计算　为了仿真水蒸气加热过程对化学反应的影响，需要计算不同水蒸气压力下的温度。首先通过手册查出水蒸气压力与温度的关系数据，然后运用数据回归方法计算得出水蒸气温度与压力的关系如下：

$$t=72.207+31.721P-4.589P^2+0.2682P^3 \tag{7-11}$$

式中　P——水蒸气压力，kgf/cm^2（$1kgf/cm^2=0.098MPa$）；

t——温度，℃。

(3) 间歇反应设备尺寸和批量用料量

间歇反应流程中相关设备尺寸如下。

① 反应器（釜）：每釜容积 2500L（最大容积 2800L），直径 1400mm，总高度 2000mm；浆式搅拌器转速 90r/min，搅拌电机功率 4.5kW。

② 二硫化碳计量罐：容积 150L，直径 337mm，高度 1700mm，正常液位 1400mm（溢流管高度）。

③ 邻硝基氯苯计量罐：容积 250L，直径 443mm，高度 1600mm，正常液位 1200mm（溢流管高度）。

④ 二硫化碳计量罐，邻硝基氯苯计量罐底到反应釜顶高差 1500mm。

⑤ 邻硝基氯苯上料管、下料管，二硫化碳上料管、下料管，公称直径 DN40mm。

⑥ 反应器蛇管冷却水管，公称直径 DN50mm。

⑦ 反应器夹套冷却水管，公称直径 DN65mm。

⑧ 反应物出料管，公称直径 DN70mm。

间歇反应每釜批量用料量如表 7-6 所示。这些实际装置数据用于仿真系统流体力学特性和仿真模型的校验。

表 7-6 间歇反应每釜批量用料量

序号	名称	纯物质量/kg	工业用量/L
1	多硫化钠	942	1800
2	邻硝基氯苯	237	185
3	二硫化碳	140	125

(4) 模型实验测试画面

选 AI3-TZZY 中间歇反应系统进行仿真试验。实验数据测试仿真运行画面如图 7-14 所示。

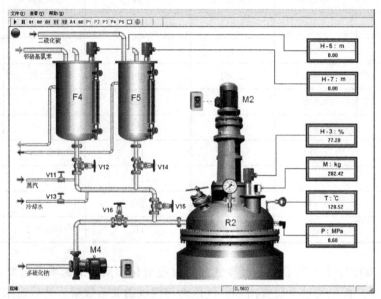

图 7-14 间歇反应系统实验数据测试仿真运行画面

(5) 记录曲线画面及测试结果

间歇反应系统的全屏化高分辨率记录曲线画面如图 7-15 所示。画面记录了间歇反应主

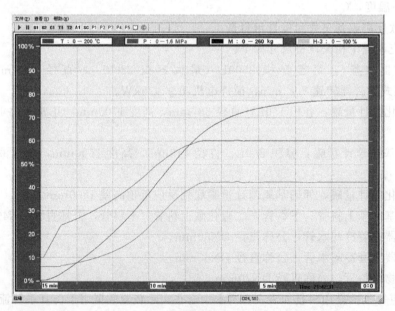

图 7-15 间歇反应系统的全屏化高分辨率记录曲线画面

要过程的重要变量的历史曲线。为了便于在同一个坐标图中分辨多条曲线，各曲线的上下限特意做了调整，详见图中的标注。测试结果表明，该动态仿真模型无论在正常开车、停车，还是各种误操作导致的事故状态模拟都达到很高的逼真度，完全符合智能仿真培训技术要求。

7.6 多功能过程与控制仿真实验系统

多年以来，高职、高专、高等院校化学工程、精细化工、应用化学、高分子化学等专业以及环境科学、生命科学、自动化过程控制专业和过程装备与控制工程等专业的教师们一直期待着有一种理想的多功能化工过程与控制实验系统，这种系统能够：兼容连续和间歇两种典型的化学反应；具有工业级规模动态特性；没有危险性；无反应产物污染、没有后处理问题；不消耗物料；消耗最少的能源；除了化学反应实验外，还可以进行流体力学、传热和气体压缩等多种工程试验；还可以灵活地进行多种过程控制实验与训练；同时具有投资省、运行和维护费用省等优点。

然而，在新一代多功能过程及控制实验系统（MPCE）研制成功之前，这些理想几乎不可能全部实现。因为，传统的实验技术存在着如下无法克服的弱点。

① 任何放热化学反应都有爆炸危险性，导致无法在学校实验室中进行此类常见的、典型的反应动力学实验。

② 任何化学反应都要消耗物料，产生主产物、副产物和需要后处理的汽相和液相物质，不可能没有后处理和环境保护措施。连续反应处理量大，此类问题尤其突出。

③ 实验装置的尺寸过小，导致系统时间常数比真实系统小得多，动态特性与实际工业系统差异很大，学生得不到工业规模大型系统的特性感受。特别是过程控制实验的差异使得实验严重脱离实际。

④ 由于实验装置尺寸过小，流动特性受管壁边界层的影响大，流动非线性强，无法稳定，导致测试结果偏差大，没有重复性。正因为如此，国家标准（包括国际标准）规定，只有管径大于50mm，流动达到一定的流速才有标准可言。

⑤ 反应过程工艺介质一般用水，即所谓冷模实验。此种实验过程物理性质单一，表达不了实际工艺物料复杂多样的物理化学特性，除了流体流动与传热实验外，化学反应、物料混合、组分变化、酸碱度变化、气体压缩、复杂的传质过程等都无法实现。因此，普遍存在着实验过程单调、知识点少等问题。

⑥ 无法进行高危险性、超极限性过程的安全保护实验。因为传统的冷模实验系统本身十分简单，没有高危险性、超极限性（如反应超温、超压、爆炸等）现象，当然，基于安全要求也不允许进行破坏性实验。

⑦ 难于对实验流程、实验项目、实验内容进行重组和变化，限制了实验规模和种类。实验装置部件有限，重组和变化的内容有限。此外，重组和变化需要附加管路和阀门，变化实验内容的初始化时间长（例如，等待系统降温时间很长），而且全面的重组和变化必须对设备进行重新机电组装，这对参与实验的师生几乎没有可行性。

⑧ 难于对全部变量和操作进行实时监测，无法实现高完备性和高分辨率故障诊断，因此也无法实现智能化实验。

以上弱点或难题，在新一代多功能过程与控制实验系统中几乎全部得到解决。新一代实验系统，通过将小型半实物过程系统、微机控制系统、高精度过程系统仿真模型、控制系统组态软件(包括 PID 控制器单元、典型传递函数单元、多种控制阀特性、典型外作用函数、限幅器、算术运算器、选择器、继电器特性、随机信号器等)、故障诊断软件、AI3 专家系统软件等联合,实现了集多种教学和实验功能于一身、真实感强、一机多用、无须物料、没有产物和副产物、维修简单、节能、安全、环保等理想实验系统的要求,是智能教学实验技术的一个创新。

7.6.1 MPCE 实验系统构成

MPCE 实验系统由小型流程设备盘台、数字式软仪表与接口硬件、系统监控软件及过程模型软件四部分组成。四部分通过小型实时数据库、实时数字通信协调运行,通过一台小型工业控制计算机和 I/O 系统实时控制,完成复杂的化工过程与控制仿真实验。

(1) 小型流程设备盘台

MPCE 实验系统总貌图如图 7-16 所示,在钢结构的盘台上安装着由不锈钢制成的比例缩小的流程设备模型。主设备包括:一台卧式储罐、两台高位计量罐、一台带搅拌器的釜式反应器、一台列管式热交换器、三台离心泵、十个手动/自动双效阀门和若干管路系统。在垂直的仪表盘面上分布有压力(P)、流量(F)、温度(T)、物位(L)、功率(N)、组成(A)和阀位(V)等传感器(变送器)插孔和数字式软仪表。本盘台是直接操作和运行过程系统的环境。本环境给操作学员以全真实的空间位置感觉、全真实的操作力度感觉和过程变化的时间特性感觉。由于真实过程装置的压力、流量、温度、物位、功率、组成也是无法直接观察的,必须通过仪表检测,因此,本系统和真实系统的观测界面完全一致。

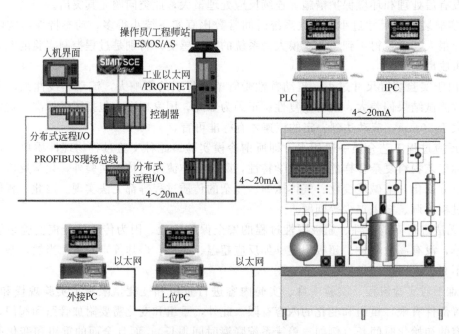

图 7-16 多功能过程与控制仿真(MPCE)实验系统总貌图

① 盘台检测点、操作点与控制点 如图 7-17 所示,小型流程盘台上可以变化组合的检测点、操作点与控制点统计如下。

电子阀(双效)　　10 个　(V1~V10,既能定义为手动阀门,也能定义为控制阀)

电子开关　　　　4 个　(S2、S4、S5、S8)

开关阀	4个	（S1、S3、S6、S7，用于快开特性阀门的操作）
流量检测点	10个	（F1～F10）
液位检测点	4个	（L1～L4）
压力检测点	7个	（P1～P7）
温度检测点	6个	（T1～T6）
功率检测点	1个	（N）
组分检测点	1个	（A）
指示灯	2个	（D1、D2）

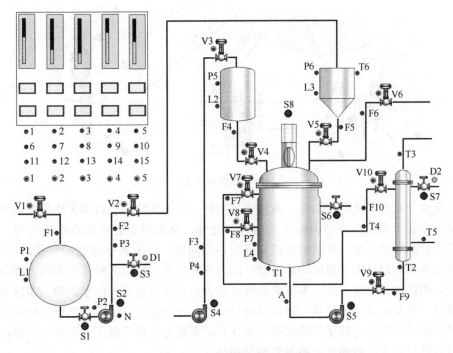

图 7-17　MPCE 实验系统流程

所有检测点、操作点与控制点全部通过模拟量输入输出（AI/AO）和数字量输入输出（DI/DO）接口模块与下位微型工业控制计算机相连，经过数据实时处理后通过以太网与上位微型计算机中运行的仿真模型实时通信。上位微型计算机除了运行仿真模型外，还运行集成为一个整体的实验系统监控软件、过程控制软件、人机界面软件和控制系统组态软件。下位机具有标准接口电路与外部控制系统联机功能。上位机具有以太网与外部计算机系统联机功能。

图 7-18 表达了 MPCE 实验系统的多种工艺过程组合实验模式。本实验系统可以通过软件切换进行多种实验项目，包括：离心泵与液位系统开、停车试验，离心泵特性测试，故障实验和控制系统实验；三级液位系统可以进行串联容器物料平衡实验与计算，液位自衡实验及流体力学实验，多级液位控制实验和训练；气体压缩系统可以进行管路阻力和压降试验、气体体积流量换算实验、透平式气体压缩机特性试验和气体压力与流量控制实验和训练；列管式热交换器传热系统可以进行多工况对数温差测试与核算、多工况总传热系数测试与核算、列管式热交换过程温度控制实验和训练。

a. 连续反应过程。选择工业常见的带搅拌的釜式连续反应系统（CSTR），同时又是高

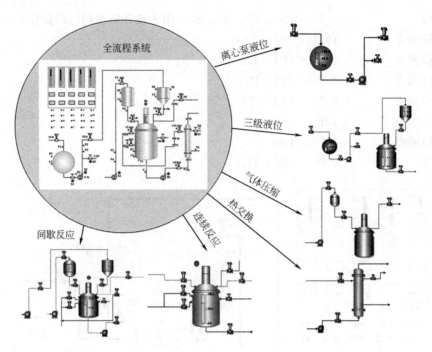

图 7-18 MPCE 的多种工艺过程组合

分子聚合反应，具有广泛的代表性。本实验是当前工艺全实物实验根本无法进行的高危险性实验，又是非常需要的反应动力学实验内容。此外，全实物实验还面临物料消耗、能量消耗、反应产物的处理、废气废液的处理和环境污染问题，以上各项问题比间歇反应更严重，因为连续反应的处理量大大超过间歇过程。国内现有的连续反应实验系统实际上都是水位及流量系统，无法进行反应实验。本实验系统可以进行连续反应开、停车试验，多因素（进料量、冷却量、催化剂量、搅拌等）影响试验与分析，全混流连续反应平均停留时间测试与估算，全混流连续反应平均转化率测试与产量计算，多组分汽液平衡压力测试与估算；本实验系统还可以进行安全分析和过程控制实验与训练。

b. 间歇反应过程。在精细化工、催化剂制备、制药业、溶剂与染料中间体等行业具有广泛的代表性。本实验系统选择了间歇反应过程中最为复杂的一种，具有主副反应的竞争、放热剧烈、压力随温度急剧变化等特点，是当前工艺全实物实验根本无法进行的高危险性实验，又是非常需要的反应动力学实验内容。与连续反应相同，全实物实验还面临物料消耗、能量消耗、反应产物的处理、废气废液的处理和环境污染问题。国内现有的间歇反应实验系统实际上都是水位及流量系统，根本没有反应现象。本间歇反应实验系统可以进行开、停车试验，多因素影响试验与分析，物料量的计量与核算，主、副反应竞争试验与分析，反应主产物浓度变化规律测试与分析，反应温度变化规律测试与分析，反应压力变化规律测试与分析；此外还可以进行安全分析、间歇过程控制、故障诊断和先进控制实验与训练。

② 彩色液晶显示器 是一台大尺寸高分辨率彩色液晶显示器，安装在盘台左上方（图 7-17）。液晶显示器上自动显示 15 个任意选定的指示仪表。其中最上排设有 5 个"棒图"显示仪。当用两端有插头的黑色软线将流程中的变量传感器测量点连接到液晶显示器下方的上数第一排 1~5 号黑色插孔时，被检测变量即被指定到对应的 5 个"棒图"显示仪中的某一个，包括变量位号、上下限指示都自动被指定并立即显示。上数第二排和第三排 6~15 号黑

色插孔对应 10 个"数字"显示仪，直接进行变量数值显示。这种显示方式具有很大的灵活性，使用者可以通过黑色软线将盘台上的任一个变量连接到任一个指示仪表上读取数据。可以称其为插线组态法。

③ 标准模拟量输出和输入接口　本实验系统可以通过直流 4～20mA 国际标准 A/D 或 D/A 信号与集散型控制系统（DCS）、可编程序控制器（PLC）、基于 PC 的控制系统等连接。启用本功能必须在组态时定义为"外控方式"。

在外控方式下，液晶显示器上 15 个任意选定的指示仪表，不但与液晶显示器下面 1～15 号黑色插孔有一一对应关系，而且还与盘台左侧面小窗口内的接线端子排有一一对应关系。对应关系见图 7-19。当外接控制系统需要通过 4～20mA 国际标准信号获取盘台上的某一个指定变量数据时，应先将该变量用黑色软线连接到对应的 1～15 号黑色插孔中的某一个，然后从接线端子排对应排号用导线连接到外接控制器。

在外控方式下，液晶显示器下面 1～5 号红色插孔（见图 7-17 的左上部最下排插孔）被启用。目的是将外接控制器的控制输出信号接收过来，并连接到指定的控制阀。连接方法是用两端有插头的红色软线将指定的控制阀上的红色插孔与 1～5 号红色插孔中的某一个相连。1～5 号红色插孔与盘台左侧面小窗口内的接线端子排也有一一对应关系。对应关系见图 7-19。

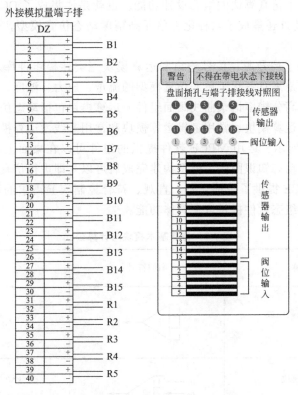

图 7-19　标准模拟量输出和输入接口端子排编号

(2) 动态仿真数学模型

本实验系统采用动态定量仿真数学模型模拟真实工艺流程，并提供各变量随时间变化的瞬态值。具体分为以下五种流程的动态仿真模型：

① 离心泵及三级液位动态仿真模型；

② 压缩机与压力系统动态仿真模型；
③ 热交换器过程动态仿真模型；
④ 连续反应（CSTR）动态仿真模型；
⑤ 间歇反应动态仿真模型。

为了高逼真地进行过程的开车、停车、正常运行和故障状态的操作及控制，本系统的数学模型考虑了如下几个重要方面。

① 动态模型能反映被仿真装置的实际尺寸，包括设备尺寸、管道尺寸、阀门尺寸等。
② 动态模型能反映系统物料和能量的变化与传递的定量关系。
③ 动态模型能反映被仿真系统的物理化学变化的规律，如反应动力学特性、汽液平衡特性，这些特性常常是非线性的。
④ 动态模型能反映被仿真系统的动态时间常数、惯性、时间滞后、多容和高阶特性。
⑤ 动态模型的求解速度达到实时要求，求解精度满足实验要求。

(3) 控制系统与动态仿真建模图形化组态

为了灵活地设计组合多种多样的控制方案，本实验系统提供自行开发的、专用的控制系统图形组态软件，能够在计算机"桌面"上通过图形软连接、在"菜单"提示下填写参数和数据等方法完成控制系统组态。这种图形化组态与集散型控制系统（DCS）组态完全相同。软件增加了仿真算法的组态设计功能。也就是说集成了 DCS 和 MATLAB/Simulink 的双重功能，此外还集成了六种化工单元高精度动态仿真模型，弥补了没有被控对象模型的不足。

MPCE 软件提供了信号源、信号输出和运算模块三类建模组件库，以便进行复杂的过程控制实验。信号源是来自各化工单元仿真模型的流量、压力、温度、液位、组成等实时监测信号。信号输出是高分辨率记录曲线画面组件。运算模块包括动态仿真基本模块、PID 控制器模块、常用数学运算模块、常用逻辑运算模块和常用非线性运算模块。动态仿真基本模块有七种，如表 7-7 所示。运用 MPCE 软件提供的组件可以在桌面上图形化构建各种动态仿真模型，即形式化动态知识图谱。模型构建完成后可以立即进行仿真计算，实时输出仿真记录曲线。可见 MPCE 提供了一种完备、直观、符合控制实验需求的形式化知识图谱建模方案。控制系统图形组态软件提供以下具体功能。

表 7-7 仿真基本模块与计算公式

模块类型编号	名称	图例符号	计算公式
1	外作用函数模块 $u(t)$		$y(n)=k+at+b\sin t$
2	积分模块 $\dfrac{k}{s}$		$u(n)=\pm u_1 \pm u_2 \pm u_3$ $x(n+1)=x(n)+khu(n)$ $y(n+1)=x(n+1)$
3	比例积分模块 $\dfrac{k(bs+1)}{s}$		$u(n)=\pm u_1 \pm u_2 \pm u_3$ $x(n+1)=x(n)+khu(n)$ $y(n+1)=x(n+1)+kbu(n+1)$

续表

模块类型编号	名称	图例符号	计算公式
4	一阶滞后模块 $\dfrac{k}{s+a}$	$u_1, u_2, u_3 \to \boxed{\begin{smallmatrix}1\\2\\3\end{smallmatrix}\, 4} \to y$	$u(n)=\pm u_1 \pm u_2 \pm u_3$ $x(n+1)=\mathrm{e}^{-ah}x(n)+\dfrac{k}{a}(1-\mathrm{e}^{-ah})u(n)$ $y(n+1)=x(n+1)$
5	一阶超前滞后模块 $\dfrac{k(s+b)}{s+a}$	$u_1, u_2, u_3 \to \boxed{\begin{smallmatrix}1\\2\\3\end{smallmatrix}\, 5} \to y$	$u(n)=\pm u_1 \pm u_2 \pm u_3$ $x(n+1)=\mathrm{e}^{-ah}x(n)+\dfrac{k}{a}(1-\mathrm{e}^{-ah})u(n)$ $y(n+1)=(b-a)x(n+1)+ku(n)$
6	纯滞后模块 e^{-u}	$u_1, u_2, u_3 \to \boxed{\begin{smallmatrix}1\\2\\3\end{smallmatrix}\, 6} \to y$	$u(n)=\pm u_1 \pm u_2 \pm u_3$ $m=\tau/h$ $y(n+1)=u(n-m)$
7	代数和兼比例模块 Σ	$u_1, u_2, u_3 \to \boxed{\begin{smallmatrix}1\\2\\3\end{smallmatrix}\, 7} \to y$	$u(n)=\pm au_1 \pm bu_2 \pm ku_3$ $y(n+1)=u(n-m)$

① 提供常见的 PID 控制算法，允许配置参数。

② 控制方案的组态设计功能，允许自行设计控制方案，包括控制与被控制变量的选择、算法的选择以及复杂控制实验等。

③ 控制算法的组态设计功能，提供两种方式的控制算法组态：提供图形化控制算法组态工具，可以对通道模型、非线性环节、逻辑算法及传递函数等进行自定义；提供标准 DLL 工程，将其他计算机语言所写的控制算法动态链接到当前控制回路中。

④ 信号发生器组态功能，提供常用的信号发生器，与当前的现场信号进行叠加。

⑤ 信号输出组态功能，提供信号输出显示、历史趋势记录、文件保存等功能，以便进行信号后处理。

⑥ 提供响应曲线图形分析的辅助功能，例如作水平和切线辅助线、曲线的二维任意放大缩小、任意移动位置、任意读取时间和参数坐标值等，大大方便了实验分析工作。

⑦ 通过组态定义可以实现狭义对象特性测试和广义对象特性测试。这是其他实验系统所无法实现的功能。

⑧ 通过实时通信外接实时故障诊断软件平台，辅助教师实现实验过程的智能工况分析、智能解释和智能指导。

采用基本模块可以完成高阶微分方程的仿真建模。一个四阶微分方程对应的传递函数仿真模型组态图实例，如图 7-20 所示。运用 MPCE 提供的建模组件实现的热交换系统动态解耦控制实验组态图实例，如图 7-21 所示。

MPCE 控制系统多窗口组态画面见图 7-22。采用多窗口联合显示、设计和操作功能完备，非常直观、快捷和方便。由于所设计的控制方案直接与动态仿真对象相连，因此立即可以实施与实际工业系统十分逼近的控制方案的试验、修改和实施多种干扰信号影响下的调试，是一种理想的多功能实验教学设备。

为了方便使用，控制系统图形组态软件具有错误组态方案的智能化自诊断功能。当组态

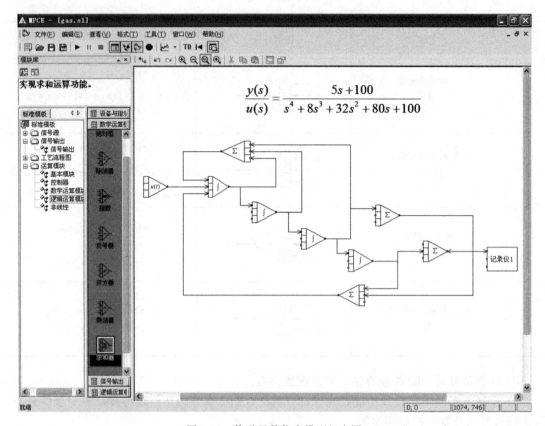

图 7-20 传递函数仿真模型组态图

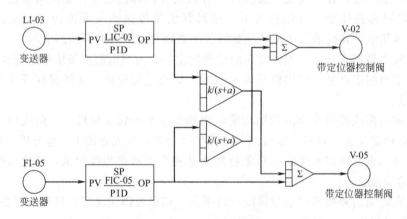

图 7-21 热交换系统动态解耦控制实验组态图

的方案不合理时,软件能给出提示。此外,还具有智能化自动排序功能。本软件采用深层知识"专家系统"推理方法,对组态生成的控制系统计算顺序进行优化排序,能够保证计算结果的准确性。

(4) 实验系统监控

盘台上的所有操作点和显示变量都能由软件控制,可以在瞬间设定新的状态,称其为状态"全恢复"功能。本功能是实验系统的一大特色,利用本特点可以任意设定干扰、故障状态或某一特定状态、重演过去记录的状态及某时间段落的变化状态等。实物实验系统无法实

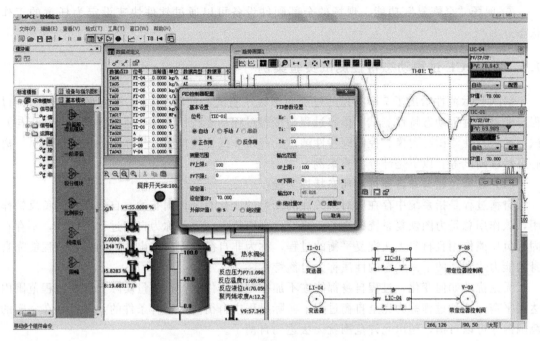

图 7-22　MPCE 控制系统多窗口组态画面

现这些功能。

实验系统监控软件对每一项实验提供工程管理，便于选择不同的实验，以及对当前的实验进行管理。具体分为以下功能：

① 实验开始、暂停、恢复及自检验功能；
② 实验项目切换；
③ 实验项目当前状态（又称为"快照"）存储；
④ 运行时参数的随机或动态改变；
⑤ 多画面切换。

(5) 硬件自动测试

① 传感器（即变送器）信号 4～20mA 输出及控制阀信号 4～20mA 输入。可以外接 DCS 控制系统、PLC 控制器或其他具有 4～20mA 标准工业信号的控制设备。

② 硬件组态功能。在液晶显示器上彩色显示 15 个数据单元（5 个棒图显示和 10 个数码显示），每个显示单元都有一个数据输入黑色插孔。另外在设备和管道上布置了 29 个数据输出插孔。通过导线连接数据输入插孔和数据输出插孔，则完成了对显示单元显示数据内容的硬件组态。当"外控方式"时，5 个自动阀控制输出红色插孔，可以连接任意的阀门控制输入插孔。连接后该阀门设定为自动阀（此时手动操作不能改变阀位）。

③ 测试和操作单元的自摘除功能。在本系统上可以完成规模不同的试验，每次进行试验的过程中投入使用的设备种类和数量可以通过组态软件定义。没有通过组态软件定义的数据采集点不能进行数据采集，该设备在试验进行的过程中不投入使用。同时也不能输出模拟信号。没有通过组态软件定义的阀门不投入使用。

④ 自动可定义的双效阀门。所有投入使用的阀门如果没有组态为控制阀，则自动设定为手动阀门。

⑤ 硬件单元通过地址开关设定地址。同类型的硬件单元可以互换。

⑥ 现场"全恢复"功能。现场的全部硬件设备可以通过软件快速设定为任意的工作状态。

7.6.2 MPCE 过程动态特性测试实验案例

MPCE 示范性给出了 7 个类型的过程动态特性测试，总计 19 个实验案例，例如自衡过程与非自衡过程动态特性测试、单容过程与多容过程动态特性测试、通道影响趋势分析与测试、通道特性测试与建模、控制阀特性测试、液位非线性特性测、气体压缩机特性测试、离心泵特性测试等。以下是部分实验案例。

(1) 自衡过程与非自衡过程动态特性实验

自衡过程是指系统中存在着对所关注的变量的变化有一种固有的、自然形式的负反馈作用，该作用总是力图恢复系统的平衡。具有自平衡能力的过程称为自衡过程。反之，不存在固有负反馈作用且自身无法恢复平衡的过程，称为非自衡过程。在出现扰动后，过程能靠自身的能力达到新的平衡状态的性质称为自衡特性。

无论扰动如何变化，过程自身都能在不加控制的条件下，在变量实际允许的量程范围内达到平衡，这种过程称为完全自衡过程。实际过程中自衡常常是有条件的，并且是在一定的范围内才可以自衡，超出允许范围就无法达到自衡了。

依据过程的自衡与非自衡特性，可以将大多数工业过程的特性归类为如下常见类型。

① 无振荡自衡过程 在阶跃干扰信号作用下，被控变量不发生振荡，且逐渐向新的稳态值靠近。此类过程的传递函数模型可表达为如下形式：

$$G(s) = \frac{K e^{-\tau s}}{Ts + 1}$$

$$G(s) = \frac{K e^{-\tau s}}{(T_1 + 1)(T_2 + 1)} \tag{7-12}$$

$$G(s) = \frac{K e^{-\tau s}}{(Ts + 1)^n}$$

以上无振荡自衡过程传递函数模型，可以直接通过阶跃响应曲线用图解法或曲线拟合方法得到。在过程工业中无振荡自衡过程十分常见，并常用第一种模型表达。第一种模型又称为一阶加纯滞后模型，可以用来近似多容高阶动态模型。

② 有振荡自衡过程 在阶跃干扰信号作用下，被控变量发生衰减振荡，且逐渐向新的稳态值靠近。此类过程的传递函数模型至少是二阶以上形式，在工业过程中较少见，例如：

$$G(s) = \frac{K e^{-\tau s}}{T^2 s^2 + 2\xi Ts + 1} \quad (0 < \xi < 1) \tag{7-13}$$

③ 无振荡非自衡过程 在阶跃干扰信号作用下，被控变量会一直上升或一直下降，不能达到新的平衡状态。此类过程的传递函数模型常表达为

$$G(s) = \frac{K e^{-\tau s}}{Ts} \tag{7-14}$$

$$G(s) = \frac{K e^{-\tau s}}{s(Ts + 1)} \tag{7-15}$$

由于积分过程具有非自衡特性，以上传递函数模型中都含有一个积分因子 ($1/s$)。

(2) 实验目的

① 了解自衡过程及其特点。

② 了解非自衡过程及其特点。

③ 分清过程自衡的原因。

④ 分析过程自衡的条件及自衡的范围。

(3) 实验案例：热交换自衡过程

① 实验工艺过程描述　热交换自衡过程实验流程见图 7-23。通过手动调整阀门 V9、V10 的开度，观察热流出口温度 T5 和冷流出口温度 T3 的自衡过程。

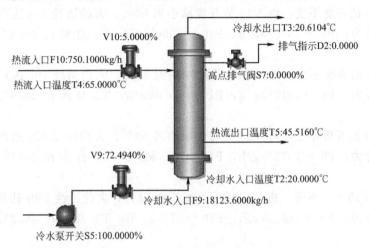

图 7-23　热交换自衡过程实验流程图

② 控制系统组态

a. 完成趋势画面组态，选择 V9、V10、T3、T5 四个变量需要趋势记录。部分趋势画面见图 7-24。

b. 阀门 V9、V10 选线性特性。

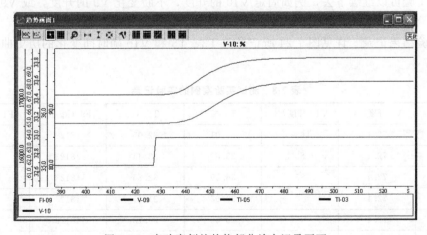

图 7-24　实验案例的趋势部分放大记录画面

③ 实验步骤

a. 设定趋势回零状态，启动测试软件为运行模式。

b. 按照操作规程将本系统开车到稳定工况。此时，手动调整 V9 的开度为 72%，V10 的开度为 63%，系统工况稳定时，F9＝18123kg/h，F10＝9450kg/h，T3 自衡在 33℃，T5 自衡在 32.05℃。

c. 维持 V9 的开度不变，将 V10 的开度提升到 80%，大约历经 80s 达到稳定工况，新的平衡点数据为：F9 = 18123kg/h，F10 = 12000kg/h，T3 自衡在 35.8℃，T5 自衡在 33.4℃。

d. 维持 V9 的开度不变，将 V10 的开度提升到 85%，大约历经 70s 达到稳定工况，新的平衡点数据为：F9 = 18123kg/h，F10 = 12750kg/h，T3 自衡在 36.6℃，T5 自衡在 33.8℃。

e. 维持 V9 的开度不变，将 V10 的开度减小到 50%，大约历经 90s 达到稳定工况，新的平衡点数据为：F9 = 18123kg/h，F10 = 7500kg/h，T3 自衡在 30.6℃，T5 自衡在 31.1℃。

f. 维持 V9 的开度不变，将 V10 的开度减小到 40%，大约历经 90s 达到稳定工况，新的平衡点数据为：F9 = 18123kg/h，F10 = 6000kg/h，T3 自衡在 28.6℃，T5 自衡在 30.7℃。

g. 维持 V9 的开度不变，将 V10 的开度减小到 30%，大约历经 95s 达到稳定工况，新的平衡点数据为：F9 = 18123kg/h，F10 = 4500kg/h，T3 自衡在 26.4℃，T5 自衡在 31.1℃。

h. 维持 V9 的开度不变，将 V10 的开度减小到 25%，大约历经 160s 达到稳定工况，新的平衡点数据为：F9 = 18123kg/h，F10 = 3750kg/h，T3 自衡在 25.2℃，T5 自衡在 31.8℃。

i. 维持 V9 的开度不变，将 V10 的开度减小到 20%，大约历经 500s 达到稳定工况，新的平衡点数据为：F9=18123kg/h，F10=3000kg/h，T3 自衡在 24℃，T5 自衡在 33.2℃。

j. 维持 V9 的开度不变，将 V10 的开度减小到 10%，大约历经 720s 达到稳定工况，新的平衡点数据为：F9 = 18123kg/h，F10 = 1500kg/h，T3 自衡在 21.6℃，T5 自衡在 39.2℃。

k. 本实验可以继续下去，例如固定 V10 的开度，不断变化 V9 的开度，或 V9、V10 两者都变化，结果是 T3、T5 都能达到自衡。

④ 实验结果记录 详见图 7-24 所记录的 T3、T5 和 V10 随时间变化的历史曲线，实验记录见表 7-8。

表 7-8 测试实验案例的实验记录

实验步骤	V9 开度/%	V10 开度/%	T3/℃	T5/℃	F9/(kg/h)	F10/(kg/h)
1	72.4	63	33.01	32.05	18123	9450
2	72.4	80	35.82	33.44	18123	12000
3	72.4	85	36.59	33.85	18123	12750
4	72.4	50	30.62	31.11	18123	7500
5	72.4	40	28.56	30.73	18123	6000
6	72.4	30	26.37	31.10	18123	4500
7	72.4	25	25.20	31.82	18123	3750
8	72.4	20	24.00	33.17	18123	3000
9	72.4	10	21.61	39.19	18123	1500
10	75	63	33.02	30.86	18750	9450
11	80	63	33.05	28.51	20000	9450

续表

实验步骤	V9 开度/%	V10 开度/%	T3/℃	T5/℃	F9/(kg/h)	F10/(kg/h)
12	85	63	33.07	26.18	21250	9450
13	90	63	33.08	23.86	22500	9450
14	95	63	33.08	21.57	23750	9450
15	100	63	33.08	21.20	25000	9450
16	100	100	38.71	23.82	25000	15000

图 7-24 是从实验步骤 2 到 3 两个自衡点变化趋势的局部放大画面。可以明显观察到，T3 和 T5 的变化呈高阶动态特性，在 V10 变化 5％后，T3、T5 的初始阶段几乎没有变化，之后才逐渐上升。

⑤ 实验分析与结论

a. 在列管式热交换过程中，热流或冷流流量 F10、F9 在阀门的控制下，每进行一组变化，热流出口温度 T5 和冷流出口温度 T3 总会达到一个新的自衡点。其原因是，当热流流量 F10 增加时，进入系统的热量增量总会部分传递到冷流体，构成天然的负反馈作用，当热流的加热增加量被冷流的冷却带走的热量所抵消时，达到新的自衡点；反之亦然。由于热流和冷流入口最高温度的限制，无论热流或冷流流量的变化有多大，都不会导致温度 T3、T5 的无休止地上升或下降。因为无论热流或冷流如何变化，T3、T5 都能在仪表量程范围内达到自衡，所以列管式热交换过程属于完全自衡过程。

b. 从实验记录曲线可以了解，传热过程中出口温度是大惯性高阶动态特性。详见图 7-24 局部放大画面。

c. 实验结果表明，随着热流流量不断降低，传热过程的时间常数在逐渐加大，达到自衡所用的时间越来越长，说明列管式热交换过程的温度变化是变时间常数的动态特性。

d. 通常冷流流量大，热流流量减小，应当使热流的出口温度有所下降，因为相对而言冷却作用加大。但是，当冷流流量虽然处于高负荷，热流流量一步步降至最低负荷时，T5 出现反常的现象，即热流的出口温度自衡点不降低反倒升高。其原因在于，壳程的截面积大，当热流入口流量降低到一定程度时，在壳程中热流的流速越来越缓慢，导致对流传热向高热阻的传导传热过渡，即传热效率大降，因此冷却作用变差。由此可见列管式热交换过程的温度变化还可能呈现非线性特性。

7.6.3 PID 控制器参数整定实验

PID 控制器参数整定是生产过程自动化中的重要工作，其目标是针对工厂现有的控制方案，通过特定的方法，调整控制器的增益 K_C（或用比例度 PB）、积分时间 T_i、微分时间 T_d 达到最佳值，以便获得满意的控制效果。常用 PID 控制器参数整定方法包括经验法、临界比例度法、衰减振荡法和响应曲线法四种，在 MPCE 系统中都可以实现仿真实验。

(1) 衰减振荡过程的品质指标

① 过渡过程：扰动发生后，在控制器的作用下，将系统从一个平衡状态变化到另一个平衡状态之间的过程称为过渡过程。

② 最大偏差：指过渡过程中被控变量偏离设定值的最大数值。图 7-25 中 A 为最大

偏差。

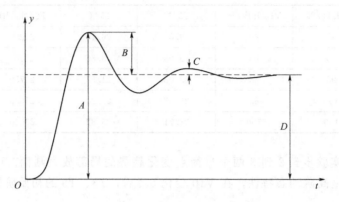

图 7-25　衰减振荡过程的品质指标

③ 衰减比：是过渡过程曲线上同方向第一个波峰到稳定基线的高差 B（图 7-25）与第二个波峰到稳定基线的高差 C（图 7-25）之比，即 $n=B/C$。对于衰减振荡 $n>1$，n 越大系统越稳定。根据实际经验，系统控制的响应曲线 $n=4\sim10$ 为宜。

④ 余差：是过渡过程终了时，被控变量所达到的新的稳态值与设定值之间的差值 D（图 7-25）。余差反映了控制的精确程度，期望它越小越好。注意图 7-25 中的 D 不一定是余差，可能是原来的稳态值与期望达到的新稳态值的差值。当与时间轴重合的水平线是期望达到的新稳态值时，D 就是余差（详见后续实验的图 7-27，是有余差的过程；当采用比例、积分和微分控制时，消除了余差，如后续图 7-29 所示）。

⑤ 过渡时间：是控制系统受到扰动后，被控变量从原稳定状态达到新的稳定状态所经历的时间。过渡时间短，说明系统恢复稳定快。一般希望过渡时间越短越好。

⑥ 振荡周期：是过渡过程曲线同向两波峰之间的间隔时间。其倒数为振荡频率。在衰减比相同的条件下，振荡周期与过渡时间成正比。通常期望振荡周期越短越好。

(2) 控制器的参数及控制规律

① 控制器的增益 K_C：是控制器输出变化量（Δm）与控制器输入的变化量（Δe）之比，即

$$K_C = \frac{\Delta m}{\Delta e} \tag{7-16}$$

② 控制器的比例度 PB：若控制器输入的有效量程与该变量定义的上下限一致，其范围为 Δe_{max}，控制器输出的有效范围为 Δm_{max}。当控制器的输入与设定值的偏差为 Δe 时，控制器的输出变化了 Δm，则比例度 PB 的计算式如下：

$$PB = \frac{\dfrac{\Delta e}{\Delta e_{max}}}{\dfrac{\Delta m}{\Delta m_{max}}} \times 100\% \tag{7-17}$$

省略符号 Δ，上式简化为

$$PB = \frac{e}{m} \times \frac{m_{max}}{e_{max}} \times 100\% \tag{7-18}$$

可见，控制器的比例度 PB 表示了：当控制器的输入改变了满量程的百分之几，就能使控制器输出全范围改变。如果控制器的输入与设定值的偏差从零变化到满量程，控制器的输

出也从零变化到满量程,这种情况控制器的比例度为100%。

对于工业应用的特定控制器,Δe_{max}和Δm_{max}都已固定,所以m_{max}/e_{max}是常数,令其为k,而控制器的增益$K_C=m/e$,于是可得

$$PB = \frac{k}{K_C} \times 100\% \tag{7-19}$$

即控制器的比例度PB与增益K_C成反比关系,比例常数是k。当控制器的输入和输出有效范围相同时$k=1$,则比例度PB与增益K_C互为倒数。

在本实验系统中控制器的输入和输出都规范化为相对百分数,增益K_C是无量纲的,因此,比例度PB与增益K_C互为倒数。

③ 比例控制规律(P):是控制器的输出信号与输入信号(设定值与测量值的偏差)成比例。其特点是控制及时、克服干扰能力强,但控制结果有余差。常用于控制通道滞后小、负荷变化不大、控制精度要求不高的系统。

④ 比例积分控制规律(PI):是控制器的输出信号不但与输入信号成比例,而且与输入信号对时间的积分成比例。其特点是能够消除余差。由于积分作用较缓慢,控制不及时。常用于对象滞后较小、负荷变化不大、控制结果不得有余差的系统。

⑤ 比例积分微分控制规律(PID):是在比例积分的基础上再加微分作用,微分作用是控制器的输出与输入信号的变化速度成比例,可以克服对象的容量滞后。适用于对象的容量滞后大、负荷变化大、控制质量要求较高的场合。但是微分作用也会引起输出突变,或在对象时间常数较小的场合微分作用会导致控制系统不稳定。

(3) 响应曲线法 PID 控制器参数整定实验

① 方法概述　响应曲线法是在开环情况下,测试广义对象动态特性的控制器参数整定方法。本方法步骤如下。

a. 首先测取广义对象在阶跃输入下的响应曲线。

b. 利用本软件提供的辅助线工具,在响应曲线的拐点处作切线,通过切线与初始值和新稳态值的交点,可以测得广义对象的时间常数T_P和纯滞后时间τ。于是可以得到一阶惯性加纯滞后通道传递函数简化模型,表达了广义对象动态特性,传递函数如下:

$$G_P(s) = \frac{K_P}{T_P + 1} e^{-\tau s} \tag{7-20}$$

式中,T_P是广义对象的时间常数,s;τ是广义对象的纯滞后时间,s;K_P是广义静态增益,应做无因次化处理,计算方法为

$$K_P = \frac{\dfrac{\Delta Z}{Z_{max} - Z_{min}}}{\dfrac{\Delta u}{u_{max} - u_{min}}} \tag{7-21}$$

c. 按照表7-9提供的计算公式,计算得到控制器的最佳参数值。

表7-9　响应曲线法 PID 控制器参数整定计算表

控制规律	K_C	T_i/s	T_d/s
P	$T_P/K_P\tau$		
PI	$0.9T_P/K_P\tau$	3.3τ	
PID	$1.2T_P/K_P\tau$	2τ	0.5τ

d. 闭环加阶跃干扰试验整定参数的效果，由于可能出现测试误差，可适当修改相关参数，直到响应曲线满意为止。

响应曲线法应用普遍，具有较高的准确度，测试时对生产过程的干扰不大。然而，当广义对象是非自衡过程时，无法应用本方法。

② 实验目的

a. 掌握响应曲线法 PID 控制器参数整定技能。

b. 熟悉控制器参数整定的常用标准。

c. 掌握响应曲线法 PID 控制器参数估算方法。

d. 了解响应曲线法 PID 控制器参数整定的适用范围。

③ 实验工艺过程描述　响应曲线法温度 PID 控制器参数整定选热交换过程，实验流程见图 7-23。

④ 实验步骤

a. 设定趋势回零状态，启动测试软件为运行模式。

b. 按照操作规程将本系统开车到稳定工况。此时，TIC-01 置手动，手动调整 V9 的开度为 70%，V10 的开度为 60%，系统稳定时，T5 约 33℃。

c. 快速手动将 V9 的开度关小到 60%，即引入阶跃干扰。过程达到新的稳态值时，T5 为 37.9℃。记录广义对象响应曲线，见图 7-26。在曲线上用作图法测得广义对象的时间常数 $T_P=30.6s$；广义对象的纯滞后时间 $\tau=20.5s$。

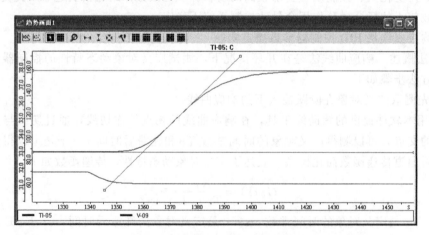

图 7-26　阶跃响应的趋势记录画面

d. 按表 7-9 给出的计算方法得到纯比例增益如下：

$$K_P = \frac{\dfrac{37.9-33.0}{65-20}}{\dfrac{70-60}{100}} = 1.09$$

$$K_C = \frac{T_P}{K_P\tau} = \frac{30.6}{1.09\times 20.5} = 1.37$$

将 TIC-01 的 K_C 设置为 1.37，$T_i=99999s$，$T_d=0$，即纯比例作用。拉偏热流流量 F10，即开大 V10 阀门开度到 70%，记录 T5 响应曲线，见图 7-27。然后恢复 V10 阀门开度到 60%。

e. 按表 7-9 给出的计算方法得到比例增益与积分时间如下。

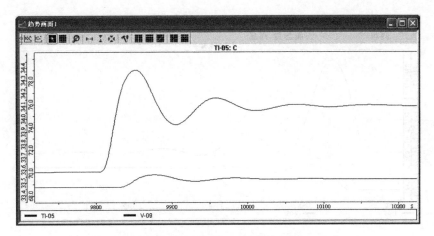

图 7-27 纯比例作用的趋势记录画面

$$K_C = 0.9 K_P = 0.9 \times 1.37 = 1.23$$
$$T_i = 3.3\tau = 3.3 \times 20.5 = 68s$$

将 TIC-01 的 K_C 设置为 1.23，$T_i = 68s$，$T_d = 0s$，即比例积分作用。拉偏热流流量 F10，即开大 V10 阀门开度到 70%，记录 T5 响应曲线，见图 7-28。然后恢复 V10 阀门开度到 60%。

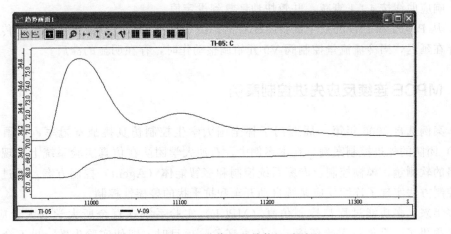

图 7-28 比例、积分作用的趋势记录画面

f. 按表 7-9 给出的计算方法得到比例增益与积分时间如下：

$$K_C = 1.2 \times 1.37 = 1.64$$
$$T_i = 2\tau = 2 \times 20.5 = 41s$$
$$T_d = 0.5\tau = 0.5 \times 20.5 = 10s$$

将 TIC-01 的 K_C 设置为 1.64，$T_i = 41s$，$T_d = 10s$，即比例积分与微分三作用。拉偏热流流量 F10，即开大 V10 阀门开度到 70%，记录 T5 响应曲线，见图 7-29。

⑤ 实验结果记录　详见图 7-26～图 7-29 所记录的历史曲线。

⑥ 实验分析与结论

a. 从测试曲线看出，采用响应曲线法整定参数，由于依赖于广义对象的特性测试数据，因此整定质量比较高，可以得到比较准确的 4:1 衰减曲线。

b. 图 7-27 是采用纯比例控制规律的阶跃响应曲线。由于没有采用设定值拉偏的扰动方

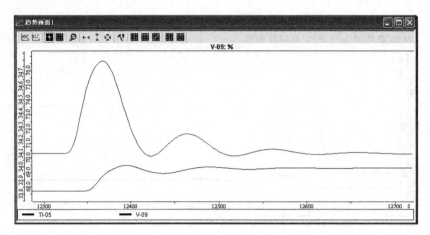

图 7-29　比例、积分与微分作用的趋势记录画面

法，而是改变热流流量的方法，可以明显看出新的稳态值产生了余差，T5 比初始升高了约 0.5℃。

c. 图 7-28 是采用比例积分控制规律的阶跃响应曲线。在衰减曲线的后段可看出向设定值靠近的趋势，说明积分作用能消除余差。

d. 图 7-29 是采用比例、积分与微分控制规律的阶跃响应曲线。控制阀位的起始变化率较大，响应曲线按 4∶1 衰减，并较快地恢复到设定值。

e. 从 P、PI 和 PID 的三个试验曲线看出，由于扰动都来自热流流量，信号传递及阀门动作存在延迟，当冷流流量控制阀 V9 开始调整动作时，存在明显的滞后。

7.7　MPCE 连续反应先进控制案例

本案例选自 2006 年第一届西门子杯全国大学生控制仿真挑战赛冠军，中国石油大学（北京）团队的先进控制案例。在本案例中，石油大学团队在仿真实验系统上实现了基于神经网络的软测量、模糊控制、专家系统控制和多智能体（Agent）控制方案。通过综合多种先进控制方法实现了连续反应系统自动开车和抗干扰的鲁棒性控制。

多年来，多功能过程与控制仿真（MPCE）实验系统在百余所大学的大量应用说明，MPCE 提供了一个创新实验环境，在仿真高危险项目时，即使实验失败，也不会导致人员伤害和事故损失问题。在这个"绿色实验"环境中，学生可以充分发挥用所学知识分析问题、解决问题的元认知能力和创新能力。

7.7.1　连续反应系统（CSTR）工艺流程

连续反应系统如图 7-30 所示，是连续带搅拌的釜式反应系统，又称 CSTR。反应物 A（常温液态丙烯）与反应物 B（常温液态己烷）在催化剂 C（常温催化剂与活化剂的混合液）作用下，在反应温度 70℃±1.0℃下进行悬浮聚合反应，得到产物 D（聚丙烯产品）。反应器耐压约 2.5MPa。为了安全，要求反应器在系统开、停车全过程中压力不超过 1.5MPa。反应器压力报警上限组态值为 1.2MPa。由于本反应器有强烈的搅拌作用，起到了很好的分散与稀释功能，使得反应器中的物料流动状态满足全混流假定，即反应器内各点的组成和温度都是均匀的，反应器的出口组成和温度与反应器内相等。

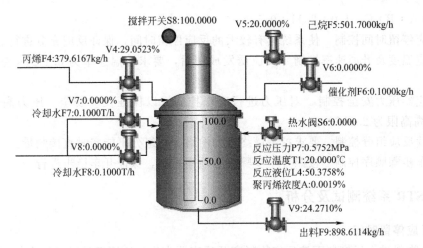

图 7-30　MPCE 中的连续反应系统可组态画面

反应过程主要有三股连续进料。第一股是反应物 A，F4 为进料流量，V4 是进料阀；第二股是反应物 B，F5 为进料流量，V5 是进料阀；第三股是催化剂液 C，F6 为催化剂进料流量，V6 是催化剂进料阀。三股进料要保证以一定的比例进料。

反应器内主产物 D 质量分数在图中指示为 A，反应温度为 T1，液位为 L4。反应器出口浆液流量为 F9，由出口阀 V9 控制其流量。出口泵及出口泵开关为 S5（图 7-30 中未表示）。反应器出口为混合液，由产物 D 与未反应的 A、B 以及催化剂 C 组成。

反应器设置两类冷却装置。第一类为夹套冷却，冷却水入口流量为 F8，由阀 V8 控制流量。第二类为蛇管冷却，冷却水入口流量为 F7，由阀 V7 控制流量。此外，在反应初期，需要由反应器夹套加热水来触发反应，该热水由开关阀 S6 引入。反应器搅拌电机开关为 S8。

7.7.2　CSTR 控制硬件配置

控制系统用西门子 PCS7 BOX 为工作站通过 DI/DO 与 AI/AO 接口（表 7-10）与 MPCE 仿真系统实时联机，见图 7-16 的左上部分。这是一种用真实的 DCS 系统通过标准电流信号与 MPCE 联合的智能仿真实验环境，又称半实物仿真环境或硬件在回路仿真环境。

表 7-10　系统硬件配置主要部件及参数表

符号	名称	规格型号	设备号	数量
SITOP	电源	DC 24V 20A	6EP1 336-2BA00	1
CPU	CPU	CPU416-2PCI		1
ET200M IM153-2	分布式站点	IM153-2		1
DI	数字量输入模块	SM321　DI 16 * DC24V	6ES7 321-1BH02-0AA0	1
DO	数字量输出模块	SM322　DO 16 * DC24V	6ES7 322-1BH01-0AA0	1
AI	模拟量输入模块	SM331　AI 8 * 12bit	6ES7 331-7KF02-0AB0	1
AO	模拟量输出模块	SM332　AO 4 * 12bit	6ES7 332-5HD01-0AB0	1

7.7.3　CSTR 控制目标

① 进料流量及比例控制　要求设计控制系统能够克服每股进料流量扰动，而且以一定

比例进料（A∶B∶C＝1.0∶2.11∶0.12）。

② 反应停留时间控制　使系统具有较大的反应停留时间，保证反应充分进行。

③ 反应温度及升温速率控制　反应诱发成功后，要求升温速率为0.1℃/s左右，保证系统安全。

④ 反应器压力安全控制　对压力进行安全控制，以保证反应安全。压力高限报警为1.2MPa，高高限为2.0MPa。

⑤ 连续反应组分控制　要求控制最终产物的组分，组分不能实时直接测量。

⑥ 开车步骤顺序控制　按照开车步骤实施顺序控制，保证开车稳步进行。

7.7.4　CSTR系统测试及分析

(1) 反应停留时间

从反应物料进入反应器至该反应物料离开反应器为止，所历经的时间称为停留时间。该时间与反应器中实际的物料容积和物料的体积流量有关。一般情况下，停留时间长，进料流量小，反应的转化率高。由于本反应器的物料流动状态满足全混流假定，可以采用平均停留时间的方法表达，反应平均停留时间等于反应器中物料实际容积除以反应器中参与反应的物料体积流量。

① 进料流量引起的反应停留时间变化　反应稳定后，通过PID闭环控制使反应釜液位和温度保持不变，将A、B、C三股进料流量分别增大或减少10%，各个变量的响应曲线如图7-31所示。由图7-31可见，流量增加10%后，产品组分在开始15s随着温度的增加而提升，之后15s由于出口流量增大，使得产品组分下降到最低点，后来产品组分跟随温度变化逐渐稳定在12.181%，与初始值12.182%相比几乎没有变化。总流量减少10%时对象的各个变量的响应曲线与总流量增加10%的趋势基本一致。

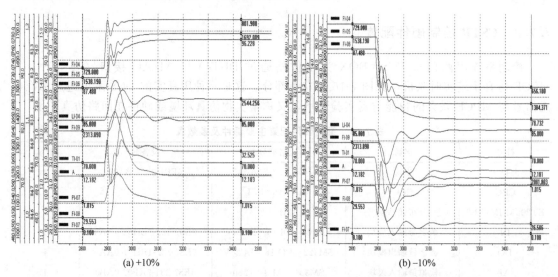

图7-31　进料流量变化10%时各个变量的响应曲线

② 反应釜液位引起的反应停留时间变化　反应稳定后，三股进料流量保持不变，通过PID闭环控制使温度保持不变，利用PID闭环控制将反应釜液位提高或降低10%，各个变量的响应曲线如图7-32所示。由图7-32可见，液位提高10%后，停留时间逐渐增加，产品组分稳定在12.893%，与初始值12.182%相比增加了0.711%。液位降低10%时各个变量

的响应曲线与液位提高10%的趋势基本一致。

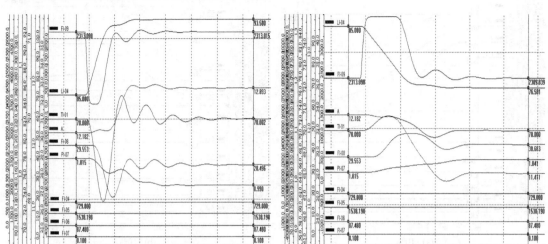

图7-32 反应釜液位变化10%时各个变量的响应曲线

③ 实验结论 反应时间与反应器的液位和进、出口体积流量有关,其他反应参数利用PID进行闭环控制,保持不变时,改变进、出口体积流量,产品组分基本不变;改变反应器的液位,产品组分也随之变化。

(2) 反应温度

该反应属于放热反应,反应温度的高低代表了反应速度的快慢。当反应速度加快时,放出的热量增加,导致系统温度升高;反之,系统温度下降。出口物料流量和冷却水将反应热量带走。

① 冷却水流量对反应温度的影响 反应稳定后,进料流量和反应釜液位保持不变,改变冷却水阀V8开度,使冷却水流量F8增大或减小10%,各个变量的响应曲线如图7-33所示。冷却水阀V7是蛇管换热,其换热能力是夹套换热(V8)的30%,它对反应温度的影响与图7-33一致。

由图7-33可见,冷却水流量F8增大10%,冷却量超出所需量。冷却量将反应放出的热量全部带走后还有余量,余下的冷却量将体系的温度降低,反应温度从70℃不断下降,直到20℃停止反应,大约经过460s,这是连续反应温度的反向非自衡现象。此情况虽然没有危险,但反应会减弱直到停止,此时必须按开车规程加热重新开车处理;冷却水流量F8减小10%,反应的冷却量不足,反应温度按指数规律上升得越来越快,经过大约200s温度从70℃上升到报警限101℃,这是连续反应温度的正向非自衡现象。此时如果不采取紧急措施,将发生爆炸事故。

② 进料流量、反应釜液位对反应温度的影响 反应稳定后,若保持冷却水流量不变,改变进料流量或反应釜液位,都会出现类似于图7-33的连续反应温度的正向/反向非自衡现象。

③ 反应温度对压力和产品组分的影响 反应稳定后,进料流量、出口产品流量、反应釜液位保持不变,利用PID闭环控制将温度提高或降低3℃,各个变量的响应曲线如图7-34所示。由图7-34可见,反应压力和产品组分浓度与温度变化趋势一致,反应温度和反应转化率的变化属于时间常数较大的高阶特性。冷却水流量的变化随阀门的开关变化较快、时间

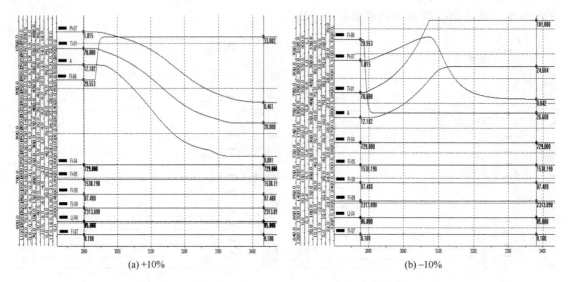

图 7-33　冷却水流量 F8 变化 10％时各个变量的响应曲线

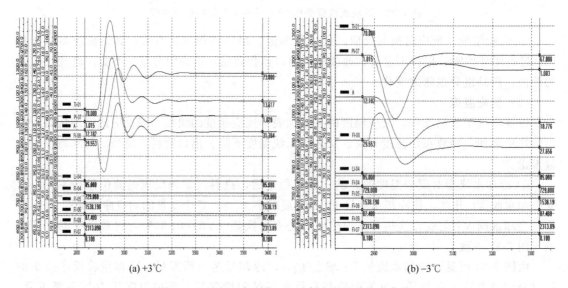

图 7-34　反应温度变化 3℃时各个变量的响应曲线

常数较小。

④ 实验结论

a. 放热反应属于非自衡的危险过程,当反应温度过高时,反应速度加快,使得反应放出的热量增加,如果热量无法及时移走,则反应速度进一步加快。这种"正反馈"作用将导致反应器温度急剧上升,同时反应器压力飞升。如果反应器内压力超过反应器所能耐受的极限,可能发生爆炸与火灾事故。

b. 在反应停留时间相同、催化剂量相同的条件下,反应转化率主要由反应温度所决定。控制反应温度的主要手段是冷却水的流量。

c. 反应温度和反应转化率的变化属于时间常数较大的高阶系统。冷却水流量的变化随阀门的开度变化较快、时间常数较小。由于温度变化的滞后,常规控制器进行调节的效果不佳。

(3) 反应压力

反应压力的高低主要取决于反应器中反应物 A 与 B 混合气体的比例以及反应温度。纯气相物质 A 在 20℃时约为 1.0MPa，70℃时已超过 3.0MPa，温度继续升高，压力还会急剧升高。因此，在较低温度下本反应器就可能发生爆炸危险。实践证明将反应物 A 与 B 混合后，混合气体的总压力会降低。而且在温度不变的前提下，物料 B 的含量占比越高，系统压力越低。因此，在反应器中必须防止反应物 A 的含量占比过高以及反应温度过高的情况发生。

① 反应温度与反应压力　从图 7-33 和图 7-34 中可以看出，在物料 A 与 B 的进料流量比不变的前提下，反应压力与反应温度变化趋势一致，说明反应压力由反应温度决定。

② A、B 进料比值与反应压力　反应稳定后，三股进料总流量保持不变，反应釜液位和反应温度利用 PID 闭环控制保持不变，改变物料 A 与 B 的比值，从 2.11 分别增大到 2.61 或减小到 1.61，各个变量的响应曲线如图 7-35 所示。由图 7-35 可见，B/A 进料比值增加 0.5 时，反应压力从 1.015MPa 降低到 0.846MPa，减小了 0.169MPa；B/A 进料比值减小 0.5 时，反应压力从 1.015MPa 提高到 1.242MPa，增加了 0.227MPa。

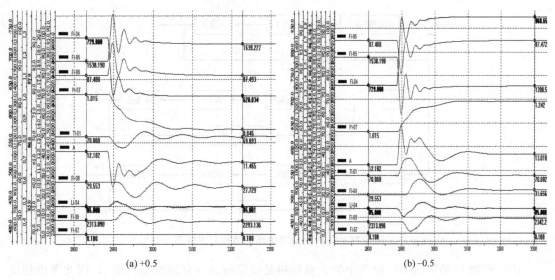

图 7-35　B/A 进料比值变化 0.5 时各个变量的响应曲线

③ 实验结论

a. 在物料 A 与 B 的进料流量比不变的前提下，反应压力随反应温度变化，即反应温度上升，反应压力也同步上升，反应温度下降，反应压力也同步下降。

b. 在温度不变的条件下，调整反应物 A 与 B 的进料流量比可以在一定的范围内控制反应器内压力。

7.7.5　系统控制策略设计

系统从冷态开车到稳定运行，可分为非稳态开车过程和连续反应稳定生产过程两个工况，因此系统控制策略可分成两部分进行设计。

(1) 非稳态开车过程控制策略

系统经过初始化检查后，可进行冷态开车。要求三股反应物 A、B、C 以一定的比例进料，可采用比值控制。

反应深度和反应停留时间密切相关，一般来说停留时间长，反应的转化率高。而反应停留时间由反应器中实际的物料容积和物料的体积流量决定。因此可以通过反应釜的液位控制，获得较大的反应停留时间，对反应充分进行有一定的作用。

反应釜进料流量、出料流量以及液位稳定后，开始加热诱发反应，此反应是放热反应。所以对升温速率和反应釜压力，采用专家型模糊控制器进行控制。

系统非稳态开车过程操作复杂，还涉及多个控制回路的换切和投运，为了简化操作，可采用顺序控制进行自动开车。

① 进料流量双闭环比值控制

a. 操作变量与被控变量的选择

ⅰ. 被控变量：反应物 A 进料流量 F4、反应物 B 进料流量 F5、催化剂 C 进料流量 F6；

ⅱ. 操作变量：反应物 A 进料阀 V4、反应物 B 进料阀 V5、催化剂 C 进料阀 V6。

b. 控制方案　进料流量双闭环比值控制系统如图 7-36 所示，可实现对主流量的定值控制，使主流量平稳的同时通过比值控制使副流量也比较平稳，提降负荷方便。主控制器和副控制器均选择 PID 控制器。

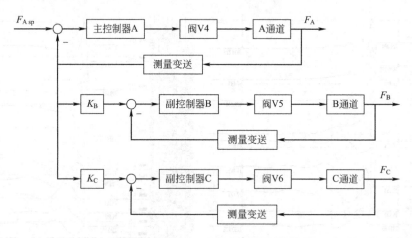

图 7-36　进料流量双闭环比值控制方框图

由于产物 D 是聚丙烯，生产中的主要物料是反应物 A（常温液态丙烯），因此考虑把反应物 A 的流量定为主动量。另外从安全角度出发，若以反应物 B（常温液态己烷）的流量为主动量，作为从动量反应物 A（常温液态丙烯）的流量一旦因某种条件的制约失控而变化时，常规比值控制系统不能使主动量反应物 B 的流量随之变化，最终使反应釜内压力上升，造成爆炸事故。所以应选择反应物 A（常温液态丙烯）的流量作为主动量，其他流量作为从动量。

c. 阀门的选择　V4、V5、V6 三个阀为反应釜的进料阀，在失气时应该使阀门关闭，以保证生产安全，因此选择气开阀。

对于阀 V4、V5、V6，随着开度的增加，要求其流量有线性的变化，由于系统中流量变送器带有开方器，为降低流量设定值的干扰，以保证液位线性地增加，使整个实验顺利进行，这三个阀门均选择线性阀。

② 反应釜液位控制

a. 操作变量与被控变量的选择

ⅰ. 被控变量：反应器液位 L4；

ⅱ. 操作变量：反应器出口阀 V9。

b. 控制方案　反应釜液位控制系统如图 7-37 所示，可实现对反应釜液位的定值控制。

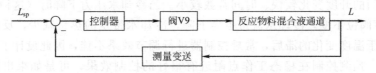

图 7-37　反应釜液位控制方框图

c. 阀门的选择　V9 为反应釜的出料阀，在失气时应该使阀门打开，以保证反应釜内压力及温度在安全范围内，因此选择气关阀。

对于阀 V9，随着开度的增加，要求其流量有线性的变化，保证液位线性地降低，降低流量的干扰，从而保证实验顺利进行，因此该阀门选择线性阀。

③ 升温速率和反应釜压力的专家型模糊控制

a. 操作变量与被控变量的选择

ⅰ. 被控变量：反应温度的升温速率、反应釜压力 P7；

ⅱ. 操作变量：夹套冷却水阀 V8 开度。

b. 控制方案　由于反应升温过程属于时间常数大的高阶特性，冷却水流量的变化随阀门的开关变化较快、时间常数小，这时用常规控制来控制温度的升温速率是不合适的，它很可能造成反应过快而失控或者"浇灭"反应。根据控制要求和经验，选用专家型模糊控制器来实现对升温速率和反应釜压力的控制，控制结构如图 7-38 所示。

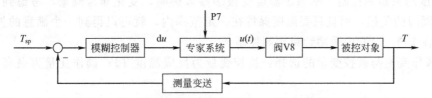

图 7-38　升温速率和反应釜压力的控制方框图

控制器由基本模糊控制器和专家系统两部分组成。基本模糊控制器按照目前通行的模糊控制器设计步骤设计而成，模糊输出为 du，为增量型输出。专家系统在模糊控制器与被控对象之间，它对反应器压力和控制增量进行检测，利用专家规则进行判断，然后输出控制量 $u(t)$。此控制器系统不仅能有效地控制升温速率，还考虑到了反应器压力的安全。

c. 阀门的选择　V8 为冷却水阀，在失气时要求阀门打开，温度不宜过高，否则会导致压力增大到危险程度，所以选择气关阀。

控制阀 V8 的流量特性选择为线性。原因是反应温度的变化属于时间常数 T_f 较大的高阶系统，而测量环节的时间常数 T_m 较小，T_v 为阀时间常数，则 $T_f > T_m(T_v)$，所以根据常用控制系统控制阀流量特性的经验选择方法，判断 V8 应选用线性阀。

对于冷却水阀 V7，按照以上原理，同样选择气关阀、线性流量特性。

④ 开车顺序控制

按照开车操作的要求和步骤，实施顺序控制，保证开车稳步进行，以及各个控制回路的正确投运。

(2) 连续反应生产控制策略

反应温度稳定在 70℃ 左右时，系统开车过程结束，进入连续反应稳定生产工况。在反应停留时间相同、催化剂量相同的条件下，反应转化率主要由反应温度所决定。因此，必须严格控制反应温度。反应温度和反应转化率的变化属于时间常数较大的高阶系统。冷却水流量的变化随阀门的开度变化较快、时间常数较小。当冷却水压力下降时（这种干扰在现场时有发生），即使阀位不变，冷却水流量也会下降，冷却水带走的热量减少，反应器中物料温度会上升。由于温度变化的滞后，常规控制器进行调节效果不佳，因此设计了反应温度约束预测控制系统。预测控制在稳态工作点附近有很好的控制效果，可是如果出现某些意外状况，造成工况远离工作点时，由于预测模型的失配，控制效果较差。所以还设计了温度PID控制系统，与温度约束预测控制互相协调，共同控制反应温度。

反应釜内主要发生的反应是：进料A和进料B在催化剂C的作用下反应生成产物D，但是出口产品中还包括未反应的反应物A和B。出口物料的组分测量对于产品组分的控制非常重要，通常组分不可能在线直接测量，大多数是采用软仪表技术，因此设计了基于神经网络的产品组分软测量系统。

为了得到一定转化率的产品，需要对反应器最终产物的组分进行控制。催化剂量相同的条件下，反应转化率由反应温度、反应停留时间和进料比所决定。同时，为保证反应安全，需要对压力进行安全控制系统的设计。反应压力的高低主要取决于反应器中反应物A与B混合气体的比例以及反应温度。若单独调节组分和压力，可能会达不到所满意的整体控制要求。因此为了使系统运行安全平稳，而且获得最大的产品转化率，设计了基于多智能体（Agent）的压力安全和组分控制系统。

① 反应温度控制策略

a. **温度约束预测控制** 本系统温度受很多参数影响，变化非常频繁，考虑到给定值控制会增加阀门的负担，而且只要温度保持在一定范围内，就可以得到一个满意的控制效果，所以设计在70℃±1℃内采用约束预测控制。

ⅰ. 操作变量与被控变量的选择：被控变量为反应温度T1；操作变量为夹套冷却水流量F8。

ⅱ. 控制方案：反应温度约束预测控制结构如图7-39所示，可实现对反应温度70℃工作点附近的区间控制。

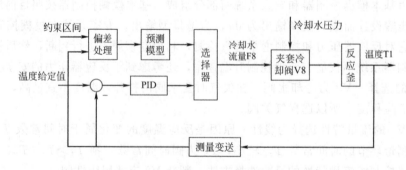

图7-39 反应温度控制结构

b. **反应温度PID控制**

ⅰ. 操作变量与被控变量的选择：被控变量为反应温度T1；操作变量为夹套冷却水流量F8。

ⅱ. 控制方案：反应温度PID控制结构如图7-39所示，可实现对反应温度远离70℃工作时的调节控制。

② 基于神经网络的产品组分软测量系统　软测量是实用性很强的应用技术,它以软测量模型在线运算并给出准确的估计值为目标,软测量仪表的工程化设计一般分为以下几个步骤：辅助变量的初选、现场数据采集与处理、辅助变量精选、软测量模型的结构选择、软测量模型的实施。

软仪表模型可以采用机理模型、辨识模型以及神经网络,针对本设计的实际情况,无法获得其机理模型,考虑 CSTR 表现为强非线性的化工过程,神经网络模型能够较好地拟合非线性方程,拟采用神经网络模型作为软仪表,选用混合液出口流量 F9、反应温度 T1、反应压力 P7 三个变量为辅助变量,该软测量系统主要流程如图 7-40 所示。

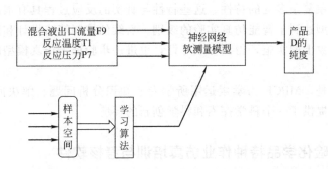

图 7-40　CSTR 出口产品组分的软测量系统主要流程

③ 基于多智能体（Agent）的压力安全和组分控制　催化剂量相同的条件下,反应转化率由反应温度、反应停留时间和进料比所决定。为了得到一定的转化率的产品,需要对反应器最终产物的组分进行控制。同时,为保证反应安全,需要对压力进行安全控制系统的设计。反应压力的高低主要取决于反应器中反应物 A 与 B 混合气体的比例以及反应温度。若单独调节组分和压力,可能会达不到所满意的整体控制要求。因此为了使系统运行安全平稳,而且获得最大的产品转化率,设计了基于多 Agent 的压力安全和组分控制系统。

如图 7-41 所示,此系统从功能上分为压力安全 Agent、产品组分控制 Agent、协调 Agent 和黑板四个部分。前两个 Agent 是执行 Agent,不仅能对自身底层控制层进行控制,还能发出协调请求,相互配合工作。协调 Agent 对其他 Agent 进行协调控制。黑板作为全局性数据共享区,各 Agent 的数据共享和协调机制通过它来实现通信。每个 Agent 相当一个小的专家系统,彼此相互独立,又针对不同的控制情况,可以相互协调控制,从而实现较快平稳地达到控制目的。

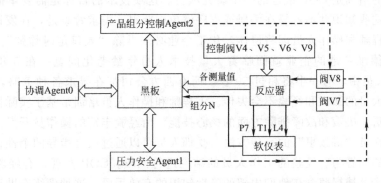

图 7-41　基于多 Agent 的压力安全及产品组分控制系统工作原理

④ 系统安全与控制策略可行性分析　整个控制系统由常规 PID 控制和先进控制共同构

成，PID 控制实现容易，性能稳定；先进控制控制效果较好，并能同时兼顾生产安全、能源消耗、经济效益。

非稳态开车过程中，采用了专家型模糊控制器进行控制，内部的专家系统实时监测系统压力，保证系统安全。稳定生产时采用约束预测控制，可以抑制阀门动作过于频繁，减少能源消耗，压力安全 Agent1 实时监测压力情况进行控制。正常情况下先进控制与常规 PID 控制可以随时切换，选用不同的控制方法，一旦出现危险情况协调 Agent0，将会限定控制方法，直到警报解除。

以上中国石油大学参赛团队通过对仿真对象的试验和分析（真实系统不允许），深入细致地了解了被控对象复杂多变的特性。这些特性与真实的反应过程具有很高的逼真度，说明本连续反应仿真模型达到了智能仿真实验的级别。后续的控制策略设计和用西门子控制系统在仿真实验系统对象上的实施，得到专家好评，也进一步验证了仿真模型的实用效果。具体编程实施内容从略。

更加有意义的是，MPCE 为学生运用所学专业知识分析问题、解决问题提供了一个很好的实践环境，也提供了一个科学探索和科学创新的环境。

7.8 智能型危险化学品特种作业仿真培训与考核软件

考核软件使用操作方法介绍

为了解决过程工业领域人为失误导致的重大事故问题，全世界技术发达国家的过程工业企业、著名过程控制公司（霍尼韦尔、爱默生和横河等）联合高等学校展开了大量研究和实践。其中最具影响力的是 2007 年成立的操作员技能中心（Center for Operator Performance，COP）。COP 是一个由不同行业、供应商和学术界代表组成的国际化联合体，通过研究、协作来解决人的能力和克服局限性问题。COP 为石化行业提供了先进的人为因素工程（human factors engineering）技术。人为因素工程是通过运用关于人的优势、弱点和特征的知识来提高人机界面和人的性能的科学学科。COP 的宗旨是提高操作员技能水平，提高健康、安全和环境效益。其途径是公开分享知识和想法，由过程工业运营商与领先的人为因素研究人员和大学合作。

该中心的创始人之一是美国莱特州立大学戴维·斯特罗布哈尔（David Strobhar）教授，他是生物医学、工业和人为因素工程部门的主席，是过程工业人为因素工程专家。莱特州立大学工程和计算机科学学院是工程教育和创新领域的引领者。

基于剧情的培训是 COP 最近的一个研究项目。这项技术的目标是需要掌握隐含的、不可见的知识，这些知识并不容易在手册或程序清单中获得。需求背景是，在发达国家，随着经验丰富的工程师和操作人员即将退休，化工企业必须拆除"人口定时炸弹"。例如德国巴斯夫公司在路德维希港的企业就面临着大量技术人员年龄老化问题。在 5 年中，现场的 30000 名工作人员中，有一半将超过 50 岁。所有西方公司都在寻求各种策略，以加快替换速度，并确保大量的知识和经验不会失传。工程师和操作人员培训是基于实际情况的各种剧情，包括了分析、决策和故障排除方面的核心技能。由经验丰富的操作员开发这些方案，是一种有经验操作员"讲故事"的言传方法。受训人员可以通过没有指导的个性化练习，在完成后，将他们的回答与有经验的工作人员的结论进行比较。COP 发现，有经验的操作员参与剧情开发确实是捕捉蕴含在他们内部的隐性知识的有效手段。这种训练有助于个人思维见解的元认知发展。该方法在德国巴斯夫公司成功应用。

据 COP 报道，2018 年 11 月 8 日在欧洲的网络研讨会上，"基于剧情的培训以改进操作员的决策"方法,由化学工程师协会(Institute of Chemical Engineers,IChemE)主持对COP注册会员进行了培训。

另据霍尼韦尔 UOP 介绍,公司的专家开发了一个专家系统,该系统基于多年的操作知识和基于决策树故障诊断方法,包括有大量的背景材料和参考资料。因此,用户可以获得对本科目内容更深入的了解。专家系统提供操作问题的快速故障排除,增加了用户的自信心,并且帮助用户防止将来的操作问题。

我国化工行业从业人数超过 700 万。由于我国化工行业起步晚,基础差,相当一部分操作人员的技术素质还不能满足安全生产的需要;许多危险化学品生产企业设备老化且长周期运行;装置的复杂性增加和自动化水平提高以及传统培训方法的局限性,无法高效高质量地培训操作工,特别是对异常工况、未遂事件和事故排除掌控能力的训练不足。操作工缺乏将事故排除在初期阶段的能力,化工企业也经历着人员老化和技术与经验的失传问题。大量的事故调查表明,操作工人为失误是导致重大事故的主因,如图 7-42 所示。采用更为有效的培训技术和改革培训方法,强化操作工安全操作能力的培训已经刻不容缓。

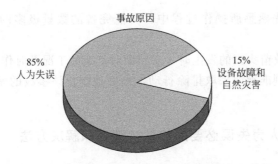

图 7-42 化工重大事故中 85% 与人为操作失误相关

国内的进展是,国家应急管理部(原国家安全生产监督管理总局)把涉及危险工艺的操作人员纳入危险化学品特种作业人员管理,并在第 30 号总局令中要求:"特种作业人员应当接受与其所从事的特种作业相应的安全技术理论培训和实际操作培训。""省、自治区、直辖市人民政府安全生产监督管理部门负责本行政区域特种作业人员的安全技术培训、考核、发证、复审工作。"各地安全监管部门认真落实总局 30 号令的要求,开始了危险化学品特种作业的培训、考核和发证工作。总局发布的 80 号令进一步修改和强化了安全培训的各项规定。

但是在执行过程中遇到了没有适合危险化学品特种作业仿真培训系统的难题。著者在总结大量实践经验的基础上,由中国化学品安全协会和淄博市安监局协助,通过在十几个化工企业试点,成功开发了便携式智能型特种作业仿真培训系统 AI3-TZZY。这种智能化仿真培训系统融入了智能化危险与可操作性分析(HAZOP)方法、新一代人工智能专家系统 AI3 技术、深度学习技术和个性化仿真培训系统技术,在仿真培训过程中可以发挥操作工的集体智慧,提高操作工对异常工况和事故隐患的分析问题和解决问题的元认知能力;可以自动监测、识别、诊断和解释大量的、多变的、复杂的仿真训练中误操作或事故剧情;用自然语言分析和解释事故剧情及原因;采用危险剧情揭示事故的来龙去脉,揭示事故的不利后果;给出有针对性的预防与排除措施的提示和付诸仿真实操训练;可以自动评价学员事故排除能力;还可以在培训过程中由操作专家和每一位操作工自行补充、验证和丰富专家系统知识库内容。

可能是一种巧合，我们提高操作员技能的智能化仿真培训方法和技术与COP剧情训练的思路几乎完全一致。我们的方法和技术是基于仿真培训与智能化HAZOP分析和深度学习联合模式。现场实际应用表明，这种模式不但实现了知识的传承，还通过有针对性的仿真训练，提高了能力和熟练度，在技术先进性、有效性和实用性方面都超过了COP的成就。但我们的差距是，人为因素工程的研究方面还基本上是"无人区"，还没有得到相关主管部门、企业和学术界的充分重视，COP组织企业主管、技术开发方和学术界联合攻关值得借鉴。

7.8.1 重特大事故的主因——人为失误

全世界近几十年大量的事故调查表明，操作工人为失误是导致化工重大事故的主因。依据统计数据，化工、石化、炼油和天然气重大事故中85%~90%与人为操作失误相关，如图7-42所示。

然而，如何克服人为失误，提高操作工安全操作能力却是一个世界性难题。主要困难在于：

① 操作工必须事先熟悉所操作过程中尽可能完备的数量极多的重大事故和排除方法预案；

② 当某些预案事故苗头真的发生时，必须面对复杂的工况及时作出准确的识别及判断；

③ 必须在第一时刻准确地采取排除行动，最好是制止该事故的发生，至少是减缓事故的不利后果。

7.8.2 预防操作工人为失误必要的技能、难点和解决方法

所有操作工必须是识别、分析和确认人为失误危险的主力军，也是正确执行预防人为失误措施的主力军。操作工必须熟悉和掌握三种主要技能，即：

① 异常工况、未遂事件和事故工况的识别技能；

② 异常工况、未遂事件和事故的排除技能；

③ 各种操作规程的设计与制定和危险与可操作性分析（HAZOP）安全评估技能。

异常工况管理（Abnormal Situation Management，ASM）的策略是：一旦装置偏离正常生产状态，立即采用在线HAZOP分析，定位导致异常的原因，提出解决方案，并预测可能出现的不利后果。由操作工及时采取正确"行动"，将事故排除在萌芽阶段，即安全防线提前的策略，如图7-43所示。

对于日常生产活动中的扰动问题，ASM同样也能诊断扰动的原因，提供解决措施，保证化工生产装置稳定运行，将企业由于异常工况所造成的损失弥补回来。通俗地说，ASM系统就是在线、实时和自动的HAZOP分析、显示和快速决策系统。

当前，我国操作工还非常缺乏以上提到的三种技能。核心问题是非常缺乏HAZOP分析技能和排除事故的能力与操作熟练度，因此也是发生重特大事故的主要原因和隐患。三种技能的要点和解决方法如下。

(1) 异常工况、未遂事件和事故的现场识别技能

仅靠操作工日积月累的异常工况、未遂事件和事故工况的现场识别经验，无法超前预防人为失误导致的重大事故问题。原因在于，操作工不可能亲身经历所有事故，即使有一些经历，也为时已晚；操作工个人的经验不完全、不准确，无法系统总结和向其他操作工传承，

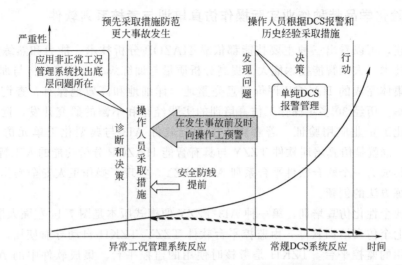

图 7-43　异常工况管理 ASM 安全防线提前的策略

也没有有效方法详细保存这些经验，更难不断修改补充、完善和进步。

① 识别方法、分析方法和技巧是难点之一。培训操作工掌握 HAZOP 评价及人为失误两种评价方法和技巧是有效解决方法。

② 评价内容的详尽的记录方法是难点之二。本难点的有效解决方法是用人工智能标准化、图形化方法进行直观形象"危险剧情"记录，可以更完全、更准确地总结经验，并向所有操作工传承，以便快速查询、共享、修改和拓展。

(2) 异常工况、未遂事件和事故的排除技能

① 仿真培训是国际公认的综合培训操作工的危险识别、决策和行动能力及熟练度最安全和最有效的方法。通过精选七种典型化工单元操作仿真培训软件，实施典型事故排除案例训练，以便结合操作工的岗位举一反三取得实效。两周仿真培训相当于两年实际操作经验。

② 仿真培训结合 HAZOP 智能诊断和解释，由操作工自我验证 HAZOP 评价结果的定量与半定量正确性，可以提高操作工安全操作能力和熟练度。这种方法支持反复训练，以便操作工安全操作能力长期保持在较高水平，可以真正实现没有教师参与的自动教学和个性化培训。

(3) 各种操作规程的设计与制定和 HAZOP 安全评估技能

① 操作规程的制定和评估是难点之一。操作工全员参与采用计算机辅助图形化方法设计和优化各种操作规程，并且用特定引导词，有针对性地实施计算机辅助 HAZOP 操作规程安全评价是最好的解决方法。两任务共用同一个智能 HAZOP 软件。国际安全规范指出，员工参与是过程安全管理（PSM）的要素之一。

② 大量的有针对性的操作规程和各种异常工况、未遂事件和事故的关联是难点之二。传统方法制定的异常工况和事故排除操作规程很难做到具有针对性。采用图形化表达操作工参与制定的事故剧情和针对性操作规程联合显示、修正、补充和扩展，是本难点的最好的解决方法，又称决策树剧情法（详见图 6-12 所示包含事故处理规程的决策树剧情模型）。本方法具有直观形象、快捷查询、易学易用、深度注解、易于共享、易于传承、易于修改等优点。

7.8.3 危险化学品特种作业实际操作仿真培训与考核系列软件

综上所述，可以看出三种主要技能都依靠 HAZOP 分析技术。能力和熟练度训练必须用仿真培训技术。人工智能技术能大大提高分析质量与训练效率，能将分析与训练有机结合起来，能将集体完成的 HAZOP 评价信息完整地、详细地和高效地保有、查询、传承、拓展和经验共享。历经 30 多年操作工仿真培训的实践经验和不懈的研究开发，近期经过多个化工与石油化工企业应用验证，著者将人工智能软件 AI3 与典型化工单元仿真训练软件 TZZY 联合，也就是仿真培训软件 TZZY 与具有智能 HAZOP 分析功能的人工智能软件 AI3 有机结合，集成为一个联合软件平台系列 AI3-TZZY，实现了操作工人安全操作知识、能力和熟练度训练方法的创新。

为了方便个性化仿真培训，第一种 AI3-TZZY 便携式版本是图 7-44 左面大框中的内容。其中集成了七个仿真培训软件，由监控平台软件 TZZY/TZKH 自动导航使用。其中 TZZY 是培训时使用的监控平台，TZKH 是考核时使用的监控平台。集成软件中的 AI3-TZZY-Y 是可以在线随机进入的 AI3 分析、诊断和解释软件，AI3-TZZY-K 是知识图谱模型构建和维护离线软件。

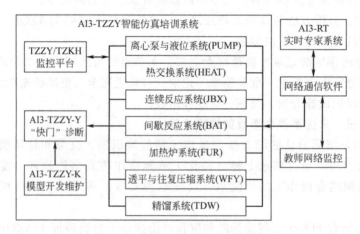

图 7-44 联合软件平台 AI3-TZZY

第二种软件版本是智能仿真培训系统的实时在线软件平台。此软件平台需要至少两台电脑联网运行。一台运行仿真培训软件，另一台运行实时专家系统软件 AI3-RT。这个软件在 AI3-TZZY-Y 的基础上增加了实时监控画面。例如，实时状态数据显示画面、实时趋势曲线显示画面、状态偏离总貌画面等。两台电脑通过集成网络通信软件实现实时数据通信。AI3-RT 兼有实时诊断和离线知识图谱建模和维护功能。当使用考核软件时，允许在局域网中，连接多台电脑同时应对大量考生的自动监控考核。考核软件不集成专家系统软件 AI3，因为考核时不允许进行个性化智能辅导。

AI3-TZZY 培训系统中的 HAZOP 分析采用参与式集体智慧讨论评估方法；仿真训练更是必须亲自动手动脑的参与式训练；而在线 HAZOP 分析和故障诊断方式，强化了反复自我验证的训练。更进一步，所有 HAZOP 分析得到的经验都能准确地传承、共享、修改和扩展。可以说 AI3-TZZY 全面融入了最先进的教学和训练方法，只要认真执行全套培训项目，必然能够大幅度提高操作工的能力和水平。

AI3-TZZY 智能仿真培训系统是一种理想的安全操作技能培训方法，一旦广泛应用，在消减我国化工企业重大事故方面意义非常深远，也标志着我国化工仿真培训已经进入人工智能新时代。

7.8.4 AI3-TZZY 培训与考核软件内容

特种作业实际操作培训与考核软件系统涵盖光气及光气化、氯碱电解、氯化、硝化、合成氨、裂解（裂化）、氟化、加氢、重氮化、氧化、过氧化、氨基化、磺化、聚合、烷基化、偶氮化、新型煤化工等 17 种危险化学品特种作业类型（不含电石生产工艺）以及化工自动化控制系统调整。

由于仿真操作培训与考核的学时有限，按全部考核软件实操仿真培训用 8～16 学时，考核用 30～45min 的限定，以下典型操作单元是危险化工工艺过程中最基础和对 17 种危险化工工艺适应性广泛的选择。七种系统包括了连续与间歇反应、传质、传热、三类主要动设备（离心泵、往复压缩和透平）以及加热过程。显然，也是危险化工工艺代表面最广且种类数最少的选择，分列如下：

① 离心泵与储罐液位系统（PUMP），见第五章图 5-7；
② 热交换系统（HEAT），见图 7-45(a)；
③ 连续反应系统（JBX），见图 7-45(b)；
④ 间歇反应系统（BAT），见图 7-45(c)；
⑤ 加热炉系统（FUR），见第五章图 5-19；
⑥ 精馏系统（包括控制系统投用和调整）（TDW），见后续图 7-51；
⑦ 透平与往复压缩系统（WFY），见后续图 7-54。

以上化工工艺单元和化工过程都具有详尽的真实工业背景，主要工艺参数与真实系统完全一致，其开车、停车、异常工况操作和事故排除的模拟与真实系统完全一致，并且通过多次专家会议讨论与优选，全部属于典型高危险性化工工艺过程。

例如：所选用的连续反应过程（专利系统）是工业常见的典型的连续带搅拌的釜式丙烯聚合反应系统，在已有的事故报告中，聚合反应的重大事故率最高。

所选的间歇反应过程在精细化工、制药、催化剂制备、染料中间体、火炸药等行业应用广泛。本间歇反应的物料特性差异大；反应属强放热过程，由于二硫化碳的饱和蒸气压随温度上升而迅猛上升，冷却操作不当会发生剧烈爆炸；反应过程中有主副反应的竞争，必须设法抑制副反应，然而主反应的活化能较高，又期望较高的反应温度。如此多种因素交织在一起，使本间歇反应具有典型代表意义。

所选用的加热炉属于汽油加氢脱硫装置，被加热的物料为汽油或煤油，是典型高危险性化工工艺过程。同时也是与催化裂化、乙烯裂解、合成氨转化炉、煤气化炉等具有共性的部分。

所选用的压缩系统是汽油加氢脱硫过程的氢气循环压缩机，泄漏时遇火源极易爆炸，亦属于高危险性化工动设备。同时涵盖了透平与往复压缩机两种类型。

所选精馏系统是大型乙烯装置中的脱丁烷塔。操作复杂程度适中，代表了典型传质单元，如精馏、吸收和萃取等。塔顶产物是 C4，塔底产品是裂解汽油，具有高危险性。

为了强化安全实操内容，将以上七个工艺单元参照国内外安全标准，突出典型危险化工工艺单元的重要危险事故排除，总结了 80 余种"安全关注点"，可在工艺流程图中直接查询，并且每一个单元都设置相关的五种典型事故排除，包括紧急状态应急仿真操作考核，总计 35 种事故排除考核项目。

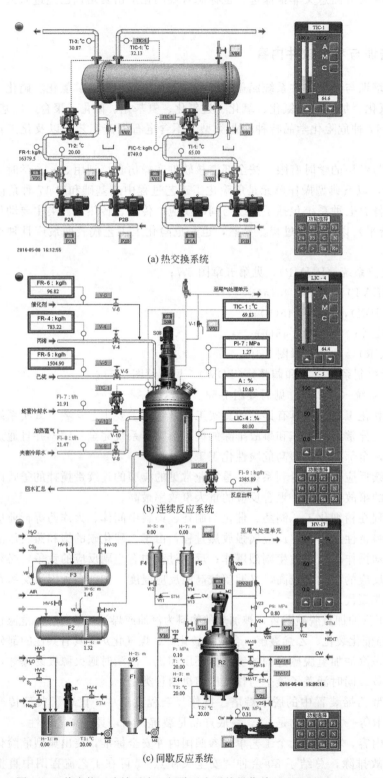

热交换系统视频

连续反应系统视频

间歇反应系统视频

图 7-45 热交换、连续反应、间歇反应系统操作单元流程图画面

7.8.5 AI3-TZZY 系统考核方法要点

为了突出异常工况的掌控和事故排除两个重点，精简培训与考核内容，每个学员按不同作业类型都指定考核三个科目［与安监总宣教〔2014〕139 号文件"特种作业安全技术实际操作考试标准及考试点设备配备标准（试行）的通知"相关部分的要求完全一致］。即在所有的危化工艺类都需考核离心泵与储罐液位系统（科目1）和热交换系统（科目2）的基础上，结合 17 种危险化工作业的工艺特点，在间歇反应、连续反应、透平与往复压缩、精馏、加热炉和精馏控制系统调整等六种科目中选择一种，作为第三个考核科目（科目3）。每个科目都在五种事故排除包括重要事故应急处理中任选一种，即仅考核三项事故排除。这种选择方法的优点是，培训内容在考核时全部涉及，考核时不会出现许多搁置不选的单元，因而有效精简了培训内容，大大节省了培训时间。

软件自动按百分制评分。在总成绩 100 分值中科目1、科目2 与科目3 之和为 50 分，科目1、科目2 与科目3 所占比例为 0.3：0.3：0.4。事故排除总分为 50 分，三个事故排除所占比例各为 1/3。这种评分方法有利于综合考察学员水平。

需要特别指出，典型化工单元事故发生后的应急处理和抢险，不是仿真软件的强项。可以考虑使用其他系统培训或直接在企业实际装置场所进行训练和考核更加切实有效，针对性更强。

按以上考核方法，17 种危化作业类型构成 19 种组合。试验培训表明，经过培训的学员在 30～45min 可以完成三项考核科目。17 种危险化学品安全作业实操培训与考核的科目见表 7-11（附加化工自动化控制系统调整，最好是用 MPCE 软件连接真实 DCS 和 PLC 进行实践能力训练和考核）。

表 7-11　危险化学品安全作业实操培训与考核科目

序号	危险化学品安全作业类型（总局令第30号规定）	主要工艺过程（总局令第30号规定）	科目1	科目2	科目3
1	光气及光气化工艺	光气合成以及厂内光气储存、输送和使用	离心泵与储罐液位过程开车及事故排除	换热器过程开车及事故排除	连续反应过程开车及事故排除
2	氯碱电解工艺	氯化钠和氯化钾电解、液氯储存和充装	离心泵与储罐液位过程开车及事故排除	换热器过程开车及事故排除	连续反应过程开车及事故排除
3	氯化工艺	液氯储存、汽化和氯化反应	离心泵与储罐液位过程开车及事故排除	换热器过程开车及事故排除	连续反应过程开车及事故排除
4	硝化工艺	硝化反应、精馏分离	离心泵与储罐液位过程开车及事故排除	换热器过程开车及事故排除	间歇反应或精馏过程二选一。开车及事故排除
5	合成氨工艺	压缩、氨合成反应、液氨储存	离心泵与储罐液位过程开车及事故排除	换热器过程开车及事故排除	压缩或连续反应过程处理二选一。开车及事故排除
6	裂解(裂化)工艺	石油系的烃类原料裂解(裂化)	离心泵与储罐液位过程开车及事故排除	换热器过程开车及事故排除	加热炉或精馏过程二选一。开车及事故排除
7	氟化工艺	氟化反应	离心泵与储罐液位过程开车及事故排除	换热器过程开车及事故排除	连续反应过程开车及事故排除
8	加氢工艺	加氢反应	离心泵与储罐液位过程开车及事故排除	换热器过程开车及事故排除	连续反应过程开车及事故排除

续表

序号	危险化学品安全作业类型(总局令第30号规定)	主要工艺过程(总局令第30号规定)	科目1	科目2	科目3
9	重氮化工艺	重氮化反应、重氮盐后处理	离心泵与储罐液位过程开车及事故排除	换热器过程开车及事故排除	间歇反应过程开车及事故排除
10	氧化工艺	氧化反应	离心泵与储罐液位过程开车及事故排除	换热器过程开车及事故排除	连续反应过程开车及事故排除
11	过氧化工艺	过氧化反应、过氧化物储存	离心泵与储罐液位过程开车及事故排除	换热器过程开车及事故排除	连续反应过程开车及事故排除
12	氨基化工艺	氨基化反应	离心泵与储罐液位过程开车及事故排除	换热器过程开车及事故排除	间歇反应过程开车及事故排除
13	磺化工艺	磺化反应	离心泵与储罐液位过程开车及事故排除	换热器过程开车及事故排除	间歇反应过程开车及事故排除
14	聚合工艺	聚合反应	离心泵与储罐液位过程开车及事故排除	换热器过程开车及事故排除	连续反应过程开车及事故排除
15	烷基化工艺	烷基化反应	离心泵与储罐液位过程开车及事故排除	换热器过程开车及事故排除	连续反应过程开车及事故排除
16	偶氮化工艺	偶氮化反应	离心泵与储罐液位过程开车及事故排除	换热器过程开车及事故排除	间歇反应过程开车及事故排除
17	新型煤化工	煤气化、分离	离心泵与储罐液位过程开车及事故排除	换热器过程开车及事故排除	加热炉或精馏过程二选一。开车及事故排除
18	化工自动化控制仪表①	化工自动化控制仪表系统安装、维修、维护	离心泵与储罐液位过程的开车,流量与储罐液位控制	换热器过程的开车和温度控制	精馏控制系统投用和控制系统调整

① 化工自动化控制仪表技术人员使用 MPCE 软件实施培训和考核更加具体、详尽和有效。

7.8.6 AI3-TZZY 培训与考核软件特点

危险化学品特种作业人员实际操作培训和考核系统由两套独立运行的软件平台组成,即智能仿真操作培训软件平台(AI3-TZZY)和仿真考核软件平台(TZKH),两个平台的创新点如下。

(1) 集成了 AI3 专家系统软件平台

软件平台集成了 AI3 智能 HAZOP 分析功能,构成了操作工预防人为失误的智能仿真培训系统。该系统具有异常工况、未遂事件和危险事故安全评价功能,具有智能 HAZOP 在线故障诊断功能,具有图形化设计、制定和评价各类操作规程的功能,具有智能教学和个性化教学训练功能,具有基于知识图谱的深度学习功能(详见第五章)。学员应用 AI3 软件平台构建的离心泵与液位系统知识图谱模型如图 7-46 所示,是包含有对应事故排除操作行动注解的离散型知识图谱模型。

透平与往复压缩机单元在线智能 HAZOP 分析报告如图 7-47 所示。该报告十分详尽简明地用自然语言解释了推理获取的完整事故剧情,包括事故或误操作原因、中间关键事件、条件和使能事件、不利后果事件序列,还包括剧情中每一事件相关的安全措施和操作要求。如果在某事件点涉及复杂的操作规程,可以用图谱表示,如图 6-12、图 6-13 和图 6-14 所

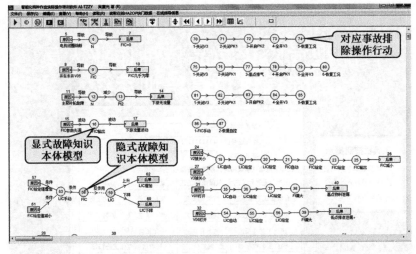

图 7-46　学员构建的 AI3 离散型知识图谱模型

图 7-47　透平与往复压缩机单元在线智能 HAZOP 分析报告画面

事件位置	状态/偏离	事件信息	安全措施/操作要求	事件链
透平主蒸汽	主蒸汽流量偏大	原因：蒸汽透平主蒸汽流量偏大。		原因 14
主蒸汽流量→R超速	导致	透平主蒸汽流量偏大导致透平转速R超速。		10
R	透平转速R超速	透平转速R＞4000r/min，透平R超速。	设置超速自动联锁切断主蒸汽，即"跳闸栓"系统。	15
R超速→TI-1,2上升	上升	转速超速导致轴瓦温度TI-1和TI-2上升。		11
TI-1	TI-1、TI-2上升	透平轴瓦温度TI-1和TI-2上升。	分别设置TI-1和TI-2超温报警。	16
超速→功率N上升	上升	转速升高导致压缩机输入和输出功率上升。		12
N	压缩功率N上升	压缩机输入输出功率上升。	通过RIC调速系统调整转速，同时也调整了功率。	17
N→打气量FR上升	上升	压缩机输出功率N上升导致打气量FR上升。		13
FR	打气量FR上升	压缩机打气量FR上升。	通过调整压缩机出口阀V19，调节打气量。	18
R→排气压PR-6上升	上升	透平转速R升高导致排气压力PR-6升高。		14
PR-6	排气压力上升	压缩机排气压力PR-6上升。	旁路阀V17，安全阀及排放阀V18都可减压。	19
R→透平机飞车	超速	透平机超速过度可能导致飞车事故。	透平机超速与主蒸气阀联锁，即"跳闸栓"系统。	15
透平机超速	透平机震飞车	不利后果，透平机超速过度，引发飞车事故。	在跳闸栓联锁前，调整RIC调速器，使转速正常。	后果 20

事件链总传输乘积＝1.0000　　　　事件链总传输求和＝0.00

示。点击模型图谱中各类事件还可以查询到更详细的信息。这种剧情表达方法是最详尽的、有针对性的、简单明了的解释和指导信息。

（2）自动导航

按照学员登录的个人信息，自动导航运行指定的科目，完成科目的开/停车、典型事故排除训练、自动评分和智能指导。如图 7-48 所示。

（3）操作水平"三段评价"法

自动评价学员的培训操作和事故排除成绩〔完全按安监总宣教〔2014〕139 号文件的百分制评分〕，采用独创的"三段评价"（操作步骤评价、操作质量评价和操作安全评价）法。大规模工业训练应用表明，"三段评价"法能科学地、严格地、自动评价学员训练成绩。这是知识本体设计规则的充分体现。通过大规模仿真培训实践，总结了评价学员成绩的分类方法，准确设计了评分的知识本体，实现了充分必要且简单明了的评分过程。具体编程方法是将"三段评价"专家系统规则嵌入仿真培训程序，在仿真系统全程运行过程中监控和评价学

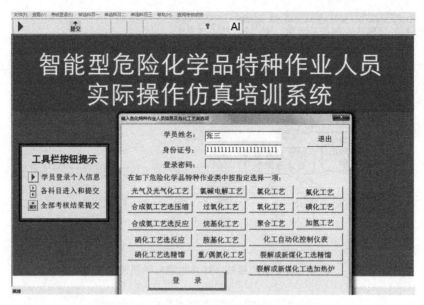

图 7-48　学员登录个人信息和自动导航画面

员的操作质量。30 多年来在大规模仿真培训中得到数百家石化企业的高度认可。随机显示的"三段评价"画面见图 7-49。随机显示的典型事故评分画面见图 7-50。

图 7-49　学员成绩"三段评价"画面

(4)"安全关注点"查询功能

软件平台具有自动"安全关注点"查询功能。遵照国家标准《化工企业工艺安全管理实施导则》（AQ/T 3034—2010），安全培训必须了解生产岗位的主要危险，软件将其称为安全关注点。对所有培训科目的工艺单元，软件能够在工艺流程图画面上点击"水晶球"，直接查询该设备的主要危险、危险发生的具体位置和危险的防控措施。依据国内外相关标准与规范，该软件能确定安全关注点的内容。本仿真软件针对七种化工过程选择了 80 条安全关注点。本查询功能有利于操作工系统全面认识该过程的主要危险，而不是只关注或死记硬背个别考核涉及的事故类型。精馏系统的查询功能界面如图 7-51 所示。

(5)"三要素"简明操作法

本仿真实际操作考核培训和考核软件采用的"三要素"（开关、手操器和控制器）操作法是通用性强的工艺操作模式，这也是知识本体设计规则的充分体现。通过大规模仿真培训实践，著者发现所有过程系统的操作模式都可以用"三要素"充分必要且简单明了地实现。这种归类方法大大简化了学员操作手续和操作画面中要素的类型。更加突出的优点是学员使

图 7-50 随机显示的事故评分画面

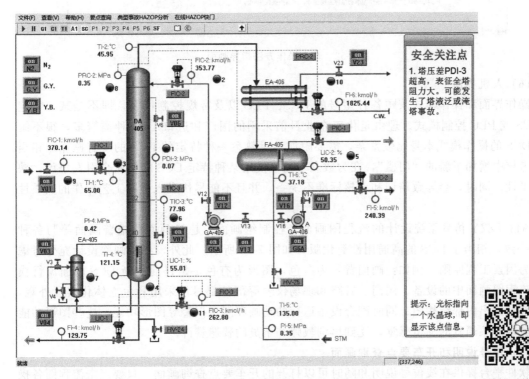

图 7-51 精馏系统的"安全关注点"查询功能界面　　　　精馏系统视频

用仿真培训软件上手快,熟悉快,特别适合于个性化学习和有利于提高元认知能力。

软件还给出基本操作要素说明画面,可以在软件运行中随时打开画面参照界面,如图 7-52 所示。"三要素"操作和控制方法使用简单快捷。大量应用实践表明学员通过 15～20min 的自学即可熟悉操作,经过 8 学时的操作培训可以达到非常熟练的程度。该软件受到培训教师和学员的普遍赞许。

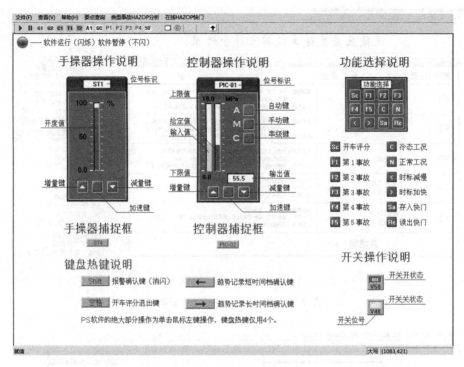

图 7-52　基本操作方法指导画面

(6) 人机界面

操作界面和操作模式兼顾各种型号的 DCS、PLC 以及常规控制仪表，即不是某一特定的 DCS 或 PLC 控制模式。理由是化工企业目前采用的国产和进口 DCS 种类繁多，很不统一。DCS 的操作模式本身比较繁杂，需要附加学时熟悉一种特定的 DCS 的专有操作，相当于在考核中增加了新的"门槛"，在为数众多的不使用某种特定 DCS 的企业会引发争议，缺乏公平性。同时，会导致培训和考核标准不统一，并且不能尽快进入危险工艺操作的实质性内容。

AI3-TZZY 仿真系统设计的流程图画面、控制组画面、趋势画面和报警画面等与各种 DCS 一致，相当于 DCS 的高通用性简化版，如图 7-53 所示。此外，各种画面设计充分考虑了人为因素工程原则。例如：画面背景为白色，图形为有色，是目前最新 DCS 画面流行模式；流程图画面中的设备、阀门、管路和现场仪表等部件都尽量采用彩色立体化实际外观；重要部分给出内部结构图；同时配合设备运行的动画和闪光报警等图形功能，这些图形功能给学员以形象逼真的临境感觉，受到培训教师和学员的普遍赞许。

(7) 位号说明和开车要点查询画面

软件平台提供在线位号说明和随时可以打开的开车要点查询画面。只要点击流程图各操作部位具有操作顺序号的"水晶球"，在开车要点窗口立即显示该操作步骤的操作方法要点。这是一种个性化教学的有效方法，大大减轻了培训教师的辅导工作量。透平与往复压缩系统的位号说明和开车要点查询画面如图 7-54 所示。

(8) 高清设备部件照片画面

软件平台提供典型化工艺单元、动设备、仪表部件的高清照片，包括内部结构，如图 7-55 和图 7-56 所示。学员可以得到现场设备的直观印象。

第七章 AI3 在智能教学中的应用

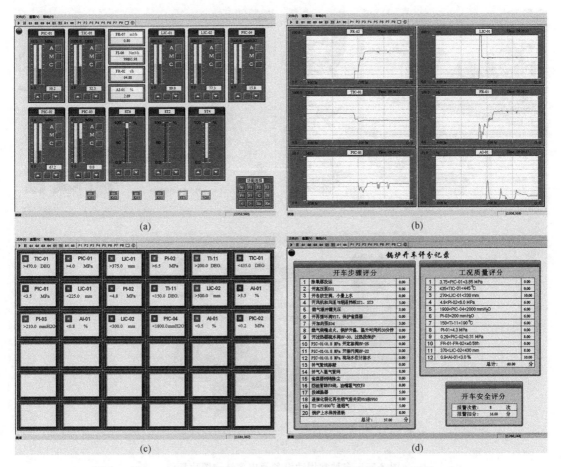

图 7-53　控制组画面、趋势画面、报警总貌画面和评分画面

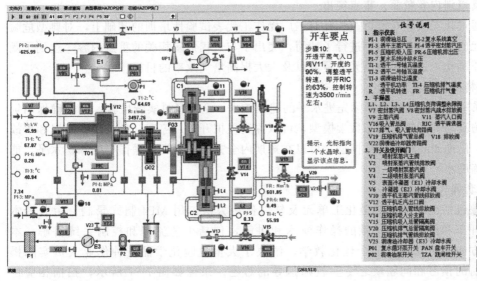

图 7-54　透平与往复压缩系统的位号说明和开车要点查询画面

透平与往复压缩系统视频

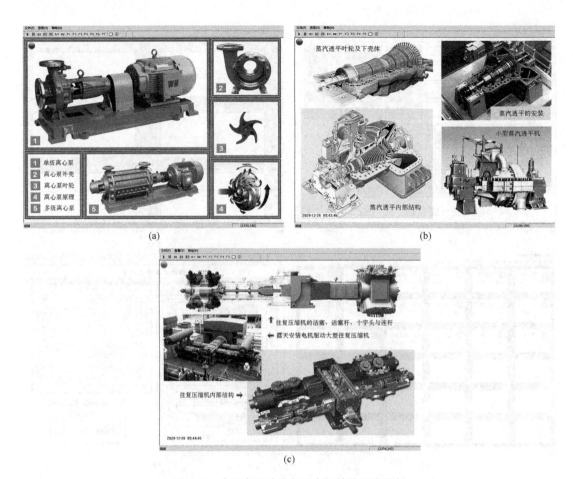

图 7-55 多种常用动设备及内部结构图片举例

(9) 仿真培训内容精简，重点突出

在多次通过化工企业专家审查和针对工厂操作工代表试验性培训的基础上，对典型危险化工工艺单元的训练与考核内容进行了精简，突出了与过程危险相关的重点内容，达到了既突出重点又兼顾化工过程多种单元的覆盖以及大大提高培训效率的目标。

(10) 高精度仿真建模

TZZY 采用了高精度达到国际先进水平的建模技术，全部经过实践检验，可以确保培训质量。智能仿真培训系统的动态数学模型，可以深度模拟开车、停车、各类异常工况和事故全工况特性。借助于高精度仿真模型，可以在短期内全方位提高训练操作工的知识水平、能力水平和熟练度水平。

(11) 全套操作演示录像

演示录像包括全部七个典型化工单元及软件使用方法，用 MP4 制式录制。由著者本人全程实施开车和部分事故排除的操作演示和讲解，包括工艺流程和控制系统讲解。本套录像大大方便了仿真培训的个性化教学，解决了大量危险化学品特种作业人员实际操作仿真考核前的预习和问题缺乏专业教师指导的难题。录像如图 7-57 所示，扫描相应位置的二维码即可观看录像。

(12) 配套的系列化专业指导书

与 TZZY 仿真培训系列软件配套的系列化专业指导书已经出版，全国发行。详见《智

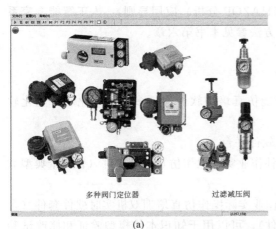
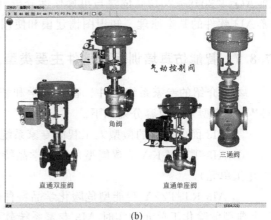

图 7-56 多种常用控制阀及传感器图片举例

图 7-57 AI3-TZZY 全套演示录像

能型危化品安全与特种作业仿真培训指南》[1] 和《化工仿真实习指南》(第三版)[2]。与知识图谱建模密切相关的 HAZOP 分析方法,详见《危险与可操作性分析(HAZOP)应用指南》、《危险与可操作性分析(HAZOP)基础及应用》和《系统建模与仿真》,以及行业标

---

[1] 吴重光. 智能型危化品安全与特种作业仿真培训指南 [M]. 北京:化学工业出版社,2020.
[2] 吴重光. 化工仿真实习指南 [M]. 3 版. 北京:化学工业出版社,2012.

准 AQ/T 3049—2013《危险与可操作性分析（HAZOP 分析）应用导则》。人工智能专家系统 AI3 软件的基本原理、知识图谱建模和使用方法参见本书第六章。

7.8.7　智能仿真培训系列软件主要类型

本书介绍的专家系统软件、智能教学和智能仿真培训软件包括多种系列化和专业化软件❶，主要型号与内容分列如下。

① AI3 面向事件的微型人工智能专家系统软件平台。

② AI3-TZZY-K\Y 智能型危险化学品特种作业实际操作仿真培训套件（含 7 个典型危险化工单元）。

③ AI3-RT-TZZY 智能型危险化学品特种作业实际操作仿真培训双机实时软件套件（含 7 个典型危险化工单元和实时 AI3 专家系统软件），可以用于知识本体模型验证和修改试验研究。

④ TZKH 危险化学品特种作业实际操作仿真考核套件（含 7 个典型化工单元）。

⑤ PS-2000 化工仿真实习套件（含 9 个单元和装置级软件）。

⑥ PS-3000 石油炼制常压减压蒸馏全流程仿真实习软件。

⑦ MPCE 多功能过程与控制仿真实验软件（适用于化学工程和过程控制双专业多项目实验。系统创意、硬件设计、系统安装、仿真模型由著者开发，软件平台由张贝克博士开发）。

⑧ CSA 控制系统分析软件（完成图形化信号流图 SFG 网络拓扑及数值积分计算。CSA 属于 AI3 系列中的形式化知识本体推理和计算软件，可以单独使用）。

⑨ CAH 专业化智能 HAZOP 分析软件（分为企业版和学习版两种，由北京思创信息系统有限公司开发）。

⑩ PSM 过程安全管理软件（CAH 的配套软件，由北京思创信息系统有限公司开发）。

⑪ CAS 半定量安全评估软件，包括 SIL（安全整体性要求级别）评估和 LOPA 分析软件（CAH 的配套软件，由北京思创信息系统有限公司开发）。

7.8.8　AI3 和智能仿真软件适用范围

30 多年来，国产化仿真培训系统为化工、石油化工、炼油和天然气工业企业培训操作工人超过 100 万人。清华大学、北京大学、浙江大学、上海交通大学、南京大学等百余所高校长期使用本系列仿真实习软件，在大学、高职高专和技术学校工程实践教学和训练中达到了知识、熟练度和能力教学的综合型、设计型、创新型和探索型要求。新一代专家系统 AI3 和智能仿真培训系列软件主要适用于如下专业领域的教学和科研：

① 化学工程专业：包括石油和天然气加工、高分子材料、应用化学、生物化工、轻化工、精细化工、制药、染料、硅酸盐工业、食品加工等专业，实施知识、熟练度、能力训练和深度学习；

② 自动化与过程控制专业：知识、熟练度、能力训练和深度学习，专家系统、知识建模、知识推理及故障诊断验证试验；

---

❶ 以下没有注明开发者的软件都由第一作者用 VC++ 语言编程和开发。以下全部软件都完成了国家软件著作权登记。

③ 安全工程专业：包括环境科学的知识、熟练度、能力训练和深度学习，安全评估（HAZOP、LOPA）、故障诊断验证试验；

④ 过程装备与控制工程专业：包括能源与动力专业的知识、熟练度、能力训练和深度学习，故障诊断验证试验；

⑤ 信息、计算机科学和人工智能专业：工业过程生命周期信息标准、人工智能知识图谱建模和知识推理，知识、熟练度、能力训练和深度学习；

⑥ 企业安全评价工程技术人员：增强过程系统实践知识、学习和实施各种常用安全评价方法，学会智能型安全评价技术，例如 HAZOP、故障树、事件树、FMEA、"如果-怎么样？"和领结技术等等，在同一图形化软件平台上实现智能化评价和深度学习；

⑦ 过程工业监控、故障诊断和安全管理技术人员：增强过程系统实践知识、学习和实施各种常用安全评价方法，学习和实施人工智能实时专家系统工业应用和深度学习；

⑧ 危险化学品特种作业的工程师与操作工人：实施安全操作技能培训、安全操作指导和实际操作资格考核以及深度学习；

⑨ AI3-TZZY 智能仿真软件为人工智能技术大众化、融入各行各业和深度决策应用铺路，实现启蒙学习和过程工业领域 AI 应用人才培养。

第八章
AI3 在过程工业中的应用

本章介绍两项知识图谱建模和智能推理技术的工业应用。2002～2010 年研究攻关起始于国家高技术研究发展计划（863 计划）"大型石化生产过程安全评估"和"石化系统 SDG 半定量复杂故障诊断技术研发"两个前后密切相关的项目。依托单位是中国石油化工股份有限公司青岛安全工程研究院，化学品安全控制国家重点实验室。其间组成了产学研三结合的研究开发团队，成功研发了计算机智能化"危险与可操作性分析"（HAZOP）软件。

通过改进和扩展高效通路搜索算法，成功研发出具有自主知识产权的高效多功能推理引擎。配合 SOM_G，即基于 SOM 知识图谱模型的深度学习技术，解决了在知识图谱模型中挖掘海量危险剧情和自动筛选高风险危险剧情的难题。

通过开发 SOG_G 图形化建模软件联合高效推理引擎软件，思创信息系统有限公司成功开发了智能 HAZOP 软件 CAH。使用该软件完成了数百项石油化工、化工、炼油与天然气过程的 HAZOP 评估。在国家应急管理部大力倡导下，由中国化学品安全协会组织的初级、专业级和高级 HAZOP 培训班 120 多期，毕业学员数千人，学会智能 HAZOP 分析 CAH 软件的技术人员估计已过万，为消减化工企业重特大事故作出了贡献，荣获国家安全生产监督管理总局颁发的安全科技成果一等奖。同时也为人工智能专家系统的工业应用积累了宝贵经验。

由于掌握了自主知识产权的领域知识本体建模和推理引擎两大核心技术，配合国产实时数据库技术，与多家大型石化企业合作研发成功了国产化实时专家系统，用于实时在线故障诊断。该系统经过了长年运行测试，达到了预期要求。

8.1 大型过程工业智能安全评估应用

(1) CAH 软件概述

智能 HAZOP 分析软件 CAH（Computer Aided HAZOP）完全融入了经过改进和扩展的领域知识本体，简称 SOM，映射为知识图谱后称为 SOM_G，以及过程危险分析的"方法和任务知识本体"，详见第二章与第三章。配合著者提出的高效推理算法研发的推理引擎，通过图形化人机界面，构建了一个功能完备的智能 HAZOP 专家系统平台。CAH 自动推理机制和人工分析是完全相同的，所不同的是要求分析小组必须建立被分析目标系统的图形化 SOM_G 知识图谱模型，而且该模型的建立必须体现分析小组的集体智慧。建模看似多了一项额外的工作，其实不然。因为建模所需要的内容在人工分析过程中实际上都涉及了，除非人工分析不遵循规范和标准。大量的应用经验表明，高质量的 SOM_G 模型使得自动评价保留了全部过程内容信息和结构信息，核查人员完全可以事后对安全分析的全过程跟踪检查，完全可以反复进行分析和修正，完全可以中途换人继续或继承以前的分析，更不用说它的高效、快速、省时、省力的优点了。

(2) 智能 HAZOP 软件 CAH 的结构

CAH 软件平台采用了以事件为中心的图形化建模方式，将危险评价的资料搜集阶段和建模阶段的工作统一起来，即在软件平台的提示和引导下，围绕着"事件"这一核心完成资料信息输入之后，则建模的 50%～70% 工作也自然完成。图 8-1 表达了多引导词智能化危险评价软件平台的基本结构，可明显看出软件采用了以关键事件为中心的工作机制。软件针对事件设置了五个属性，即设备描述、参数及引导词、根原因、不利后果和保护层。为了帮助使用者准确地填写属性，软件提供了相关的知识库、信息库或数据库。使用者在调查清楚实际工厂在该事件处所的安全措施后，仅需点击相应选项即可（如果没有，则无需填入信息），甚至省去了文字输入之劳。

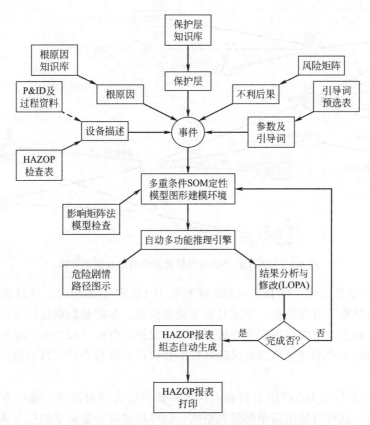

图 8-1　多引导词智能化危险评价软件平台的结构

软件要求原因和不利后果事件必须是确切且单一的事件，并且是发生频率高、危险级别高的事件。其设置有一定的经验和技巧。所有事件信息确认后进入多重条件 SOM 定性模型建模环境。主要任务是将每两个事件之间涉及多引导词的相互影响关系，通过小组集体讨论确定后，以方便简单的图形引导方式构造 SOM 模型。为了防止遗漏，软件提供影响关系矩阵辅助功能。

多引导词 SOM 模型建成后，或部分模型建成后，都可以进入自动定性推理试验过程。

这是自动分析的优点之一，人工分析难于反复试验，因为太耗费时间和精力。软件允许在任意事件点设置任意偏离。软件针对不同种类的条件采用不同的定性推理方法，即约束推理、传播推理、多逻辑关系推断推理等。

当确认自动定性推理结果满意后，进入分析结果处理程序。软件提供三种显示和处理模式如下。

① 危险剧情传播路径图示。提供直观形象的危险剧情信息。通过危险剧情可以准确定位现有安全措施，进而分清现有安全措施中何为独立保护层，何为非独立保护层。非独立保护层降低风险的作用较差。危险剧情还可以帮助确定建议安全措施的"独立性"定位问题，即不但要提出恰如其分的安全措施建议，还应确定安全措施安装在什么位置才能最起作用。我们发现，这些重要因素在人工危险评价中几乎都没有考虑，事实上也无法考虑。一个 HAZOP 评价过程的知识图谱记录表达见图 8-2。图中事件节点上部的"小盾牌"表达安全措施的确切位置。

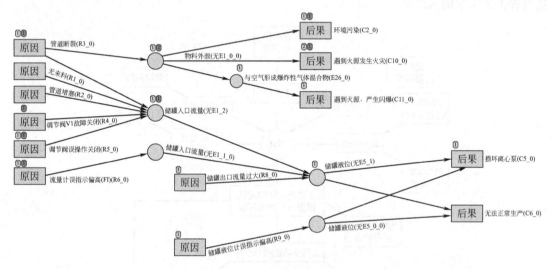

图 8-2　HAZOP 评价过程的知识图谱记录表达截图

② 危险评价结果处理。与 IEC 61882 标准的 HAZOP 报表相比，可以在报表中加入危险剧情信息、风险矩阵分级信息、半定量发生频率信息、半定量影响度信息、半定量响应时间信息。在此基础上，可以将报表逐行展开，采用保护层分析（LOPA）的方法分析现有安全措施风险降低的水平和建议措施的风险降低综合设计。分析小组可以对报告内容任意修改或补充。

③ 自动生成并打印 HAZOP 分析报表。提供简单的选项对话框，通过方便的选择对报表内容进行组态，既可以输出简单的报表格式，也可以输出信息量多的报表格式，例如原因到原因（CBC）表、偏离到偏离（DBD）表、纯安全措施表、领结表等。

(3) 智能 HAZOP 软件 CAH 的特点

CAH 软件的特点是：能够精准定位"团队会议"讨论的内容和细节，提供强有力的桌面图形化集体讨论和记录支持功能，可以使每一步讨论都切中要害，使每一步讨论内容都是集体可视的，使所有讨论内容都能一目了然；提供集体智慧直观地修正逻辑和概念错误功能；提供所有讨论步骤都可以事后集体检查和寻踪功能；提供经会议讨论确定的内容提示和"加锁"保护功能；一旦图形化团队会议完成，图形化讨论结果就是定性模型，可立即实施基于人工智能的自动推理，进行完备高效的危险剧情搜索，即知识图谱结构信息的深度学习，大大提高了结果的完备性和精准度，免除了大量重复劳动；提供所有危险剧情图形化可视方式逐条集体讨论修改、确认和审定功能；提供所有结果报表可视化集体修改和审定功能；还可以将多种危险评价方法集成，优势互补；软件提供可扩展的知识库和数据库支持，有利于使用和评价经验的积累。

CAH 软件所集成的主要危险评价技术是：将最常用的检查表法、"如果-怎么样？"法、定性事件树、定性故障树、领结法、HAZOP 和 LOPA 方法联合集成应用，优势互补；允许任意多种引导词分析，大大扩展了 HAZOP 的危险评价能力和范围；将危险剧情的概念贯穿于危险分析的全过程，不但有利于实现完备精准的分析，而且大大提高了分析结果的实用性、可审查性和可扩展性；将 HAZOP 国际标准（IEC 61882）引入"帮助"菜单随时参考；将风险矩阵集成在 HAZOP 分析中；将根原因分析方法（RCA）引入初始原因知识库；将使能事件和条件事件引入危险剧情分析；提供在自动完成的 HAZOP 结果中实施简明的 LOPA 分析功能；可选用"影响度"表达节点间的半定量影响程度，并自动计算全剧情"影响度"；可选用人员"响应时间"表达节点间的"行动响应时间"，并自动计算全剧情"响应时间"；将独立保护层（IPLs）的识别、审定和半定量计算引入 HAZOP 和 LOPA 分析；应用"如果-怎么样？"（What-if?）的基础判别方法识别、表达和确认关键事件间影响关系；可直接应用专用"双引导词"和"8 引导词"HAZOP 方法评价操作规程；HAZOP 报表可以按不同企业和组织的要求任意组合；将人员因素导致的危险分析方法引入 HAZOP 分析过程；将工程常用安全分析数据（例如初始原因频率、后果严重度、常用保护层信用度等）引入数据库（包括主要数据的确定规则）以便参考；将针对过程工业常用见变量（参数）的常用引导词引入知识库，提供参考；将工业常见的安全措施科学分类后引入知识库，供用户选择。

(4) 智能 HAZOP 软件 CAH 的大规模工业应用

面向工业应用，北京思创信息系统有限公司已经使用 CAH 软件为企业完成了大型炼油各种装置、大型乙烯、合成氨、氯碱、聚丙烯、烷基化、苯乙烯、芳烃、甲醇、煤气化、PTA（精对苯二甲酸）、LNG（液化天然气）、锅炉、污水处理装置等近千项计算机辅助深度 HAZOP 评价项目。智能分析软件不但全面实现了与人工 HAZOP 分析 100％的一致性和兼容性，而且提高了分析质量和效率。大型液化天然气装置智能 HAZOP 评估案例截图如图 8-3 所示。

实践证明 CAH 软件实现了危险评价的可复查、可复制、可反复、可存档、可换人、可继承、可传递、可联网、可讨论、可修改、可共享和可视化。将 CAH 软件直接应用于仿真培训，学生可以实施操作规程 HAZOP 分析和误操作的原因分析和不利后果预测分析。CAH 是一个非常有效的培训指导分析工具，是一个自学习、个性化和智能化决策工具，也是一个案例仿真培训 HAZOP 分析的工具。

一些已经应用 CAH 软件完成了 HAZOP 分析的企业，采用所完成的有针对性的 HAZOP 分析知识本体模型 SOM_G，利用模型隐含的海量的危险剧情作为案例周期性地培训操作工，提高了操作工事故预防和事故排除决策分析能力，实用效果令人非常满意。以前的人工 HAZOP 分析由于评价过程和细节没有知识本体跟踪保留，只有参加 HAZOP 分析会议的少数人知道，而且分析过后两周左右基本上都忘记了。将 HAZOP 分析结果事后用于长期的安全培训"活的教材"是完全不可想象的。

大规模工业实践应用表明，安全信息标准化的模型——剧情对象模型（SOM）为实现

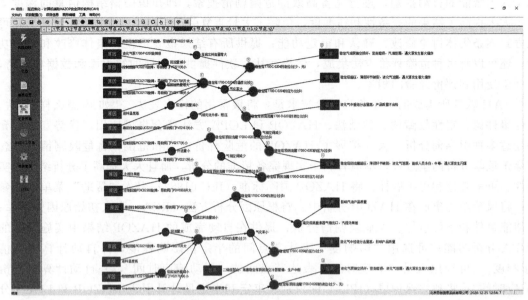

(a) 某大型液化天然气装置的HAZOP分析知识本体图谱化记录

(b) HAZOP分析结果可组态报告画面

图 8-3 大型液化天然气装置智能 HAZOP 评估案例

多种剧情危险评价方法的信息交换、共享和计算机化奠定了基础，同时也为提高危险评价的质量和效率提供了强有力的手段。实践证明安全领域知识图谱 SOM 主要具有如下优点：

① 简明直观表达、记录和跟踪危险评价团队"头脑风暴"讨论过程的全部有效细节，以便对评价过程进行交互式跟踪修正与核查，确保了专家团队在评价中的主导作用；

② 简明直观表达、记录和跟踪危险评价的全部结果，自动进行结果的多维隐含信息的交互式检索、修正、处理和报告生成，克服了人工评价报告无法显式表达全部评价结果的不足；

③ 可以实现危险评价过程中非经验依赖性知识本体模型的任意多引导词交互式自动推理分析，即大数据联合知识图谱深度学习，最大限度提高推理的完备性和减少人工重复劳动；

④ 解决了人工危险评价无法将评价过程和结果两类信息任意传递、继承和共享的不足；

⑤ 通过危险评价剧情结构信息的归类及图形化方法，提高了危险评价的质量和效率，包括评价完备性、深入性、系统性，减少不合理的假定，提高分析的准确度等方面；

⑥ 将多种基于剧情的危险评价方法有机融合，优势互补，综合应用。

8.2 智能 HAZOP 软件 CAH 使用方法

一套装置的 HAZOP 分析流程通常可以分为三大阶段。

第一阶段（项目前准备）：首先需在 CAH 软件中新建一个项目，以装置名称命名；其次是确定分析所用的风险矩阵，设置企业可接受风险标准；然后是根据装置的工艺流程进行节点划分，并将节点信息内容录入 CAH 软件中；最后是确定内置偏差矩阵，利用 CAH 软件自动生成偏差。

第二阶段（HAZOP 分析会议）：首先选择要分析的偏差；其次是反向分析产生偏差的原因及可能的不利后果，确定逻辑关系；然后是识别剧情中安全措施，确定原因发生频率及后果严重程度，CAH 自动进行风险评估，计算出每条剧情风险；最后是通过 CAH 软件的审查功能，自动辨识出风险不可接受的剧情，此时需提出针对性的建议措施，消减其风险，直至可接受，完成一个偏差的分析工作。

第三阶段（项目后整理）：通过 CAH 软件的审查及优化功能，实现有效剧情的整理工作，最终输出 HAZOP 分析工作表及建议措施汇总表。

下面分阶段具体介绍软件的功能与操作。

(1) 项目前准备

① 新建项目　在 HAZOP 分析项目开始前，需要在 CAH 软件中新建项目工程。双击或右键点击桌面快捷方式"　"，进入软件界面。在"项目名称"处输入该装置或本次项目名称，点击新建 HAZOP 项目工程。对于以往项目也可以在该界面通过双击或点击"打开"功能键进行打开、修改、编辑。

② 风险矩阵　在建好的 HAZOP 项目工程中左键点击导航条中风险矩阵"　"进行风险矩阵选择、编辑、修改、风险矩阵导入、风险矩阵导出和风险矩阵可接受风险等级设置，这一步也是 HAZOP 分析最关键的一步，为后续事故剧情风险评估提供依据。软件中内置有风险矩阵数据库，包括中石油、中石化等常见风险矩阵。若所使用风险矩阵在数据库中未找到，也可以直接新建风险矩阵。如图 8-4 所示。

③ 节点及节点信息　HAZOP 分析会议准备前需提前对装置进行节点划分，推荐采用"实战派"划法进行划分。在软件中添加相应的节点并对节点信息进行详细描述。单击左侧导航条节点"　"选项，点击右键选择"新建节点"功能，既可以逐个新建节点，也可以一键批量新增节点。若需批量新增节点，同样单击右键，选择"批量新增节点"，然后输入需要新增节点的数量，点击"确定"即可，见图 8-5。

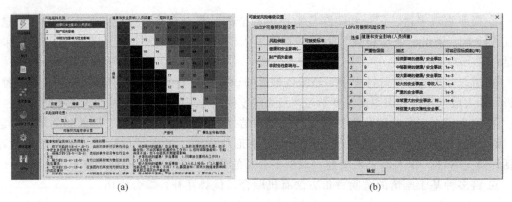

图 8-4 风险等级设置界面

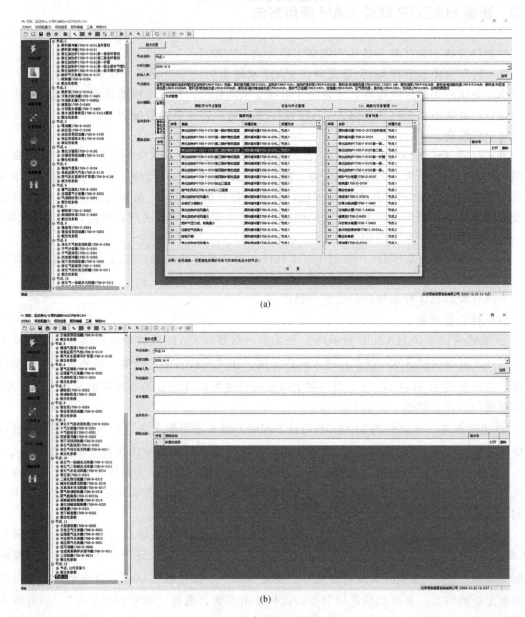

图 8-5 "新建节点"功能界面

在节点信息显示界面,可以看到节点名称、分析时间、参加人员、节点描述等信息,需根据前期划分的节点一一选择或输入上述信息,使节点信息更加完善。如图 8-6 所示。

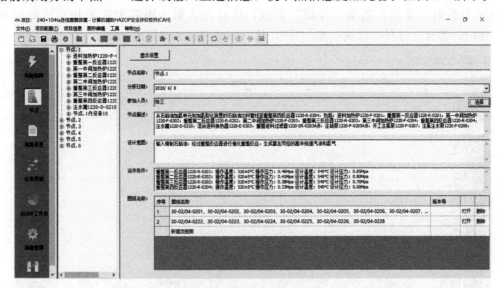

图 8-6 节点信息显示界面

④ 图形页及重命名 图形页是对已经划分的节点进行统一清晰的管理,一个图形页可以是一个节点,多个图形页也可以是一个节点,根据实际分析情况而定。软件默认的是一个节点对应一个图形页,在新建节点时已经自动分配好了。如果需要编辑图形页,可点击工具栏"图形编辑",选择"图形页管理",出现如图 8-7 所示的对话框,在此对话框中可以新建、删除图形页,也可以修改图形页的名称、调整图形页的顺序、添加图形页备注,修改完成后点击"确定"即可。

对于间歇过程 HAZOP 分析和操作规程 HAZOP 分析,可以将图形页名称命名为具体的操作步骤;对于操作规程 HAZOP 分析,每个工段或单元的操作规程可以是一个图形页。"图形页管理"功能界面可更加直观地反映出图形页的内容,如图 8-7 所示。

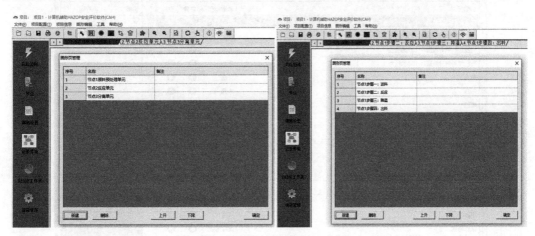

图 8-7 "图形页管理"功能界面

⑤ 偏差矩阵设置 HAZOP 分析前,需在软件中输入分析中所涉及的参数(支持扩展)和引导词(支持扩展),并对有意义的组合进行匹配形成偏差。在导航条点击"偏差设置",

进入到"偏离"界面,如图 8-8 所示,软件内置了常规偏离矩阵,可供直接使用。也可根据项目需要自主进行参数和引导词匹配成有意义的偏离,形成偏离矩阵表。例如:间歇过程 HAZOP 分析时,需要在新增"步骤"参数,然后进入偏离矩阵中匹配相对应的引导词"无、伴随、部分、过早、过晚、先、后",从而形成有意义的偏离。

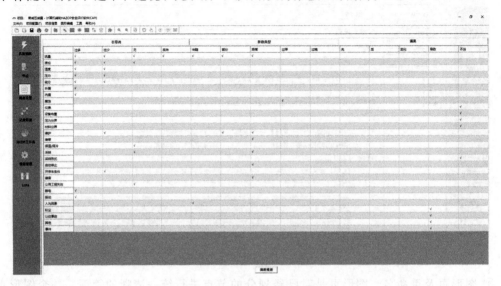

图 8-8 "偏离设置"功能界面

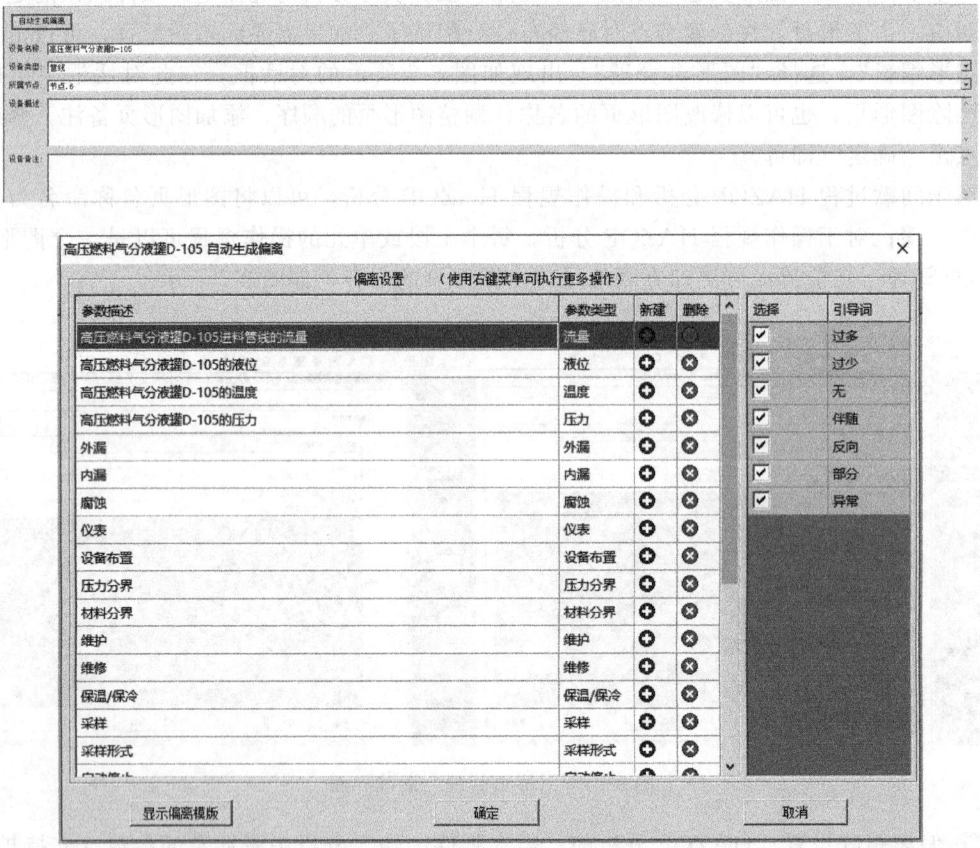

图 8-9 偏离确定对话框

⑥ 偏离确定　节点建好后，需在节点下面新建设备，在该设备下没有偏离的情况下可点击按钮"自动生成偏离"，一键生成偏离，弹出图 8-9 偏离设置界面，在界面中对偏离的信息进行完善，完成后点击"确定"即可。

(2) HAZOP 分析会议

① 原因　HAZOP 分析讨论，按照节点顺序开始分析。首先从节点 1 内第一个偏离开始分析。按照 HAZOP 分析原理，反向查找产生偏离的原因，分析原因时需按照原因"8＋1"原则进行分析书写。原因确定后，在工具栏点击"囡"，或使用快捷键"Ctrl＋Q"，即可出现图 8-10 所示的对话框，在对话框中选择原因所属节点、输入原因描述、选择频率后，点击"确定"即可添加原因。同时软件内也设置有原因知识库，可根据原因知识库来确定初始原因和选择频率，为分析者提供辅助参考。

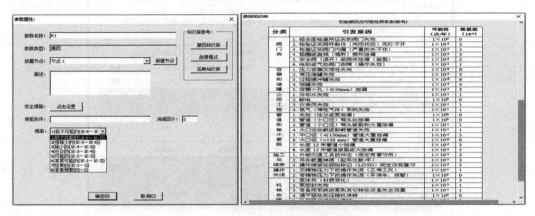

图 8-10　原因属性对话框及知识库

② 后果　原因查找完成后，需正向查找偏离造成的最终不利后果。后果指的是由偏离导致的最终不利后果，需按照后果"9＋1"原则确定及书写后果，在软件工具栏中点击"果"，或使用快捷键"Ctrl＋E"，即可出现图 8-11 所示的对话框，在对话框中选择后果所属节点、输入后果描述、选择后果类别及严重程度（软件支持 5 种后果类别及严重程度）后点击"确定"即可。软件内也设置有后果知识库，可根据后果知识库来考虑最终的不利后果。如分析后果不在本节点内，可以使用软件跨节点连接功能，将后果连接，形成完整的事故剧情，为分析人员提供参考。

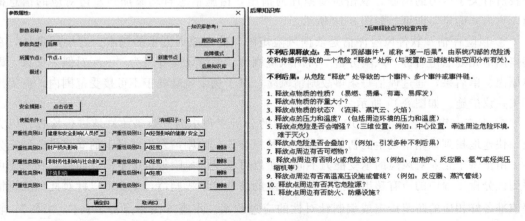

图 8-11　后果属性对话框及知识库

③ 安全措施　措施是指通过工程手段或管理程序，用以避免或减轻偏离发生时所造成的事故后果。这里的措施是指已有的安全措施和将要提出的建议措施。保护措施在图形化界面有位置概念，即需要考虑该措施对该偏离对应的设备、风险剧情的有效性问题，有效的措施方可添加。添加措施时，找到所对应的位置，如原因、偏离等，双击选择"安全措施"，即可出现图8-12所示的对话框，输入信息后点击"确定"即可。

图8-12　安全措施对话框

软件内置有措施知识库，知识库内有常见安全措施及消减因子，记录过程中用户输入的措施也会按照时间保存在知识库内。在此基础上，软件设置了文字模糊搜索功能，当装置上已有的安全措施和所提出的建议措施条数较多，且部分安全措施、建议措施可在多条剧情上起到保护作用时，可利用该功能提高记录速度。打开安全措施、建议措施对话框，在"措施名称"中输入需要搜索的文字，如"压力"，则知识库内将自动按照时间输入顺序逆向排序，查找所有关于压力的措施，双击所要添加的措施，措施信息自动添加到左边对应的信息框内，点击"确定"即可。如图8-13所示。

④ 风险评估　软件风险评估是依据风险矩阵，确定原因发生的频率、后果严重性，在偏离图形元处点击右键"风险分析"得出风险剧情。剧情风险等级为"一一对偶"关系，即单原因、单后果，通过评估每条事故剧情风险，对于剩余风险处于不可接受范围内，需提出相关建议措施。如图8-14所示。

⑤ 审查　审查是对HAZOP分析完成后的分析工程中高危险事故剧情进行检查，以方便、快速地找到该剧情发生的初始原因，以及检查该危险剧情发生路径上的安全措施的充分性。由于每个企业对风险的承受能力不同，所以可承受的风险等级也不同。通过审查功能可得到该分析工程中的所有超出可接受风险等级的高危险事故剧情，企业可以针对此危险剧情提前准备好相应的防范措施或编制针对性的应急预案。审查方法是点击工具栏" "，软件会自动进行审查并出现图8-15所示界面，可以快速地查看各风险剧情的风险等级是否在

第八章 AI3 在过程工业中的应用

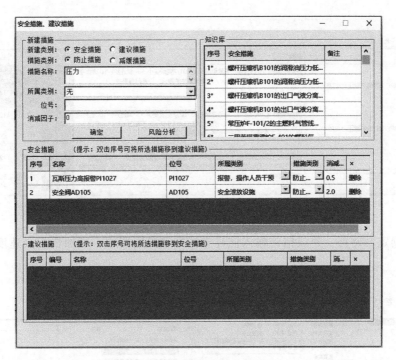

图 8-13　安全措施知识库功能界面

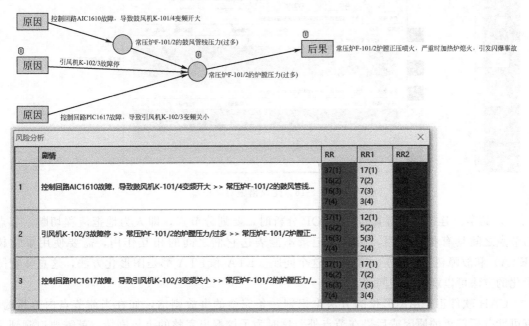

图 8-14　风险评估功能

企业的可接受范围内，若部分剧情未在企业的可接受范围内，可快速找到对应剧情，找出或提出措施降低剩余风险等级。

⑥ 建议措施　同安全措施一样，建议措施在图形化界面也有位置概念，建议措施添加在何处取决于此建议是否可以保护该风险剧情。当确定建议措施添加位置后，如某个偏离上，双击偏离，进入安全措施，在措施添加对话框选择建议措施，输入措施名称、消减因子

301

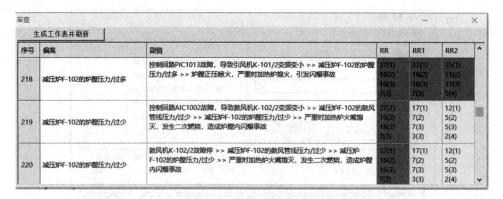

图 8-15　自动审查功能界面

等，点击"确定"即可。建议措施输入同样支持文字模糊搜索，可加快记录速度。如图8-16所示。

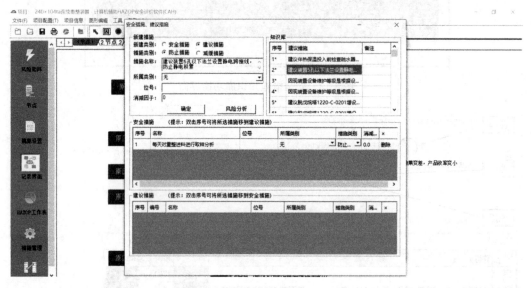

图 8-16　建议措施对话框

⑦ 跨节点连接　对装置做 HAZOP 分析时，要划分节点，即人为地把流程切断。节点与节点之间具有相互作用，用表格记录不能表达它们之间的相互作用，需要使用事件树（ETA）和故障树（FTA）才能解决这个问题。ETA 和 FTA 都是图形化方法，这意味着图形化的方法可以解决这类问题。

CAH 软件正是用图形化的方法来识别一条完整的事故剧情，如在当前节点内分析时，有可能分析偏离的原因或后果在节点外，这时为了挖掘出完整的事故剧情，就需要追溯到别的节点找到原因或后果，此时在 CAH 软件中只需要将因果关系的连线连起来即可，很容易就解决了这类问题。对于原因、后果在其他节点情况，软件也提供了跨节点连接方式，通过复制参数名称，在需要连接的节点中点击插入已有点图标"　"，在出现的对话框中粘贴复制的参数名称，点击查找，找到对应的参数，选中后在空白处点击即可将参数添加至该节点，再与其他参数连接即可。如图 8-17 所示。

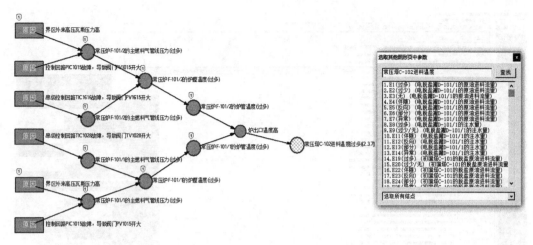

图 8-17　跨节点连接

(3) 项目后整理

① 剧情推理　剧情推理是在人工分析的基础上,将开会记录形成的因果关系模型图进行自动逻辑推理,即可得到表格形式的结果。它的特点就是要识别沿流程传播的危险,解决传统 HAZOP 分析的局限性问题。自动推理操作如下,左键点击软件工具栏编辑/推理状态切换图标"🧩"切换到推理状态,在图中设置偏离点的输出顺序后,点击"生产报表",所有图形显示为蓝色状态,点击"HAZOP 工作表"按钮将结果以表格方式展现出来,如图 8-18 所示。

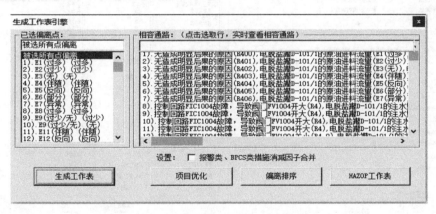

图 8-18　剧情推理界面

② 建议措施汇总　建议措施汇总表是最后分析报告的重要组成部分,包含了分析会上提出的所有建议措施,而该表的组成部分如图 8-19 所示。在软件中附加了多个选项,帮助用户进行清楚识别。导入建议措施方法如下:点击软件左侧措施管理图标"⚙",点击导入即可将所有建议措施导入到建议措施汇总表中。建议措施汇总表可以勾选各等级前的勾选框显示建议措施所在剧情的原始风险等级或剧情、剩余最高风险等级 1 或剧情、剩余最高风险等级 2 或剧情。措施默认以措施编号排序,如需更改排序方式,勾选排序方式前的勾选框即可。

③ 工作报表　分析报表是最后分析报告的重要组成部分,包含了全部分析信息。软件具有一键报表生成功能,格式可任意设置,支持 Word、Excel 格式,内容可根据不同要求

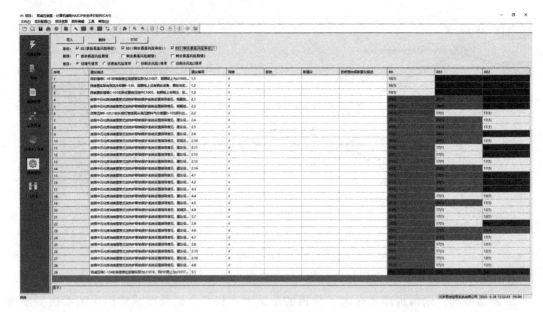

图 8-19 建议措施汇总表

定制报表模板、选择报表内容进行输出。报表的组成部分如图 8-20 所示,在软件中允许对多个选项进行任意组态。自动生成的 HAZOP 分析报告表如图 8-21 所示。

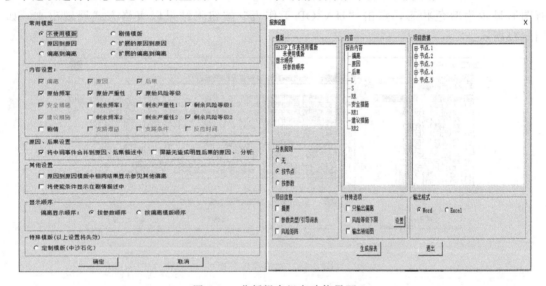

图 8-20 分析报表组态功能界面

(4) 软件其他功能

① 模型化 软件具有模型化特点,对于前期分析内容在后续分析有类似情况时可直接应用,节省工作量。比如:分析好的"精馏塔"模型,后续再有精馏塔,可以将模型复制、粘贴,节省工作量。对于同类型的装置只需要开少量的会议,对模型的局部进行修改即可,大大提高了 HAZOP 分析的工作效率。

② LOPA 分析功能 按照一般通用的做法,HAZOP 分析完成后,应该抽取部分重要的 HAZOP 分析结果(一般以 5%左右的比例)进行保护层分析(LOPA)。而获得危险剧情(危险传播路径)是进行保护层分析的前提。CAH 软件的图形化方法可有效支持获得完

第八章 AI3 在过程工业中的应用

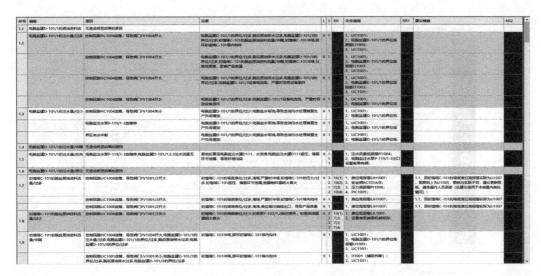

图 8-21 自动生成的 HAZOP 分析报告表截图

整的危险剧情,具有一键将分析结果导入保护层分析(LOPA)的功能,改变了传统的"做 LOPA 分析前要重新做 HAZOP 分析"的做法,代替人工进行大量复杂计算,使分析者从繁琐的计算工作中解放出来。具体方法如下:首先点击工具栏中的生成工作表图标" ",然后点击左侧"LOPA"图标" ",进入图 8-22 所示的界面。

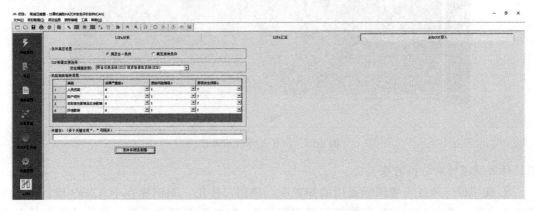

图 8-22 保护层分析(LOPA)功能界面

在上述界面中输入筛选规则,点击"保存并筛选剧情"即可将符合规则的剧情导入 LOPA 中,点击"LOPA 分析"即可对筛选出的剧情进行保护层分析,点击"LOPA 汇总"即可显示分析的结果,如图 8-23 所示。

③ 自动保存功能 为了保护 HAZOP 分析数据,避免出现丢失。软件设置有三种保护数据功能,如下:

a. 5min 一次的自动保存;

b. 可手动点击工具栏按钮" "随时保存;

c. 点击"文件"下的"备份与恢复"可随时备份恢复,亦可点击"工具"下的"异常恢复",即可将数据恢复至上次保存的状态。

以上三种保存功能保障软件在任何时候不会因为电脑突然死机、突然断电、忘记保存关

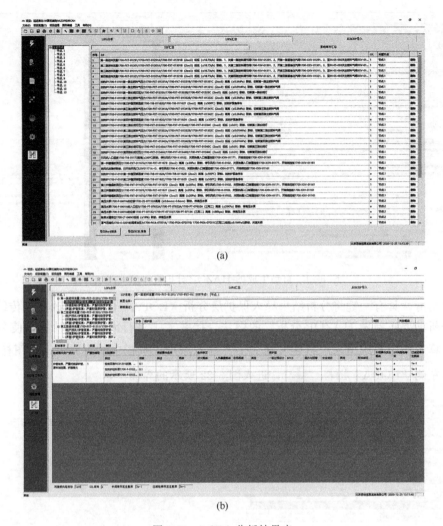

图 8-23　LOPA 分析结果表

闭软件等原因导致分析数据丢失。

④ 知识库　软件内置国际通用的知识库，随用户使用，知识库在 HAZOP 项目中可不断扩充内容，成为 HAZOP 分析的"知识宝库"，为初学者提供帮助，可快速提高分析水平。界面如图 8-24 所示。

⑤ 安全检查表功能　本软件同样支持安全检查表方法，包括 HAZOP 检查表知识库、化工过程仪表安全检查表和工艺过程安全设计检查表等。界面如图 8-25 所示。

(5) 图形化 HAZOP 分析方法优势

CAH 软件显示采用图形化界面，图形化 HAZOP 分析方法就是采用图形来表达 HAZOP 分析中涉及的各个要素，如偏离、原因、后果、安全措施、建议措施、频度、严重度、风险等级等。除此之外，图形方式比表格方式多一项，那就是"原因-后果"的逻辑关系，该逻辑关系可以将 HAZOP 各个要素一一分开并建立对应关系，可以表达复杂的事故链（即危险剧情）。

图形化 HAZOP 分析方法（SOM_G）有许多传统表格式的 HAZOP 分析所无法比拟的优势。

第八章 AI3 在过程工业中的应用

图 8-24　HAZOP 分析知识库界面

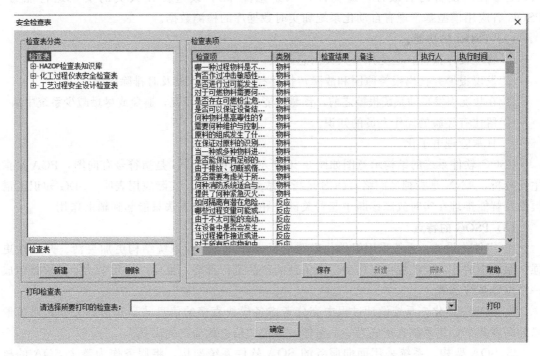

图 8-25　安全检查表功能界面

① 现有安全措施、建议措施标注在原因、偏离、后果等 HAZOP 元素上，针对性强；每条传播路径上是否有防范措施（已有安全措施和建议措施）从图上一目了然，避免了某一重大危险对应的传播路径上如果已有措施和建议措施都没有而造成评价的遗漏。

② 每个原因的发生频度和每个后果的严重度分别设定，得到每个事故剧情（每个原因-后果对偶及其中间事件构成一个事故剧情）的风险等级，避免了笼统地定一个值，不分主次。

③ 通过在偏离（中间事件）之间建立因果关系的连接，识别沿流程传播的危险，实现深度 HAZOP 分析，解决了 HAZOP 分析有时过于简单的问题。比如，有时这种情况无法识别：在第一个设备出现的事故，问题发生在第五个设备上。

④ 有助于"头脑风暴"的发挥。图形化方式是针对 HAZOP 的每个要素（偏离、中间事件、原因、后果）一个一个地按程序讨论，对于经验不足的 HAZOP 主席，图形化方式的讨论程序可以帮助他得到完整的结果，避免遗漏、留下缺陷；可以获得完整的危险剧情，为后续的保护层分析（LOPA）打下基础。

8.3 大型过程工业智能故障诊断探索

(1) 石油化工装置安全运行指导系统

石油化工装置安全运行指导系统（Petrochemical Plant Safety Operation Guidance System，简称 PSOG）通过实时在线监测、诊断石化装置的关键设备和流程的潜在风险，提供异常工况的主动发现、诊断及恢复指导，为操作人员提供安全操作指导建议，从而降低代价昂贵的异常工况影响。通过内置的知识管理系统，可以有效保存优秀的专家经验和工艺知识，为操作人员提供一个学习的平台，同时提供对班组的日常管理功能。使用 PSOG，企业能保持持续运行，提高设备的有效性，避免停产（紧急停车），改进操作人员的安全运行能力。PSOG 各应用模型基于现有自动化系统和实时数据库的检测数据。

(2) PSOG 的功能

① 管理程序报警，避免操作人员信息超载。
② 发现报警并找出报警原因和故障传播路径，辅助操作员及时排除故障。
③ 在状况引发自动系统报警之前，预测可能发生的异常工况，避免或尽量减少系统中断。
④ 留住有经验的操作人员的知识。
⑤ 日常管理电子化。

PSOG 软件系统的结构示意图如图 8-26 所示。图中的 SDG 是指符号有向图，PCA 是指主元分析，ANN 是指神经网络，DCS 是指集散型控制系统。实际应用表明，SDG 知识图谱模型及智能推理在实时故障诊断中起着关键主导作用，其他方法只能起到辅助作用。

(3) PSOG 的特点

① 组件化设计。系统采用组件化思路进行设计开发，使系统结构更加灵活、开放性更强。系统中的各功能模块可以作为一个单独的产品进行部署，也可以将几个功能模块打包成一个总体系统部署。

② 信息一体化。系统设计过程中充分考虑各模块直接的信息共享和信息关联，通过信息的高度共享，使系统真正成为一个整体，避免"信息孤岛"的出现。

③ SOA 架构。系统采用面向服务的 SOA 软件系统架构，将服务作为整个 SOA 的核心，从而简化系统的开发，使系统具有更好的适应性和扩展性，保证系统更好地适应企业的管理模式和工作流程，从工艺角度对企业的生产安全作出指导。

④ 多种发布形式。系统基于多平台支持、分布式计算、高安全性和操作简单等特性设计，实现了应用和数据的集中部署，客户端免维护。

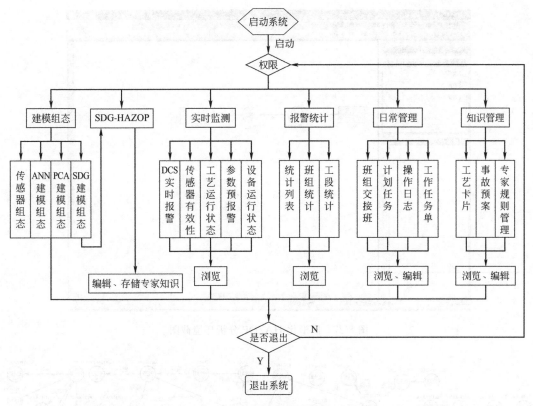

图 8-26 PSOG 软件系统的结构示意图

(4) PSOG 的关键技术

① 图形化的 HAZOP 分析。构建了图形化的 HAZOP 的分析环境，实现对监测对象的风险分析，帮助工艺人员找出过程的危险，识别出那些具有潜在危险的偏离，并对偏离原因、后果及控制措施等进行分析，形成专家知识库。同时，利用 HAZOP 分析进行诊断模型的检验与验证（V&V），实现对实时监测模型的再论证。图 8-27 是 PSOG 提供的图形化 HAZOP 分析环境。图 8-28 是某工艺过程的 SDG 知识图谱模型。

② 高效的推理机。现场实时数据经过滤波后，首先进行传感器有效性分析，识别出传感器故障造成的"假信号"，然后再由异常工况识别子系统进行甄别，正确地识别当前是否处于异常工况。一旦发现有异常，迅速启动过程监测推理引擎子系统。

过程监测推理引擎是整个安全运行指导系统的核心部分，负责绝大部分的推理工作。该引擎结合风险发生的严重等级、频率等级，可进行事故的后果评估；对于某些异常工况进行概率计算，以得到风险序列。

(5) 数据采集

化工生产在各类自控系统的控制下进行生产，各种工艺参数（温度、压力、流量、液位、成分等）的测量值、控制阀门的开度、遥控阀门的开度以及各种开关量的状态信号，均可从自控系统里进行实时采集；各种易燃/有毒气体泄漏到环境中的浓度由易燃/有毒气体监测子系统进行采集；关键岗位/危险场所的图像信号经数字视频子系统进行采集后，各类信号全部进入到计算机系统里，存入服务器中。

对 DCS 系统数据采集的基本要求是：

① 安全性，任何情况下不会对 DCS 控制系统本身产生不良影响；

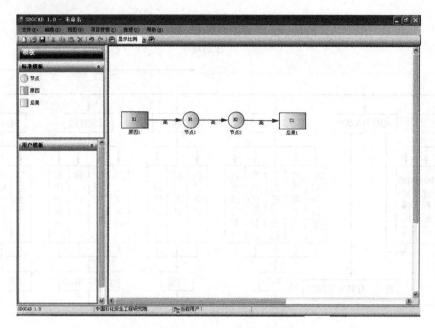

图 8-27 图形化 HAZOP 分析环境截图

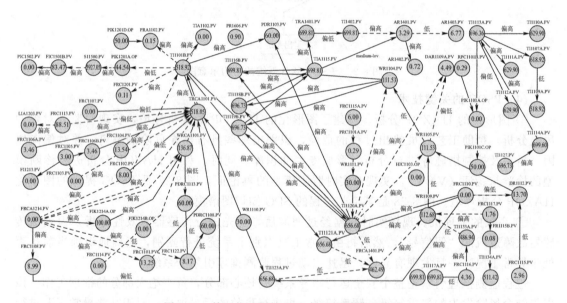

图 8-28 某工艺过程的 SDG 知识图谱模型截图

② 可靠性、稳定性；
③ 实时性，实时采集生产过程数据，关键数据达到秒级采集与存储；
④ 数据同步，数据带时间标签。

(6) 实时数据库

本系统采用国产实时数据库，用于采集、存储和管理来自每套自控系统的生产数据，实现全厂范围内生产信息的集成，作为数据平台为 PSOG 系统提供生产装置运行的工况数据。

(7) 在线故障诊断

PSOG 软件依托 HAZOP 深度分析构建的知识图谱模型，经推理机获取实时专家系统的规则库,并且依据现场实测数据,通过阈值约束推理发现和预测当前正在发生的危险剧情候选,寻找事故原因和传播路径,然后通过风险概率计算、主元分析、工艺核算或神经网络学习的信息综合评估,将不同诊断方法优势互补,给出参考指导信息,并将结果进行存储和显示。目的在于克服单一诊断方法的缺陷所导致的误判。

图 8-29 是主元分析 PCA 组态画面。图 8-30 是神经网络 ANN 组态画面。图 8-31 是设备监测设计模式画面。图 8-32 是预报警组态画面。

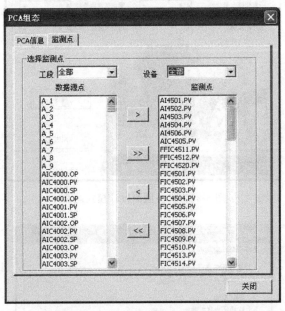

图 8-29　主元分析 PCA 组态画面

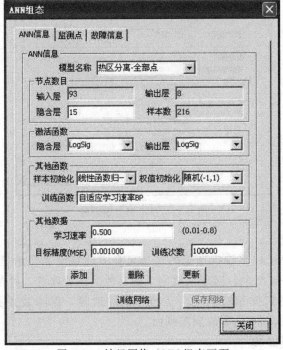

图 8-30　神经网络 ANN 组态画面

图 8-31 设备监测设计模式画面

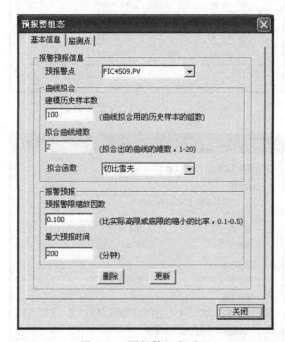

图 8-32 预报警组态画面

(8) 屏幕显示系统

在监控中心，由 PSOG 系统推理出的结果可在大屏幕液晶显示器上显示出来，使生产指挥人员对异常情况一览无余。对于局域网上的其他生产管理者，可在办公室电脑上实时浏览诊断结果，以便及时指挥和协调生产运行，排除故障，保障装置正常运行。图 8-33 是DCS 报警管理画面。图 8-34 是事故预案画面。

(9) 工业现场应用情况

某大型石化公司炼油厂延迟焦化装置能力为 140 万吨/年。经统计，智能故障诊断系统

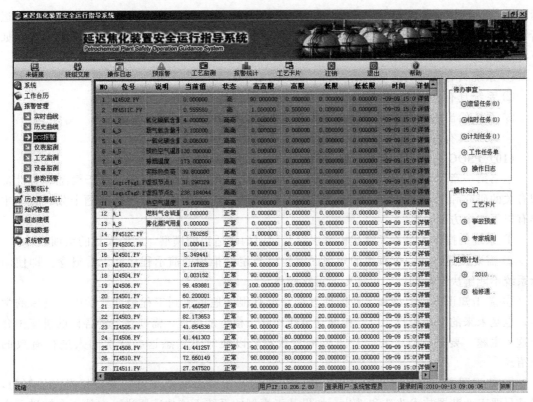

图 8-33 DCS 报警管理画面

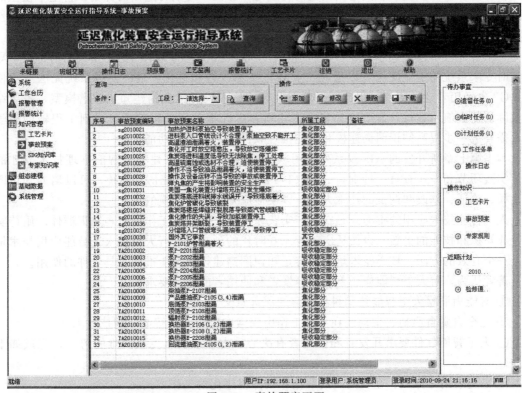

图 8-34 事故预案画面

运行2640h后共计发现装置异常状况253次记录，事故隐患成功处置率提高30%，装置运行平稳率提升至97.23%。此外系统在某石化公司的PTA装置实际应用中，认定软件有如下特点：

① 系统具有较强的适应能力；
② 系统具有良好的实时性；
③ 系统给出的处理措施等信息比实际调整具有超前特性；
④ 系统具有良好的扩充性和开发性。

(10) PSOG系统应用存在问题分析

本书第一章引用的"欧洲英才网络"（MONET）2000年调研报告"基于模型和定性推理有关的研究和工业之间的差距"，与我们应用实践中认识到的所存在的问题十分一致，主要有以下四个方面。

① 系统的操作人员不了解建模方法以及如何构建适当的模型，需要大量的培训。

② 需要快速构建一个有趣的知识图谱建模与定性推理的演示程序并查看概念。即使演示系统不能解决实际问题，也需要演示这些概念。

③ 基于知识图谱模型和定性推理方法并没有很好地集成到工程辅助教学中。更多的学生，也是未来的潜在用户，应当接触到定性和基于模型的推理，需要在各种各样的讲座中介绍这一主题。要做到这一点，就需要编写教材，以便对不熟悉这些技术的人进行有效的介绍。

④ 知识图谱模型必须易于进化。建立初始的基于模型的系统可能需要相当大的努力，但是只要工业装置技术改造和进化，如果基于模型的系统不能快速跟进，它就不会被进一步使用。许多项目只注重知识图谱实模型的开发是不够的，应制订适当的计划，将基于模型的系统不断得到更新。理想情况下，需要一种周期性地自动更新模型的方法，因为系统的特性和系统的组件都在变化。

人工智能应用技术人才缺乏，特别是具有工程实践经验的知识图谱建模人才的奇缺，导致实时专家系统的工业应用难以适应工业装置技术改造和进化，最终使得系统无法继续使用。G2也经历着这种困扰。因此需要培训现场的技术人员学会构建知识图谱模型，需要结合实际的仿真演示软件，需要将知识图谱建模和定性推理方法很好地集成到工程辅助教学中，需要进一步提高知识图谱建模和智能推理软件的自动更新功能。

本书第七章所开发的AI3及系列应用软件是培训知识图谱建模和智能推理技术人才的最佳实践环节和专业教材。特别是AI3-RT-TZZY双机实时智能仿真系统，可以培养知识图谱建模、验证、修改和调试的技术人员，以便适应知识图谱建模的进化。

人工智能技术应用的主力军是在生产实践和社会实践一线工作的所有知识群体。亟待实现专业知识和技能的更新，以便适应工业4.0时代的到来。进行大规模人工智能应用技术培训是一个有效的方法。核心技术培训内容是知识图谱建模和智能推理工具软件的使用。

著者认为，对人工智能应用系统的开发者和使用者的基本要求如下。

① 有能力洞察人工智能技术科技强国的深远意义。
② 完全自觉自愿地、主动地在本职工作中探索和应用人工智能应用技术。
③ 人工智能软件要求开发者和使用者有决心、有恒心、有克服困难的勇气，完成如下任务。

a. 完全采用计算机、互联网、数字化和软件程序化的工作方式。
b. 无条件接受和应用本领域知识本体标准，并通过实际应用修正和扩展知识本体标准。

c. 在实践中快速成长为跨领域、跨专业的专家，并且磨炼成知识本体的建模能手。作为一个研发团队，至少要掌握所研发领域专业实践知识、现代数学、系统仿真、图论、网络拓扑、评估理论、逻辑分析、概率论、过程控制、故障诊断、数据处理、最优化、计算机科学和数值计算理论与技术，最好都是计算机编程高手。

d. 深度应用新一代人工智能技术辅助解决各领域的智能分析、智能诊断、智能决策和智能控制问题。

e. 发挥多专业技术人员的集体智慧，以团队合作方式持久不断地维护和发展领域知识图谱模型知识库。

f. 持久不断地研发更加高效、更加实用的人机友好、知识表达和知识处理的人工智能软件平台。

结　语

本书重点是探索知识图谱建模与智能推理应用技术，期望对读者具有抛砖引玉的作用。

知识图谱建模和智能推理技术不仅仅体现在优势互补方面。更确切地说，是人工智能应用不可或缺的"一对"技术。只有知识图谱模型没有推理机，即使知识图谱模型构建得质量再好，也没有实际应用价值。只有推理机没有结合实际的知识图谱模型，再好的推理机也无用武之地。国内外许多知识图谱建模研究都借用他人开发的推理机，导致无法实现工程应用，这种例子屡见不鲜。知识图谱需要针对领域的特点个性化定制，与之密不可分的高效推理机也需要个性化定制。知识图谱建模与智能推理机必须集成在同一个软件中才能付诸应用。

人工智能技术的研发和应用全程几乎都涉及软件工程。离不开多种相关专业技术人员的密切合作，以及具有工业实践经验的计算机编程高手团队的不懈努力。人工智能技术的应用是一个艰巨复杂的系统工程，需要"十年磨一剑"的功夫，仅靠几种算法的突破无法取得最终成功应用。工业需求是人工智能技术发展的动力和创新的源泉。人工智能技术的应用必须密切结合工程实际，脱离工程实际的软件最终会被遗弃。

高质量的人工智能应用软件开发成功只是万里长征的第一步。要想实现大规模工业应用，普及推广工作将是一项更为艰巨的长期任务，需要得到各级领导和企业主管的重视和支持，需要大办初级、中级和高级技术培训班，需要在高等职业学院和大学开设专业课程和知识图谱建模与智能推理人工智能软件应用实践训练课程，这些学生是将来人工智能技术应用的主力军。

著者认为，人工智能应用技术可以归结为智能识别、智能分析、智能决策和智能行动（包括智能控制）四个基本方面，也是实现人工智能技术应用的四个进步"阶梯"。第三代人工智能技术关系着工业4.0的迫切需求，如下所示：

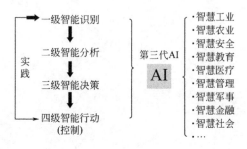

① 智能识别：是人工智能技术工业应用的第一进步阶梯。包括知识图谱模型的构建和获取。目前基于大数据的机器学习、图像识别和语音识别等成果处在第一阶梯水平。

② 智能分析：是人工智能技术工业应用的第二进步阶梯。涉及知识图谱建模和智能推理技术与人类多种经验方法的联合。

③ 智能决策：是人工智能技术工业应用的第三进步阶梯。例如，智能安全评估、实时在线故障诊断和智能教学需要给出解决方案，必须借助于知识图谱建模和智能推理技术与人类多种经验方法的联合。

④ 智能行动：包括人员的行动、规范、规程、各种硬件措施的执行、各种软件措施的执行、智能管理和控制等，是人工智能技术工业应用的第四进步阶梯。涉及智能指导人员行动和智能控制，以及"数字孪生"技术。涉及知识图谱建模和智能推理技术与人类多种经验方法和行动的联合。例如智能驾驶处在第四阶段，难度很大，目前尚未真正实现。

以上四个阶梯是递进的、密切联系实际的和不断循环进化的过程。终极目标是实现智慧工业、智慧农业、智慧安全、智慧教育、智慧医疗、智慧管理、智慧军事、智慧金融和智慧社会。在四个阶梯中知识图谱建模和智能推理技术都是关键技术。

本书以实际需求为宗旨，在知识图谱建模和智能推理方面给出了系统化的有效解决方法，包括系列化软件开发和实际应用经验。所介绍的内容归纳如下。

(1) 理清了用自然语言表达知识本体的计算机知识图谱化方法

① 知识图谱是知识本体的图形化映射，需要将大数据、静态知识图谱和动态知识图谱深度融合。

② 静态和动态知识图谱两者既要区分又要融合，并体现在图形化建模软件的实现中。

③ 必须区分具体事件和概念事件，以及推理过程中的不同方法。

④ 提出因果反事实推理求解"任务和方法知识本体"的计算机方法，即智能 HAZOP 方法。

⑤ 推理结果用自然语言精准表达的计算机方法。

⑥ 提出了描述知识图谱结构信息的影响方程，是一种简明实用的知识图谱结构建模方法。

⑦ 提出了剧情对象模型 SOM 和知识图谱映射模型 SOM_G。

⑧ 国际标准 ISO 15926-2 的补缺和动态知识图谱的扩展与融合。

⑨ 国际标准 IEC 61882 的补缺与扩展。

⑩ 计算机图形化建模与推理界面开发，是一种基于"黑板架构"灵活多用途的计算机化知识图谱构建、存储、推理、显示、实时联网通信等全方位应用软件开发方法。

(2) 提出了高速、高效、省容、多功能推理算法

① 知识图谱因果网络的独立通路搜索算法和高效编程。

② 知识图谱因果网络的独立回路搜索算法和高效编程。

③ 应用通路和回路搜索求解微分方程组的方法。

④ 概念事件的常识推理方法。

⑤ 因果反事实推理方法。

⑥ 具体事件"四规则"一致性"剪枝"推理方法。

⑦ 基于危险剧情风险的半定量推理"筛选"方法。

⑧ 具体事件与概念事件的混合事件知识图谱正向、反向和溯因多功能推理方法。

⑨ 第一代与第二代专家系统融合推理，即离散模型与系统模型联合推理方法。

(3) 基于知识图谱建模和智能推理技术的集成应用软件开发

① 开发了智能 HAZOP 分析工具软件 CAH、过程安全管理软件 PSM 和半定量安全评估软件 CAS，包括安全整体性要求级别评估 SIL 和保护层分析软件 LOPA，实现了大规模工业应用。

② 开发了知识图谱建模与智能推理软件平台 AI3，实现了智能仿真和智能教学应用。

③ 开发了形式化知识图谱仿真软件 MPCE 和 CSA，实现了系统仿真建模、控制系统组态、硬件在回路、被控对象模型在回路联合组态与多功能实验，实现了大规模智能仿真和智能教学应用。

④ 开发了实时智能型危险化学品特种作业仿真培训系统 AI3-RT-TZZY，也是知识图谱模型验证的综合型工具软件，在化工企业成功应用。

⑤ 开发了实时专家系统"石油化工装置安全运行指导系统 PSOG"，在数个大型石化装置成功运行。

(4) 今后 AI3 的改进和升级方案

为了扩展软件在不同领域的广泛适应性，AI3 的改进方案是：将基本事件的静态知识图谱表格化输入，升级为可以按用户的特殊需求预先组态定制模式；推理结果的输出内容按用户的特殊需求随时组态定制；推理引擎的功能（定性、半定量、定量、约束、条件和使能等推理方法）可预先组态定制；增加 AI3 软件使用自动导航功能，降低用户使用"门槛"。

增加静态事件和动态事件的外部互联网信息联通和自动搜索功能，包括事件与网络多种信息库的链接，如网页、文本、图形和视频信息等。与互联网相关知识图谱库沟通，通过大数据和网络拓扑技术从内容和结构两个方面实现知识图谱模型的自动查询、维护与进化。

随着企业应用的知识图谱库的扩展，推理机能力需要提高。可以开发分级、分块和并行推理引擎软件，采用超级计算机，还可以研制灵活的嵌入式、组装式超高效推理芯片和知识图谱存储芯片，提高模型库容量和实时推理能力。

(5) 终极目标

构建所有企业全生命周期知识图谱库与智能推理软件平台，与企业控制管理系统通过 5G 网络无缝连接，实时跟踪企业的运行，提高知识图谱库的自动维护和进化水平，实现工业系统人机友好联合互动的智能识别、智能分析、智能决策和智能控制四个层次的人工智能化。

附录一

因果反事实推理"如果-怎么样?"化工过程典型问题集

本附录是在常见过程工业设施中使用的"如果-怎么样?"提问集,是朱迪亚·伯尔教授提出的因果反事实提问"α"偏离因子(2018)在过程系统事故分析时的具体化实现。但由于专业"壁垒"的限制,伯尔教授无法发现这种60年前就在化工领域大量应用的方法。

"如果-怎么样?"可以方便HAZOP分析时提出问题和分析问题。对于一个具体的石油、石化或化工设施,这个清单绝不是详尽的,应补充和量身定制,以适应正在审查的特定设施。常见过程设施"如果-怎么样?"提问有如下15种类型,详细展开为一系列"如果-怎么样?"提问。

第1部分:管道
第2部分:阀门
第3部分:容器
第4部分:储罐
第5部分:泵
第6部分:压缩机
第7部分:换热器
第8部分:反应器
第9部分:塔设备
第10部分:火炬
第11部分:电气设备
第12部分:冷却塔
第13部分:公用工程系统
第14部分:人为因素
第15部分:各种事件与事故

第1部分:管道

- 如果管道泄漏怎么样?
- 如果高压易燃、腐蚀性或有毒气体泄漏到液体管道怎么样?
- 如果管道断裂了怎么样?
- 如果管道堵塞怎么样?
- 如果管道被污染了怎么样?

- 如果管道里的水分仍然存在怎么样？
- 如果管道内部腐蚀怎么样？
- 如果管道外部腐蚀怎么样？
- 如果管道被逐渐侵蚀了怎么样？
- 如果管道变脆怎么样？
- 如果管道失去了热膨胀追踪怎么样？
- 如果管道支架失效怎么样？
- 如果管道受到外部冲击怎么样？
- 如果管道受到内部影响怎么样？
- 如果管道受到回流怎么样？
- 如果管道受到流动或压力冲击会怎么样？
- 如果管道受到液击（水锤）怎么样？
- 如果管道受到振动怎么样？
- 如果管道焊缝强度不够怎么样？
- 如果垫圈、密封件或法兰泄漏怎么样？
- 如果没有提供安全阀怎么样？
- 如果安全阀失效（打开或关闭失效）怎么样？
- 如果玻璃视镜破了怎么样？
- 如果阻火器失效怎么样？

第2部分：阀门

- 如果阀门机械失灵怎么样？
- 如果阀门执行机构失效怎么样？
- 如果阀门误操作怎么样？
- 如果阀门被打开或关闭怎么样？
- 如果阀门漏气怎么样？
- 如果密封失效怎么样？
- 如果阀门被腐蚀或磨损怎么样？
- 如果阀门电动或气动控制失效怎么样？
- 如果阀门受到流动或压力冲击怎么样？
- 如果阀门受到液击（水锤）怎么样？
- 如果阀门受到外部冲击怎么样？
- 如果阀门内部受到冲击怎么样？
- 如果阀门受到磨料或颗粒物的影响怎么样？
- 如果阀门受到回流怎么样？
- 如果阀门处理多相物质怎么样？
- 如果阀门不防火怎么样？

第3部分：容器

（1）容器进料

- 如果容器的进料增加了怎么样？
- 如果容器的进料减少了怎么样？

- 如果容器进料停止了怎么样?
- 如果容器进料温度升高怎么样?
- 如果容器进料温度降低（闪蒸）怎么样?
- 如果容器的进料成分变化（例如，或多或少的油、气或水变化）怎么样?
- 如果进料中夹带过多的固体怎么样?

(2) 容器的内部因素

- 如果容器压力增加了怎么样?
- 如果容器压力降低了怎么样?
- 如果容器液位增加了怎么样?
- 如果容器液位降低了怎么样?
- 如果容器液位超高报警失效怎么样?
- 如果容器液位超低报警失效怎么样?
- 如果容器压力超高报警失效怎么样?
- 如果容器压力超低报警失效怎么样?
- 如果容器温度超高报警失效怎么样?
- 如果容器温度超低报警失效怎么样?
- 如果容器固体/砂去除系统失效怎么样?
- 如果容器界面（物位）传感器失效怎么样?
- 如果容器界面（物位）超高报警失效怎么样?
- 如果容器界面（物位）超低报警失效怎么样?
- 如果容器内部堵塞怎么样?
- 如果容器内部崩溃怎么样?
- 如果容器安全阀升降或泄漏了怎么样?
- 如果容器由于内部腐蚀，有缺陷的材料或高压差而破裂怎么样?

(3) 容器管路

- 如果容器的油出口截止阀关闭了怎么样?
- 如果容器出水截止阀关闭了怎么样?
- 如果容器气体出口截止阀关闭了怎么样?
- 如果容器油出口控制回路不能打开或关闭怎么样?
- 如果容器出水控制回路不能打开或关闭怎么样?
- 如果容器气体出口控制回路不能打开或关闭怎么样?
- 如果油出口阻塞怎么样?
- 如果出水阻塞怎么样?
- 如果在气体出口管线有固体形成（可能有水合物或冰）怎么样?
- 如果容器排水阀打开或漏水怎么样?
- 如果管道由于内部腐蚀，有缺陷的材料或质量差而破裂怎么样?

(4) 燃烧器

- 如果燃烧器温度控制回路不能打开或关闭怎么样?
- 如果燃料供应被切断怎么样?
- 如果火焰熄灭了怎么样?
- 如果空气挡板不能打开或关闭怎么样?

- 如果鼓风机或驱动电机失效了怎么样？
- 如果供油压力降低怎么样？
- 如果供油压力增加怎么样？
- 如果水被夹带在燃料供应系统怎么样？
- 如果燃料供给调节器打开或关闭失效怎么样？
- 如果燃料主/先导关闭阀不能打开或关闭怎么样？
- 如果燃料供应压力超高报警失效怎么样？
- 如果燃料供应压力超低报警失效怎么样？
- 如果燃烧器温度超高报警失效怎么样？
- 如果燃烧器温度超低报警失效怎么样？
- 如果燃油加热器坏了怎么样？
- 如果燃油泵失效怎么样？
- 如果燃油含有过多的固体怎么样？
- 如果雾化蒸汽流量增加了怎么样？
- 如果雾化蒸汽流量被切断怎么样？
- 如果炉管表面温度升高怎么样？
- 如果燃烧器炉管的表面温度降低怎么样？
- 如果烟气温度降低怎么样？
- 如果烟气温度升高怎么样？
- 如果燃烧供气管破裂怎么样？
- 如果燃烧器管支架失效怎么样？
- 如果固体或焦炭积聚在炉管外表面上怎么样？
- 如果固体积聚在炉管内表面怎么样？

(5) 容器的外部因素
- 如果仪表空气供应被切断怎么样？
- 如果有电源断电怎么样？
- 如果容器或管道被机动车碰撞损坏怎么样？
- 如果环境温度低怎么样？
- 如果环境温度高怎么样？
- 如果有严重的地震怎么样？
- 如果有风/沙尘暴怎么样？
- 如果仪表或电气元件有电气故障怎么样？
- 如果容器被闪电击中了怎么样？
- 如果降雨过多怎么样？

第4部分：储罐

(1) 储罐进料
- 如果储罐进料增加怎么样？
- 如果储罐进料减少怎么样？
- 如果储罐进料停止了怎么样？
- 如果储罐进料温度升高怎么样？
- 如果储罐进料温度降低怎么样？

- 如果储罐进料成分（如或多或少的石油、天然气、蒸汽的压力或化学比例等）变化怎么样？
- 如果进料中夹带过多的固体怎么样？

（2）储罐的内部因素
- 如果储罐压力增加了怎么样？
- 如果储罐压力降低怎么样？
- 如果储罐液位增加了怎么样？
- 如果储罐液位降低了怎么样？
- 如果储罐液位超高报警失效怎么样？
- 如果储罐液位超低报警失效怎么样？
- 如果储罐温度超高报警失效怎么样？
- 如果储罐温度超低报警失效怎么样？
- 如果储罐固体或砂清除系统失效怎么样？
- 如果储罐物位传感器失效怎么样？
- 如果储罐物位超高报警失效怎么样？
- 如果储罐物位超低报警失效怎么样？
- 如果储罐内部堵塞怎么样？
- 如果储罐内部崩溃怎么样？
- 如果储罐安全阀抬起或漏气怎么样？
- 如果储罐因内部腐蚀、材料不良或工艺变化而破裂怎么样？

（3）储罐管道
- 如果储罐总出口阀关闭了怎么样？
- 如果储罐部分出口阀关闭了怎么样？
- 如果储罐出水阀关闭了怎么样？
- 如果储罐气体出口阀关闭了怎么样？
- 如果储罐总出口控制回路不能打开或关闭怎么样？
- 如果储罐出口控制回路不能打开或关闭怎么样？
- 如果储罐出水控制回路不能打开或关闭怎么样？
- 如果储罐气体出口控制回路不能打开或关闭怎么样？
- 如果储罐出油阻塞怎么样？
- 如果储罐总出口阻塞怎么样？
- 如果储罐出水阻塞怎么样？
- 如果储罐气体出口管线有固体形成（可能的水合物）怎么样？
- 如果储罐排水阀打开或漏水怎么样？
- 如果管道因内部腐蚀、材料不良或工艺变化而破裂怎么样？

（4）储罐的外部因素
- 如果仪表气源被切断怎么样？
- 如果有电力故障怎么样？
- 如果储罐或管道被机动车碰撞损坏了怎么样？
- 如果环境温度低怎么样？
- 如果环境温度高怎么样？
- 如果有严重的地震怎么样？

- 如果有风或沙尘暴怎么样？
- 如果仪器或电气元件有电气故障怎么样？
- 如果储罐被闪电击中怎么样？
- 如果有过多的降雨怎么样？

第5部分：泵

- 如果泵不能按要求启动或停止怎么样？
- 如果泵启动时排放阀关闭怎么样？
- 如果泵启动时吸入阀关闭怎么样？
- 如果泵入口管道堵塞了怎么样？
- 如果泵止逆阀开/关失效怎么样？
- 如果泵失去吸力或汽蚀余量太低怎么样？
- 如果泵出现气缚现象怎么样？
- 如果泵填料压盖或密封件泄漏了怎么样？
- 如果泵受到火灾怎么样？
- 如果泵受到冻结怎么样？
- 如果泵被淹没在水下怎么样？
- 如果泵超速怎么样？
- 如果泵转速不够怎么样？
- 如果泵不维护怎么样？
- 如果泵轴断了怎么样？
- 如果泵失去润滑怎么样？
- 如果泵轴运转失去平衡怎么样？
- 如果泵处理含有磨料或颗粒物质的物料怎么样？
- 如果泵的电源有故障了怎么样？

第6部分：压缩机

- 如果吸气阀关闭时启动压缩机怎么样？
- 如果排气阀关闭时启动压缩机怎么样？
- 如果压缩机过热怎么样？
- 如果压缩机处于冷冻状态怎么样？
- 如果压缩机失速怎么样？
- 如果压缩机超速怎么样？
- 如果压缩机的动力失效怎么样？
- 如果压缩机与驱动器的耦合失效（靠背轮失效）怎么样？
- 如果压缩机吸入液体发生液击怎么样？
- 如果空气进入压缩机怎么样？
- 如果压缩机的进料管路失效或压力过低怎么样？
- 如果压缩机的进料压力增加了怎么样？
- 如果压缩机的安全阀关闭失效怎么样？
- 如果压缩机的安全阀不经意间打开怎么样？
- 如果压缩机的密封件、阀门或活塞环泄漏怎么样？

- 如果压缩机的机轴断裂了怎么样?
- 如果压缩机受到过度振动怎么样?
- 如果压缩机仪表失效怎么样?
- 如果没有清洗或保养压缩机怎么样?
- 如果压缩机处理含有污染物或颗粒物质的物料怎么样?
- 如果有毒或腐蚀性气体被引入压缩机入口怎么样?
- 如果一个压缩机被淹没在水下怎么样?
- 如果压缩机暴露在火中怎么样?

第7部分：换热器

(1) 换热器进料

- 如果换热器管程/壳程物料流量增加了怎么样?
- 如果换热器管程/壳程物料流速降低了怎么样?
- 如果换热器管程/壳程物料流量停止了怎么样?
- 如果管程/壳程进料温度升高了怎么样?
- 如果管程/壳程进料温度降低了怎么样?
- 如果管程/壳程进料成分变化（例如，或多或少的油、气或水变化）怎么样?
- 如果过多的固体夹带在壳程进料中怎么样?

(2) 换热器的内部因素

- 如果换热器压力增加怎么样?
- 如果换热器压力降低怎么样?
- 如果换热器管破裂怎么样?
- 如果换热器经历过多的污垢怎么样?
- 如果换热器处理磨蚀性物质怎么样?
- 如果换热器失去保温层怎么样?
- 如果换热器内部阻塞怎么样?
- 如果换热器内部泄漏怎么样?
- 如果换热器安全阀误动作或泄漏怎么样?
- 如果换热器外壳因内部腐蚀、材料不良或工艺不良而破裂怎么样?

(3) 换热器管道

- 如果换热器管程/壳程出口阀关闭怎么样?
- 如果换热器低点疏水阀或高点排气阀打开或泄漏怎么样?
- 如果管道因内部腐蚀、材料不良或工艺变化而破裂怎么样?

(4) 换热器的外部因素

- 如果换热器或管道被机动车碰撞损坏怎么样?
- 如果环境温度低怎么样?
- 如果环境温度高怎么样?
- 如果有严重的地震怎么样?
- 如果有风或沙尘暴怎么样?
- 如果仪器或电气元件有电气故障怎么样?
- 如果换热器被闪电击中怎么样?

- 如果有过多的降雨怎么样？

第8部分：反应器

- 如果反应器泄漏了怎么样？
- 如果反应器破裂怎么样？
- 如果反应器内部或外部腐蚀怎么样？
- 如果反应器失去搅拌或搅拌不足怎么样？
- 如果反应搅拌太多怎么样？
- 如果放热反应器失去冷却量怎么样？
- 如果反应器冷却量太多怎么样？
- 如果反应器失去加热怎么样？
- 如果反应器的升温速率增加或减少了怎么样？
- 如果反应器加料太快怎么样？
- 如果反应器加料太慢怎么样？
- 如果反应器溢出怎么样？
- 如果反应器液位偏低怎么样？
- 如果反应器的反应物比率被控不当怎么样？
- 如果反应器失去反应物怎么样？
- 如果反应器进料错误怎么样？
- 如果反应器的反应物进料顺序错误怎么样？
- 如果反应器中没有催化剂或催化剂过少怎么样？
- 如果反应器泄压管线堵塞了怎么样？
- 如果反应器压力太高怎么样？
- 如果反应器压力太低怎么样？
- 如果反应器的安全阀不小心打开怎么样？
- 如果反应器的安全阀失效关闭了怎么样？
- 如果反应器的控制失效了怎么样？
- 如果反应器的仪表失效怎么样？
- 如果反应器的卸料管线堵塞了怎么样？
- 如果反应器的卸料阀开得太快怎么样？
- 如果反应器失去惰性化措施怎么样？
- 如果反应器的衬里失效了怎么样？
- 如果反应器冷却剂泄漏到反应物怎么样？
- 如果反应器的反应物自发点火怎么样？
- 如果反应器产生有害的副产品怎么样？
- 如果反应器的副反应占主导地位怎么样？
- 如果反应器被污染了怎么样？
- 如果反应器没有清洗或维护怎么样？

第9部分：塔设备

- 如果塔泄漏怎么样？
- 如果塔破裂怎么样？

- 如果塔经历内部或外部腐蚀怎么样？
- 如果塔失去回流或冷却怎么样？
- 如果塔失去加热怎么样？
- 如果塔失去了进料怎么样？
- 如果塔的进料增加怎么样？
- 如果塔的进料温度太高了怎么样？
- 如果塔的进料温度太低了怎么样？
- 如果塔的进料成分变化怎么样？
- 如果塔失去液位怎么样？
- 如果塔顶排放阀开得太大怎么样？
- 如果塔顶排放阀被阻塞怎么样？
- 如果塔的压力太高怎么样？
- 如果塔的压力太低怎么样？
- 如果塔被停止但仍然加热怎么样？
- 如果真空下的塔漏气怎么样？
- 如果塔受到火灾怎么样？
- 如果塔的安全阀没有打开怎么样？
- 如果塔的安全阀在不经意间打开怎么样？
- 如果塔的仪表失效了怎么样？
- 如果塔经历了内部入口分布塔盘或塔板堵塞怎么样？
- 如果塔存在气体或液体夹带怎么样？
- 如果塔失去保温怎么样？
- 如果塔有塔盘损坏怎么样？

第10部分：火炬

(1) 火炬的内部因素

- 如果火炬流量大于设计流量怎么样？
- 如果火炬经历熄火怎么样？
- 如果火炬的燃烧空气供给不足怎么样？
- 如果火炬的空气被过度燃烧怎么样？
- 如果火炬被固体污染了怎么样？
- 如果液体从上游的脱液容器转移到火炬怎么样？
- 如果火炬产生过多的辐射热量怎么样？
- 如果火炬不能点火怎么样？
- 如果火炬鼓风机或电机失效了怎么样？
- 如果火炬系统有电力故障怎么样？
- 如果火炬系统仪表气源失效了怎么样？
- 如果燃料气体供应消失了怎么样？
- 如果火炬控制面板出现故障怎么样？
- 如果火炬燃料供给压力降低怎么样？
- 如果火炬燃料供给压力增加怎么样？
- 如果水被夹带在燃料供应系统怎么样？

- 如果固体堆积在火炬烟囱或喷嘴上怎么样？

（2）火炬管线
- 如果火炬入口隔断阀关闭了怎么样？
- 如果燃料气体供应阀关闭了怎么样？
- 如果燃气调节器打开或关闭失效怎么样？
- 如果燃油切断阀不能按要求打开或关闭怎么样？
- 如果固体形式（可能水合物）在释放出口管线怎么样？
- 如果管道因内部腐蚀、材料不良或工艺变化而破裂怎么样？

（3）火炬的外部因素
- 如果堆叠或机动车碰撞管道损坏怎么样？
- 如果环境温度低怎么样？
- 如果环境温度高怎么样？
- 如果有严重的地震怎么样？
- 如果有风/沙尘暴怎么样？
- 如果仪表或电气元件有电气故障怎么样？
- 如果闪电击中释放烟筒怎么样？
- 如果有过多的降雨怎么样？
- 如果过量的植被在火炬的基础上生长怎么样？

第11部分：电气设备

（1）发电机
- 如果主发电机出现故障怎么样？
- 如果备用发电机出现故障怎么样？
- 如果应急发电机出现故障怎么样？
- 如果发电机报警或停机系统失效了怎么样？
- 如果发电机空间加热器不能运行怎么样？
- 如果发电机过载了怎么样？
- 如果燃料供应受到污染怎么样？
- 如果发电机冷却设备变脏了怎么样？
- 如果电压调节器高或低失效怎么样？
- 如果励磁机无法开启怎么样？

（2）电动机
- 如果电动机过热怎么样？
- 如果发生电动机故障怎么样？
- 如果电动机轴承失效怎么样？
- 如果电动机反向转动怎么样？

（3）电机控制中心
- 如果主要断路器跳闸怎么样？
- 如果电压高或低怎么样？
- 如果发生内部故障怎么样？
- 如果启动器打开或关闭失效怎么样？

- 如果电机过载不能运行怎么样?
- 如果电机电路保护打开怎么样?
- 如果控制变压器熔断开路了怎么样?

(4) 开关柜
- 如果输入电压太高或太低怎么样?
- 如果输入电压频率太高或太低怎么样?
- 如果主要断路器跳闸怎么样?
- 如果发生内部故障怎么样?
- 如果断路器控制电压失效怎么样?
- 如果断路器联锁旁路怎么样?
- 如果接地线路断开了怎么样?

第12部分:冷却塔

- 如果冷却塔内部有过多的污染怎么样?
- 如果冷却塔对泵或风扇有功率损失怎么样?
- 如果冷却塔的冷却水污染了怎么样?
- 如果冷却塔风扇振动过大怎么样?
- 如果冷却塔在水中有可燃混合物怎么样?
- 如果冷却塔着火了怎么样?

第13部分:公用工程系统

- 如果设备空气系统失灵了怎么样?
- 如果仪器或公用工程空气系统失效了怎么样?
- 如果呼吸空气系统失灵了怎么样?
- 如果冷却水系统出现故障怎么样?
- 如果冷却氨系统失效了怎么样?
- 如果冷却氟利昂系统失效怎么样?
- 如果冷却蒸汽系统失效了怎么样?
- 如果冷却氮气系统失效了怎么样?
- 如果电气系统失灵了怎么样?
- 如果燃油系统失效了怎么样?
- 如果天然气系统失效了怎么样?
- 如果丙烷燃料系统失效了怎么样?
- 如果燃烧器碳燃料系统失灵了怎么样?
- 如果加热燃油系统失效了怎么样?
- 如果煤油燃料系统失效了怎么样?
- 如果升降机加油系统失效了怎么样?
- 如果柴油系统失效了怎么样?
- 如果蒸汽加热系统失灵了怎么样?
- 如果电加热系统失灵了怎么样?
- 如果传输油加热系统失效了怎么样?
- 如果惰性气体系统的失效怎么样?

- 如果冲洗油系统失效了怎么样？
- 如果密封油系统失效了怎么样？
- 如果矿物油系统失效了怎么样？
- 如果换热油系统失效怎么样？
- 如果净化气体系统失效了怎么样？
- 如果放射性系统失效了怎么样？
- 如果下水道系统坏了怎么样？
- 如果风暴下水道系统失效了怎么样？
- 如果油排水系统（打开或关闭系统）失效怎么样？
- 如果蒸汽系统失灵了怎么样？
- 如果设施水系统出现故障怎么样？
- 如果城市供水系统出现故障怎么样？
- 如果井水系统失效怎么样？
- 如果消防给水系统失灵了怎么样？
- 如果储水系统空了怎么样？
- 如果冷冻水系统出现故障怎么样？
- 如果沸石水系统出现故障怎么样？
- 如果软化水系统失效了怎么样？
- 如果通信网络失效了怎么样？
- 如果工厂警报系统失灵了怎么样？
- 如果安全系统失效了怎么样？
- 如果备份公用工程系统失效了怎么样？

第14部分：人为因素

（1）一般问题

- 如果执行了一个不恰当的或未完成的设计怎么样？
- 如果不合格人员准备了工程设计怎么样？
- 如果在工程计算中出现错误怎么样？
- 如果不正确的材料被订购或使用怎么样？
- 如果施工不当怎么样？
- 如果不提供质量保证规范或不遵循规范怎么样？
- 如果使用不适当或不充分的开车规程怎么样？
- 如果操作不当或操作规程不完善怎么样？
- 如果没有修改说明怎么样？
- 如果进行了不适当的维护怎么样？
- 如果进行了不正确的检查怎么样？
- 如果使用了不当的退役程序怎么样？
- 如果使用不适当的拆卸程序怎么样？
- 如果管理不充分或不满意怎么样？
- 如果法规没有被遵守怎么样？

（2）操作工问题

- 如果操作工不执行动作怎么样？

- 如果操作工执行了错误的操作怎么样?
- 如果操作工在错误的地方执行一个动作怎么样?
- 如果操作工以错误的顺序执行一个动作怎么样?
- 如果操作工在错误的时间执行一个动作怎么样?
- 如果操作者做出错误的阅读怎么样?
- 如果操作工长时间工作怎么样?
- 如果操作工没有监管怎么样?
- 如果操作工没有培训怎么样?
- 如果操作工不了解或不知道过程的危险怎么样?
- 如果操作工被仪表读数或警报"淹没"了怎么样?

(3) 设备问题

- 如果设备无法操作怎么样?
- 如果阀门太"冻结"操作怎么样?
- 如果没有标明阀门的标识怎么样?
- 如果一个电气开关没有显示它的功能怎么样?
- 如果没有标明紧急出口路线怎么样?
- 如果紧急出口路线被封锁怎么样?
- 如果设备运行与通常惯例相反怎么样?
- 如果布线、管道、标志、安全工具等不使用颜色编码怎么样?
- 如果没有足够的照明怎么样?
- 如果设备中没有提供指示怎么样?
- 如果指示灯不工作怎么样?
- 如果指示灯镜片的颜色不对怎么样?
- 如果空气呼吸面罩不适合人员怎么样?
- 如果漏油太严重了怎么样?
- 如果紧急警报不工作怎么样?
- 如果不能听到紧急警报怎么样?
- 如果紧急警报与其他教学声调混淆了怎么样?
- 如果没有通信设备可用怎么样?

第15部分:各种事件与事故

(1) 自然环境事件

- 如果发生气压的快速变化,比如飓风或强风暴怎么样?
- 如果发生干旱,影响冷却水的可用性怎么样?
- 如果发生沙尘暴怎么样?
- 如果环境温度极端(低或高)怎么样?
- 如果发生意外的低温怎么样?
- 如果发生灌木丛或森林火灾怎么样?
- 如果发生设备火灾怎么样?
- 如果发生洪水怎么样?
- 如果发生雾怎么样?
- 如果发生霜冻怎么样?

- 如果发生冰雹怎么样？
- 如果冰在寒冷的天气中形成，或者绝缘线上有冷凝水会怎么样？
- 如果发生闪电怎么样？
- 如果发生泥石流怎么样？
- 如果发生了一场长期的暴雨怎么样？
- 如果下雪怎么样？
- 如果有静电怎么样？
- 如果有龙卷风怎么样？
- 如果有大风怎么样？

（2）地质事件
- 如果发生地表沉降怎么样？
- 如果有雪崩怎么样？
- 如果有海岸侵蚀怎么样？
- 如果有地震怎么样？
- 如果有山崩怎么样？
- 如果有海啸或海啸涌浪怎么样？
- 如果有火山活动怎么样？

（3）交通运输事故
- 如果有飞机事故怎么样？
- 如果有直升机事故怎么样？
- 如果发生海上事故怎么样？
- 如果发生铁路事故怎么样？
- 如果发生车祸怎么样？
- 如果有起重机事故怎么样？
- 如果有起重设备事故怎么样？
- 如果有叉车事故怎么样？

（4）人为引起的事故
- 如果相邻的单位或设施发生事故怎么样？
- 如果附近有建筑怎么样？
- 如果有掉落的物体怎么样？
- 如果相邻的单位有火灾怎么样？
- 如果有危险或有毒化学品泄漏在该地区怎么样？
- 如果处于一个从压缩气瓶、旋转设备等发射物的投射目标区域怎么样？
- 如果附近的工厂出了问题怎么样？
- 如果管道有事故问题怎么样？
- 如果有人蓄意怠工怎么样？
- 如果有人肆意破坏工厂怎么样？
- 如果有恐怖行为怎么样？
- 如果有民事纠纷怎么样？

（5）维护事件
- 如果不定期进行保养怎么样？

- 如果维修不准确怎么样?
- 如果在错误的时间进行维护怎么样?
- 如果用错误的材料或零件进行维护怎么样?
- 如果维修不恢复组件的工作条件怎么样?
- 如果保养不小心启动了未来的危险条件怎么样?

(6) 采样事件
- 如果采样不规则执行怎么样?
- 如果采样不当或容器不正确怎么样?
- 如果是从错误的系统采样怎么样?
- 如果采样是污染样品怎么样?
- 如果采样不正确与他人协调不当怎么样?

(7) 测试事件
- 如果测试执行不当怎么样?
- 如果测试没有完全或现实地进行怎么样?
- 如果不定期进行测试会怎么样?

附录二
专家陪练-AI3 软件说明

基于剧情的专家陪练方法被誉为"用专家的眼睛看世界"。借助于人工智能和互联网技术能够实现专家不在学员身边的线上一对一个性化专家陪练。

专家陪练-AI3 软件（AI3 普及版）和 AI3 智教版软件共同构成专家陪练系统。专家陪练-AI3 软件是学员学习、训练和考核的必备软件使用环境。本软件单独使用，不需要与仿真培训软件联合。本软件随书赠送，自由拷贝。专家陪练-AI3 软件也是 AI3 软件的普及版，具有 AI3 系列软件的所有基本功能，也可作为本书的人工智能实践教学环节使用。

AI3 智教版软件是教师不可或缺的智能教学工具，需要与本书介绍的七个典型化工单元高精度仿真培训系统联合使用。教师使用智教版软件可以编辑成千上万种灵活多变的动态剧情题目和专家示范剧情，自动生成详细的出题背景信息和工况数据文件包，通过 U 盘或网络远程传送给学员，实现智能辅导。

1. 基于剧情的"专家陪练"方法的发展背景

感知与行为能力的培训（例如，管、钳、铆、起重、电气焊和操纵数控车床等工种的技术培训）与认知能力的培训（例如，化工、石油化工、炼油、火力发电、核动力发电、冶金、制药、食品加工等过程工业的管理人员和控制室操作工人的培训）在内容和方法上是有区别的。认知能力的培训涉及个人的经验积累，涉及过程工业系统动态运行时的故障识别、实时分析、科学决策和精准行动四种类型的能力。长期以来，如何有效提高操作工的认知能力，客观准确地评价操作工的技术水平，成为困扰企业的一大难题。欧美多国大量实践证明，专家陪练是提高操作工认知能力和熟练度的特效培训方法。

全世界的各类公司和企业都面临着专家因离职或退休而流失的问题，专家从多年的领域经验和实践中获得的技能和知识在很大程度上是隐形的，不易传授给新学员。而且有经验的专家也往往无法或不善于将他们的认知经验描述清楚，没有能力准确高效地传授经验。传统培训新手的方法，包括基于规则和规程的教学，不足以弥补新手和专家之间的认知理解差距。因此各相关组织机构都在积极寻求快速和高效地获取与传承专业知识的方法。

专家陪练方法最早由纽约市消防局的辛策（Neil Hintze）于 2008 年提出。辛策期望训练消防队员处理不寻常的情况，如地震或恐怖袭击。他向受训人员介绍了一种剧情，其中包括对现实的、与工作有关的挑战的描述，并辅以视觉辅助工具（例如图表、地图和图像）。在剧情的不同发展阶段确定多个决策点，这些决策点要求受训人员对一组选项（通常是三到六个选项）进行排序。决策问题是选择哪些行动，哪些目标要优先排序，哪些线索要更仔细地监控，或者要寻找什么样的信息。一旦受训者确定了解决方案的优先次序，就会要求写一份理由说明他们排序的原因。接下来，辛策的方法为培训增加了一个新的组成部分，在领域专家提供的决策过程

（认知模型）背后加入了精心准备的叙述。辛策安排了一个专家小组来研究相同的方案，并对备选方案进行排序，要求受训人员将自己的排序与专家的排序逐一比较，从其中的差异获取启发。

德国巴斯夫公司培训新员工的一个非常有用的策略是让他们参与实际过程或生产挑战的案例研究。这不仅使经验较少的工人有机会为不同的情况制订自己的策略，而且使他们能够看到他们的行动与面临同样情况的有经验的工人的实际反应相比如何。该方法要求有关各方必须首先熟悉知识传递过程本身，特别是确保他们对要传承的信息有相同的期望。实际的"知识传承对话"依赖于巴斯夫提出的"知识图谱"，它将新工人的问题与经验丰富的工程师的回答相匹配。对于一个过程工程师来说，这样的知识图谱不仅涵盖了"谁"、"什么"和"如何做"的问题，而且还涵盖了经验丰富的工程师在一段时间内收集到的其他见解。这种方法缩短了新工作人员的培训时间，并帮助新的工作负责人更快地适应他的角色。这是一种非常严格的方法，在保密的情况下进行，以便不断衡量前任和继任者如何判断这种做法的好处。

2016年美国贝维尔工程公司对炼油催化裂化装置（FCC）进行了试验。经验丰富的操作人员和新手都经历了不同的剧情。经过试验发现那些经历过专家陪练方法训练的操作工人在诊断故障原因方面比那些没有经历专家陪练训练的人表现好28%。此外，国防部门用平板电脑专家陪练软件对士兵进行了训练，统计表明使士兵的认知能力提高了21%，因此建议使用基于剧情的专家陪练方法提高军事作战人员的认知技能。

专家陪练方法的原理是，借助于知识图谱可以把学员内心思维过程的所有细节都如实地表达于电脑桌面上。其后，教师（集体）的专家思维过程的所有细节也都如实地表达于电脑桌面上。这样学员就可以逐一详细比较与专家认知水平的差异，快速高效地提高认知能力。

2017年以来，在美国化学工程师学会、操作工绩效中心、贝维尔工程公司和霍尼韦尔公司等组织和机构的大力推广下，专家陪练方法已经在欧美大型石化企业得到广泛应用，并且迅速扩展到消防员、特种兵、警察和护士的认知能力培训。

目前专家陪练方法的应用主要包括：操作人员培训和基于计算机平台的远程教学；遴选本专业的合格人才；操作员能力的评估；操作员标准化知识表达和知识管理。

2."专家陪练"方法的要点

（1）设计剧情

首先，陪练专家（培训教师）为学员（受训者）设计一个真实的生活剧情（场景或情景），其中包括了他们在工作中可能遇到的复杂问题，并且以多媒体格式提供生动的图像和细节，包括文本、图形、视频或音频，辅助学员了解剧情发生的场景。

（2）挑战学员

在每个剧情中，学员都会遇到一系列具有现实意义的决策点，这些决策点是在陪练专家的帮助下生成的。决策点要求挑战学员提供排序和理由，利用学员对情况的认知训练评估参与者的能力。

（3）专家反馈

在每个决策点之后，向学员介绍来自专家小组的排序。学员有机会通过阅读每个决策点排序的深度专家反馈来探索陪练专家的思维。

（4）深度领悟

在每次基于剧情的专家陪练之后，学员会思考他们的排序和基本原理与陪练专家相比的相同和不同之处。这种反思促进了学员洞察力的发展，这将有助于新手向陪练专家认知能力的演变。

3."专家陪练-AI3"软件的技术特点

① 依据扩展的化工、石化、炼油和天然气工业生命周期信息国际标准 ISO 15926（也是国家标准），采用图形化、直观形象、方便快捷、计算机化精准描述来表达学员和专家所设计的剧

情。严谨科学的剧情表达是专家陪练方法实施培训的基础。只有将剧情的表达标准化才能实现专家知识的有效传承、共享、评估、修正和管理。

② 将 HAZOP 中的"可操作性分析"方法引入专家陪练方法。采用国际标准 IEC 61882（也是国家标准）的扩展作为"任务与解决方法的知识本体"和推理机制，依据因果反事实推理获取剧情。

③ 借鉴了美国在教学中应用的"搭积木式"构建概念图（概念地图、思维导图、知识地图）的方法，要求由学员自己构建动态剧情图。在剧情图形化构建软件平台 AI3 上提供"停车场""焦点事件""决策点""专家剧情框架"等"积木模块"。学员以高度参与方式学习，可以有效克服死记硬背的学习模式，改为头脑风暴式有意义的学习，有利于提高学生发现问题、分析问题和解决问题的能力，同时也有利于节省培训时间，提高培训效率。

④ 采用新一代人工智能技术，用多功能、高速和高效的智能推理机自动判定学员所设计剧情的疏漏和错误。

⑤ 专家剧情可以通过知识图谱建模方法和基于大数据＋结构信息的深度学习，用自然语言自动生成大规模的剧情题库。以直观、形象、快捷和方便的方法提供给学生，解决了教师出题、学员剧情表达与专家示范剧情对照和评议的图形化表达与自动生成方法的问题。

⑥ AI3 软件平台为剧情的完备性和隔离特性提供多种诊断、判别和试验手段（例如趋势记录、事件超限变色、阈值选择、一致性判定和多功能推理等），以便学员自我修正不完全和隔离特性差的剧情。

⑦ AI3 与仿真培训软件实时联网，可以直接检验学员设计剧情的正确性。

⑧ 通过仿真软件立即采用设计成功的剧情实施反复训练，以便提高学员在线识别故障、实时分析故障、科学决策和精准行动的能力和熟练度。

⑨ 配套一系列技术指导书，为企业、高等职业学院与大学普及应用专家陪练与仿真技术提供了教师和学员的培训教材。

4. "专家陪练-AI3"软件应用案例

要求学员构建离心泵入口阀门 V2 堵塞剧情。工艺流程图如图 5-7 所示。学员首先通过仔细阅读配套教材《智能型危化品安全与特种作业仿真培训指南》和配套仿真培训系统的演示录像，详细了解工艺、控制和操作背景知识。

书中对该剧情的简要描述是：

事故现象：离心泵输送流量降为零，离心泵功率降低，流量超下限报警。

排除方法：首先关闭出口阀 V3，再开旁路备用阀 V2B，最后开 V3 阀恢复正常运转。

合格标准：根据事故现象能迅速做出合理判断，能及时停泵并打开备用阀门 V2B，恢复正常运转为合格。

了解清楚以上所有背景材料后，按如下步骤实现专家陪练。

① **步骤一**：启动专家陪练-AI3 软件，在菜单栏的"读取（R）"项的下拉菜单中选择教师指定的"csa_1.dat（离心泵）"子项。电脑桌面即显示教师的出题，见附图 1。画面中教师将该剧情中涉及的主要具体事件和概念事件排列在桌面左边的"停车场"中。学员对照指南教材说明，打开每一个事件的静态知识图谱对话框，进一步了解各事件的属性。本题目中教师已经完成了所有静态知识图谱的属性建模，可以节省学员训练时间。

② **步骤二**：学员用鼠标拖动方法将"停车场"的相关事件拖动到桌面上部的学员选用"停车场"事件搭接剧情的相应位置。然后运用已经学习过的 HAZOP 分析方法，对剧情因果事件链的各事件进行排序。通过学员独立的分析决策用鼠标将因果事件链中的相邻因果对

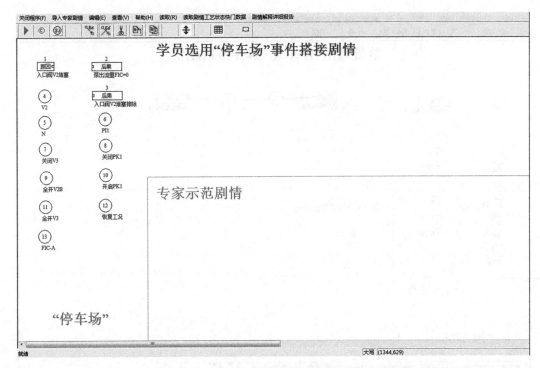

附图1 教师出题画面

偶用影响关系的连线连接成因果有向图（CDG）。在影响关系连线的属性对话框中简要说明决策属性。对于具体事件需要给出预估的上限或下限阈值。学员可能很快（几分钟）就将其思维认知过程用知识图谱搭接出来，见附图2。从学员的剧情图中可以直接发现没有设计阀门V2堵塞故障的排除操作规程，也没有简要说明决策属性。

③ 步骤三：请注意，教师给出的专家示范剧情指定保存在"CSA8"文件夹中，必须预先拷贝入"AI3数据库"才能将其导入桌面的"专家示范剧情"区域。并且一旦导入后会从"AI3数据库"中自动删除，以防混淆。允许再次拷入。

在菜单栏"导入专家剧情"项选定导入专家剧情。通过双击鼠标左键，针对学员模型和专家示范模型，分别选定双向推理的中间事件节点，选中后有一个环套在该事件节点上，见附图3。在每一个独立的模型中只要选择任何一个中间事件节点即可。双向推理会搜索出所有相关的显式（非隐式）单原因-单后果剧情。用鼠标点击下拉菜单"读取剧情工艺状态快门数据"，选择教师指定的"读取快门_1"。然后用鼠标按下工具栏双向推理按钮，即完成一次双向推理。然后选择菜单栏"剧情解释详细报告"项，会获得5个显式单原因-单后果剧情的详细分析与决策报告，见附图4～附图8。

此时学员需要完成所有剧情细节与专家剧情的对照，找到与专家思维相同和不同之处，找到自己的认知不足，思考"为什么？"并从中获取启发。

完成对照思考后将工具栏双向推理按钮抬起，则返回建模画面，即附图3。此时看到的知识图谱模型会改变颜色。如何识别色标的含义，详见第六章相关说明。

④ 学员认知能力与专家认知能力的比较分析：从附图4学员剧情的详细分析与决策报告可以看出，该学员构建的离心泵入口阀门V2堵塞剧情基本上是合格的，达到了一般HAZOP分析的要求。但是在三个影响关系决策点上没有说明"是什么"，虽然右端的因果事件链（自上而下垂直表达）经过自动推理显示为相容剧情，但剧情中的两个具体事件的阈

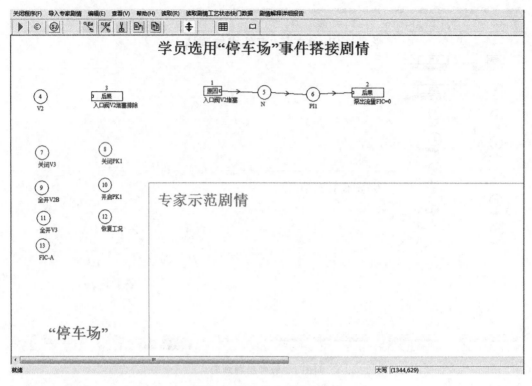

附图2　学员完成的剧情模型

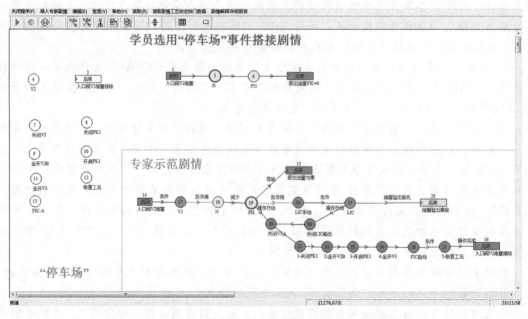

附图3　双向推理后将工具栏双向推理按钮抬起，返回建模画面

值是教师给出的。如果教师没有给定，或故意给错，学员必须对照附图3的阈值超限改变色标的状态和当前"采样工况检测一览表"的具体数据变化，自行试验调整。这要考验学员对流程中压力、流量、温度、液位和组成等工况数据动态变化的把握能力与经验。

专家示范剧情模型是一个定性事件树结构，经自动推理得到4个单原因-单后果剧情。

剧情及事故排除详细分析与决策报告 (离心泵与储罐液位系统)

No: 1

事件位置	状态/偏离	事件信息	安全措施/操作要求	事件链
入口阀V2	入口阀V2堵塞	原因：主泵入口阀门V2堵塞	设备备用阀V2B	原因 1 / 18
N	电机功率N偏低	主泵电机功率下降至空载状态。	及时查明电机功率偏低原因。	5 / 19
PI1	绝对压力PI1偏高	主泵吸入端真空度偏高（绝对压力PI1降低）	准确判断真空度PI1偏高的原因。	6 / 20
PK1离心泵下游	泵出流量FIC=0	不利后果：下游无冷却水流量（导致反应失控）	启用备用阀V2B，按规程重新完成主泵开车。	后果 2

附图 4　学员剧情的详细分析与决策报告

No: 2

事件位置	状态/偏离	事件信息	安全措施/操作要求	事件链
入口阀V2	入口阀V2堵塞	原因：主泵入口阀门V2堵塞	设备备用阀V2B	原因 14 / 1
V2堵塞->V2	条件	V2处于全开时被堵塞。	检查V2阀位是否处于开启状态。	17 / 2
V2	阀门开度为100%			
V2全开->N	反作用	V2全开反倒使得泵电机功率下降到空载状态		18 / 3
N	电机功率N偏低	主泵电机功率下降至空载状态。	及时查明电机功率偏低原因。	
V2堵塞->PI1	减少	主泵吸入端堵塞导致入口绝压PI1降低（真空度偏高）	泵吸入端安装Y型过滤器，定期冲洗过滤器	19 / 4
PI1	绝对压力PI1偏低	主泵吸入端真空度偏高（绝对压力PI1降低）	准确判断真空度PI1偏高的原因。	
吸入堵塞->FIC	导致	主泵吸入端堵塞导致输出流量FIC为零	设置输出流量FIC低低 (LL) 报警	后果 15
PK1离心泵下游	泵出流量为零	不利后果：下游无冷却水流量（导致反应失控）	启用备用阀V2B，按规程重新完成主泵开车。	

附图 5　专家剧情的详细分析与决策报告（一）

No: 3

事件位置	状态/偏离	事件信息	安全措施/操作要求	事件链
入口阀V2	入口阀V2堵塞	原因：主泵入口阀门V2堵塞	设备备用阀V2B	原因 14 / 1
V2堵塞->V2	条件	V2处于全开时被堵塞	检查V2阀位是否处于开启状态。	17 / 2
V2	阀门开度为100%			
V2全开->N	反作用	V2全开反倒使得泵电机功率下降到空载状态		18 / 3
N	电机功率N偏低	主泵电机功率下降至空载状态。	及时查明电机功率偏低原因	
V2堵塞->PI1	减少	主泵吸入端堵塞导致入口绝压PI1降低（真空度偏高）	泵吸入端安装Y型过滤器，定期冲洗过滤器	19 / 5
PI1	绝对压力PI1偏低	主泵吸入端真空度偏高（绝对压力PI1降低）	准确判断真空度PI1偏高的原因。	
关闭V3	操作行动 泵入口V2堵塞	发现入口阀V2堵塞，立即关闭泵出口阀V3，以便停主泵	停主泵，开备用阀	20 / 6
1-关闭PK1	主泵电机停止运行	在泵出口阀V3关闭后，关泵电机开关PK1，停泵	必须先关V3，然后关闭PK1	21 / 7
2-全开V2B	V2B开度100%	启用备用入口阀V2B，必须全开	泵入口阀在储罐下部易被沉积异物堵塞，应设备用阀V2B	22 / 8
3-开启PK1	低负荷启动电机	排除故障后，在V3关闭的前提下，低负荷启动电机	必须在泵出口V3关闭的前提下，启动泵电机PK1	23 / 9
4-全开V3	全开V3开度100%	在低负荷启动泵电机后，逐渐开启V3，直至开度为100%	通过开大V3，实现逐渐提升离心泵负荷	24 / 10
FIC自动	FIC自动模式	再次启动泵时FIC处于自动模式，给定值为正常值	在FIC处于自动模式下启动泵，必须逐渐提升V3开度	26 / 11
5-恢复工况	达到正常工况 操作完成	检查流量FIC和液位LIC处于自控，稳定在正常工况	长时间停泵，可能出现泵体存气，开泵前应高点排气	25 / 12
V2堵塞排除	入口阀V2堵塞排除	下游反应器冷却水恢复供水		后果 16

附图 6　专家剧情的详细分析与决策报告（二）

每个剧情不但表述严谨完整，包括了所有影响关系决策点的偏离属性描述，而且包括了在合适的时机实施故障排除的操作规程，并且标出了操作步骤的排序。特别是增加了V2开度为100%的具体事件，这是一个典型的"反事实"推理分析，因为V2处于全开状态，排除了堵塞是关闭V2所致，余下的就是阀门V2堵塞或离心泵入口管路系统堵塞两种可能的故障。由此可见，专家示范剧情也有遗漏，此时应当增加一个需要操作工进行现场试验的条件事件，即如果打开备用阀门V2B仍然堵塞，则唯一的可能故障就是离心泵入口管路系统堵塞。不过教师出题是定格在V2堵塞故障上，也不能说专家示范剧情有不足之处。

专家剧情之三和之四的确揭示了学员的认知能力和经验的欠缺，可能是学员对过程控制

No:4 事件位置	状态/偏离	事件信息	安全措施/操作要求	事件链	
入口阀V2	入口阀V2堵塞	原因：主泵入口阀门V2堵塞	设备备用阀V2B	原因	14
V2堵塞->V2	条件	V2处于全开时被堵塞	检查V2阀位是否处于开启状态	○	1
V2	阀门开度为100%			○	17
V2全开->N	反作用	V2全开反倒使得泵电机功率下降到空载状态		○	2
N	电机功率N偏低	主泵电机功率下降至空载状态	及时查明电机功率偏低原因	○	18
V2堵塞->PI1	减少	堵塞导致入端绝压PI1降低（真空度偏高）	泵吸入端安装Y型过滤器，定期冲洗过滤器	○	3
PI1	绝对压力PI1偏低	主泵吸入端真空度偏高（绝对压力PI1降低）	准确判断真空度PI1偏高的原因	○	19
	反作用			○	21
LIC手动				○	29
	条件			○	14
LIC	储罐液位偏高			○	27
	操作行动			○	22
关闭LIC输出		发现液位LIC超高，立即关闭LIC输出		○	30
				○	17
关闭V3	泵入口阀V2堵塞	发现入口阀V2堵塞，立即关泵出口V3，以便停主泵	停主泵，开备用阀	○	20
				○	6
1-关闭PK1	主泵电机停止运行	在泵出口V3关闭后，关闭电机开关PK1，停泵	必须先关V3，然后关闭PK1	○	21
				○	7
2-全开V2B	V2B开度100%	启用备用入口阀V2B，必须全开	泵入口阀在储罐下部易被沉积异物堵塞，应设备用阀V2B	○	22
				○	8
3-开启PK1	低负荷启动电机	排除故障后，在V3关闭的前提下，低负荷启动电机	必须在泵出口V3关闭的前提下，启动泵电机PK1	○	23
				○	9
4-全开V3	全开V3开度100%	在低负荷启动泵电机后，逐渐开V3，直到开度为100%	通过开大V3，实现逐渐提升高心泵负荷	○	24
				○	10
FIC自动	FIC自动模式	再次启动泵时FIC处于自动模式，给定值为正常值	在FIC处于自动模式下启动泵，必须逐渐提升V3开度	○	26
	条件			○	11
5-恢复工况	达到正常工况	检查流量FIC和液位LIC处于自控，稳定在正常工况	长时间停泵，可能出现泵存气，开泵前应高点排气	○	25
	操作完成			○	12
V2堵塞排除	入口阀V2堵塞排除	下游反应器冷却水恢复供水		后果	16

附图7 专家剧情的详细分析与决策报告（三）

No:5 事件位置	状态/偏离	事件信息	安全措施/操作要求	事件链	
入口阀V2	入口阀V2堵塞	原因：主泵入口阀门V2堵塞	设备备用阀V2B	原因	14
V2堵塞->V2	条件	V2处于全开时被堵塞	检查V2阀位是否处于开启状态	○	1
V2	阀门开度为100%			○	17
V2全开->N	反作用	V2全开反倒使得泵电机功率下降到空载状态		○	2
N	电机功率N偏低	主泵电机功率下降至空载状态	及时查明电机功率偏低原因	○	18
V2堵塞->PI1	减少	主泵吸入端堵塞导致入口绝压PI1降低（真空度偏高）	泵吸入端安装Y型过滤器，定期冲洗过滤器	○	3
PI1	绝对压力PI1偏低	主泵吸入端真空度偏高（绝对压力PI1偏低）	准确判断真空度PI1偏高的原因	○	19
	反作用			○	21
LIC手动				●	29
	条件			○	14
LIC	储罐液位偏高			○	27
	储罐溢出前兆			○	15
LIC	储罐溢出事故			后果	28

附图8 专家剧情的详细分析与决策报告（四）

原理不清楚。因为此种堵塞故障的剧情，如果液位控制器 LIC 处于手动或控制器本身有故障，则会导致液位超高溢出事故。因为储罐出口流量已经为零，储罐入口流量还在 V1 阀门打开的条件下持续流入。所以在执行启用备用阀门 V2B 的一系列操作步骤之前，必须及时通过手动模式将控制阀 V1 关闭，以防液位溢出事故，然后再实施启用备用阀门 V2B 的一系列操作。

此外，在专家剧情之四中的第 27 和 28 标号的具体事件都是 LIC，这也是一个细微的认知描述。其中第 27 事件已经超过高限报警，给出"储罐溢出前兆"的预警，而第 28 事件维持绿色，说明还未出现液位高高报警。由此可见，AI3 的知识图谱描述可以表达所有剧情的完备细节，包括从宏观到微观，需要用户熟练地使用知识图谱表达剧情的技巧。

参考文献

[1] Ehrlinger L, Wöß W. Towards a definition of knowledge graphs: Semantics [C]. Germany: Leipzig, 2016.
[2] Paulheim H. Knowledge graph refinement: a survey of approaches and evaluation methods [J]. Semantic Web Journal, 2016: 1-20.
[3] Färber M, Ell B, Menne C, et al. Linked data quality of dbpedia, freebase, opencyc, wikidata, and yago. Semantic Web Journal, http://www.semantic-web-journal.net/content/linked-data-quality-dbpedia-freebaseopencyc-wikidata-and-yago, 2016.
[4] Färber M, Rettinger A. Which Knowledge Graph Is Best for Me? arXiv: 1809.11099v1 [cs. AI]. 2018.
[5] Derbentseva N, Safayeni F. Two strategies for encouraging functional relationships in concept maps: Proceedings of the Second International Conference on Concept Mapping [C]. Costa Rica: San José, 2006.
[6] Trivedi R, Dai H, Wang Y, et al. Know-evolve: deep temporal reasoning for dynamic knowledge graphs: Proceedings of the 34th International Conference on Machine Learning [C]. Australia: Sydney, 2017.
[7] Ricky T Q, Rubanova Y, Bettencourt J, et al. Neural ordinary differential equations: 32nd Conference on Neural Information Processing Systems (NIPS) [C]. Canada: Montréal, 2018.
[8] Dijkstra E W. A note on two problems in connexion with graphs [J]. Numerische Mathematik, 1959(1): 269-271.
[9] Massuyès L T, Milne R. Gaps between research and industry related to model based and qualitative reasoning, This work has been supported by the Esprit Network of Excellence MONET, 2000.
[10] Throop D R, Malin J T, Fleming L. Knowledge representation standards and interchange formats for causal graphs: IEEE Aerospace Conference [C]. 2004.
[11] Stanley G M, Finch F E, Fraleigh S P. An object-oriented graphical language and environment for real-time diagnosis: Proc. European Symposium on Computer Applications in Chemical Engineering (COPE-91) [C]. Spain: Barcelona, 1991.
[12] Stanley G M. Experiences using knowledge-based reasoning in online control Systems: IFAC Symp. on Computer Aided Design in Control Systems. Swansea [C]. UK, 1991.
[13] Eric F F, Stanley G M, Fraleigh S P. Using the G2 diagnosis assistant for real-time fault diagnosis: European Conference on Industrial Applications of Knowledge-Based Diagnosis, Segrate [C]. Italy: Milan, 1991.
[14] Carbonell J. AI in CAI: an artificial-intelligence approach to computer-assisted instruction [J]. IEEE Transactions on Man-Machine Systems, 1971, 11(4): 190-202.
[15] Woolf B P. Building intelligent interactive tutors student-centered strategies for revolutionizing e-learning: Elsevier Inc. [C]. 2009.
[16] Graesser A C, Hu X, Nye B D, et al., Electronix tutor: an intelligent tutoring system with multiple learning resources for electronics [J]. International Journal of STEM Education, 2018.
[17] Lindsay R K, Buchanan B G, Feigenbaum D A, et al. DENDRAL: a case study of the first expert system for scientific hypothesis formation [J]. Artificial Intelligence, 1993: 61.
[18] Buchanan B G, Shortliffe E H. Rule-based expert systems -The MYCIN experiments of the stanford heuristic programming project [M]. Addison-Wesley Publishing Company, 1984.
[19] Leveson N. A new accident model for engineering safer systems [J]. Safety science, 2004, 42(4).
[20] Leveson N. A new approach to system safety engineering [M]. MIT Press, 2008.
[21] Leveson N. Engineering a safer world: systems thinking applied to safety [M]. Engineering Systems, Cambridge, Mass.: MIT Press, 2012.
[22] Uesako D. Stamp applied to fukushima daiichi nuclear disaster and the Safety of nuclear power plants in Japan [D]. MIT, 2016.

[23] Center for Chemical Process Safety (CCPS). Guidelines for preventing human error in process safety [J]. the American Institute of Chemical Engineers, 1994.

[24] DIRECTIVE 2012/18/EU OF THE EUROPEAN PARLIAMENT AND OF THE COUNCIL, On the control of major-accident hazards involving dangerous substances, 2012.

[25] Bridges W. LOPA and human reliability - human errors and human IPLs: American Institute of Chemical Engineers, Spring Meeting, 6th Global Congress on Process Safety [C]. San Antonio, 2010.

[26] Bridges W, Tew R. Human factors elements missing from process safety management (PSM): American Institute of Chemical Engineers, Spring Meeting, 6th Global Congress on Process Safe and the 44th Annual Loss Prevention Symposium San Antonio [C]. Texas, 2010.

[27] Taylor J R. Incorporating human error analysis into process plant safety analysis [J]. Chemical Engineering Transactions, 2013: 31.

[28] 冯志伟. 关于术语 ontology 的中文译名："本体论"与"知识本体"[C]//第六届汉语词汇语义学研讨会论文集, 2005.

[29] Neches R, Fikes R, Finin T, et al. Enabling technology for knowledge sharing [J]. AI Magazine, 1991, 12 (3).

[30] Gruber T R. Towards principles for the design of ontologies used for knowledge sharing [J]. Int. J. Human-Computer Studies, 1995, 43: 907-928.

[31] Studer R, Benjamins V R, Fensel D. Knowledge engineering: principles and methods [J]. Data & Knowledge Engineering, 1998, 25: 161-197.

[32] GB/T 18975-1/ ISO 15926-1. 工业自动化系统和集成 第一部分 综述与基本原理, 流程工厂包括石油天然气生产设施生命周期数据集成 [S]. 2003.

[33] GB/T 18975-2/ ISO 15926-2. 工业自动化系统和集成 第二部分 数据模型, 流程工厂包括石油天然气生产设施生命周期数据集成 [S]. 2008.

[34] ISO 15926-1. Industrial automation systems and integration - Integration of lifecycle data for process plants including oil and gas production facilities -Part 1: Overview and fundamental principles, 2004.

[35] ISO 15926-2. Industrial automation systems and integration - Integration of lifecycle data for process plants including oil and gas production facilities - part 2: Data model, 2003.

[36] 吴重光. 系统建模与仿真 [M]. 北京：清华大学出版社, 2008.

[37] Batres R, West M, Leal D, et al. An upper ontology based on ISO 15926 [J]. European Symposium on Computer Aided Process Engineering, 2005.

[38] U.S. Department of energy office of nuclear energy office of nuclear safety policy and standards [J]. Root Cause Analysis Guidance, DOE-NE-STD-1004-92, 1992.

[39] 吴重光, 许欣, 纳永良, 等. 基于知识本体的过程安全分析信息标准化 [J]. 化工学报, 2012, 63 (5).

[40] Wu C, Xu X, Zhang B, et al. Domain ontology for scenario-based hazard evaluation [J]. Safety Science, 2013: 60.

[41] Baybutt P. Major hazards analysis -an improved process hazard analysis method [J]. Process Safety Progress, 2003, 22 (1): 21-26.

[42] Center for Chemical Process Safety (CCPS). Guidelines for hazard evaluation procedures. 3rd ed. American Institute for Chemical Engineers, New York, NY: 2008.

[43] Roelen A L C, Wever R. Accident scenarios for an integrated aviation safety model [R]. Report no. NLR-CR-2005-560, 2005.

[44] AQ/T 3049—2013. 危险与可操作性分析（HAZOP 分析）应用导则 [S]. 2013.

[45] Pearl J, Mackenzie D. The Book of Why: the new science of cause and effect [M]. Allen Lane Press, 2018.

[46] CCPS. 保护层分析-简化的过程风险评估 [M]. 白永忠, 党文义, 于安峰, 译. 北京：中国石化出版社, 2010.

[47] GB/T 24353—2009. 风险管理原则与实施指南 [S]. 2009.

[48] Stanley G, Vaidhyanathan R. A generic fault propagation modeling approach to on-line diagnosis and event correlation: Proc. of the 3rd IFAC Workshop on On-line Fault Detection and Supervision in the Chemical Process Industries [C]. France: Solaize, 1998.

[49] Kapadia R. SymCure: A model-based approach for fault management with causal directed graphs: Proc. of the 16th Intl. Conf. IEA/AIE-03 [C]. UK: Loughborough, 2003.

[50] Batres R, Suzuki T, Shimada Y, et al. A graphical approach for hazard identification: 18th European Symposium on Computer Aided Process Engineering [C]. Elsevier B.V./Ltd, 2008.

[51] Ottewell S. Plants grapple with graying staff, retaining expertise and know-how remains a crucial issue [J]. Chemical Processing, 2015, 77(8).

[52] Hogganvik I, Stølen K. Investigating preferences in graphical risk modeling [R]. SINTEF ICT, 2006.

[53] Hogganvik I, Stølen K. On the comprehension of security risk scenarios: In Proc. of 13th Int., Workshop on Program Comprehension (IWPC' 05) [C]. 2005.

[54] Grace J B, Schoolmaster Jr. D R, Guntenspergen G R, et al. Guidelines for a graph-theoretic implementation of structural equation modeling [J]. Ecosphere, 2012.

[55] Pearl J. Probabilistic reasoning in intelligent systems [M]. San Francisco, California, USA: Morgan Kaufmann, 1988.

[56] Pearl J. Comment: graphical models, causality, and intervention [J]. Statist. Sci, 1993: 266-269.

[57] Pearl J. Causal diagrams for empirical research [J]. Biometrika, 1995, 82: 669-710.

[58] Pearl J. Causality: Models, Reasoning, and Inference [M]. 2nd ed. New York: Cambridge University Press, 2009.

[59] Pearl J. The causal foundations of structural equation modeling: Handbook of structural equation modeling [M]. New York: Guilford Press, 2012: 68-91.

[60] Pearl J. Theoretical impediments to machine learning with seven sparks from the causal revolution [R]. Technical Report R-475, 2018.

[61] Kletz T. HAZOP & HAZAN [M]. 4th ed. Identifying and Assessing Process Industry Hazards, 1999.

[62] 吴重光. 危险与可操作性分析（HAZOP）应用指南 [M]. 北京: 中国石化出版社, 2012.

[63] 吴重光. 危险与可操作性分析（HAZOP）基础及应用 [M]. 北京: 中国石化出版社, 2012.

[64] IEC 61882. Hazard and operability studies (HAZOP Studies) application guide [S]. 2001.

[65] IEC 61511-3. Functional safety -safety instrumented systems for the process industry sector -Part 3: guidance for the determination of the required safety integrity levels [S]. 2003.

[66] Bridges W G, Williams T R. Create effective safety procedures and operating manuals [J]. Chemical Engineering Progress, 1997.

[67] Bridges W G. LOPA and human reliability - human errors and human IPLs: American Institute of Chemical Engineers [C]. 2010.

[68] Center for Chemical Process Safety (CCPS). Layer of protection analysis: simplified process risk assessment: American Institute for Chemical Engineers [C]. New York, 2001.

[69] Summers A E. Introduction to layers of protection analysis [J]. J. Hazard. Mater., 2003, 104 (1/3): 163-168.

[70] Dowell A M, Hendershot D C. Simplified risk analysis - layer of protection analysis (LOPA): AIChE 2002 National Meeting [C]. IN: Indianapolis, 2002.

[71] Dowell A M, Williams T R. Layer of protection analysis: generating Scenarios automatically from HAZOP data: Process Saf. Prog. [C]. 2005.

[72] Bingham K, Goteti P. Integrating HAZOP and SIL/LOPA analysis: best practice recommendations: ISA 2004 [C]. TX: Houston, 2004.

[73] 吴重光, 沈承林. 控制系统计算机辅助设计 [M]. 北京: 机械工业出版社, 1986.

[74] Johnson D B. Finding all the elementary circuits of a directed graph [J]. SIAM J. COMPUT., 1975, 4(1).

[75] Tiernan J C. An efficient search algorithm to find the elementary circuits of a graph [J]. Comm. ACM, 1970 (13).

[76] Tarjan R. Enumeration of the elementary circuits of a directed graph [J]. SIAM J. COMPUT., 1973 (2).

[77] Mason S J. Feedback theory-further properties of signal flow graphs [R]. MIT Technical Report 303, 1955.

[78] Mason S J. Feedback theory - further properties of signal flow graphs [J]. Proc. IRE., 1956, 44 (920).

[79] Henley E J, Williams R A. Graph theory in modern engineering, computer aided design, control, optimization [M]. New York and London: Reliability Analysis Academic Press, 1973.

[80] David J M, Krivine J P, Simmons R. Second generation expert systems [M]. New York: Springer-Verlag Berlin Heidelberg, 1993.

[81] Rubin S H, Murthy J, Ceruti M G, et al. Third-generation expert systems: 2nd International ISCA Conference on Information Reuse and Integration (IRI-2000) [C]. 2000: 27-34.

[82] Russell S J,Norvig P. Artificial intelligence-a modern approach [M]. 3th ed. 2010.

[83] 史忠植. 人工智能[M]. 北京：机械工业出版社，2016.

[84] Lao N,Zhu J,Liu X,et al. Efficient relational learning with hidden variable detection:In NIPS [C]. 2010.

[85] Lao N,Mitchell T,Cohen W W. Random walk inference and learning in a large scale knowledge base:Proceedings of the Conference on Empirical Methods in Natural Language Processing [C]. Association for Computational Linguistics,2011.

[86] Xiong W,Hoang T,Wang W Y. DeepPath:a reinforcement learning method for knowledge graph reasoning [J]. Biomedical Signal Processing,2017.

[87] Fisher M. Temporal representation and reasoning,handbook of knowledge representation [M]. Elsevier,2007.

[88] Lapp S A,Powers G J. Computer-aided synthesis of fault-trees [J]. IEEE Transactions on Reliability,1977,26（2）:2-12.

[89] Iri M,Aoki K,O'shima E,et al. An algorithm for diagnosis of system failures in the chemical process [J]. Computer & Chemical Engineering,1979,3:489-493.

[90] Umeda T,Kuriyama T. A graphical approach to cause and effect analysis of chemical processing systems [J]. Chemical Engineering Science,1980,35:2379-2388.

[91] Shiozaki J,Matsuyama H,Tano K,et al. Fault diagnosis of chemical processes by the use of signed,directed graphs,extension to five-range patterns of abnormality [J]. International Chemical Engineering,1985,25（4）:651-659.

[92] Tsuge Y,Shiozaki J,Matsuyama H,et al. Fesibility study of a fault-diagnosis system for chemical plants [J]. International Chemical Engineering,1985,25（4）:660-667.

[93] Kramer M A,Palowitch B L. A rule-based approach to fault diagnosis using the signed directed graph [J]. AIChE Journal,1987,33（7）:1607-1678.

[94] Shiozaki J,Shibata B,Matsuyama H,et al. Fault diagnosis of chemical processes utilizing signed direted graphs-improvement by using temporal information [J]. IEEE Transactions on Industrial Electronics,1989,36（4）:469-474.

[95] Chang C C,Yu C C. On-line fault diagnosis using the signed directed graph [J]. Ind. Eng. Chem. Res.,1990,29（7）:1290-1299.

[96] Yu C C,Lee C. Fault diagnosis based on qualitative/quantitative process knowledge [J]. AIChE Journal,1991,37（4）:617-628.

[97] Wang X Z,Yang S A,Yang S H,et al. The application of fuzzy qualitative simulation in safety and operability assessment of process plants [J]. Computers Chem. Engng.,1996,20:671-676.

[98] Tarifa E E,Scenna N J. Fault diagnosis,direct graphs,and fuzzy logic [J]. Computers Chem. Engng.,1997,21:649-654.

[99] Venkatasubramanian V,Rich S H. An object-oriented two-tier architecture for integrating compiled and deep-level knowledge for process diagnosis,computers and chemical Engineering,1988,12（9/10）.

[100] Ungar L H,Venkatasubramanian V. Artificial intelligence in process systems engineering [J]. Vol Ⅲ: knowledge representation. Austin,Texas:CACHE.,1990.

[101] Vaidhyanathan R,Venkatasubramanian V. Digraph-based models for automated HAZOP analysis,reliability engineering and systems safety [J]. 1995,50（1）.

[102] Vaidhyanathan R,Venkatasubramanian V. Experience with an expert system for automated HAZOP analysis [J]. Computers Chem. Engng.,1996,20:1589-1594.

[103] Vedam H,Venkatasubramanian V. Signed digraph based multiple fault diagnosis [J]. computers and chemical engineering,1997.

[104] Mylaraswamy D,Venkatasubramanian V. A hybrid framework for large scale process fault diagnosis [J]. Computers Chem. Engng.,1997,21:935-940.

[105] Dash S,Venkatasubramanian V. Challenges in the industrial applications of fault diagnostic systems [J]. Computers Chem. Engng.,2000,24:785-791.

[106] Venkatasubramanian V,Zhao J,Viswanathan S. Intelligent system for HAZOP analysis of complex process plants [J]. Computers Chem. Engng.,2000,24:2291-2302.

[107] Zeigler B P. Theory of modelling and simulation [M]. John Wiley & Sons, Inc., 1976.

[108] Zeigler B P. 制模与仿真理论 [M]. 北京：机械工业出版社，1984.

[109] 许高攀，曾文华，黄翠兰. 智能教学系统研究综述 [J]. 计算机应用研究，2009，26（11）.

[110] 吴重光，夏迎春，纳永良，等. 我国石油化工仿真技术 20 年成就与发展 [J]. 系统仿真学报，2009，21（21）：6689-6696.

[111] 张钊谦，夏涛，张贝克，等. SDG 自动生成故障树软件的研究与开发 [J]. 系统仿真学报，2003，5（10）.

[112] 张钊谦，夏涛，张贝克，等. 事件树建模及其在石化安全评估软件中的应用 [J]. 系统仿真学报，2003，5（10）.

[113] 张钊谦，夏涛，张贝克，等. 基于世行标准的石油化工安全评估软件的开发 [J]. 石油化工，2003（10）.

[114] 夏涛，张贝克，吴重光，等. 应用符号有向图进行计算机辅助 HAZOP [J]. 石油化工，2003（10）.

[115] 李安峰，夏涛，张贝克，等. 化工过程 SDG 建模方法 [J]. 系统仿真学报，2003，5（10）.

[116] 李安峰，夏涛，张贝克，等. 基于 SDG 的计算机辅助危险与可操作性分析 [J]. 系统仿真学报，2003，5（10）.

[117] 刘春雷. 化工故障诊断自动解释系统的设计与开发 [J]. 石油化工自动化，2004（1）.

[118] Zhang B K, Wu C G, Xia T. Method and modeling study on computer automatic HAZOP based on signed directed graph （SDG）: 国际安全科学与技术会议（北京）[C]. 2004.

[119] Zhang Z Q, Wu C G, Xia T, et al. Chemical hazards assessing and accidents estimation by event tree modeling: 国际安全科学与技术会议（北京）[C]. 2004.

[120] Li A F, Wu C G, Xia T, et al. Computer-aded HAZOP analysis based on SDG: 国际安全科学与技术会议（北京）[C]. 2004.

[121] Xia T, Zhang B K, Zhang Z Q, et al. Fault diagnosis method based on signed directed graph: 国际安全科学与技术会议（北京）[C]. 2004.

[122] Zhang Z Q, Wu C G, Zhang B K, et al. SDG multiple fault diagnosis by real-time inverse inference [J]. Reliability Engineering and System Safety, 2005, 87.

[123] 陈皓，吴重光. 用于故障诊断试验的仿 DCS 操作站软件研究 [J]. 计算机仿真，2004，21（11）.

[124] 刘宇慧，夏涛，张贝克，等. 基于 SDG 的 HAZOP 单元建模方法 [J]. 计算机仿真，2004，21（11）.

[125] 沈翠霞，吴重光. 计算机辅助危险与可操作性分析技术的发展 [J]. 计算机工程与应用，2004，40（36）.

[126] 沈翠霞，张贝克，吴重光，等. HYSYS 软件及其自动化接口研究 [J]. 计算机仿真，2006.

[127] 王磊，吴重光. 用于全数字仿真试验的专用组态软件的设计与实现 [J]. 计算机工程与应用，2005.

[128] 张玎，吴重光. 基于符号有向图（SDG）的计算机辅助自动建模研究 [J]. 计算机工程与设计，2005（6）.

[129] 张玎，吴重光. 用 UML 实现 SDG 自动建模研究 [J]. 计算机工程与设计，2006（4）.

[130] Vasandani V, Govindaraj T. An intelligent tutor for diagnostic problem solving in complex dynamic systems: Proceedings of the International Conference on Systems, Man, and Cybernetics [C]. Boston, Massachusetts, 1989: 772-777.

[131] Taylor S J E, Siemer J. Enhancing simulation education with intelligent tutoring systems: Proceedings of the Winter Simulation Conference [C]. 1996: 675-680.

[132] Leddo J, Kolodziej J. Distributed interactive intelligent tutoring simulation, phase II small business innovation research （SBIR） project, sponsored by the U.S [J]. Army Simulation, Training and Instrumentation Command （STRICOM），1997.

[133] Mohammed J L, Ong J C, Li J, et al. Rapid development of scenario-based simulations and tutoring systems [J]. Air Force Research Laboratory contract F33615-02-C-6063, 2001.

[134] Martens A, Himmelspach J. Combining intelligent tutoring and simulation systems: Proc. of the 2005 Westen Simulation Multiconference [C]. 2005.

[135] Graudina V, Grundspenkis J. The role of ontologies in agent-based simulation of intelligent tutoring systems [J]. 2005.

[136] Bratt E O. Intelligent tutoring for ill-defined domains in military simulation-based training [J]. International Journal of Artificial Intelligence in Education, 2009（19）: 337-356.

[137] Wong J H, Kirschenbaum S S, Peters S. Developing a cognitive model of expert performance for ship navigation maneuvers in an intelligent tutoring system: Proceedings of the 19th Conference on Behavior Representation in Modeling and Simulation [C]. Charleston, SC, 2010.

[138] Stottler R H, Jensen R. Adding an intelligent tutoring system to an existing training simulation [J]. The

[139] Sehrawat A, Keelan R, Shimada K, et al. Simulation-based cryosurgery intelligent tutoring system（ITS）prototype［J］. Technol Cancer Res Treat, 2016, 15（2）: 396-407.
[140] 沈廉, 沈捷. 仿真培训器及智能化计算机教学系统［J］. 教育与现代化, 1992（4）.
[141] 杨建光, 黄聪明, 张兴福. 智能仿真培训系统［J］. 自动化与仪表, 2003, 18（3）.
[142] 黄聪明, 杨玉梅. 一种间歇反应器智能仿真培训系统［J］. 北京理工大学学报（自然科学版）, 1996（5）.
[143] 张光红. 人工智能原理在炼油化工仿真培训系统中的应用［D］. 北京: 中国石油大学, 1996.
[144] 于鲁平, 张立萍, 邹志云. 基于 G2 的化工仿真培训系统设计与开发［J］. 世界仪表与自动化, 2004（12）.
[145] 李荫煌. 基于 G2 的化工仿真培训系统设计初探［J］. 甘肃化工, 2005（3）.
[146] 廖晓林, 张耀鸿. G2 在作战指挥控制流程建模仿真中的应用研究［J］. 舰船电子工程, 2011, 31（3）.
[147] 张芸香, 武云丽, 李智斌, 等. 基于 G2 的卫星控制系统故障诊断的半物理仿真［J］. 空间控制技术与应用, 2011, 37（1）.
[148] 康凤举, 谢攀. 智能仿真在军用 UUV 装备体系研究中的应用［J］. 鱼雷技术, 2011, 19（2）.
[149] 赵涤之, 向艳, 王洪元. 用专家系统辅助事故诊断与处理仿真培训［J］. 常州大学学报（自然科学版）, 1995（2）.
[150] 向艳, 赵涤之. 专家系统在仿真培训事故诊断与处理中的应用研究［J］. 工矿自动化, 2003（3）.
[151] 李登凤, 董雷, 高峰, 等. 一种新型的电力仿真培训智能评价指导系统［J］. 电网技术, 2006, 30.
[152] 乔程程, 楚纪正. 基于模糊专家系统的操作评价方法［J］. 计算机与现代化, 2013（10）.
[153] 毛新宇. 面向化工仿真培训的智能评分系统设计［D］. 杭州: 杭州电子科技大学, 2016.
[154] 吴重光. 危化品特种作业实际操作仿真培训与考核指南［M］. 北京: 化学工业出版社, 2015.
[155] 吴重光. 智能型危化品安全与特种作业仿真培训指南［M］. 北京: 化学工业出版社, 2020.
[156] 郁浩然, 鲍浪编. 化工计算［M］. 北京: 中国石化出版社, 1990.
[157] 国家医药管理局上海医药设计院. 化工工艺设计手册［M］. 北京: 化学工业出版社, 1993.
[158] 何良知. 石油化工工艺计算程序［M］. 北京: 中国石化出版社, 1993.
[159] 蔡尔辅. 石油化工管道设计［M］. 北京: 化学工业出版社, 2004.
[160] 吴重光. 多功能过程与控制教学实验系统［J］. 实验室研究与探索, 2005（12）.
[161] 吴重光. 化工仿真实习指南［M］. 3 版. 北京: 化学工业出版社, 2012.
[162] 吴重光, 夏迎春, 纳永良, 等. 定性仿真与人工智能的关系及计算机化解法体系［J］. 系统仿真学报, 2010, 22（2）.
[163] Wu C G, Xu X, Zhang B K, et al. Domain ontology for scenario-based hazard evaluation［J］. Safety Science, 2013, 60.
[164] 张卫华, 王春利, 牟善军, 等. 石化装置故障诊断技术的发展及应用［J］. 系统仿真学报, 2009, 21（21）.
[165] 张卫华, 李传坤, 吴重光, 等. 基于 SDG 的化工过程多故障诊断［J］. 系统仿真学报, 2009, 21（21）.
[166] Strobhar D A. Human factors in process plant operation［M］. Momentum Press, 2014.
[167] Strobhar D A. Bring Your Procedures into the 21st Century［J］. Chemical Processing, 2015, 78（8）.